重点大学计算机教材

第2版

从问题到程序

程序设计与C语言引论

裘宗燕　编著
北 京 大 学

机械工业出版社
China Machine Press

本书以C作为工具语言，讨论了基本程序设计的各方面内容，详细解释了与C语言和程序设计有关的问题。在新版中，特别加强了针对近年日益受到业界和学术界广泛重视的问题的讨论，并通过详细地分析和讨论大量符合 C99 标准的实例，给出了分析和分解问题、找出解决问题的主要步骤、确定函数抽象、找出循环、选择语言结构直至最后做出所需程序的完整过程。

本书适合作为高等院校计算机及相关专业第一门程序设计课程的教材，也可供其他学习 C 程序设计的读者自学使用。

图书在版编目（CIP）数据

从问题到程序：程序设计与C语言引论 / 裘宗燕编著. —2版. —北京：机械工业出版社，2011. 5（2022.5重印）

（重点大学计算机教材）

ISBN 978-7-111-33715-7

Ⅰ. 从…　Ⅱ. 裘…　Ⅲ. C语言-程序设计-高等学校-教材　Ⅳ. TP312

中国版本图书馆 CIP 数据核字（2011）第037223号

机械工业出版社（北京市西城区百万庄大街 22 号　邮政编码　100037）
责任编辑：刘立卿
北京建宏印刷有限公司印刷
2022 年 5 月第 2 版第 14 次印刷
185mm×260mm • 21.75 印张
标准书号：ISBN 978-7-111-33715-7
定价：39.00 元

凡购本书，如有缺页、倒页、脱页，由本社发行部调换
客服热线：（010）88378991；88361066
购书热线：（010）68326294；88379649；68995259
投稿热线：（010）88379604
读者信箱：hzjsj@hzbook.com

前　言

作为计算机科学教育的第一门专业课程，程序设计课程的重要性毋庸置疑。本书的目标是作为第一门程序设计课程的教材或入门自学读物，内容集中在如何理解程序语言，如何做程序，如何为在计算机领域中的进一步学习和工作做好准备上。

本书以C作为工具语言，讨论了基本程序设计的各方面问题。书中实例没采用常见的“提出问题，给出程序，加些解释”的简单三步形式，而是强调问题的分析和讨论，意在帮助读者认识程序设计的实质，理解从问题到程序的思考过程。书中尽可能详细地解释了与C语言和程序设计有关的各种问题，通过大量实例讨论了分析和分解问题，找出主要步骤，确定函数抽象，找出循环，选择语言结构，最后做出所需程序的过程。

程序设计应该注重系统性和科学性，有关研究的发展形成了程序的理论。入门书不可能深入介绍理论成果，但也要反映其精神，使初学者从开始就接触到程序的一些本质问题。本书特别强调问题的分析，将函数的概念尽可能前移，而后反复讨论，实例中也特别注重程序的功能分解。书中还介绍了一些深入的理论问题，如通过统计程序运行时间介绍计算的基本性质（复杂性），通过分析循环过程是否完成所需工作介绍“循环不变关系”的概念等，这是希望帮助读者了解更多情况，也作为思考程序的线索。

程序设计也是一种工程性工作，需要寻找可能的解决方案，评价不同方案并做出选择，还要对所做选择有清醒的认识（优点、缺点、倾向性或不足）。工程中通常没有完美的结果，更多是权衡和折中。程序设计也是如此。本书的许多实例包含较详细的分析讨论，不少实例给出了基于不同考虑形成的多种解法和性质比较，有时还指出其他可能性，提出了还可能如何看问题、如何做等，以帮助读者理解程序设计的真谛。书中还常给读者提出一些问题，希望读者发挥思维能力和主观能动性。书中练习也力图反映这些想法。

本书强调：编程问题没有需要记住的标准答案。由于对问题的不同考虑，设计中的不同选择，对同一问题可以得到许多合理而正确的不同程序。它们常常各有长短或各有侧重，或反映了对问题的不同认识。在这里应特别学习如何分析问题，如何把复杂问题分解为相对简单的部分，如何在可用功能中选择等。进而，还应该认清各种选择的后果，包括收获和损失。各种书籍（包括本书）里的程序不是“金科玉律”，只是作者对问题的一种理解，必然存在很多其他可能性。要学好程序设计，应该养成一种习惯：读程序时要特别注意思考作者的考虑和选择，分析其中哪些是合理而有价值的（或不合理无价值的），还可能有哪种选择，采纳其他选择可能得到什么（或失去什么）等。这样思考将使人受益无穷。当然，这并不是说书中示例不重要。恰恰相反，因为程序设计中有许多可能选择，好的教科书应当给出好的分析和选择，供读者参考。入门书还应解释所做选择的理由，指出带来的问题（缺点和限制等）。正如本书书名所示，程序设计是“从问题到程序”的思考和工作过程。学好程序设计，既要发挥聪明才智，也需要细致认真、一丝不苟的工作态度。

考虑入门课程的需要，并没有一种语言具有无可比拟的优势，无论用什么语言教基本程序设计，都需要考虑其有利方面，处理其不利因素。本书选择C语言的主要理由是：C是使用最广的语言之一，包含了基本程序设计需要的主要机制，能满足课程的需要。学生可以用它完成练习，得到相关的知识积累和能力锻炼，还能掌握一种实用工具，作为后续课程学习的基础。C语言适合（也正在被）作为许多计算机专业课程的教学语言。

C 是很灵活的语言，用它写程序常需要了解一些细节，这是人们对用 C 作为基础课语言的主要疑虑。但另一方面，用 C 写程序可能得到对程序设计的更多认识。C 程序可以在较低层次上做，也可以在较高层次上做，学生需要理解程序设计中各种层次的问题。此外，许多语言从 C 借鉴了想法和表达形式，有些就是 C 的扩充和发展，C 语言知识对于进一步学习其他语言，包括未来的新语言都很有价值。

本书以程序设计为基本线索，也详细介绍 C 语言的各方面情况。这里强调的是如何认识程序、写程序、用 C 语言写程序，特别强调好的程序设计风格，强调“好的”C 程序设计，强调通过函数抽象建立清晰结构的重要性，强调程序的良好结构、可读、易修改，也指出了多种不良编程习惯及其危害。历史原因使 C 成为一个不太严格的语言，如不注意，用 C 写的程序有可能隐藏一些不易发现的错误⊖。ANSI C 和 C99 倡导“好的”C 程序。本书坚持这一正确方向，讨论如何写出更可靠且不易包藏隐含错误的清晰、简洁、高效的 C 程序，通过实例说明应该如何写和不应该如何写。书中介绍了许多实用的 C 程序设计技术，详细解释了 C 语言的结构和机制，也尽量提供了一些背景说明。

本书包括如下各章和若干附录：

第 1 章，程序设计和 C 语言。介绍程序与程序语言的概念，C 语言的发展及其特点。用一个小例子介绍 C 程序形式，其加工和执行。最后介绍程序设计与开发过程。

第 2 章，数据与简单计算程序。讨论程序语言的许多最基本概念，包括：字符集、标识符和关键字，数据与类型，数据表示，运算符、表达式与计算过程，数学函数库的使用等。

第 3 章，变量、函数和流程控制。讨论程序设计的一些基本问题，包括语句与复合结构，变量及其使用，简单函数定义，逻辑条件的描述与使用等。最后介绍了几种基本控制结构。

第 4 章，基本编程技术。首先讨论循环程序设计的基本问题，通过一系列程序实例分析了循环的构造过程。此后介绍了 C 语言其他控制结构及其使用。

第 5 章，C 程序结构。讨论 C 语言的许多具有一般性的重要问题，主要是 C 程序结构，函数概念及有关的问题，预处理命令和预处理过程，递归的概念等。

第 6 章，顺序数据组织：数组。介绍数组概念、定义和相关程序设计技术。

第 7 章，指针的应用。介绍指针概念和指针变量的使用，指针与数组的关系，多维数组作为参数的通用函数，以及动态存储管理，类型定义，指向函数的指针等。

第 8 章，文件和输入输出程序设计。讨论了文件概念，与输入输出有关的各种问题，标准库的输入输出功能，以及输入输出的程序设计问题。

第 9 章，结构和复杂数据组织。介绍结构（struct）、联合（union）、枚举（enum）等数据定义机制的意义及在程序中的使用。随后简单介绍了链接结构的概念。

第 10 章，程序开发技术。介绍程序设计和开发的一般性问题和技术，分块开发等。

第 11 章，标准库。介绍标准库提供的各方面功能及其相关知识。

第 12 章，C99 导引。介绍 C99 的重要扩充，变长数组和标准库的几个新数值包。

最后是两个附录和进一步学习的建议。

本书以 ANSI 标准 C 语言为背景，参考了 C99 的新发展，内容不依赖任何具体 C 系统。读者可用任何符合标准的 C 系统作为编程环境，如国内常见的微机、工作站或其他计算机上的 C 系统。本书里的所有实例程序按 ANSI C 和 C99 标准书写，习题不涉及任何具体系统环境。读者可以用各种 C 系统作为学习工具，如国内使用较多的 TURBO C 系统，一些公开的免费 C 语言系统（如普通微机上可用 lcc、Dev-C++等）。

⊖ 任何语言都有弱点。有句话说：“最好的语言也不能防止人写出坏程序。”这不是说语言不重要，而是说任何语言都有正确使用的问题。C 在这方面的问题突出一点，读者应特别注意。

新版说明

本书最早于 1999 年在北京大学出版社出版，2005 年在机械工业出版社重新出版时做了大幅度修改，反映了对许多问题的新认识。现在这个新版对内容和结构进行了全面修订，特别加强了针对近年日益受到业界和学术界重视的问题的讨论。C 语言系统和相关教育正在向 C99 标准转变，但本书并不强调这一转变，因为 C99 是 ANSI C 的一个合理扩充，任何好的 ANSI C 程序都是好的 C99 程序。本书前一版里的示例程序早已贯彻了 C99 的精神，符合 C99 标准。本版新增的第 12 章是上一版附录 C 的扩充和增强。这一版的主要修改包括：

1. 进一步贯彻了以程序设计的思想和技术为中心的编写思想。本书原本就不打算作为一本“考试用书”，其目标是培养有能力、有发展潜力的计算机程序工作者。这一基本想法在新版的内容和组织中得到了更好的反映。
2. 书中各章的基本部分只介绍 C 语言中在一般程序设计里使用最广泛的重要内容，以便更集中地讨论相关的程序设计技术和方法。有关 C 语言一些细节问题的解释集中放在各章最后，单独列为一节。这种做法既避免了过多的语言细节干扰讨论的主干内容，也使课程教学内容的安排有了更多选择。
3. 近年计算机的应用飞速发展，连接全世界大量计算机的互联网形成了一个全球性的信息环境，越来越多的计算机系统嵌入在各种机器、设备、仪器、交通工具、基础设施里。在这种大背景下，计算机系统的安全性变得越来越重要。与此同时，计算机软件的脆弱性带来的危害和威胁也越来越严重。程序的强健和安全是计算机系统安全的基础。但以往的编程教科书基本上不讨论程序安全性，不考虑程序输入或函数参数不满足需求时的程序行为问题。一些专家认为，计算机基础教育中的这种缺失是今天计算机系统脆弱的一个重要根源。本书大大加强了安全性方面的讨论，在讨论各种程序设计技术的同时，认真分析了相关 C 程序结构中的脆弱点和可能的编程缺陷，提出了提高程序强健性的技术手段。作者相信，这些讨论对于培养明天合格的计算机程序工作者是非常重要的。希望这一考虑能受到教授相关基础课程的老师和本书自学者的重视。

作者特别感谢北京大学理科试验班和数学学院参加相关课程学习的同学们和参加辅导工作的研究生们，他们的思考和问题给了作者许多启示，使作者更深入地理解了许多问题。作者还要感谢家人与同事多年的支持。华章公司有关人员为本书做了大量工作，在此致以特别的谢意。虽然本书凝结着作者多年的思考，但仍难免包含错误或不足，这些都由作者个人负责，也希望得到读者的指正和同行的宝贵意见。

裘宗燕

北京大学数学学院信息科学系

本书中的编程实例和模式

目　　录

第 1 章　程序设计和 C 语言

在开始学习程序设计时，初学者首先遇到的问题是：什么是程序？什么是程序设计语言？本章首先讨论这些问题，帮助读者比较直观地建立起对程序、程序设计和程序设计语言的基本认识，而后简单介绍本书中讨论程序设计问题时所用的程序设计语言——C 语言，并通过一个简单实例介绍 C 语言程序的一些基本情况和有关概念。最后介绍在实际做程序设计中必然要遇到的一些问题。

1.1　程序和程序语言

程序一词来自生活，通常指完成某项事务的一套既定活动方式或者活动过程。从表述上看，我们可以把程序看成对一系列动作的进行过程的描述。日常生活中也可以找到许多“程序”实例。例如，一个学生早上起床后的行为可能描述为：

```
1. 起床
2. 刷牙
3. 洗脸
4. 吃饭
5. 早自习
```

这是一个直线形的程序，由一系列更简单的活动（基本步骤）组成。这就是最简单的程序形式。描述这种程序，也就是给出一个包含某些基本步骤的序列。如果按顺序实施这些步骤所描述的动作，其整体效果就完成了一项事务或者工作。

考虑另一个复杂些的过程：到图书馆借教学参考书。这一常见过程可以描述为：

```
1. 进入图书馆
2. 查书目
3. 填写索书单
4. 交图书馆工作人员取书
5. 如果该书已经借出，可以有两种选择
    5.1. 回到第 2 步（重新查书目借其他参考书）
    5.2. 放弃借书，离开图书馆
6.（如果图书还在，工作人员找到要借的书）办理借书手续
7. 离开图书馆
```

这个程序比前一个复杂一些。主要的复杂性就在于，这一程序不是个平铺直叙的动作序列，其中步骤更多，有时需要根据遇到的情况处理，还可能出现重复动作。

仔细探究这个实例，还可以认识到这一程序可能需要进一步细化，以处理一些实际中可能需要考虑的复杂情况。不难找出许多在上面描述中未处理的情况。譬如说：查找图书目录时没有找到所需的书籍；填写好索书单时已经到了图书馆的下班时间；借书时发现自己没有带借书证；工作人员查到该读者的借书册数已经达到限额，或发现该读者有逾期未还的图书，因此拒绝出借；等等。

从这些现实生活中的例子里，可以了解“程序”概念的一些直观特征。现实生活中有许许多多这样的程序性的活动，当我们身处其中时，通常需要按部就班地一步步完成一系列动作。对这种工作（事务、活动）过程的细节动作描述就是一个“程序”。

在一个程序描述中，总有一批预先假定的“基本动作”，这些基本动作是执行程序者能理解和直接完成的。例如，在上面有关借书的程序描述中，我们把“查书目”当做一个基本动作。如果来图书馆的读者不知道如何查书目（例如刚进学校的新生），那么，在给这种读者的程序描述中，就需要把“查书目”动作进一步细化，描述查书目的细节过程。例如，通过图书馆的计算机检索系统查图书目录的过程可以描述为：

通过图书馆的计算机进入书目检索系统；
输入有关要检索图书的信息；
从检索到的图书列表中选择

这就是程序的进一步细化，或者叫做功能分解。如果借书的人不知道如何启动计算机检索系统，那就需要对上述程序做进一步分解。这种逐步细化或者分解的过程，也是本书后面有关计算机程序设计的讨论中最本质的东西。

一个程序通常都有开始与结束。在执行一个程序的过程中，动作者（无论是人还是机器）需要按程序的描述执行一系列动作。在到达结束位置时整个工作完成。

本书将要深入讨论的计算机程序同样具有这些特征。

计算机、程序与程序设计

日常生活中的程序性活动与计算机里的程序执行类似，这一情况可以帮助我们理解计算机的活动方式。当然，日常生活中的程序性活动里有更多变数，许多事情并不要求完全按程序做，可以有许多“灵活性”。而计算机对程序的执行则完全是严格、一丝不苟的，计算机将一步步按程序中的指令行事，没有一点“商量”的余地。

计算机是人类发明的一种自动机器，它能完成的工作被称为“计算”。实际上，计算机的最基本功能是可以执行一组基本操作，每个操作能完成一件很简单的工作，例如做一次整数的加减乘除运算，或者把一个数从这里搬到那里，或者比较两个数的大小等等。为使人们能指挥计算机工作，每种计算机都提供了一套指令，其中每种指令对应于计算机能执行的一个基本动作。而所谓的“计算机程序”，也就是一组这种指令形成的序列。

作为看得见、摸得着的物理实体，计算机的基本原理非常简单，其最本质的特征就是能自动地按程序（作为计算机能执行的基本动作序列）工作。人与计算机打交道的基本方式就是根据自己的需要，用计算机规定的形式写出一个程序，而后把这个程序提供给计算机，命令它去执行。此后计算机就会按程序的规定，一丝不苟地执行其中的指令，直至程序结束。人们常把计算机执行程序的过程简单地说成是*程序的执行过程*。

计算机是一种通用的计算机器，给了它一个或者一组程序后，它就变成了处理某个专门问题、完成某种特殊工作的专用机器。这种通用性与专用性的统一非常重要。这样，一方面，计算机可以在大工厂里采用现代化生产方式大量生产；另一方面，通过运行不同程序，一台计算机可以在不同时候处理不同问题，甚至同时处理许多不同的问题。这就是计算机威力的真谛。人们描述（编制）计算机程序的工作被称为*程序设计*或者*编程*，这种工作的产品就是程序。由于计算机的本质特征，从计算机诞生之初就有了程序设计工作。

今天，计算机的发展及其在各领域的广泛应用，对人类社会生活各方面的深刻影响已经是众所周知的事实了。计算机之所以能产生这样大的影响，其原因不仅在于人发明并大量制造了这样一种令人敬畏的奇妙机器，更重要的是人们为计算机开发出了数量宏大、五彩缤纷、能指挥计算机完成各种简单或复杂工作的程序。目前正在使用的计算机没有多少种，而正是数量繁多、功能丰富多彩的程序给了计算机无穷无尽的“生命力”。

程序设计语言及其发展

由上面介绍可以看到程序和程序描述的另一些问题。例如，对于上面学生借书的例子，我们提出了许多需要考虑的细节，提到了基本动作的问题。一台计算机有着预先确定的一组基本动作，每个动作只能完成很少的一点工作。如果需要用计算机去处理复杂问题，可能需要写出很长很长的程序，而且必须精确描述执行所有动作的细节过程，不能有一点错误，不能有一点含糊其辞之处。这些就是程序设计的所有困难的根源之所在。

要说明一个程序在执行中需要做些什么，就需要给出这一程序性活动的一步步的细节过程，需要描述程序执行中的各种动作及其执行顺序。为了做这件事，需要有一种适当的描述方式。一套系统的描述方式就形成了一个**语言**。

语言一词通常指人生活中使用的自然语言，如汉语、英语等。这些语言随着人类发展进步而自然形成，是人们交流信息的工具和媒介。人们用口头语言传播见闻、表达看法和想法；用书面语言写文章、书籍，实现更大范围的信息交流。在前面描述的现实生活中的程序实例中，我们就是用汉语作为描述程序的语言，描述的程序是为了给人看，要人做的。

为了与计算机交流，指挥计算机工作，同样需要有与之交流的方式，需要一种意义清晰、人用起来比较方便、计算机也能处理的描述方式。也就是说，需要有一种适用的描述程序的语言。供人编写计算机程序用的语言就是**程序设计语言**，这是一类人造语言。程序设计语言也常被称为**编程语言**，本书中常常简称为**程序语言**，在上下文清楚之处简称为**语言**。

有人可能说：小学生就开始学数学，数学的一个基本部分是计算，小学生已经会用数学方式（或者说，用**数学语言**）描述计算过程，程序设计语言还有什么特殊之处吗？确实有！程序语言的一个突出特点就在于不仅人能懂得和掌握它，能用它描述所需的计算过程，而且计算机也可以"懂得"它，可以按程序语言给出的关于计算过程的描述去行动，完成人们所需要的计算工作。程序设计语言是人描述计算的工具，也是人与计算机交流信息的媒介：通过用程序语言写程序，人能指挥计算机完成各种特定工作，完成各种计算。

在计算机内部，一切信息都以二进制编码的形式存在。需要放进计算机、要求计算机去执行的程序也不例外。计算机总规定了一套描述其指令的二进制编码形式，这种描述形式称为**机器语言**，计算机能直接"理解"和执行它。用机器语言写出的程序称为机器语言程序。计算机诞生之初，人们只能直接用机器语言写程序。对人的使用而言，二进制的机器语言很不方便，用它写程序非常困难，工作效率极低，写出的程序难以理解，正确性很难保证，发现程序有错误也很难辨认和改正。下面是一台假想计算机上的指令系列：

```
0000000100000001000  -- 将单元 1000 的数据装入寄存器 0
0000000100010001010  -- 将单元 1010 的数据装入寄存器 1
0000010100000000001  -- 将寄存器 1 的数据乘到寄存器 0 原有数据上
0000000100010001100  -- 将单元 1100 的数据装入寄存器 1
0000010000000000001  -- 将寄存器 1 的数据加到寄存器 0 原有数据上
0000001000000001110  -- 将寄存器 0 里的数据存入单元 1110
```

这里想描述的是计算算术表达式 $a \times b + c$（符号 a、b、c 分别代表地址为 1000、1010 和 1100 的存储单元），而后将结果存入单元 1110 的计算过程（程序）。

一个复杂程序里的指令可能有成百万、成千万条，或者更多，程序中的执行流程错综复杂，在二进制机器语言的层面上理解一个复杂程序到底做了什么，很容易变成人力所不能及的事情。为缓解这一问题，人们很快就发展出符号形式的、使用相对容易些的汇编语言。用汇编语言写的程序需要用专门软件（**汇编系统**）加工，翻译成机器语言后才能送给计算机去执行。下面是用某种假想的汇编语言写的程序，它完成与上面程序同样的工作：

```
load 0 a -- 将单元 a 的数据装入寄存器 0
load 1 b -- 将单元 b 的数据装入寄存器 1
mult 0 1 -- 将寄存器 1 的数据乘到寄存器 0 原有数据上
load 1 c -- 将单元 c 的数据装入寄存器 1
add  0 1 -- 将寄存器 1 的数据加到寄存器 0 原有数据上
save 0 d -- 将寄存器 0 里的数据存入单元 d
```

汇编语言的每条指令对应于一条机器语言指令，但采用了助记的符号名，存储单元也用符号形式的名字表示。这样，每条指令的意义都更容易理解和把握了，理解整个程序也容易了许多。但是，汇编语言里没有高层结构，只是基本汇编指令堆积形成的长长的序列，是一盘散沙。用汇编语言写复杂程序仍然很困难，写出的程序难以理解，其中的错误难以检查。

1954 年诞生了第一个高级程序语言 FORTRAN，宣告了程序设计的一个新时代的开始。FORTRAN 采用完全符号化的描述形式，用类似数学表达式的形式描述数据的计算。语言中提供了有类型的变量，作为计算机存储单元的抽象模型。此外还提供了一些流程控制机制，如循环和子程序等。这些高级机制使编程者可以把复杂的程序分解为一些较小、较容易把握的部分，在工作中摆脱许多具体细节，方便了复杂程序的书写，写出的程序更容易阅读，错误也更容易辨认和改正。FORTRAN 语言诞生后受到广泛欢迎。

高级语言及其实现

高级程序语言具有人更容易习惯的描述形式，更容易使用，这也使更多的人能够并乐于加入到程序设计活动中。用高级语言写程序的工作效率更高，它使人们能开发出更多的应用系统，这种情况反过来推动了计算机应用的发展。应用发展又推动了计算机工业的大发展。可以说，高级程序设计语言的诞生和发展，对计算机发展到今天的程度起了极其重要的作用。

从 FORTRAN 语言诞生至今，人们提出的语言已经有数千种，其中大部分只是试验性语言，只有少数语言得到广泛使用。随着时代的发展，今天绝大部分程序都是用高级语言写的，人们也已习惯于用**程序设计语言**特指各种高级程序语言了。

在高级语言（例如 C 语言）的层面上，描述前面同样的程序片段只需要一行：

```
d = a * b + c;
```

这表示要求计算机算出等于符号右边的表达式的值，而后把计算结果存入由 d 代表的存储单元里。这种表示方式很接近人们所熟悉的数学形式，明显地更容易阅读和理解。高级语言程序完全采用这种符号形式，摆脱了难用的二进制形式和具体计算机的细节。此外，高级语言中还提供了许多高级的程序结构，供编写程序的人们用于组织复杂的程序。与机器语言和汇编语言的程序相比，情况确实大大改善了。

当然，计算机也不能直接执行高级语言描述的程序。人们在设计好一个语言后，还需要开发出一套实现这一语言的软件，这种软件被称为**高级语言系统**，也常被说成是这一高级语言的实现。在研究和开发各种高级语言的过程中，人们也研究了各种语言实现技术。高级语言的基本实现方式有两种，分别称为**编译**和**解释**：

1. 采用编译方式实现高级语言：人们首先针对具体语言（例如 C 语言）开发出一个翻译软件，其功能就是把用该种高级语言写的程序翻译成所用计算机的机器语言的等价程序。我们用这种高级语言写好一个程序后，可以把它送给这个翻译程序处理，得到与之对应的机器语言程序。在此之后，我们只要命令计算机去执行这个机器语言程序，计算机就能完成所需要的工作了。
2. 采用解释方式实现高级语言：人们首先针对具体高级语言开发一个解释软件（系统），该软件的功能就是直接读入这种高级语言写的程序，并能一步步按照程序的要求工作，完成该程序所描述的计算。有了这种解释软件，我们只要直接把写好的程序送给运行着这个软件的计算机，就可以完成该程序所描述的工作了。

在目前的实际计算机系统中，采用第一种方式实现高级语言的情况更为常见，也有许多采用第二种方式实现语言的系统。本书后面还会进一步介绍前一实现方式的一些具体情况。

随着计算机科学技术的发展，人们不断提出新的程序语言，老语言逐渐被淘汰，仍在使用的老语言也在不断变化。以 FORTRAN 语言为例，它在过去的 50 年已经过多次大的改版，其新版本（如 FORTRAN 90 和 95）与初始的 FORTRAN 相比早已面目全非了。其他历史较长的语言也都如此。推动语言发展的因素很多。随着程序设计工作的长期实践，人们对程序设计应该怎样做、需要什么东西去描述程序等不断产生新的认识，其中许多重要认识后来凝结到新语言里。推动语言发展的另一原因是应用。新的应用领域常对描述工具提出新要求，这些认识和要求促使人们改造已有的语言，或者提出新语言。

目前世界上使用较广的语言有 FORTRAN、C、C++、PASCAL、Ada、Java 等，这些语言通常被认为是常规语言，因为它们有许多共同性质。还有一些语言比较特殊，在形式和编程方式等方面与常规语言差异很大，它们互相之间也常常大相径庭。这些非常规的语言各具特点，各有自己的领域，甚至有特殊的使用人群。属于这一类的语言包括 LISP、Smalltalk、PROLOG、ML 等。这些语言虽然不如常规语言使用广泛，但也非常重要，它们都曾在程序语言或计算机的发展历史上起过（有些仍然起着）极其重要的作用。

程序及其抽象层次

对于程序的描述而言（无论是前面给出的日常生活中的非形式的“程序”，还是希望计算机去执行的程序），还有几个重要的问题值得提出：

首先，可以写在程序里的基本“指令”包括哪些？洗脸、查书目等是前面日常生活“程序”示例里的基本动作。在编写需要计算机去执行的程序时，基本动作应该是计算机能完成的事项。例如，要写前面那样的二进制代码程序，就要按具体计算机的规定写出一条条指令。用一种高级语言写程序，同样必须基于该语言所支持的基本命令。学习用高级语言写程序，一个基本问题是了解语言提供的基本功能，了解它们的描述形式和操作的效果。

对描述程序的语言有什么要求？描述前面有关日常生活的“程序”时，我们用的汉语是日常用于人际交流的“自然语言”。自然语言词汇丰富，有极强表达能力。但在许多地方依赖于接受者的知识和常识。如果要求诸葛亮按前面给出的程序到图书馆去借书，他就不可能理解其中的动作，也无法执行它去把书借来，因为他缺乏许多有关知识。自然语言描述常常很不精确，许多疏漏需要接受者用自己的知识去填补。这种情况可以大大提高信息传递效率，但也带来误解的可能性。送给计算机用的程序必须采用计算机能处理的严格形式，其描述语言必须是精确、无歧义的。程序设计语言都必须满足这些要求。

一个程序可能在不同的层次上描述。看看有关刷牙的例子。前面只用一个词描述这个动作。但如果仔细想想，刷牙也是个复杂过程。我们还可以将其进一步分解为取杯子、装水、取牙刷、挤牙膏、漱口、刷牙、清洗牙齿等一系列细节动作。还可以进一步将这一层面上的每个动作分解为一系列的肌肉伸缩动作。

应当将程序的细节分解到哪个层次，依赖于程序语言提供的基本功能。当然，程序的描述方式也要照顾到人的需要。一个复杂的程序可能包含成千上万，甚至百万或千万行高级语言代码。简单地在高级语言的基本层面上描述程序显得层次太低，使程序的意义难以把握，难以保证能实现所预想的功能，难以修改程序去满足新的需要。就像我们看到极长的一系列有关肌肉伸缩动作的描述，很难理解所做的工作是刷牙一样。因此，在开发复杂的程序时，我们需要提供更高的描述层次，将程序的功能在各个层次上分解描述。随着程序变得越来越复杂，程序的组织结构问题也将变得更加重要。

还是用生活中的例子来说明问题。对于学生早上起床后的活动，我们首先应该在很高的层次上描述，就像前面所给出的：

```
1. 起床
2. 刷牙
3. 洗脸
4. 吃早饭
5. 早自习
```

这就把一个复杂程序分解为若干相对简单的部分。如果需要进一步细化，那么我们就降到下一细节层次，将一个高层动作分解为一系列低层基本动作。例如，可能把“吃早饭”分解为下面的动作序列：

```
拿饭碗
去食堂
排队买饭
吃饭
```

刷碗
离开食堂

必要时再做进一步分解。例如，将“排队买饭”分解为“排队、选饭、选菜、付款”等。在这种分解描述的过程中，我们还应该保留前面构造出的抽象描述的层次。图 1-1 是这种功能分解的图示。这种层次结构可以帮助人理解程序的细节过程，帮助发现程序中的错误，还能使所得程序易于根据需要去修改。例如，学校的食堂改为快餐份饭，由于整个程序已分解为一些具有逻辑独立性的部分，修改起来会相对更容易些。

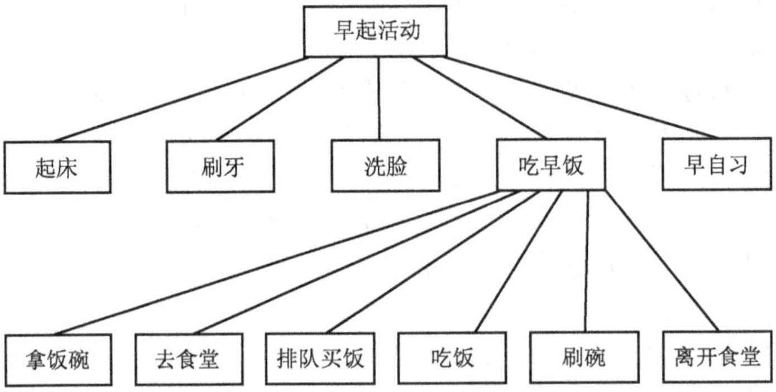

图 1-1 “程序”与功能分解

编程序时所需要掌握的恰恰就是这种工作方式。我们需要从问题的需求出发，从高层开始设计程序，并逐步分解程序功能。当将程序所需功能分解到一定的细节程度之后，就可以借助于程序语言的结构，描述程序中的细节步骤了。在学习程序设计的过程中，也必须学习分析和构造程序的正确方法。本书将仔细讨论这方面的问题。

具体语言和程序设计

本章下面几节将转到技术性讨论。本书讨论与程序设计相关的各种问题，为此需要选一种合用的程序设计语言。任何有关程序设计的教科书都需要用一种高级语言作为工作媒介。本书选用 C 语言作为工作语言，因为 C 语言能较好地服务于我们的目标。

在后面各章，我们将逐步展开有关程序设计的讨论：从最基本的数据描述和简单表达式开始，讨论如何写出最简单的一步程序。而后讨论程序的基本流程结构，以及如何用这些结构解决更复杂的计算问题。其中还要介绍程序的组织，以及 C 语言为此而提供的基本机制——函数。研究了许多基本程序设计问题和技术后，讨论转向数据的组织问题，因为在更复杂的计算中需要处理的数据也更加复杂多样，需要采用适当的方式将它们组织起来。

在开始系统讨论程序设计和 C 语言之前，本章剩下部分将介绍一些基本情况，作为后面讨论的导引。1.2 节简单介绍 C 语言的历史发展，1.3 节用一个简单例子介绍 C 语言的一些基本情况，1.4 节和 1.5 节介绍程序设计过程中的一些重要概念和问题。这两小节的内容具有一般性，完全理解需要有一定的程序设计经验。把它们放在这里，是希望读者对这些情况有一点初步了解。

1.2 C 语言简介

C 语言是贝尔实验室的 Dennis Ritchie 于 1973 年设计的一种程序设计语言，目标是用于写操作系统和复杂的系统程序。C 语言开始时被用在 PDP-11 计算机上开发 UNIX 操作系统，20 世纪 70 年代后作为 UNIX 的标准开发语言，随着 UNIX 系统的流行而得到广泛的接受和应用，80 年代后被搬到包括大型机、工作站等的许多系统上，逐渐成为开发系统程序和复杂软件系统的通用语言。随着微机的蓬勃发展及处理能力的提高和应用的日益广泛，越来越多的人参与到微机应用系统的开发工作中，需要适合开发系统软件和应用软件的语言。C语言能较好地满足人们的需要，因此在微型机的软件开发中得到广泛应用，成为使用最广泛的系统开发语言，被人们用于开发各种微型机程序，直至非常复杂的软件系统。

在使用最广的以 Intel 及其兼容芯片为基础的微机上，有许多性能良好的商品 C 语言系统。包括 Borland 公司早期的 Turbo C 和后续 Borland C/C++系列产品，Microsoft（微软）公司的 Microsoft C 和 Visual C/C++系列产品。其他使用较广的有 Watcom C/C++和 Symantic C/C++等，还有许多廉价或免费的 C 系统。其他微型机也有多种 C 语言系统。各种工作站大都采用 UNIX 和 Linux，C 是它们的标准开发语言。大型计算机上也都有 C 语言系统。

C 语言的特点

C 语言之所以能被世界计算机界广泛接受，是由于其自身的许多特点。总体上说，C 语言的设计中成功地结合了当时人们对于程序语言的认识和开发复杂系统程序（例如操作系统等）的需要。C 语言的主要特点包括：

- C 是一个较简单的语言，较容易入门，知道很少东西就可以开始编程序。C 语言很好地总结了程序库的概念，把程序中需要的许多功能放在程序库（称为标准函数库）里，如输入输出功能等。这使语言本身比较简单，编译器比较容易实现。人们早已用 C 语言写了它自身的编译器，很容易移植到各种不同计算机上，促进了 C 语言的传播。
- C 语言提供了丰富的程序机制，包括各种控制机制和数据定义机制，能满足构造各种复杂程序的需要。方便易用的函数定义和使用机制使人可以把复杂程序分解成一批具有一定独立性的函数，从而分解了程序的复杂性，使之更容易控制和把握。
- C 语言提供了一套预处理命令，支持程序的分块开发。利用这些机制，一个软件系统可以较方便地由几个人或几个小组分别开发，最后集成为最终的系统。这种工作方式对开发大软件系统是必需的。人们用 C 语言开发了许多规模很大的系统。
- C 语言的另一特点是可以写出效率很高的程序。人们仍在继续用汇编语言，是因为多数高级语言写的程序效率低一些，在开发效率要求特别高的程序时只能继续用汇编语言。C 语言的基本设计使得用它开发的程序具有较高效率。它还提供了一组比较接近硬件的低级操作，可用于写较低级、需要直接与硬件打交道的程序或程序部分。这使 C 语言常被用做汇编语言的“替代物”，大大提高了开发低层程序的效率。

C 语言的工作得到国际计算机界的广泛赞许。一方面，C 语言在程序语言研究领域具有一定价值，引出了不少后继语言。许多新语言从 C 语言中汲取营养，吸收了它不少东西。另一方面，C 语言对计算机工业和应用的发展也起了重要的推动作用。由于这些情况，C 语言的设计者获得世界计算机科学技术界的最高奖——图灵奖。

C 语言的发展和标准化

在设计 C 语言时，设计者主要是希望用它作为汇编语言的替代品，用做自己写操作系统的工具，因此设计中更多强调的是灵活性和方便性。当时 C 语言的许多规定很不严格，允许采用许多不规矩的方式写程序，留下了一些不安全因素。使用这样的语言，要求编程序的人自己注意所有问题，程序正确性主要靠人来保证，编译器不能提供很多帮助。随着用 C 语言的人越来越多（自然其中大部分人对语言的理解远不如设计者），C 语言在这方面的缺点也日益突出起来。由此造成的后果是，人们用 C 语言开发的复杂程序里常有隐藏很深的错误，难以发现和改正。

随着应用发展，人们强烈希望 C 语言能成为一种更安全可靠、不依赖于具体计算机和操作系统（如 UNIX）的标准化的程序设计语言。美国国家标准局（ANSI）在 20 世纪 80 年代建立了专门小组研究 C 语言的标准化问题，工作的结果就是 1988 年颁布的 ANSI C 标准。这个标准被国际标准化组织和各国标准化机构接受，同样也被采纳为中国国家标准。此后专家们继续工作，在 1999

年通过了 ISO/IEC 9899:1999 标准（一般称为 C99）。这一新标准对 ANSI C 做了一些修订和扩充，本书最后一章将介绍相关的情况。

语言的改造很困难。虽然人们认识到原来 C 语言里的一些东西不好，应该丢掉。但是已经存在的东西，主要是已经开发出的各种程序和软件，是一笔巨大财富，不能轻易放弃，而彻底改造将耗费极大人力和物力，也很难做到。另外，一批老用户已养成习惯，不可能一朝一夕改变。因此，新标准需要尽可能保持与原语言的兼容性。ANSI C 标准基本上容许原来形式的 C 程序，作为对现实的让步。但新标准中也强调：旧事物终将被抛弃，希望写程序的人尽量不要再使用它们。C99 就抛弃了老的 C 语言里的一些东西。

今天学习 C 语言程序设计，理所当然应该采用新的更好形式，不应学习那些过时的东西。原因主要有两条：（1）语言里的旧东西终归将被抛弃，养成使用它们的习惯将来还要改，费时费力；（2）过时的东西确实不好，通常会阻碍编译系统对程序的检查。人很容易犯错误，在从事写程序这种复杂工作时尤其如此。排斥编译检查就是拒绝计算机的帮助，其实际后果可能是代价惨重，要为程序中实际存在的隐藏错误耗费更多时间和精力。

教材和参考书

关于 ANSI C 语言参考书，除了 ANSI C 语言标准外，最重要的就是 C 语言设计者 B. W. Kernighan 和 D. M. Ritchie 合著的《C 程序设计语言（第 2 版）》。书中不仅包括有关 C 程序设计的讨论，还附了许多材料，包括改写的语言参考手册和标准库的详细介绍。另有一个附录总结了 ANSI C 与过去的 C 之间的差异，供熟悉老式 C 语言的人参考。但是该书假定读者在阅读前已经有一些程序设计经验，并至少熟悉一种程序语言，因此不适合作为初学程序设计的教材或自学课本。该书的中译本于 2001 年已由机械工业出版社出版。

本书中的讨论都基于 ANSI C 标准语言，讨论中提出了许多使用 C 语言写程序时应注意的问题，其中有些就是针对 C 语言的过时形式。目前市场上仍然有不少书籍以老的 C 语言形式作为程序例子，其中有些说法和解释也已过时，请读者注意。

学习写程序时，需要了解 C 语言本身，更重要的是学习、理解和运用人们在几十年的程序设计工作中总结出的经验，包括在许多情况下的正确思考方法和**习惯做法**。在学习程序设计的过程中，不仅要学习程序语言和程序设计的方法，而且应注意学习如何写程序，养成良好的程序设计习惯。这些是学习程序设计过程中应当特别重视的一个方面。书中许多地方提出了这方面的建议，希望读者一定要重视。

1.3 一个简单的 C 程序

从下章开始，我们将详细地讨论 C 语言的各种结构，讨论程序设计的各方面情况和问题。在开始这些讨论前，先请读者看一个简单的程序例子，看看用 C 语言写出的程序是什么样子的。然后从它出发解释一些程序开发中的问题。下面是一个简单程序：

```
#include <stdio.h>

int main() {
   printf("Good morning!\n");
   return 0;
}
```

用 C 语言写的程序简称为 *C 程序*。上面这个简单程序可分为两个基本部分：第一行具有特殊意义，它说明程序里用到 C 语言系统提供的标准功能，为此需要参考标准库的文件 `stdio.h`，这方面的细节将在第 5 章介绍。空行后的几行是程序的基本部分，描述了程序完成的工作，其意义就是产生一行输出“`Good morning!`”，详细情况在下面讨论。

C程序的加工和执行

C是一种高级程序语言，用C语言写出的程序通常称为*源程序*，人容易使用、书写和阅读这种程序，但计算机不能直接执行它们，因为计算机只能识别和执行特定的二进制形式的机器语言程序。为使计算机能完成一个C语言源程序描述的工作，必须先把这个源程序（如上面简单例子）转换成二进制形式的机器语言程序，这种转换由*C语言系统*完成。这种转换过程称为“C程序的加工”。每个C语言系统都包含了加工C源程序的功能，包括“编译器”、“连接器”等，系统里还可能有一些其他程序或功能模块。

源程序的加工通常分两步完成：第一步由编译器对源程序文件进行分析和处理，生成相应的机器语言目标模块，保存到*目标文件*里。目标文件还不能执行，因为其中缺少C程序运行需要的一个公共部分：C程序的*运行系统*。此外，C程序大都要使用函数库提供的功能。例如前面例子用到标准函数库里的一个输出函数（printf是该函数的名字）。为构造出可运行的程序，还需要做第二步加工——*连接*。连接工作由连接器完成，它把编译得到的目标模块与其他必要部分（运行系统、函数库模块等）拼装起来，做成可执行程序。图1-2说明了C程序的基本加工过程。

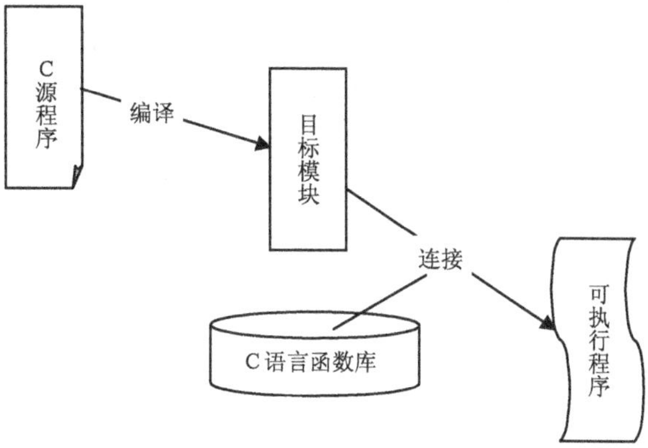

图1-2　C源程序的加工过程

对前面简单C程序示例进行加工后，就能得到一个与之对应的、可以在计算机上执行的程序。运行这个可执行程序，就会看到它的执行效果。这个程序的执行将得到一行输出，通常显示在计算机屏幕上，或者图形用户界面上的特定窗口里：

```
Good morning!
```

如果修改该程序，把双引号里的字符序列换成其他东西，它就会输出那些新内容。例如：

```
#include <stdio.h>

int main() {
   printf("Hello, world!\n");
   return 0;
}
```

这一程序加工后执行，就会输出：

```
Hello, world!
```

C程序加工过程的启动方式由具体的C语言系统确定，可查看有关系统的手册。有时需要直接用操作系统命令去启动各种加工工作（启动编译系统、连接系统等），除了把源程序文件名作为命令参数外，还常常需要给一些其他参数。这些命令的书写形式较复杂，使用不太方便。此外，为了输入、编辑和修改源程序，通常还需要用一个编辑器。

为使程序的开发更加方便，人们开发了一类称为*集成式程序开发环境*（Integrated Development Environment，IDE）的软件。许多厂家已把IDE作为语言处理系统的基本部分。IDE把编程中需要的所有软件集成起来统一管理和使用。IDE 系统一般采用窗口菜单技术，提供专供编程用的编辑环境，通过菜单方式提供编译、连接以及启动执行程序的命令。用 IDE 写程序，开发过程中的各种工作都很方便，能大大提高工作效率。各种微机 C 语言系统都包括很完善的 IDE。需要提醒读者的是，即使是使用 IDE 编程序，上面所讲的程序加工过程并没有变，不同的只是启动加工命令的方式。

随着时间推移，IDE 也在不断改进和发展，逐渐发展成一类很复杂的软件系统。用好这种系统也需要学习，只有掌握了 IDE 的功能，才能更好地发挥其作用。

程序格式

一般说，一个 C 程序由一系列可打印（可显示）字符构成，可以用普通编辑器编写、修改程序，或用专门的程序开发系统。组成程序的字符序列通常按人阅读方便的形式分为一些行（就是在字符序列中插进一些换行符），每行的长度不必相同。

C 语言是一种“自由格式”语言，除若干简单限制外，我们完全可以根据自己的想法和需要选择程序格式，确定在哪里换行，在哪里增加空格等。这些格式变化并不影响程序的意义。但请注意，没有规定程序格式并不说明格式不重要。程序的一个重要作用是给人读，首先是我们自己要读。对于阅读而言，程序格式是非常重要的。通过多年程序设计实践，人们在这方面有了统一的认识：由于程序可能很长，结构可能很复杂，因此必须具有良好的形式，所用格式应很好地表现程序的层次结构，反映程序中各个部分之间的结构关系。

人们普遍采用的方式是：（1）在程序里适当加入空行，分隔程序中处于同一层次的不同部分；（2）同层次的不同部分对齐排列，下一层次的内容通过适当退格（在一行开始加几个空格），使程序结构更清晰；（3）在程序里增加一些说明性信息，这方面情况后面介绍。上面程序示例的书写形式符合这些看法，其中把花括号内的部分看做下一层次内容，后退几格写出，就是希望程序的表面形式能较好反映程序本身的结构。

初学程序设计就应注意程序格式，养成习惯。虽然对很小的程序，采用良好格式的优势并不明显，但对稍大一点的程序，情况就很不一样了。有些人为了方便，根本不关心程序的格式，只是想少输入空格或换行，这样会使自己在随后的程序调试检查中遇到更多麻烦。所以这里特别提醒读者：注意程序格式，从写简单程序开始养成好习惯。

1.4 程序开发过程

本节讨论程序的开发过程，包括程序调试（testing）和排除错误（简称排误，debugging）等问题。调试和排误也是写程序中的必经阶段。对于初学者，下面谈到的一些情况可能难以完全明白，因为缺乏程序设计实践。但是这些问题确实需要说明。我们把有关讨论集中在这里，希望读者能在学习了后面的若干章节，做了一些程序后再回来重读这些说明。反复几次，事情就能看得更清楚了。

程序的开发过程

用计算机解决问题的过程如图 1-3 所示，有关过程大致是：

1. 分析问题，设计一种解决问题的途径（解决方案）。
2. 根据设想的解决方案，用某种编辑器（或 IDE）编写出所需程序。
3. 用编译器加工源程序。如能正确完成就进入下一步；如发现错误就需要定位错误，回到第 2 步去修改程序。
4. 反复工作到编译工作正确完成，编译中发现的错误都已排除，所有警告信息都已处理（排除了，或已弄清不是错误），就可以做连接。如果连接发现错误，还需返回前面步骤，修改程序后重新编译。

5. 连接正常产生可执行程序后，就可以开始调试执行，用一些实际数据考查程序的执行效果。如果执行中发生问题，或发现得到的结果不正确，就需要设法确定错误原因，回到前面步骤：修改程序，重新编译，重新连接等。

重复进行上述过程，直到确信程序正确为止。上面论述中出现的一些术语见下面解释。

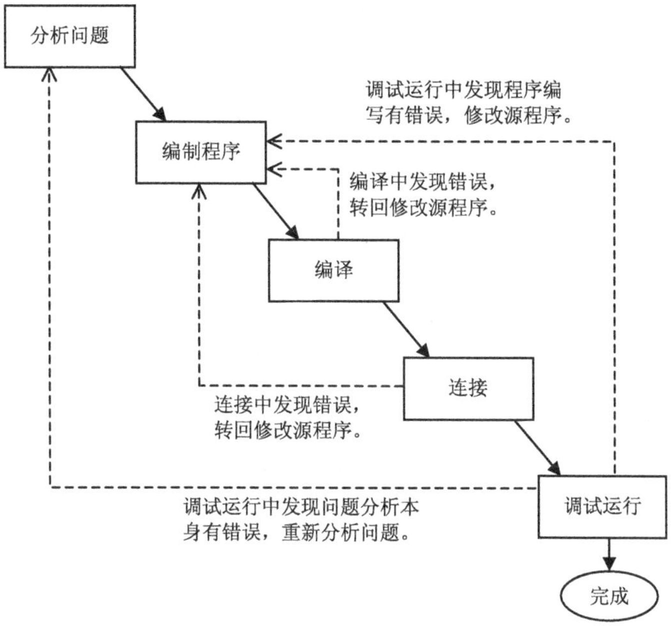

图 1-3　程序的开发过程

程序错误

有关排除程序错误的术语是 debugging，关于它还有一个故事。在美国计算机发展早期，有一天一台计算机出故障不能运行了。人们仔细检查，发现计算机里有一个被电流烧焦的小虫（bug），它造成电路短路，是这次故障的祸根。从此，检查排除计算机故障的工作就被称为 debugging，也就是"找虫子"。后来人们也这样称呼检查程序错误的工作。

对程序设计而言，实际上这个词并不贴切。程序里的错误都是编程序的人犯的错误，没有其他客观原因，也没有虫子之类的小东西捣乱。我们学习程序设计，首先应该认清这一情况：所谓排除程序里的错误，也就是排除自己在程序设计中所犯的错误，消除自己写在程序里的错误。初学者在自己的程序出问题时，都倾向于认为是系统或者计算机有问题，常会说"我的程序绝对没错，一定是系统的毛病"。而有经验的程序员都知道，如果程序出了错，基本上可以肯定是自己的责任，需要仔细检查去排除它们。

程序里的错误可以分为两大类：一类是程序书写形式在某些方面不符合语言要求，对于这类错误，语言系统在加工程序的过程中能够检查。另一类是程序书写形式本身没错，加工过程能正常完成，产生可执行程序，但是程序在执行中出了问题，或者程序产生的结果（或执行效果）不符合需要。排除程序错误，就是要消除这两类错误。

程序加工，有关错误的排除

如果语言系统在加工源程序时发现错误，编译器或连接器就会产生出错信息。语言处理系统每发现一个错误就产生一个错误信息行，指明所确认的错误类型和发现错误的位置（如发现错误的源程序行号等），信息行里还可能包括其他信息，供人们参考。不同 C 语言系统在检查错误的能力、产生出错信息的形式等方面可能有许多不同。但无论如何，只要系统给出了错误信息，我们都应该仔细阅读，检查信息中指定的位置附近的源程序代码，找到真正的错误原因并予以排除，然后再继续工作下去。

编译器能发现的错误（*编译错误*）主要有两类：

1. 局部语法错误，如缺少必要的符号（常见的如缺少分号、括号等），组合符号拼写不正确等。对这些错误，编译器都能给出发现的位置，但给出的错误原因不一定都对。编译器在工作中一个个字符地检查源程序，如果检查到某点确定了程序里有问题，它就把这一点作为发现错误的位置。源程序中的实际错误或是出现在编译器指定的位置，或是在这个位置之前。应当从这个位置开始向前检查，设法确定错误原因。有些错误可能在很远以后才被编译器发现，也就是说，实际错误可能出现在编译器所指位置前面很远的地方。此外，一个实际错误常导致编译器产生许多出错信息行，这是因为源程序错误可能使编译器进入某种非正常状态，从而产生出一系列出错信息。经验告诉我们，*排除程序错误的基本原则是：每次编译后集中精力排除编译器发现的第一个错误*。如果无法确认后面错误，就应当重新编译检查。排除一个错误有可能消除掉许多出错信息行。
2. 程序里上下文关系上的错误。程序里的许多东西都有前后关系。例如，要用的东西必须先定义。如果编译中发现某些东西无定义，就会指出这个错误。出错原因经常是名字拼写有误，有时确实是忘记定义了。这些都比较容易检查和纠正。

编译器发现错误时总能提供出错位置的信息，这种信息非常重要，应注意参考。为帮助发现程序里的问题，许多编译器还做一些超出语言定义的检查。如果发现程序有可疑之处，它会发出警告信息（warning）。这种信息未必表示程序有错，但也可能是真有错。我们对警告信息绝不能掉以轻心，*警告常表示存在隐藏较深的实际错误，必须认真地一个个弄清其原因*。只有那些能确认没问题的警告，才可以让它们留在那里。

连接器也可能检查出一些错误，称为*连接错误*。连接错误都是有关目标模块之间，或者目标模块与程序库、运行系统之间的关系方面的问题。例如，如果我们在前面的简单程序里不慎把 `main` 写成 `mian`，编译时不会发现问题，连接时会得到一个错误信息说：连接过程中找不到名字为 `main` 的函数。出现问题的原因是 C 程序运行系统要用这个函数去启动程序的执行，而在我们的程序里没有这个函数（因为名字写错了）。连接器发现的错误通常都与名字有关，此时它只能指出发现了关于哪个名字的问题，却无法指出有关错误在源程序里的位置。对于小程序，这种错误很容易排除。程序较大时可以利用编辑器的字符串查找功能，一些 IDE 提供了更高级的查找机制。

程序运行中的错误

一旦完成了程序加工，生成可执行程序，下一步工作就是试验性地运行程序，检查运行情况，看它是否正确实现了所需功能。程序运行中也可能出错，出错情况可能有多种：

1. 程序执行中违反了环境的基本要求，例如试图执行某种非法操作。这时出现什么问题由程序及其运行所在的操作系统决定。在检查严格的系统里，这种程序通常会因为违规而被强行终止，操作系统可能给出出错信息。在控制不严或完全没控制的系统（如微机的 DOS 系统）里，这种程序错误常会导致系统死机或引起其他不正常现象。这类错误往往很隐蔽，需要仔细检查才能发现。写 C 程序时不注意，较容易写出这种程序，这是 C 语言的一个重要缺点。后面讨论中会提醒读者在一些地方特别小心。
2. 程序执行中进入某种不能结束的状态，一般称“进入死循环”，也就是无休止地重复执行某一段指令而无法停下来。这种程序或是启动后长时间没有反应，或是执行中反复输出类似信息（如果死循环里有输出命令）。当然，长时间无反应未必说明程序进入死循环。如果一个程序要求从键盘获得输入，它执行到该处就会进入等待，直到人输入信息后才会继续，这是正常情况。另一方面，有的程序确实需要运行较长时间。对程序是不是真正进入了死循环，还需要仔细分析和判断。

3．程序在执行中因为出现某些情况，无法继续下去而停止。这时会给出运行中的动态错误信息。例如算术运算中把0作为除数，将使程序无法继续执行，只能停止。

4．还有一种情况是，程序能执行到结束，但是输出的结果不正确。这种错误属于一般的语义错误，也称为逻辑错误，说明我们编的程序不对。

编程中出错是常见问题，调试和排除错误是程序设计（开发）过程中必需的工作阶段。

排除程序中的错误

人们把程序里的错误分为两类：一类是*静态错误*，通过静态检查源程序就可以清楚地看到它们。编译器、连接器能发现的错误都属于这一类。系统在加工中发现错误给出信息后，我们比较容易通过检查有关位置的上下文，确定错误原因和改正方法。要想找出这种错误，需要熟悉C语言的规定，包括各种结构形式和上下文关系方面的规定等。

另一类称为*动态运行错误*，它们出现在程序执行中。这类错误的确认和纠正更困难。要想从程序代码和数据的情况、得到的结果出发去弄清错误原因，需要更多的分析和思考。发现了动态运行错误后，应该首先分析错误的现象，考虑出错的各种可能性，逐步排除疑点。

在发现程序错误的疑点后，我们应该设法选择一些数据，做进一步的试验运行，设法确认自己的认识。还应设法找出导致错误的最简单数据。经过一系列试验和仔细分析，简单程序中的大部分错误都可能得到确认，进而予以更正。

如果没办法直接确定错误的原因，那么就需要采用各种动态检查技术。进行动态检查的基本方法是检查程序执行的中间过程（中间状态），最常用的方式是在有疑问的地方插入一些输出语句，让程序在执行中输出一些变量的值。通过检查某些关键性变量的变化情况，常常可以发现导致程序错误的线索。

各种C语言系统通常都提供了对程序动态检查的支持功能。尤其是各种IDE，都对程序的动态检查提供了强有力的支持。我们可以在IDE里以*调试方式*执行程序。这方面的功能通常包括*追踪*、*监视*、*设置断点*、*中断执行*等。这里做一些简单介绍。

1．追踪：常规的程序执行是通过一个命令启动，程序启动后自动运行直至结束（可能被强行终止或由于执行完成而终止），或者进入死循环。对程序进行追踪，则是以受控方式执行程序，例如要求程序一个个语句地执行（单步执行），要求程序在执行中暂时停在某个位置（中断执行）等，以检查程序执行的中间状态，发现程序里的问题。

2．监视：指在程序追踪过程中关注程序里某些变量的变化情况。

3．设置断点：在开始追踪前，可以标出程序里的一些位置，要求执行到达这些位置时停下来，以便检查。程序在断点暂停后，可以按命令继续执行下去，或从执行中退出。

4．中断执行：当发现（或认为）程序进入了非正常状态，或在程序执行中需要检查中间状态时，可以中断程序执行。调试中可以发出中断命令，程序接到中断命令就会停在当时的执行点，但仍处于执行状态中。这样就可以检查执行现场的各种情况。

强有力的IDE能为编程提供很多帮助，在学习程序设计的过程中，了解和掌握所用工具也非常重要。不同的IDE虽然各有特点，但在对程序开发和调试的支持方面差别不大，掌握一个就可以触类旁通，学习使用其他系统时不会遇到很大困难。

当然，再好的IDE也只是一个工具，如能熟练使用，将有利于发现程序错误的线索，但确认和改正错误则必须依靠人自己动脑动手。另一方面，不能因为有了IDE就不注意程序的写法了。良好、正确的编程习惯和方式是至关重要、不可替代的。IDE虽然使编程工作更方便，但它没有也不可能改变这个工作的实质。编好程序的最基本因素仍然是人。

应该看到事物的另一面：好的IDE并不能造就优秀的程序工作者。现在的IDE越来越强大，但我们却常能看到许多人用高级工具编出的程序质量很差。要编好程序，最重要的还是要理解这一工作中的规律性，在工作中采用正确的方式，积累程序设计的经验。程序不是代码的堆积，编程中一个最重要的问题就是程序的设计和组织，程序越大，这方面工作的地位和作用就越明显。本书后面还要通过讨论和例子反复强调这一问题。

关于调试，还有一个重要问题。荷兰计算机科学家 Dijkstra（图灵奖获得者）有一句名言：调试可以确认一个程序里有错误，但是不能确认其中没有错误。一个程序是否正确，这是一个非常深刻的很难回答的问题，关于这个问题，既有许多理论研究，也有许多实际的方法研究。在进入程序设计这个世界之前，请大家首先记住这一点。

1.5 问题与程序设计

有了适用的程序语言，我们该如何着手编写程序呢？程序设计是一种智力劳动，编程序也是以一种方式解决问题。初学程序设计时写很简单的程序，与做一道数学应用题或物理练习题有类似之处。编程序时面对的是一个需要解决的问题，要完成的是一个符合题目要求的程序。一般说，解决问题的过程可分为三步：第一步是分析问题，设计一种解决方案；第二步是用程序语言严格描述这个解决方案；第三步，在计算机上试用这个程序，运行它，看看它是否真能解决问题。如果在第三步发现错误，那么就需要仔细分析错误原因，弄清问题并后退到前面步骤去纠正错误。如果发现程序有问题，那就要修改它，然后重新编译运行和检查；如果发现求解方案有误，那就需要修改方案，重编程序……请重看图 1-3。

这个工作的第一步与在其他领域里解决问题类似，只是考虑问题的基础不同。做程序设计时，我们要从计算和程序的观点出发，这又会引出许多新问题，是本书讨论的一个重点。第二和第三步是程序设计的特殊问题。语言的各种结构有明确定义的功能，把头脑中形成的解决方案变为程序语言描述，往往也不是直截了当的，需要经过仔细考虑和规划。进一步说，程序语言有严格规定的形式，要把想清楚的解决方案用符合规定的形式写出来，也需要做不少工作，在这个过程中也可能犯错误。前面关于程序中可能的错误与排除的讨论，主要关注第二步和第三步之间的小循环，这个方面有许多新东西需要学习。至于发现问题解决方案有错误，则需要对所发现错误进行深入的分析。

在程序设计领域里，在解决小问题与解决大问题，为完成课程练习而写程序与为解决实际应用问题而写程序之间并没有一条鸿沟。开发大的实际程序或软件系统，前期工作的比重会大大增加：首先要把问题分析清楚，弄明白到底要做什么。为此还需要进一步学习。

本课程中涉及的东西很多，包括知识的记忆和灵活掌握，解决问题的思维方法，具体处理的手段和技巧，还有许多实际工作和操作技能。我们把几个重要方面列在这里：

1. 分析问题的能力，特别是从计算和程序的角度分析问题的能力。应逐渐学会从问题出发，通过逐步分析和分解，把原问题转化为能用计算机通过程序方式解决的问题。在此过程中设计出一个解决方案。这方面的深入没有止境，许多专业性问题都需要用计算机解决，参与者既需要熟悉计算机，也需要熟悉专业领域。将来的世界特别需要这种兼容并包的人才。虽然课程和教科书里的问题很简单，但它们也是通向复杂问题的桥梁。
2. 掌握所用的程序语言，熟悉语言中各种结构，包括其形式和意义。语言是解决程序问题的工具，要写好程序，必须熟悉所用的语言。应注意，熟悉语言绝不是背诵定义，这个熟悉只有在程序设计的实践中才能完成。就像上课再多也不能学会开汽车一样，仅靠看书、读程序、抄程序不可能真正学会写程序的。要学会写程序，就需要反复地亲身实践从问题到程序的整个过程，开动脑筋，想办法处理遇到的各种情况。
3. 学会写程序。虽然写过程序的人很多，但会写程序、能写出好程序的人就少得多了。经过多年的程序设计实践，人们对什么是“好程序”有了许多共同认识。例如，解决同样问题写出的程序比较简单就是一个追求。这里可能有计算方法的选择问题，有语言的使用问题，其中需要确定适用的程序结构等。除了程序本身是否正确外，人们还特别关注写出的程序是否结构良好，是否清晰，易于阅读和理解，当有些条件或要求改变时，程序是否容易修改去满足新的要求等。后面许多章节里会反复提到这些问题。

4. 检查程序错误的能力。初步写出的程序常会包含一些错误。虽然语言系统能帮我们查出其中一些，并通告发现错误的位置，但确认实际错误和实际位置，弄清应该如何改正，永远都是编程序的人的事情。对于系统提出的各种警告，系统无法检查的错误等的认定更要依靠人的能力。这种能力也需要在学习中有意识地锻炼。
5. 熟悉所用工具和环境。程序设计要用一些编程工具，要在具体的计算机环境中进行，熟悉工具和环境也是这个学习中很重要的一部分。目前大部分读者可能用某种 IDE 做程序实习，熟悉这种环境的使用也很重要，可能大大提高自己的工作效率。

本章讨论的重要概念

程序，程序语言，基本动作，计算，程序的执行，机器语言，汇编语言，高级语言，FORTRAN，程序设计语言，编译和解释，C 语言，ANSI C 标准，C99，C 程序，自由格式语言，程序的格式，程序的加工，程序执行，源程序，编译，目标模块和目标文件，连接，可执行程序（文件），集成式程序开发环境（IDE），程序调试，程序排误，出错信息，语法错误，上下文关系，警告信息，连接错误，死循环，语义错误，静态错误，动态运行错误，追踪，监视，断点，中断执行。

练习

1. 设法找一找有关程序语言发展的书籍或者文章，或者计算机辞典的有关条目，读一读，了解程序语言的历史、发展、现状等方面的情况。
2. 设法找到 ANSI C 标准或者中国国家标准 GB/T 15272—94《程序设计语言 C》，浏览这些标准的目录，了解在定义一个程序语言时需要说明哪些东西。
3. 熟悉自己学习 C 语言程序设计时准备使用的编译系统或者集成开发环境，了解该系统的基本使用方法、基本操作（命令式或窗口菜单的图形界面方式），弄清楚如何取得联机帮助信息。设法找到并翻阅这个系统的手册，了解手册的结构和各个部分的基本内容。了解在该系统中编一个简单程序的基本步骤。
4. 输入本章正文中给出的简单 C 程序例子（注意程序格式），在自己所用的系统中做出一个 C 语言源程序文件；对这个源程序进行加工，得到对应的可执行程序；运行这个程序，看一看它的效果（输出了什么信息等）。
5. 在第 4 题完成的程序里随便加入一些空格、制表符、换行等字符，看看在什么情况下会出现问题（例如出了错，或者输出改变了），什么情况下不会。如果出错，请仔细考察系统产生的出错信息和自己所做修改的关系，学习阅读系统的错误信息行。
6. 对第 4 题完成的正确程序随意做一点与第 5 题中不同的修改（正文中提出的错误例子，或者其他修改），看看编译加工过程中会得到什么信息。弄清错误信息行和自己所做修改的联系，随后重新把程序修改正确。重复上述步骤。
7. 修改上述程序里位于两个双引号之间的字符序列，看看程序的输出发生了什么变化。修改程序使它能输出你想输出的东西。
8. 如果你所用的系统中可以用中文，在上述程序的一对双引号之间写一句中文，看看程序能否正确加工，程序的输出是什么，能否正确输出中文信息。

第2章　数据与简单计算程序

写程序是为了实现某种计算，程序在计算中需要处理各种数据，所以写程序也就是描述数据的处理，必然要涉及数据的描述和从数据出发的计算过程的描述。

人们在学习初等数学时就描述过许多计算，例如可能写出下面的数学表达式：

$$-\frac{3.24\times 5+\sin 2.3}{4}\times 6.24$$

这一表达式描述的是从一些数值出发，通过三角函数和算术运算求一个值。C 程序里也需要（而且可以）写出与此类似的计算描述片段，与上面数学式对应的 C 语言描述是：

```
-(3.24 * 5 + sin(2.3)) / 4 * 6.24
```

这样一段描述称为一个（C 语言的）*表达式*。与数学表达式相比，这段描述还有一个作用：它可以指挥计算机自动完成相应计算，实际算出所要求的值。

用 C 语言编写程序的第一步就是学习如何写出所需的表达式。要理解表达式，知道如何正确写出所需的表达式，首先必须知道 C 语言对基本数据和表达式的写法方面的规定：表达式里可以包含什么成分？各种基本元素的意义？一个表达式表示了怎样的计算过程？有关计算的结果是什么？下面介绍这些方面的情况。

本章将首先讨论 C 语言中名字的表示，而后介绍各种基本数据的描述，以及如何从基本数据元素出发描述基本计算过程，如何写出所需的表达式。在这一章里，读者将初步接触到计算机领域的许多重要概念，看到它们在简单程序中的地位和作用。

2.1　基本字符、标识符和关键字

一个 C 程序是用 C 语言基本字符写出的一个符合规定形式的序列。C 语言基本字符包括数字（0，1，2，3，4，5，6，7，8，9），大小写拉丁字母 a～z、A～Z 和另一些可打印（可显示）字符（标点符号、运算符号、括号等）。还有一些特殊字符，如空格符、换行符、制表符等。空格、换行和制表符等统称空白字符，在程序中主要起分隔作用。

按照规定，在 C 程序里的许多地方增加或减少空白字符，不会影响程序意义。因此人们写程序时常常利用这种性质，通过加入一些空白字符，把程序排成良好格式，增强程序的可读性。应在适当的地方换行，在适当的地方加入空格或制表符，使程序的表面形式更好地反映其结构和所实现的计算过程。举例说，第 1 章的简单 C 程序也可以写成下面形式：

```
#include <stdio.h>
int main() { printf("Good morning!\n");return 0;}
```

这明显不如前面的写法清晰。对于复杂的程序，不良格式会大大影响程序的阅读和理解，可能带来恶劣后果。我们从写小程序起就应该养成良好习惯。本书后面会经常提到各种程序成分的较好写法，书中程序示例也反映了这方面的情况。

在写英文时，要首先用英文字母和其他字符组成单词，进而组成句子和段落等。C 程序的情况与此类似，这里用字符组成的“单词”成分包括名字（如上面出现的 main、printf 等）、各种数值（如 125、3.14 等）、各种运算符和其他特殊符号。

标识符（名字）

在程序里常需要定义一些东西，以便在其他的地方使用。为了在相关的定义和使用之间建立联系，表示不同地方用的是同一个对象，最基本的方法就是为这些程序对象命名，通过名字建立起定义与使用之间、同一对象的不同使用之间的联系。C 语言严格规定了程序里名字的书写形式，这里将名字称做标识符。

一个合法的标识符是由字母和数字字符构成的一个连续序列，要求第一个字符必须是字母，序列中不能有空白字符。为了方便，C 语言特别规定下划线字符“_”也当做字母看待，这就是说，它可以出现在标识符中任何地方，特别是可以作为标识符的第一个字符。下面是一些标识符的例子：

```
abcd    Beijing   C_Programming   _f2048   sin    a3b06
xt386ex    A_great_machine    Small_talk_80    FORTRAN_90
```

人们通常把以下划线开始的标识符保留给系统使用。在编写普通程序时，不应该引进这种形式的标识符，以免与系统内部使用的名字冲突，造成程序错误。

如果在一个字符序列中出现了非字母、非数字、非下划线的字符，那么它就不是一个标识符了（当然，完全可能其中一部分是标识符，例如 x3+5+y，其中 x3 和 y 都是标识符，中间的+5+不属于这两个标识符）。另外，非字母开头的字符序列也绝不是标识符。下面是一些非标识符的字符序列：

```
+=    3set   a[32]   $$$$   sin(2+5)  ::ab4==   23x5
```

在考虑标识符是否相同的问题时，C 语言区分大小写字母，把同一字母的大写形式和小写形式看做不同字符，这样，a 和 A 就是不同字符（也是两个不同的单字符标识符），name、Name、NAME、naMe 和 nAME 是互不相同的 5 个标识符。

C 语言的合法标识符里有一个特殊的小集合，其中的标识符称为**关键字**，C 语言为这些关键字定义了某种特殊意义，不允许将它们用于其他目的，不能作为普通的名字。我们现在不准备对关键字做更多解释。随着讨论的进展，读者会一个个地接触并记住各关键字，目前只需要记住关键字这一概念。所有关键字都列在附录 B 中。

除了不能用关键字之外，我们在写程序时，可以用任何形式上合乎 C 语言要求的标识符为自己定义的东西命名，名字可以自由选择。经过长期的程序设计实践，人们认为命名问题不是一件无关紧要的事情，为程序对象选择合理的名字能为人们写程序、读程序提供有益的提示，因此人们倡导采用能反映程序对象的含义的名字（标识符）。

请注意，命名问题不是 C 语言特殊的东西，每种程序语言都要规定程序中名字的形式，在计算机领域中到处都用到名字，如计算机里的文件和目录，各种应用程序和系统，图形界面的图标和按钮，计算机网络中的每台计算机，都需要命名。在实际命名时，应采用有意义的名字，这一原则在计算机领域中具有广泛适用性。

2.2 数据、类型和简单程序

C 语言把程序处理的基本数据对象分成一些集合，属于同一集合的数据具有相同的性质：书写形式统一，实现时采用同样的编码方式（按同样规则对应到二进制编码，采用同样位数），对它们能做同样的操作等。具有这样性质的一个数据集合称为一个**类型**。

计算机硬件处理的数据也分成不同类型，通常包括字符、整数、浮点数等，CPU 为不同类型提供不同指令：对整数有一套算术指令，对浮点数有另一套指令。高级语言中的数据分成不同类型与此有关。但类型的意义不仅在于此，类型是计算机科学的核心概念之一。在学习程序设计和程序语言的过程中，我们将不断与类型打交道，请读者特别注意这个概念。

C 语言的基本类型包括字符类型、整数类型、实数类型等。程序里写的、执行中处理的每个基本数据都属于某个基本类型。对于具体的 C 语言系统，各种基本类型都有确定的表示（编码）方式和表示范围。例如，一个整数类型里只包含有限个整数值，是数学里的整数的一个子集。存在这个类型能表示的最小整数和最大整数，超出该范围的整数在这个类型里根本没有容身之地。

我们很快就会看到这些基本情况的影响。

C 语言规定了基本类型的名字（类型名）。在这里，基本类型的名字由一个或几个标识符（都是关键字）构成，其形式与前面讲的“名字”有所不同。本节将介绍几个最常用的类型，对前几章的工作而言，这些类型已经足够了。后面章节会介绍 C 语言里所有的基本类型。这样安排的目的是希望讨论能尽快进入主题——程序与程序设计。

还应提出**文字量**（字面量）的概念，文字量就是直接写在程序里的数据。C 语言规定了各种基本类型的文字量的书写形式。例如，程序里写的一个整数类型的数据就是一个“整型文字量”。为简单起见，人们也常把整型文字量简称为“整数”，其他情况也采用类似说法。后面讨论里常用这种简单说法，只在特别需要时才用更严格的说法。

2.2.1 几个常用类型

本节介绍几个最常用的类型。

整数类型和整数

为适应不同需要，C 语言里提供了多个整数类型，使用最多的是一般整数类型（简称为整型）和长整数类型（简称长整型）。前者的类型名是 `int`；后者的类型名为 `long int`，可以简写为 `long`。`int` 和 `long` 都是关键字。

不同整数类型的差异在于它们可能采用不同的二进制编码位数，因此可能具有不同表示范围。任何整数类型都是数学整数的一个连续取值的子集，`int` 和 `long` 类型的取值范围都是以 0 为中心的某个数值区间里的所有整数，具体情况在 2.5 节解释。

整型（`int` 类型）的文字量（整数）有几种书写形式，最常用的是十进制写法，这样的整数就是普通数字字符的一个连续序列，其中不能有空白或其他字符。C 语言规定十进制整数的第一个字符不能是 0，除非要写的数本身是 0。下面是一些整数的例子：

```
123    304    25278    1    0    906
```

长整数是另一个不同的类型。C 语言为长整数规定了一种专门写法，其特殊之处是在表示数值的数字序列最后附一个字母 `l` 或 `L` 作为后缀。由于小写字母 `l` 容易与数字 `1` 混淆，建议读者用大写的 `L`。下面是一些长整数的例子：

```
123L    304l    25278L    1l    0L    906L
```

C 语言允许在整数的前面写正负号，加上负号的整数表示负整数。还可以采用其他方式写整型的字面量（整数），有关情况参看 2.5 节。

实数类型和实数

C 语言有三个表示实数的类型：单精度浮点数类型，简称*浮点类型*，类型名为 `float`；双精度浮点数类型，简称*双精度类型*，类型名为 `double`；长双精度类型，类型名为 `long double`。这些类型的文字量也分别被称做“浮点数”、“双精度数”和“长双精度数”。所有整数类型和实数类型统称为*算术类型*。

每个实数类型能表示的数也只是数学中的实数的一个小子集合，不仅表示的范围有限，表示的精度（有效数字位数）也有限。具体情况参看 2.5 节的介绍。

人们写 C 程序时使用最多的实数类型是双精度类型 `double`。双精度数的基本部分是一个数字序列，但需要或者包含表示小数点的圆点“.”（可以是第一个或最后一个字符），或者在数字序列后面有一个指数部分——以 `e` 或 `E` 开头的另一数字序列（可以有正负号），指数以 10 为底。后一种表示形式称为科学记数法。也允许既有小数点又有指数部分的情况。下面是一些双精度数的例子：

```
3.2    3.    2E-3    2.45e17    0.038    105.4E-10    304.24E8
```

下面是其中一些双精度类型的文字量（双精度数）与它们所表示的实数的对照表：

双精度数	所表示的实数值
2E-3	0.002
105.4E-10	0.000 000 010 54
2.45e17	245 000 000 000 000 000.0
304.24E8	30 424 000 000.0

浮点类型（float）数的写法与双精度数类似，只是需要附上后缀字符 f 或者 F。表示长双精度数的后缀是 l 和 L。下面是一些浮点数和长双精度数的例子：

```
13.2F     1.7853E-2F   24.68700f    .32F     0.337f
12.869L   3.417E34L    .05L         5.E88L   1.L
```

负数同样用在实数前加负号的方式表示。

字符类型、字符和字符串

字符类型的数据主要用于程序的输入和输出。此外，文字处理是计算机的一个重要应用领域，该领域的应用程序必须使用和处理字符形式的数据。由于大部分程序都需要与人打交道，需要接收人的输入信息（例如给程序发的命令、提供的数据），还需要产生输出信息给人看，因此字符类型的数据在程序里用得很多。

C 语言里最常用的字符类型的类型名是 char。字符类型的数据值包括计算机所用编码字符集中的所有字符。目前微机和工作站使用最多的是 ASCII 字符集，其中包括大小写英文字母、数字和标点符号字符，还有一些控制字符，一共 128 个。扩展的 ASCII 字符集包括 256 个字符。字符集里的所有字符都可以是字符类型的值。在程序运行时，字符型数据用相应的字符编码的形式保存在存储器里，通常一个字符占用一个字节。

字符文字量的书写形式是一对单引号括起的单个字符。如'1'、'a'、'D'等都是字符文字量。有些特殊字符无法用这种形式写出。例如换行字符，C 语言为它规定了特殊写法'\n'（这种形式称为一个换意序列）。其他特殊字符的写法在后面介绍。

C 语言的另一个特殊规定是把字符看成一种特别短的整数，允许程序中直接用字符的值（也就是字符的编码）参与算术运算，这方面的情况将在后面讨论。

字符串是 C 程序里可以直接写出的另一类数据，其书写形式是双引号括起的一系列字符，上一章的简单程序里已经用过。下面是几个字符串的例子：

```
"CHINA"    "Beijing"    "Daxue"    "Welcome\n"
```

字符串里的特殊字符也用换意序列的形式书写，例如上面第四个字符串的最后是一个换意序列 \n，表示这里有一个换行字符。

程序中的字符串主要用于输入输出。注意，字符串里的空格是“有意义”的，是一个实在的字符。如"Good morning!\n"中的空格是这个字符串的一部分。

2.2.2 函数 printf 和简单文本输出程序

了解了上面的概念和规定，就可以开始编写最简单的程序了。C 语言里最简单的一类程序是文本输出程序，第 1 章里输出“Good morning!”的程序就属于这一类。输出是程序送给外部的信息，可能送到计算机屏幕显示出来供人阅读，也可能送到计算机连接的其他设备。程序的输出很重要，如果没有输出，我们就看不到程序运行的效果。

要想让 C 程序产生输出，需要使用 C 语言的标准函数库（或称标准库）。每个 C 语言系统都提供了标准库，其中有许多常用函数，包括一个名字为 printf 的输出函数（函数名也是标识符）。printf 执行时能输出一些信息，这些信息一般会送到显示器，显示在计算机的屏幕上或特殊窗口中。这个函数的最简单使用形式是：

```
printf(字符串);
```

也就是说，先写函数名 printf，后面在一对圆括号里写一个符合 C 语言要求的字符串，最后是一个分号。我们称这种形式的程序片段为一个**语句**，分号是语句的一部分，不能缺少。上面这样的语句可以看做是一个输出语句，表示要求执行标准库函数 printf。写在圆括号里面的描述称为函数的实际参数，简称实参。

在程序运行时，上述语句的作用就是输出括号里的字符串的内容，无论其中包含什么都照原样输出，遇到特殊字符的换意描述也输出与之对应的字符。第 1 章程序示例里写了语句“printf("Good morning!\n");”，该语句的执行将输出：

```
Good morning!
```

这段输出包含 13 个字符（包括一个空格）和一个换行符。如果执行下面语句：

```
printf("Welcome\nto\nBeijing!\n");
```

程序会输出三行字符：

```
Welcome
to
Beijing!
```

注意，上面语句的字符串里包含三个换行符，它们都被输出，产生了换行的效果。

输出文本的简单程序

要想在程序里用 printf，就要在程序最前面写上下面一行：

```
#include <stdio.h>
```

这行的作用是通知编译器，本程序要使用标准库里的输入输出函数，要求编译器正确处理这些函数。这种命令行的细节意义将在后面章节介绍。

例 2.1 简单的字符串输出程序。下面的完整 C 程序能产生上面三行输出：

```
#include <stdio.h>

int main() {
    printf("Welcome\nto\nBeijing!\n");
    return 0;
}
```

第一行的意思如上所述，随后的空行只是为了清晰，再后 4 行是程序的主要部分：第一行包括关键字 int 和标识符 main，随后是一对圆括号，后面一对花括号里写程序要做的操作。本程序的工作就是执行一个 printf 语句输出三行文字。最后的语句“return 0;”通知程序的执行环境（操作系统）本程序正常结束，其中 return 也是关键字。

如前所说，要运行这个程序，就需要先编辑好这几行代码，将其存入一个文件。然后调用 C 语言的编译器和连接器，生成相应的可执行程序，然后运行这个程序就可以看到输出了。运行一次可以看到该程序输出一次上述的三行文字。

前面的示例程序都有如下形式的外围结构：

```
int main() {
    ......
    return 0;
}
```

这是任何完整的 C 程序里都需要包含的一部分的框架，下面的程序实例也都是这样。读者自己写程序时也应该这样做。这一结构的具体意义在下一章讨论。

虽然上面给出的是一个特殊程序，但它实际上代表了一大类程序。只要把这个程序里 printf 函数的实际参数换成另一个字符串，得到的程序就能产生另一段文字。读者可以仿照上面程序，写出能输出各种文本的程序来。学习写程序与学习其他许多东西一样，需要在学习中认真练习。最初的练习是简单模仿，需要参考教科书示例和书中讲解，自己写一些与书上例子类似的东西。随着写出越来越多的、一个比一个复杂的程序，我们对程序本身和所用语言的理解，对如何思考程序问题的认识都将越来越清晰和深刻。

例 2.2 输出长字符串。下面程序输出一个很长的字符串：

```
#include <stdio.h>

int main() {
    printf("this is the poem of the air,\n"
           "slowly in silent syllables recorded.\n");
    return 0;
}
```

C 语言规定不能在字符串的中间换行，否则编译会出错。例如不能写：

```
printf("A simple, meaningless, not interesting,
but very long string.");
```

这里的字符串跨过两行，是不合法的。要写很长的字符串，可以将其分开写成几个字符串，字符串之间只有空白字符（空格、换行和制表符），上面例子就是这样。编译器将自动把这样连着写的几个字符串拼为一个长字符串。下面语句也合法：

```
printf("A simple, meaningless, not interesting "
       "but very long string.");
```

虽然看起来括号里有两个字符串，实际送给 printf 的是拼接而成的一个字符串。

C 语言里的每个函数都有规定的使用方式，正确使用才能得到正确结果。如果使用不符合规定，写出的程序可能在编译时报错；也可能通过了编译但产生的程序不能得到正确的运行结果。下面我们会看到更多标准库函数，还要学习如何自定义有用的函数。

输出函数 printf 的格式描述

前面介绍了 printf 的最简单使用形式。实际上 printf 的功能非常强大，可以产生各种复杂形式的输出。其一般使用形式是：

printf(格式描述串, 其他实参$_1$, ..., 其他实参$_k$);

这里的*其他实参*可以有多个。如果*格式描述串*里不出现特殊字符 %，该串将直接输出，得到前面介绍的效果；如果串里出现了%，那么就需要其他参数了。例如语句：

```
printf("%d + %d = %d\n", 2, 3, 5);
```

执行时将产生一行输出：

```
2 + 3 = 5
```

对比语句里的参数和实际输出，可以看到格式串"%d + %d = %d\n"提供了输出的基本框架，而其中三个%d 被后面的参数逐个取代。下面是另一个例子：

```
printf("len:%f, width:%f, area:%f\n", 2.2, 3.5, 7.7);
```

这个语句的执行将输出：

```
len:2.200000, width:3.500000, area:7.700000
```

其中的 2.200000 是系统对双精度数 2.2 计算的结果。

以百分号（%）开头的序列在格式描述串里有特殊意义，这种序列称为**转换描述**。在一个 printf 调用中，*格式描述串*里转换描述的个数要与*其他实参*的个数匹配（简单情况是个数相同，详细情况见第 8 章），说明与之对应的参数的转换和输出方式。下表列出了最常用的几个转换描述，它们指定的转换方式，以及与之对应的*其他实参*应有的类型：

转换描述	实现的输出转换	对应实际参数的类型
%d	按整数形式转换并输出	int 类型
%ld	按长整数形式转换并输出	long 类型
%f	按带小数点形式转换并输出	double 类型
%e	按科学表示形式转换并输出	double 类型
%g	按带小数点形式或科学表示形式转换并输出	double 类型
%Lf	按带小数点数形式转换并输出	long double 类型
%c	输出一个字符	对应参数应表示字符的编码
%s	输出一个字符串	字符串

转换描述 %g 是一种方便形式，它可以根据被输出数值的情况自动选用带小数点的形式或带指数的形式。如果用小数形式输出时小数点后面需要太多的前导 0（被输出的数太小），或者小数点前面需要太多的 0（数太大），就会自动用科学形式输出。对长双精度数，与 %e 和 %g 对应的转换描述分别是 %Le 和 %Lg。

一个格式串通常包含一些普通字符和几个转换描述。串中普通字符将被逐个输出，形成实际输出的框架，对串里写着**转换描述**的地方，实际输出的是对应实参经过转换得到的结果。实际参数和转换描述之间按位置一一对应。

这里要特别强调在格式串中转换描述与其对应实参在类型上的一致性。如果实参类型与转换描述的要求不一致，就不能保证得到正确输出，甚至可能引起严重的程序运行错误。格式串里转换描述的个数和其他参数的个数必须一致，否则也是严重错误，引起的后果无法预料（这一说法表示可能产生严重后果）。初学者常遇到这类情况：程序的输出结果不对，检查其中计算过程却怎么也找不出错误，最后发现是输出语句里的格式转换描述与对应参数不匹配。这种情况值得特别注意。

在使用 printf 函数时，作为实参的不但可以是上面实例中那样的整数或浮点数，还可以是下面介绍的表达式。如果实际参数是表达式，printf 将先求出表达式的值（计算结果），而后再根据格式串的要求转换并输出它们。

2.3 运算符、表达式和计算

为计算机写程序就是描述计算。C 语言描述计算的基本结构是**表达式**，它由被计算对象（如文字量，后面将介绍其他计算对象）和表示运算的特殊符号（**运算符**）按照一定规则构造而成。C 语言的运算符大都由一个或两个特殊字符表示（有个别例外）。本节讨论算术运算符的形式和意义，介绍如何用它们构造算术表达式。还要介绍一些与运算符、表达式和计算有关的重要问题。理解了这些问题，才能正确写出所需的表达式。

2.3.1 算术运算符和算术表达式

算术运算符共有 5 个：

运 算 符	使用形式	意 义
+	一元和二元运算符	一元表示正号，二元表示加法运算
-	一元和二元运算符	一元表示负号，二元表示减法运算
*	二元运算符	乘法运算
/	二元运算符	除法运算
%	二元运算符	取模运算（求余数）

一元算术运算符的运算对象写在运算符后面，二元运算符的两个运算对象写在运算符两边。+ 和 - 同时作为一元和二元运算符使用，其他是二元运算符。对表达式里具体的 + 或 -，根据其上下文可以确定是作为哪种运算符使用的。取模就是求余数，例如 17 取模 5 的结果是 2。取模运算符只能用于各种整型，其余运算符可用于所有算术类型。

算术表达式由计算对象（如数值文字量）、算术运算符及圆括号构成，其基本形式与数学上的算术表达式类似。下面是两个算术表达式：

```
-(28 + 32) + (16 * 7 - 4)
25 * (3 - 6) + 234
```

前面说过，C 语言里的数据都有特定的类型。考虑算术表达式时，这一问题就有清晰的表现：我们不但要关心运算的结果，还要关心结果的类型。对同一类型（无论哪个整数或浮点数类型）的一个或两个对象做算术运算，结果还是该类型的值。例如，3 + 5 的结果是 int 类型的 8，3L +

5L 的结果是 long 类型的 8，而 3.2 + 2.88 的结果是双精度值。这一规定也适用于非简单数值的运算对象。对 3 * 5 + 6 / 3，首先可确定加法的两个运算对象都是 int 类型，进而可知整个表达式的结果类型。在写表达式时，为清晰起见，可以在运算对象和运算符之间适当地加一个空格，这样做不影响程序的意义。

例 2.3 计算圆球体积。写一个程序计算半径为 6.5 厘米的圆球的体积。

根据前面对简单 C 程序的基本形式的说明和解释，表达式的写法，以及 printf 的使用形式，很容易写出下面简单程序：

```
#include <stdio.h>

int main() {
    printf("V = %fcm^3\n",
           (3.1416 * 6.5 * 6.5 * 6.5) * 4.0 / 3.0 );

    return 0;
}
```

格式串里写 %f 表示要转换输出的是一个双精度数值，格式串后实参表达式里都是双精度数，计算结果也是双精度数。这个程序运行时将输出：

```
V = 1150.349200cm^3
```

这里又看到了格式描述串的作用：它给出了输出的框架，计算结果嵌入其中。

上面程序示例表示了一类最简单的计算程序的模式，把作为 printf 参数的表达式换成其他表达式，就可以完成各种算术表达式的计算。我们还可以根据需要写出特定的格式串，得到特定的输出形式。写程序时要特别注意表达式的结果类型（如，是 int 还是 double），格式串中的转换描述必须与之对应，否则就是错误。例如，下面程序里就有一个错误，我们无法确定这一程序能给出什么结果，甚至不知道它是否会导致系统崩溃。请设法找出这个程序里的错误，但不要在计算机上试验这个错误程序：

```
#include <stdio.h>

int main() {
    printf("Factorial of %d is %f\n", 7, 1*2*3*4*5*6*7);

    return 0;
}
```

2.3.2 表达式的求值

表达式的意义就是由它求出的值，对它的计算过程也称为表达式求值。对于算术表达式，总是先求出运算对象的值，然后再对它们应用相应的运算符。如果运算对象不是简单对象而是子表达式，那就先求出子表达式的值作为实际运算对象。对复杂的算术表达式，这一过程需要一层层进行，直到求出整个表达式的值。

表达式可能很复杂，其中可能有多个运算符，它所确定的计算过程是什么呢？或者说，表达式里的运算符将按什么顺序计算呢？C 语言对表达式求值的规定包括几个方面：运算符的优先级，运算符的结合方式，运算对象的求值顺序，以及括号的意义。下面分别介绍这几个问题，有关运算对象的求值顺序问题在本章最后介绍。

优先级

我们在小学学算术时就知道先乘除后加减，也就是说，乘除的优先级较高，应该先算。C 语言有很多运算符，每个运算符有一个优先级。当不同运算符在表达式里相邻出现时，高优先级的运算符应比低优先级的运算符先算。算术运算符分为三个不同优先级：

运算符	一元 + 和 -	* / %	二元 + 和 -
优先级	高	中	低

这样，下面表达式里的加法将最后做，与数学中的情况一样：

```
5 / 3 + 24 / 6 * 2
```

结合方式

仅靠优先级无法确定上例中子表达式 `24 / 6 * 2` 的计算方式，因为其中相邻的乘和除运算符优先级相同。结合方式负责解决这类问题，它规定相同优先级的运算符相邻出现时的计算方式。C 语言中一元算术运算符自右向左结合；二元算术运算符自左向右结合，优先级相同时左边运算符先算。这样，上例中先算的是 `24 / 6`，而后再用计算结果乘另一运算对象 `2`。此外，`-+-8` 计算出的还是 8。这一规定也符合数学习惯。

括号

括号使人可以明确地描述表达式中的计算顺序。如果用括号括起表达式中的一部分，括号里面的表达式将先行计算，得到的结果再参与括号外面的其他计算。例如，在下面表达式里，各个步骤的计算顺序都完全确定了：

```
-(((2 + 6) * 4) / (3 + 5))
```

括号是供人使用控制计算过程的一种手段。如果直接写出的表达式产生的计算顺序不符合需要，我们可以通过加括号的方式，强制性地要求按特定的顺序计算。

理解了这些规定，就知道如何写出正确的表达式了，进而能写出许多基于算术表达式计算的简单程序。这类程序的框架是：程序里只用一个 `printf` 语句产生输出，要计算的表达式写在相应的实参位置，这些参数之前是描述输出格式所需的格式串。要特别注意格式串中转换描述和对应参数之间的类型匹配问题。

最后还要指出：如果表达式很复杂，即使括号并不必要，加入一些括号也可能对读程序的人有益。此外，如果一个表达式很长，一行无法写完时可以换行。多行书写的表达式应采取某种对齐方式，以利于人的理解，出现错误也容易发现和改正。

2.3.3 计算和类型

在程序里，参与计算的数据都有特定的类型，因此计算过程中自然地会出现许多与类型有关的问题。下面介绍其中的一些重要问题。

类型对计算结果的影响

计算在具体的类型中进行。对两个 `int` 类型的数据，运算得到的是 `int` 类型的结果。对长整数类型、各种实数类型，情况也一样。这一情况将带来许多后果。

首先，`int` 类型（及 `long` 类型）的除法是整除，计算得到的商是整数，余数将被丢掉。因此 `3/2` 和 `3.0/2.0` 得到的结果不同，前者得到整数 1 而后者得到双精度的 1.5。这种情况有时会带来很迷惑人的结果。例如，两个表达式

`1 / 3 * 3` 和 `1 * 3 / 3`

将算出不同结果：前一个表达式算出的值是 0 而不是 1。所有整数类型都有这个问题，写程序时必须注意。由于类似原因，下面程序也不能正确算出 68 和 39 的平均值：

```
#include <stdio.h>

int main() {
    printf("Average of %d and %d is %d\n", 68, 39, (68 + 39) / 2);

    return 0;
}
```

算术计算中还有一个共性问题：每个类型都有确定的取值范围，超出该范围的值无法在这个类型中表示；另一方面，两个同类型对象的计算结果仍是这个类型的值，但计算的结果完全可能

超出该类型的表示范围。如果一个表达式的计算结果超出了类型的表示范围，能得到什么就没有任何保证了。程序运行中出现的这种情况称为“溢出”。

如果在C程序运行中发生溢出，程序不报告错误并继续运行下去。C语言对出现溢出时表达式的值也没有任何规定。但无论如何，发生溢出后得到的结果已不可能是我们希望的东西了，随后的计算也没价值了。举例说，假设在某个C系统里的 `int` 类型用16位二进制表示，其表示范围是-32 768～32 767，那么下面表达式就是不正确的：

```
32766 + 5
```

因为计算结果超出了 `int` 类型的最大值 32 767。如果写程序时认识到可能出现溢出，那就应该考虑换一个表示范围更大的类型，对上面例子，可以考虑写：

```
32766L + 5L
```

各种实数类型的计算中也可能发生溢出，这时可能出现两种不同情况：计算结果可能绝对值过大而无法在类型里表示，这种情况称为“上溢”；也可能结果的绝对值过小（但又不是0）而无法表示，这种情况称为“下溢”。出现下溢时通常把结果归为0，这种情况也可能严重影响随后的计算（请考虑用这一结果乘以一个很大的数）。

混合类型计算和类型转换

如果某个二元运算符的两个运算对象类型不同，就出现了混合类型计算。例如：

```
3.27 + 201
```

这里一个运算对象是 `double` 而另一个是 `int`。混合类型计算带来一些新问题。

C语言里有 `int` 类型的加法，有 `long` 类型的加法，也有 `double` 类型的加法等，所有这些运算都用 `+` 表示。如果表达式里出现了 `+`，编译器将根据运算对象的类型确定如何完成计算。例如，很容易确定下面表达式里应该用哪种加法：

```
3 + 2              应当用 int 类型的加法运算
3.0 + 2.0          应当用 double 类型的加法运算
```

但C语言没有混合类型的算术运算。编译器对混合类型计算的处理方式是转换某个（或两个）运算对象的值，得到相同类型的值之后再实际计算。由混合类型计算引起的类型转换称为自动类型转换。所谓“自动”，就是说这种转换不需要在程序里明确写出来。

自动类型转换的基本原则是把表示范围小的类型的值转换为表示范围大的类型的值。前面介绍的几个常用算术类型从小到大的排列顺序是：

```
int        long        float        double        long double
```

如果两个运算对象类型不同，系统就把位于左边的类型（较小类型）的值转换为另一运算对象的类型（较大类型）的值，然后用这个新值参与计算。例如，对表达式：

```
32767 + 2L
```

由于第二个运算对象是长整数，所以整数 `32767` 将被转换，产生出对应的 `long` 类型值，然后用这个新值参与计算，最后得到的是 `long` 类型的 `32769`。

看另一个混合计算表达式的例子：

```
2L + 3 * 4.5
```

计算这个表达式时，先由 `int` 类型的 `3` 转换得到 `double` 类型的 `3.0`，然后用 `3.0` 与 `4.5` 计算，得到 `double` 类型的结果值。下一步，由 `long` 类型的 `2L` 转换得到 `double` 类型的值后参与计算，最后得到所需结果。图2-1形象地描述了这一计算过程，其中虚线表示的是自动加入的转换操作。请注意，自动插入的隐含数值转换动作，总是由具有某类型的原值出发产生一个所需类型的新值，并不改变原值。

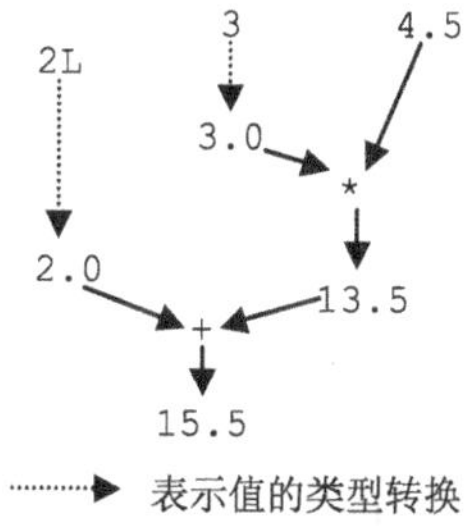

图2-1　表达式 2L+3*4.5 的计算过程

下面程序计算这个表达式：

```
#include <stdio.h>

int main() {
    printf("%f", 2L + 3 * 4.5);

    return 0;
}
```

在写这里的格式描述串时，必须仔细弄清楚表达式的结果类型（这里是 double）。

从上面例子可以看出，无论是写程序还是读程序，都要特别注意表达式中计算对象的类型和计算结果的类型，看清楚在哪些地方将发生类型转换，是从什么类型的值转换到什么类型的值。只有这样，才能清楚理解表达式所描述的计算过程。

显式要求类型转换

如果表达式自然形成的计算过程不符合需要，可以加入括号强制要求某种计算顺序。与此类似，如果自动类型转换不满足需要，也可以显式要求做特定的类型转换。显式要求的类型转换称为*强制类型转换*，其形式是在被转换表达式前写一对括号，括号里写要求转换到的类型名（注意，一个类型名可能包含多个关键字，如 long int）。例如：

```
(int)(3.6 * 15.8) + 4
```

这里要求把 3.6 * 15.8 的计算结果（double 值）转换为 int 值，而后再用这个 int 值参与随后的加法运算。从实数类型到整型的转换方式是直接丢掉小数部分。

还有一些与类型转换有关的问题：

1. 在类型转换中可能丢失信息。上面示例中的显式类型转换显然会丢失信息：从双精度值转换为整数值时，原数的小数部分丢掉了。算术运算的自动转换有时也可能丢失信息，一个典型例子是把 long 类型的数据转换到 float 类型。通常 float 类型的精度位数比 long 类型少，因此可能丢失 long 类型值的低位信息。
2. 如果被转换的值无法在转换结果类型里表示，转换结果没有定义。这种情况在算术运算引起的自动类型转换里不会出现，写强制类型转换时必须注意。
3. C 语言规定数值类型之间都可以互相转换。允许的其他转换在后面章节讨论。
4. C 语言把显式类型转换看做一元运算符，具有与其他一元运算符同样的优先级和结合方式。如果在上面的表达式里不写括号，其意义就会不同。请读者自己分析。
5. 类型转换是值的转换，从一个值出发产生出另一个不同类型的值。类型转换并不改变原来的值，而是产生一个新值。这一点也非常重要。

2.4 数学函数和简单计算程序

C 标准库提供了许多有用的函数，其中有一组*数学函数*，用于计算各种常用数学函数的函数值。了解了这些函数，将大大扩展我们写程序的能力。

2.4.1 函数、函数调用

我们在前面已经见过函数，编程中一直使用的 printf 就是一个函数。标准库里的每个函数实现一项具体计算，printf 完成数据的形式转换和输出。要正确使用一个函数，我们需要（且只需要）知道它的名字（函数名）、使用方式及功能（能完成什么工作）。我们完全不必关心这些函数的功能是怎样实现的，谁实现的，用什么技术实现的，等等。C 语言提供标准库是为编程方便，使人们可以方便地使用这些函数。

举例说，标准库里有一个名为 sin 的函数，它从一个双精度数出发，把这个数值看成弧度，算出它的正弦函数值，得到的结果也是个双精度数。假如我们要计算弧度 2.4 的正弦函数值的两倍，下面的表达式就能算出这个结果：

```
2.0 * sin(2.4)
```

乘号后的 sin(2.4) 表示要求使用函数 sin，送给它去计算的数是 2.4。表达式还要求对函数的结果做一个乘法以得到最后结果，正好描述了我们所希望的计算。

送给函数的计算对象（一般而言是个表达式，数是表达式的特殊情况）是函数的**实际参数**，实际参数是使用具体的函数做一次具体计算的出发点。函数计算得到的值称为函数的**结果**或者**返回值**。例如，在下面表达式里两次使用了 sin 函数，要求它从两个不同实际参数出发进行计算，表达式的最终结果是这两次函数计算的返回值的乘积：

```
sin(2.4) * sin(3.98)
```

使用函数的专门术语是**函数调用**，因此我们说"这个表达式里两次调用了 sin"。

在表达式里使用函数的形式是（根据函数对实参的不同要求情况）：

```
函数名(实际参数)
函数名(实际参数, 实际参数)
......
```

函数名后写一对括号，其中根据函数的要求写一个或几个实参表达式，多个实参之间用逗号分隔。通常函数都明确规定了所需实参的个数，如 sin 要求一个双精度的实参。

假设我们要计算两个边长分别为 3.5 米和 4.72 米，两边夹角为 37 度的三角形的面积。根据数学知识，下面表达式完成这一计算：

```
3.5 * 4.72 * sin(37.0 / 180.0 * 3.1416) / 2.0
```

函数的实参可以是任意复杂的表达式，其中还可以包含函数调用，例如 sin(sqrt(3.5))。显然，对一个函数调用，相应函数规定的计算过程只能在算出其实参表达式值之后才能开始。前面使用 printf 的程序示例也多次用到比较复杂的实参表达式。

2.4.2 数学函数及其使用

标准库的数学函数对实参的个数和类型，以及返回值类型都有明确规定。它们大都要求一个 double 实参且返回 double 值，sin 就是这样。我们把 sin 的类型特征表述为：

```
double sin(double)
```

这种形式说明函数名是 sin，它要求一个双精度参数（用写在括号里的 double 表示），返回双精度值（用写在函数名前的 double 表示）。这种表述方式既简洁又准确，后面会看到这种表述方式在 C 程序里的用途。

标准库的数学函数主要包括一些三角函数、反三角函数和双曲函数：

三角函数	sin	cos	tan
反三角函数	asin	acos	atan
双曲函数	sinh	cosh	tanh

指数和对数函数：

以 e 为底的指数函数	exp
自然对数函数	log
以 10 为底的对数函数	log10

还有另外几个函数：

平方根	sqrt
绝对值	fabs
乘幂，第一个参数作为底，第二个是指数	double pow(double, double)
实数的余数，两个参数分别是被除数和除数	double fmod(double, double)

上面表里没给出类型特征的函数都要求一个参数，参数与返回值的类型都是 double。最后两个函数要求两个 double 参数并返回 double 值。pow 是乘幂函数，它的第一个参数是底，第二个参数是乘幂的指数。表达式：

```
pow(2.5, 3.4)
```

计算 $2.5^{3.4}$。当底为负数时，pow 要求作为指数的参数必须是整数。fmod 求出实数除法的余数（的近似值），它的两个参数分别是被除数和除数。表达式：

```
fmod(235.74, 3.14159265)
```

求出 235.74 除以 3.14159265 的余数。余数的符号总与被除数相同。

如果要在程序里使用标准库的数学函数，需要在程序最前面另写下面一行：

```
#include <math.h>
```

例 2.4 已知三角形两边长和夹角求面积。写程序求两邻边长度分别为 3.5 米和 4.72 米，两边夹角为 37 度的三角形的面积。

根据前面的经验及函数调用的写法，这个程序可以写为：

```
#include <stdio.h>
#include <math.h>

int main() {
    printf("Area of the triangle: %fm^2\n",
           3.5 * 4.72 * sin(37.0 / 180 * 3.1416) / 2);

    return 0;
}
```

本程序代表本章的又一个程序模式。如果需要完成一个计算，其中不仅需要做算术，还要用一些基本函数，就可以参考这一示例写程序：在 printf 的调用里写好需要计算的表达式，并根据需要给出格式串。请注意，标准库的所有函数（包括数学函数）都用完全小写字母拼写的名字，写函数名时必须注意（C 语言区分字母的大小写）。

数学函数大大提高了我们写程序的能力，所有能通过标准库的基本数学函数和算术运算描述的计算过程，现在我们都能写出相应的程序了。换句话说，我们现在至少已经有了相当于普通科学计算器的编程能力。由于程序里可以写任意长的、具有任意层次嵌套结构的表达式，我们已经能解决许多实际计算问题了。本章习题中的程序都可以用至今为止我们提出的几个程序模式写出来。

2.4.3 函数调用中的类型转换

函数对参数和返回值都有明确的类型规定。当实参表达式的类型与函数的要求不符时，或者函数返回值不符合调用位置的上下文需要时，就出现了类型问题。C 语言规定，如果出现前一种情况，它先把实参求出的值自动转换为函数要求的类型的值，然后再送给函数；后一情况也会根据上下文的要求做转换。下面表达式计算中将出现两次自动类型转换，两次调用 sin 时，都将先把整型参数值转换到 double 值后才送给 sin：

```
sin(2) * sin(4)
```

假设函数 f 的类型特征为 int f(int)，下面表达式里调用 f 时，实参值将从 double 类型（3.56 * 2.7 的结果类型）转换到 int 类型（f 要求的实参类型），然后送给函数：

```
4.0 * f(3.56 * 2.7)
```

而得到 f 的值后，上下文要求用它和 double 值做乘法，做乘法之前，又将先对 f 的结果做 int 到 double 的数值转换。

例 2.5 简单级数计算。计算 $\sum_{n=1}^{10}\sin\frac{1}{n}$ 的值。

看到这个问题，初学者很可能立即写出下面的程序：

```
#include <stdio.h>
#include <math.h>

int main() {
    printf("%f\n", sin(1) + sin(1/2) + sin(1/3) + sin (1/4) +
                   sin(1/5) + sin(1/6) + sin(1/7) + sin(1/8) +
                   sin(1/9) + sin(1/10) );

    return 0;
}
```

此后发现这个程序可以正常通过编译，但执行这个程序却发现不能得到正确结果。也就是说，这个程序里有语义错误。为什么呢？如果读者在仔细检查这个程序后还没有发现问题，那么请认真复习一下上面有关数据类型的讨论。

例 2.6 已知三角形三边长求面积。已知三角形边长分别为 3、5、7 厘米，求面积。

我们首先找出已知三边长求三角形面积的公式：$S=\sqrt{s(s-a)(s-b)(s-c)}$，公式中的 $s=\frac{1}{2}(a+b+c)$。根据公式可以写出下面的程序：

```
#include <stdio.h>
#include <math.h>

int main() {
    printf("%f\n", sqrt((3+5+7)/2.0 * ((3+5+7)/2.0 - 3) *
                        ((3+5+7)/2.0 - 5) * ((3+5+7)/2.0 - 7)));

    return 0;
}
```

由于自动类型转换，这个程序能得到正确的结果。请读者自己分析，在这个程序的执行过程中，哪些地方将会发生类型转换，各是从什么类型转换到什么类型。

语言细节和问题

为避免对 C 语言细节的介绍过长而干扰有关编程技术、思想和方法的讨论，我们将根据需要把一些语言细节的介绍集中放到各章最后。下面是一些与本章所涉及的 C 语言结构有关的细节，供读者参考。

C 语言的字符集

C 语言的基本字符包括：

1. 数字字符：0，1，2，3，4，5，6，7，8，9。
2. 大小写拉丁字母：a～z，A～Z。
3. 其他一些可打印（可以显示）的字符（如标点符号、运算符号、括号等），包括：

   `~!%&*()_-+={}[]:;"'<>,.?/|\`

   不必死记这些字符，随着学习进展，读者将很容易记住它们的意义和作用。前面程序用过的字符包括标识符里用的“_”、算术运算符（共 5 个）、小数点、圆括号和花括号、逗号和分号、表示字符和字符串的单引号和双引号、作用特殊的“\”。其中“%”在表达式里表示取模运算，在 printf 的格式描述串里表示转换描述。
4. 空格符、换行符、制表符。
5. 只能用在字符文字量或字符串文字量里的其他字符。

基本数据类型的一些问题

整数类型

整数与长整数（int 和 long 文字量）还可以用八进制或十六进制形式书写。

八进制形式的整数是数字 0 开始的连续数字序列，其中只允许 0～7 八个数字，其长整数也是在序列最后加 l 或 L。下面是用八进制形式写出的一些整数和长整数：

```
0236      0527      06254      0531      0765432L
```

十六进制形式的整数和长整数是由 0x 或 0X 开头的数字序列（长整数也要带后缀字母 l 或 L）。由于数字只有 10 个，而十六进制形式中需要 16 个数字，C 语言采用计算机领域通行的方式，用字母 a～f 或 A～F 表示其余的 6 个十六进制数字，其对应关系是：

字母：	a 或 A	b 或 B	c 或 C	d 或 D	E 或 E	f 或 F
表示的数字：	10	11	12	13	14	15

下面是用十六进制形式写出的一些整数和长整数：

```
0x2073     0xA3B5     0XABCD     0XFFFF     0XF0F00000L
```

请注意：八进制、十进制和十六进制形式只是整数的不同书写形式。无论采用哪种进制的写法，写出的都是 int 或 long 类型的整数。例如，255、0377 和 0xFF 都表示 int 整数，实际上它们表示同一个数（二百五十五）。C 语言为整数提供多种写法，只是为了编程方便，使人们可以根据需要选择适用的书写方式。在写某些复杂程序时，有时用八进制和十六进制形式更方便，后面会看到这方面的例子。

C 语言标准没有规定各种整数类型的表示范围，即没规定各整数类型的二进制编码长度。对 int 和 long，C 语言只规定了 long 类型的表示范围不小于 int 的表示范围，但允许它们的表示范围相同。具体的 C 语言系统都明确规定了 int 和 long 的表示方式和范围。在微型机上的一些早期 C 系统（如 Turbo C）里用 16 位二进制表示的整数类型（一个 int 占 2 个字节）和 32 位表示的长整数类型（一个 long 占 4 个字节），在这种情况下，int 类型的表示范围就是 –32 768～32 767，也就是 $-2^{15}\sim2^{15}-1$；long 类型的表示范围是 $-2^{31}\sim2^{31}-1$，也就是–2 147 483 648～2 147 483 647。在新些的微机 C 语言系统（如 VC）里，int 和 long int 都用 32 位的二进制数表示。

实数类型

实数的计算机内部表示也由具体系统规定，目前多数 C 系统采用通行的标准（IEEE 754 国际标准，IEEE 即电子电器工程师协会，是一个著名的国际性技术组织）：

1. float 类型的数用 4 个字节 32 位二进制表示，表示的数大约有 7 位十进制有效数字，数值表示范围约为 $\pm(3.4\times10^{-38}\sim3.4\times10^{38})$；
2. double 类型的数用 8 个字节 64 位二进制表示，这种数大约有 16 位十进制有效数字，数值表示范围约为 $\pm(1.7\times10^{-308}\sim1.7\times10^{308})$；
3. long double 类型的数可能用 10 个字节 80 位二进制表示（IEEE 754 没有明确规定），大约有 19 位十进制有效数字，其数值的表示范围约为 $\pm(1.2\times10^{-4932}\sim1.2\times10^{4932})$。在有些系统里，long double 采用与 double 同样的表示形式。

显然，每个实数类型能表示的数只是数学中的实数的一个小子集合，不仅表示的范围有限，表示的精度（数的有效数字位数）也有限，请读者注意这些情况。

使用某具体计算机上的某个 C 语言系统编程时，要做的一件事就是弄清系统里各种整数类型的表示范围。有关情况可以从系统使用手册中查到，也可以查看介绍该系统的书籍或系统的联机帮助。此外，还可以查看这个 C 系统中名字为 limit.h 的文件。这是每个 C 系统都有的一个标准文件，其中列出了与整数有关的所有具体规定。

浮点数也有类似情况。例如，在一些 C 语言系统里 long double 与 double 的表示方式一样。有关具体 C 语言系统中浮点数表示的情况，也应该查阅系统手册，还可以查阅名为 float.h 的标准库文件。

字符类型

下面是几个最常用的特殊字符的写法：

换行字符	\n	双引号字符	\"
单引号字符	\'	反斜线字符	\\

形式上都是一个反斜线字符（\）后跟另一字符。这样表示的字符可用于字符文字量（如 '\''）或字符串

文字量（如 "He said: \"Fine!\"" 表示字符序列 He said: "Fine!"）。反斜线字符的作用就是表明其后的字符不取原意。这样连续两个字符（或更多几个字符）称为一个*换意序列*，可用于表示各种无法直接写出的字符。起特殊作用的反斜线字符称为*换意字符*。还有一些特殊字符也有特别规定的写法，附录B列出了所有特殊字符的写法，还说明了如何用八进制和十六进制编码的形式写各种字符。

需要强调下面两个问题：

1. 数字字符和数不同。例如 1 和'1'，前者是一个 int 类型的文字量，在计算机里用 int 类型的编码方式表示，占据 int 类型数据所需的单元。在常见的微机 C 系统里可能占了 2 个字节或 4 个字节，其中保存 1 的二进制编码。而'1'是 char 类型的数据，通常占一个字节，其中保存字符'1'的编码（1 的 ASCII 编码是 49）。
2. 字符或字符串类型的数据也不是标识符。例如，sin 和"sin"是两种完全不同的东西。后者表示需要程序处理的一个字符串数据；前者是程序描述中使用的一个名字，标准库的正弦函数用的是这个名字。显然两者根本不在同一个层次上。

数据形式的转换和输出

程序运行中处理的数据来自外部（除了直接写在程序代码里的文字量），还要把计算结果送出来，例如送到显示器给人看。信息在外部世界的表现形式丰富多彩，而送到计算机里给程序处理时统一为二进制表示。这样，在程序输入或输出信息时，就必须做数据形式的转换。数据的*外部表示形式*指源程序中写数据时（或为运行中的程序提供数据时，或者程序产生的输出）所采用的形式。*内部表示形式*指程序操作的数据的二进制编码形式，也是计算机内部存储和处理数据时所用的形式。这是两种不同形式。例如：

	外部表示形式	内部表示形式
整数	十进制（或其他进制）的数字字符序列	整数的二进制编码
字符	字符本身	相应的二进制编码（常用的 ASCII 编码）

举例说，如果我们在源程序里写一个整数 123，程序运行中实际使用的是存在内存单元里的二进制形式 0000000001111011（假设系统采用 16 位二进制编码表示整数）。如在程序里写了字符'a'，程序运行中会有字符 a 的二进制编码保存在内存里的某个地方。

由于同样数据的外部和内部表示形式不同，在源程序编译时，以及在程序运行中执行输入输出时，都要做这两种形式之间的转换。编译时的数据转换由编译器完成，C 语言规定各种数据的书写形式（各种字面量），编译器自动把符合规定形式的数据转换为内部形式，供程序运行中使用。输入输出中的数据转换都需要在程序里明确写出。

前面讨论了输出中的数据转换，介绍了如何在调用函数 printf 时描述输出中的转换动作。由于每个有用的程序都要输出，描述在输出过程中的数据转换方式也是编写每个程序都要做的事情。在做这件事时，需要特别关注被输出数据的类型和转换描述之间相互对应。关于程序输入和输入时的信息形式转换将在后面讨论。

标准输出

前面讨论中说，printf 产生的输出将送到显示器或特定输出窗口，其实这里还有些细节。现在说明这方面的情况。

C 语言有一个重要概念是标准输出（与之对应的标准输入概念将在后面讨论），printf 和另一些标准库函数都把生成的信息送到标准输出。读者在学习计算机基础知识时，可能已经了解到操作系统的标准输入和标准输出的概念，在 DOS、Windows 和 UNIX 等各种操作系统中都有这两个概念。标准输出是操作系统为程序的信息交换提供的一种标准通道。在许多操作系统环境下，送到标准输出的信息将默认地被自动送到计算机的显示屏幕，使我们可以在屏幕上看到。在 Windows 等图形用户界面系统里，应用程序送到标准输出的信息可能被显示在一个特殊窗口中。

C 语言的标准输出（和标准输入）概念直接对应于操作系统的相应概念，也就是说，C 程序里的 printf 把信息送到 C 语言规定的标准输出，进而送到操作系统的标准输出，操作系统将根据规则把它们送到应该送的地方。此外，操作系统（包括 DOS、Windows 和 UNIX）一般都支持标准输出的重新定向，允许通过重新定向把送到标准输出的信息转到其他地方，例如送到某个文件或者送到打印机等。重新定向的方式由具体系统规定。

运算对象的求值顺序

前面详细讨论了表达式求值中的各方面问题，包括优先级、结合顺序和括号。虽然有了这些规定，计算过程中仍然有些顺序问题没有完全确定。请看下面表达式：

```
(5 + 8) * (6 + 4)
```

显然，这里子表达式`(5 + 8)`和`(6 + 4)` 的计算应该先完成，而后再做乘法。但是，乘法的这两个运算对象`(5 + 8)`和`(6 + 4)`哪个先算呢？实际上，这也就是问乘法的两个运算对象（更一般性地说是二元运算符的两个运算对象）的计算顺序。对于算术运算符，C语言对这个问题没有明确规定。这样，某个C系统可能先算左边对象，另一C系统可能先算右边对象，甚至可以有这样的C系统，它有时先算左边对象，有时先算右边对象。

读者可能会说，对上面这个例子，两个运算对象的求值顺序根本不会影响最后的结果。对于这个例子，确实如此。但计算机与数学不同，我们不久就会看到对运算对象的求值顺序敏感的表达式。运算对象的求值顺序是程序语言中的特殊问题，数学里不存在这种问题。这一情况体现出计算机与数学的不同。

C语言不规定表达式中两个运算对象求值顺序的定义，是想给C语言系统的实现者提供方便，使做编译器的人可以根据自己的需要自由确定一种具体计算方式，这样可能提高系统实现的效率，或者简化系统的实现。应当这样理解C语言的规定：在写程序时，不应该写出依赖于运算对象的特殊计算顺序的表达式，因为无法保证它能算出所需的结果。

几个常用程序模式

程序模式 2.1 简单计算程序

可以采用如下模式（简单文本输出模式与此类似）：

```
#include <stdio.h>

int main() {
    printf("......", ...); /* 计算表达式写在这里 */
    return 0;
}
```

程序模式 2.2 使用数学函数的简单计算程序

```
#include <stdio.h>
#include <math.h>

int main() {
    printf("......", ...); /* 计算表达式写在这里 */
    return 0;
}
```

本章讨论的重要概念

基本字符，名字，标识符，关键字，数据，类型，类型名，文字量，整数类型，长整数类型，实数类型，浮点类型，双精度类型，长双精度类型，字符类型，特殊字符，字符串，语句，函数，输出函数`printf`，函数调用，实际参数（实参），格式描述串，转换描述，运算符，表达式，计算，一元运算符，二元运算符，运算对象，算术运算符（`+`、`-`、`*`、`/`、`%`），算术表达式，求值，优先级，结合方式，溢出，上溢，下溢，类型转换，类型强制，数学函数，函数名，函数调用时的类型转换，数值类型的表示范围，整数的十进制写法、八进制写法和十六进制写法，数据的外部表示，数据的内部表示，表示形式的转换，运算对象的求值顺序。

练习

1. 指出下面的哪些字符序列不是合法的标识符：

```
_abc      x+-       3x1      Xf_1__4     Eoof___
a$#24     x__x__2   bg--1    ____        I am
```

2. 手工计算下列表达式的值：

```
(1) 125 + 0125             (2) 0XAF - 0XFA
(3) 24 * 3 / 5 + 6         (4) 36 + - (5 - 23) / 4
(5) 35 * 012 + 27 / 4 / 7 * (12 - 4)
```

3. 在下面表达式的计算过程中，在哪些地方将发生类型转换，各是从什么类型转换到什么类型，表达式计算的结果是什么？

```
(1) 3 * (2L + 4.5f) - 012 + 44
(2) 3 * (int)sqrt(34) - sin(6) * 5 + 0x2AF
(3) cos(2.5f + 4) - 6 *27L + 1526 - 2.4L
```

4. 写程序计算第 3 题中各表达式的值。
5. 写程序计算下面各表达式的值：

（1）$\frac{2.34}{1+257}$　（2）$\frac{1065}{24*13}$　（3）$\frac{23.582}{7.96/3.67}$　（4）$\sqrt{\pi^2+1}$

（5）$\log_5\sqrt{2\pi-1}$　（6）$e^{\sqrt{\pi+1}}$　（7）$\arctan(\log_3(e+\pi))$

（8）$\sqrt{\frac{13-(2.24-0.24^2)^2}{3.68}}$　（9）$1+\frac{2}{3+4/5}$　（10）$\ln(2\pi\sqrt{13+e})$

6. 写几个简单文本输出程序，它们执行时输出一些有名的英文句子或诗。
7. 请试一试所用的 C 语言系统能不能在字符串里写中文。如果可以，请写几个输出中文文本的程序，例如输出李白的“望庐山瀑布”和另外几首你喜爱的唐诗或宋词。
8. 已知铁的比重是 7.86，金的比重是 19.3。请写出几个简单程序，分别计算出直径 100 毫米和 150 毫米的铁球与金球的重量。
9. 写程序计算 $5x^2+2x+6$ 的两个根，考虑用合适的方式输出。（提示：对这个具体问题，读者可以先自己算出判别式 b^2-4ac，以此作为已知信息就可写出程序。）
10. 在计算机上试验本章正文中的一些程序。对它们做一些修改，观察程序加工和运行的情况，并对程序的行为做出解释。
11. 请在一个能正确工作的输出整数结果的程序里把其中 `printf` 的相应转换描述改成 `%f` 或者 `%ld`，看看会出现什么情况。在一个能正确工作的输出双精度结果的程序里把 `printf` 的相应转换描述改为 `%d` 或者 `%ld`，看看会出现什么情况。

第3章 变量、函数和流程控制

理解了第2章的内容后，我们还只能写从基本数据出发的简单计算过程，写出的每段程序描述一种特定计算，执行它能算出一个具体结果。如果要对其他数据做同样计算，就必须拷贝做好的程序段，在其中改用新数据。这样，如果程序里要做多次相同的计算，就需要把同样片段重复写几遍。例如，第2章中已知三个边长求三角形面积的程序里就包含了几个类似的子表达式。反复修改程序很不方便，还可能改错。重复代码使程序变得更长更复杂。我们希望完成的程序更具通用性，能方便地处理不同数据，随着要解决的问题越来越大，设法使程序里每个计算只描述一次也变得更加重要。下面的许多讨论都与此有关。

在前一章里也看到一些有意思的情况。C标准库里提供了一批数学函数，每个函数实现一种常用计算。令人感兴趣的是，我们可以方便地把这些函数用于不同数据，得到相应结果。如果能在写程序时自由定义自己需要的函数，定义后又能像标准库的数学函数那样使用，对解决上面提出的问题是很有价值的。

本章将讨论C语言的一些重要编程机制，介绍如何使用它们去做程序设计。其中包括：变量的概念和使用，函数的定义和使用，描述计算流程的若干基本控制结构。读者将看到一些程序实例，还能看到一些关于从问题出发进行程序设计的分析。如何在程序运行中为其提供数据（程序输入）的问题将在第4章讨论。

3.1 复合结构和顺序程序

C程序中描述计算过程的基本单位是语句。一个语句是由分号结束的一段字符，例如第1章给出的简单C程序里就包括了下面语句：

```
printf("Good morning!\n");
```

语句必须符合形式要求，否则就是非法的。这是语法问题，编译器能检查程序的语法错误。另一方面，每个形式合法的语句都表达了一种含义，表示程序执行中要做的一个动作，这是语句的**语义**。上面语句表述的是对标准库输出函数 `printf` 的一次调用，程序执行到这个语句时就会执行函数 `printf`，它给标准输出送去一串字符，通常显示到计算机屏幕上。C语言里还有许多语句形式，我们将逐渐接触和熟悉它们。

一个基本语句只做一项简单工作，复杂的计算过程需要通过许多基本动作才能完成，而且这些动作需要按特定的顺序执行。为描述复杂的计算，需要一些能把语句组合起来的结构，以实现对语句的执行过程（流程）的控制。C语言里描述流程的一种最基本结构是**复合结构**（也称**复合语句**），它实现最基本的顺序执行。复合结构在形式上是一对花括号，括号之间可以有任意多个语句。当一个复合结构执行时，列在其中的各个语句将顺序执行，直到最后一个语句执行完毕，整个复合结构的执行完成。这就是复合结构的语义。也允许写不含任何语句的复合结构（空复合结构），执行时它什么也不做，立即结束。

复合结构实现程序的顺序性控制：一个操作完成后执行下一个操作。这种执行方式对应于计算机硬件中指令执行的最基本方式：一条指令执行完毕后执行下一条指令。实现顺序控制的硬件基础是计算机CPU里的指令计数器。

在本书给出的第一个简单C程序里，程序的主要部分是：

```
int main() {
```

```
    printf("Good morning!\n");
    return 0;
}
```

这里最主要的部分就是一个复合结构（主函数的体），其中包含两个语句。该程序执行时，这两个语句顺序执行：第一个语句输出作为 printf 的实参的字符串，第二个语句是一个 return 语句，它把表示本程序正常完成的整数 0 送给运行环境（操作系统）。

根据复合结构的语义，下面程序将产生与第 1 章简单程序相同的输出：

```
#include <stdio.h>

int main () {
    printf("Good ");
    printf("morning!");
    printf("\n");

    return 0;
}
```

程序执行时复合结构里的三个输出语句顺序执行，产生的输出正好与前面程序一样。

3.2 变量的概念和使用

程序变量简称变量，用于表述数据的存储，是 C 语言和各种常规程序设计语言㊀里最重要的一个概念。在计算机硬件层面，程序运行中的数据保存在内存的存储单元里，通过存储单元的地址进行访问。这些机制在程序语言层面上的反映就是程序变量的概念。还要请读者注意，程序变量与数学中的变量是完全不同的概念。

一个变量可以看做是一个容器，程序运行中可以把数据保存其中。每个变量有一个名字，程序里通过名字使用变量，进而使用保存在变量里的数据。

变量的基本操作有两个：（1）将数据（值）存入变量中，这个操作称为**赋值**，语言对于怎样给变量赋值、能赋什么值，往往有一些限制，具体语言有具体规定；（2）取得变量里当时保存的值，以在计算过程中使用，这一操作称为**取值**。

变量具有保持值的性质㊁，也就是说，如果给某变量赋了一个值，此后取该变量的值时，得到的总是这个值，这种情况一直延续到下次再给这个变量赋值为止。也应看到问题的另一面：由于赋值操作的存在，在程序执行中的不同时刻，一个变量里保存的值可能不同。也就是说，程序中变量的值确实可以变化，这一点与数学的变量不同。

C 程序里的每个变量都有固定的类型，也就是说，每个变量只能保存一种固定类型的值。可以有只能保存 int 值的变量，也有只能保存 double 值的变量。下面讨论中说到变量时，常常要提出其类型。例如，常要说某变量是整型变量（int 类型的，只能保存 int 值的变量），或者双精度变量（只能保存 double 类型的值），或者字符变量等。

变量的名字是标识符，C 语言里所有的名字都用标识符表示。

3.2.1 变量的定义

C 语言要求程序里使用的每个变量都必须先定义后使用。定义变量时要提供两方面信息：变量的名字和类型。定义变量的语言结构称为**变量定义**，变量定义在形式上是先写出所要求的类型，而后是被定义变量的名字，最后写一个分号（这使变量定义具有与语句类似的形式）。下面是两

㊀ 实际上确实存在着一些“非常规的”程序设计语言，其中没有变量的概念。如果读者进一步在计算机科学技术领域中学习，将来也可能接触到它们。

㊁ 有的语言里存在着不遵守这种性质的变量（包括 C 语言），现在不讨论这种特殊情况。

个变量定义：

```
int m;
double x;
```

第一行定义了一个整型变量 m，第二行定义了一个双精度变量 x。也容许在一个变量定义里同时定义多个同类型变量，需用逗号把它们隔开。下面是两个变量定义：

```
int k, n, sum, count;
long double y, z;
```

这两个定义总共定义了四个整型变量和两个长双精度类型变量。

C 语言是自由格式语言，也允许把多个变量定义写在同一行里。如果同时定义的变量很多，也可以让一个定义的描述延续几行。但为了程序的清晰性，人们一般不采用这些写法。除不能用关键字作为变量名外，可以用任何标识符作为变量名。

为提高程序的可读性，使程序更易于理解，人们提倡用能说明其用途的有意义的名字为变量命名，这样的变量名对写程序和读程序的人都有提示作用，也有利于避免程序中的错误。数学里常用单个字母为变量命名，那是因为数学公式里变量很少。程序的情况则不同，大程序里可能有成百上千，甚至数以万计的变量，因此命名问题就很重要。应提醒读者，读程序的人首先是自己，不注意变量命名问题，最先吃苦头也是自己。

在 C 程序的任何复合结构里都可以定义变量。在一个复合结构里定义的变量可以在该复合结构的内部使用。变量定义必须出现在复合结构里的任何语句之前，不能与语句交替出现。也就是说，一个复合结构一般具有下面形式：

```
{ 变量定义序列    语句序列 }
```

其中的变量定义或语句都可以没有。执行到达一个复合结构时，首先一个个处理变量定义（将它们定义好），然后顺序地执行语句序列中的一个个语句。

3.2.2 变量的使用

使用变量的方式只有两种：给变量赋值，或者取变量的值。

变量赋值：赋值表达式和赋值语句

C 语言用赋值运算符描述赋值操作。赋值运算符用等于符号“=”表示，我们用它构造赋值表达式。假设变量 x 为 double 类型，下面是一个合法的赋值表达式：

```
x = 5.0
```

计算这个表达式时将把双精度值 5.0 赋给 x。无论 x 原来的值是什么，进行这个赋值后它保存的数值就是 5.0。

赋值运算符左边应该描述一个能保存值的对象（最简单情况就是一个变量名，后面会看到其他情况），作为赋值操作的目标；右边可以是任何表达式。赋值运算的主要效果（语义）是求出其右边表达式的值，赋给左边的那个变量。

赋值运算符的优先级很低，低于所有算术运算符。所以，计算表达式

```
n = 2 + 3 * 5
```

时，将首先求出位于赋值号右边的算术表达式的值 17，而后将 17 赋给变量 n。

在赋值表达式的后面写分号，就构成了一个*赋值语句*。赋值语句是 C 语言里最重要的一类语句，代表程序中最重要的操作。写 C 程序时，人们经常用赋值语句的形式给变量赋值。赋值表达式也可以独立存在（后面会看到），这是 C 语言的一种特殊情况。

使用变量的值

使用变量的值的方式就是直接把它写在表达式里。如果计算一个表达式时遇到了变量，就会取出该变量当时的值参与计算。显然，如果一个表达式里包含变量，它的计算结果就会依赖于变

量的值。由于变量的值在程序执行中可能变化，同一表达式在不同时刻就可能求出不同的值，这与上一章那种只包含字面量的表达式有本质区别。例如对赋值语句

```
n = 2 + 3 * m;
```

赋给变量 n 的值依赖于变量 m 当时的值。如果 m 的值为 5，赋给 n 的值就是 17。

下面是一个包含了对两个变量使用的表达式：

```
x + sin(3.2 * y) - pow(x, 2)
```

它的值依赖于执行中求值时变量 x 和 y 的值。

变量的一个主要用途是用于保存计算的中间结果。下面看一个熟悉的例子。

例 3.1 已知三角形三边长求面积。已知三角形三条边分别是 3、5、7，求其面积。

由于需要多次使用由公式 $s=\frac{1}{2}(a+b+c)$ 确定的半周长，可以考虑用一个变量保存这个值，后面计算中直接通过该变量使用这个值。这样写出的程序更简单，避免了重复写完全相同的表达式，也避免了程序执行中无意义的重复计算。下面是写出的程序：

```
#include <stdio.h>
#include <math.h>

int main() {
    double s;

    s = (3 + 5 + 7) / 2.0;
    printf("Area: %f\n", sqrt(s * (s-3) * (s-5) * (s-7) ) );

    return 0;
}
```

使用变量使这个程序更简短，也更清晰。

赋值与类型

赋值操作中也有类型问题：被赋值的变量有自己的类型（由变量定义确定）；赋值号右边是个表达式，根据表达式计算的规定，其计算结果也有确定类型。如果这两个类型相同，赋值自然可以顺利进行，而在这两个类型不同时就出现了新问题。

对于赋值中表达式与被赋值变量类型不一致的情况，C 语言规定：在允许转换的情况下，表达式的值将自动转换为被赋值变量的类型的值，然后再赋值（前面讲过，数值类型的值都可以互相转换）；不能转换就是类型错误（后面会看到不能转换的情况）。

如果把前面程序例子里的赋值语句改写成：

```
s = (3 + 5 + 7) / 2;
```

得到的程序仍能通过编译，但运行时会发现程序的结果不对。显然这是一个合法语句，执行时右边表达式算出的值将先转换为双精度类型的值后再赋给变量 s。但是，为什么这样改动之后，这个程序就会出现语义错误（结果不对）？请读者自己设法弄清楚。

变量初始化

在定义变量时，可以用类似赋值的形式给被定义变量指定初值，这种描述方式及其效果称为变量的*初始化*。变量初始化的一些规定在后面讨论。首先，用简单数值或者仅由数值构成的表达式对类型合适的变量进行初始化是容许的。在变量定义时初始化，不仅书写方便，而且可以避免未先给变量赋值就使用的常见错误。因此，人们提倡尽可能在定义变量时直接进行初始化。下面是一些定义时为变量初始化的例子：

```
int n = 1, m = 1;
double s = (3 + 5 + 7)/2.0;
long double x = 4.5L;
```

采用定义变量时初始化，前面的示例程序可以改写为：

```
#include <stdio.h>
#include <math.h>

int main() {
    double s = (3 + 5 + 7) / 2.0;

    printf("Area: %f\n", sqrt(s * (s-3) * (s-5) * (s-7) ) );

    return 0;
}
```

3.2.3 注释和简单顺序程序

程序中的注释

为了帮助人（包括自己）阅读和理解程序，人们常希望在程序里写一些说明性文字。这种文字不应对程序的意义（程序的执行）有任何影响，只是希望对人们阅读程序起一点帮助。程序里具有这种性质的信息称为注释。C 语言的注释形式是：

```
/* 任何字符的序列 */
```

两个组合符号 `/*` 和 `*/`（组合符号必须连续写，两个字符之间不能有空白字符）就像一对括号，被它们括起的内容是注释，其中可以包含任何符号。C 语言规定注释相当于一个空格，这种注释将在编译之前简单丢掉，不会影响程序的意义。在程序中适当的地方加入必要的注释是一种良好的编程习惯。对复杂的大程序，注释的作用更加明显。

C99 增加了一种新的注释形式：用两个斜线符号“`//`”开始一段注释，这一注释一直延续到本行结束。这种注释形式是从 C++借鉴来的。

注释对于写程序的人也很重要。我们写了些程序，可能很长时间后需要去重读它们，如做些修改用于新系统，或需要给已有系统增加新功能。无论这些工作是我们自己做，还是其他程序员来做，程序里的良好注释在这些情况下都可能起很好的作用。

简单顺序程序

有了变量和赋值语句之后，我们已经可以更方便地写出许多程序了。使用到目前为止学过的语言机制，写出的程序都具有下面的模式：

```
#include <stdio.h>
/* 如果需要用数学函数，这里还要写#include <math.h> */

int main() {
    /* 若干变量定义（以及初始化） */
    /* 若干计算和赋值语句 */
    /* 若干输出语句 */
    return 0;
}
```

许多简单程序都具有这种模式。

3.3 定义函数（初步）

前面介绍了一些标准库函数，包括输出函数 `printf` 和各种数学函数。这些函数可以看做是 C 语言基本功能的扩充。函数是特定计算过程的抽象，有一定通用性，可以按规定（参数个数和类型等都可以看做是规定）方式应用于具体数据。对一个（或一组）数据调用数学函数可以算出一个结果。输出函数不是算出结果，而是产生输出的效果，它可以反复用于各种数据。

图 3-1 是有关函数调用的一个图示，其中 t 表示时间。当主程序执行到一个函数调用时，它暂时中断自身的执行，控制权转到被调用函数使它开始执行。直到函数执行完毕将控制权返回到主程序，主程序从中断点之后继续下去。这就是函数调用中的控制转移关系。

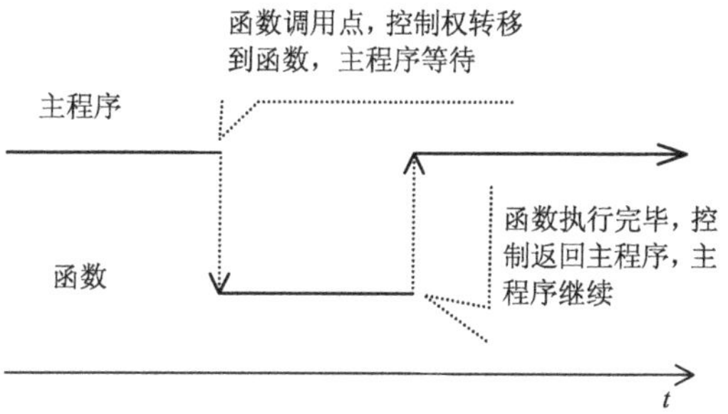

图 3-1　函数的调用、执行与返回

调用其他函数的代码部分也被称为主程序。易见，主程序和被调函数的关系是相对的，因为在一个函数里还可能再调用另一个函数，使调用关系形成一种层次性。也有人把这两者分别称为**主调函数**和**被调函数**。

实际程序设计中有许多对特定函数的需求，这里举一个简单的例子。

例 3.2　求圆盘面积（错误）。设有一批圆盘，需要求它们的面积。这些圆盘的半径分别是：3.24、2.137、0.865、3.746、12.64、8.421、0.307、7.258。

假设圆周率用 3.14。根据前面讨论，我们可能写出下面的程序：

```
#include <stdio.h>

int main() {
    printf("area = %f\n", 3.24 * 3.24 * 3.14);
    printf("area = %f\n", 2.137 * 2.137 * 3.14);
    printf("area = %f\n", 0.885 * 0.865 * 3.14);
    printf("area = %f\n", 3.746 * 3.746 * 2.14);
    printf("area = %f\n", 12.64 * 12.54 * 3.14);
    printf("area = %f\n", 8.421 * 8.421 * 3.14);
    printf("area = %f\n", 0.307 * 0.207 * 3.14);
    printf("area = %f\n", 7.268 * 7.268 * 3.14);

    return 0;
}
```

这个程序里有许多类似的东西。不仅其中对各项数据的计算过程相同，同一个数据还需要重复出现。这样的程序写起来很讨厌，容易使人眼花缭乱，也很容易由于不慎而引进错误（例如，上面程序里就有几个错误，请把它们找出来）。假如可用的函数库里有一个以半径为参数计算圆盘面积的函数，其类型特征是：

```
double pan_area(double)
```

上面程序中的主要部分就可以简化。第一个语句可以写为：

```
printf("area = %f\n", pan_area(3.24));
```

其他语句与此类似。假如函数库有以半径为参数打印圆盘面积的专用函数 prt_pan_area，上述程序还可以进一步简化，主要部分只是几个下面形式的语句：

```
prt_pan_area(3.24);
prt_pan_area(2.137);
```

如果存在这些函数，程序不但能变短，也可能变得更清晰。可惜 C 语言系统的函数库里没有这些函数。实际上，由于应用程序的需要异常丰富多彩，任何函数库都不可能提供人可能用到的所有函数。C 语言的解决方式是允许写程序的人自己定义所需函数。

3.3.1　函数定义

我们可以把一段计算过程定义成一个函数，并给它取一个名字。有了这样的函数定义后，如果在程序里需要做这段计算，就可以简单地通过函数名调用这个函数，实施有关计算。下面是定义函数 pan_area 的程序片段：

```
double pan_area(double r) {
    return r * r * 3.14;
}
```

这样一段代码称为一个函数定义。程序里写了这个定义之后，pan_area 就可以像标准库函数一样使用了。

例 3.3 求圆盘面积。利用上述函数定义重写前面的程序。要使用自己定义的函数，必须把函数定义代码段包含在程序里。下面是修改后的完整程序，主函数里的语句形式正是我们希望的：

```
#include <stdio.h>

double pan_area(double r) {
   return r * r * 3.14;
}

int main(){
    printf("area = %f\n", pan_area(3.24));
    printf("area = %f\n", pan_area(2.137));
    printf("area = %f\n", pan_area(0.865));
    printf("area = %f\n", pan_area(3.746));
    printf("area = %f\n", pan_area(12.64));
    printf("area = %f\n", pan_area(8.421));
    printf("area = %f\n", pan_area(0.307));
    printf("area = %f\n", pan_area(7.258));

    return 0;
}
```

这个程序包括两个主要部分：前面是函数 pan_area 的定义，后面是我们熟悉的 main 部分，其中的语句里调用了前面定义的函数。下面讨论的程序大多具有这种形式。

一个定义好的函数可以用在程序里任何需要的地方。上面程序里的 pan_area(3.24) 是函数调用表达式，表示用实参 3.24 去调用函数 pan_area。这种表达式也可用于构造更复杂的表达式，形成更复杂的计算，就像用标准数学函数构造复杂表达式一样。假定现在需要计算高 2.4、半径 3.24 的圆锥的体积。利用 pan_area，所需表达式可以写为：

```
2.4 * pan_area(3.24) / 3.0
```

把 pan_area 定义为一个函数可以带来了许多益处。函数调用一目了然，参数也只需写一次，容易避免前面那样多次重复写引进"笔误"的可能性。另外，在程序里这个计算只描述一次，如果需要修改，只需要修改这一个地方。举例说，如果发现原来选用的圆周率值精度不够，希望改为 3.14159265，现在就只需要修改函数定义：

```
double pan_area(double r) {
    return r * r * 3.1459265;
}
```

程序的其他部分根本不需要修改。而如果要对前面的那个程序做同样修改，事情就麻烦多了。这个例子是一个很小的程序，修改程序的工作量差别还不算太大。对那些数以十万行、百万行计的大型系统，易修改性的价值就明显了。况且，需要修改的地方越多，修改中引进错误的可能性就越大，排除错误又需要很多时间，花费很大代价。

虽然前面的程序里写了许多计算圆盘面积的表达式，但程序里并没有圆盘面积的概念。定义一个函数也为编程建立了一个新概念，这一点也很重要：定义一组有用的函数可以作为继续编程的基本构件，还可能满足其程序的需要。上面定义的 pan_area，其可能用途不限于目前这个小程序，完全可以用到其他需要计算圆盘面积的程序里。这一思想的直接发展是函数库（C 语言标准库是这种想法的一个规范化），还引出许多关于重复使用软件构件的研究，这方面的想法已经发展成为现代软件设计和实现的一个重要领域。

函数定义的形式

一个函数定义包括函数头部和函数体两部分。头部说明函数的名字和类型特征，形式上是顺序的几部分：函数的返回值类型，函数名，随后是一对括号括起的函数参数描述，称为函数的参数表。参数表里说明每个参数的名字和类型。函数体中的表达式和语句里通过这些参数使用相应实际参数的值。在 pan_area 的定义中，函数的头部是：

```
double pan_area(double r)
```

表示本函数的名字是 pan_area，其返回值类型是 double。这个函数只有一个参数，所以参数表里只有一对类型描述和参数名，说明参数的类型是 double，名字是 r。

函数体就是一个复合结构，其中可以有一些变量定义和一些语句。函数体里定义的变量是局部变量，只能在这个函数体的内部使用。参数也看做局部变量，使用方式和普通局部变量一样，只是在函数体执行时，参数已给定了由调用的实参得到的值。

函数体里通常要用到具有特殊意义的 return 语句（返回语句）。return 语句有两种形式，上面用的形式是：

```
return 表达式;
```

另一种形式下面讨论。返回语句的基本作用是结束本函数的执行，结束前先算 return 后面的表达式，并把这个表达式的值作为本次函数调用的返回值。

例如，调用 pan_area(3.24) 启动函数执行时，就会在参数 r 具有值 3.24 的情况下执行函数体里的语句。pan_area 体里只有一个 return 语句，函数的执行就是执行这个语句，求出其表达式的值作为返回值，然后 pan_area 结束。

具有多个参数的函数

要定义有多个参数的函数，就应该在参数表里描述各参数的情况，每个参数都要给出参数名和类型。下面是一个例子。

例 3.4 由三边长求三角形面积的函数。

先考虑被定义函数的类型特征。我们把函数命名为 triangle_area（可以用任何自己喜欢的名字），它应当有三个双精度参数，返回双精度值。函数的类型特征是：

```
double triangle_area(double, double, double)
```

根据函数定义的形式和本函数所要求的计算过程，这个函数的定义可以写为：

```
double triangle_area(double a, double b, double c) {
    double s = (a + b + c)/2.0;
    return (sqrt(s * (s-a) * (s-b) * (s-c)));
}
```

这里用一个局部变量保存中间值，以简化函数的定义，还采用了定义变量时初始化的技术。如果在一个程序里定义了函数 triangle_area，程序最前面就应该包括下面命令行，因为在函数 triangle_area 里调用了标准库的数学函数：

```
#include <math.h>
```

下面是一个调用求三角形面积的函数的语句：

```
x = triangle_area(3.5, 5.6, 6.8);
```

再如：

```
printf("Area: %f\n", triangle_area(13, 15, 19));
```

执行这些调用时，各实际参数按顺序送给函数里对应的参数，参与函数体里的计算。读者很容易写出一个程序，其中包含上面的函数定义，并调用它计算三角形的面积。

无返回值的函数

有时我们需要定义一个函数做一些事，但却不需要它返回值。例如，程序可能需要一个完成某种特殊输出工作的函数，每次调用输出一些信息。实际中还可能遇到许多不需要返回值的函数情况。C 语言解决这类问题的办法是允许定义没有返回值的函数[⊖]。

C 语言规定，将关键字 void 放在函数头部写返回值类型的位置，就表示定义的是一个不返回值的函数。下面定义的是前面提到的以半径为参数输出圆盘面积的函数：

```
void prt_pan_area(double r) {
    printf("r = %f, S = %f\n", r, 3.14159265 * r * r);
}
```

有了这个函数之后，前面程序可以写得更简短清晰：

```
#include <stdio.h>

void prt_pan_area(double r) {
    printf("r = %f, S = %f\n", r, 3.14159265 * r * r);
}

int main() {
    prt_pan_area(3.24);
    prt_pan_area(2.137);
    prt_pan_area(0.865);
    prt_pan_area(3.746);
    prt_pan_area(12.64);
    prt_pan_area(8.421);
    prt_pan_area(0.307);
    prt_pan_area(7.258);

    return 0;
}
```

对比这个程序和前面使用 pan_area 的程序，这里的主函数更简单，写起来更容易。但也应看到，pan_area 不仅可以用于本程序，还可以用于任何需要计算圆盘面积的程序；而计算并打印圆盘面积的 prt_pan_area 则少有其他用途。由此可见，这两种定义函数的方式各有所长，可以根据需要选择。

上面给出了完成同样工作的几个不同程序。从它们的对比中读者应该感觉到函数的意义和作用，还可以注意到适当选择所定义函数的形式的价值。对于写大程序而言，定义一组适当的函数效果更加明显。实际上，不会定义函数的人根本就不可能写出大程序。由于定义函数是写 C 程序中最重要的一项工作，后面还将进一步讨论这个问题。

注意，在函数 prt_pan_area 的定义里没有写 return 语句，执行完 printf 的调用后，作为函数体的复合结构里的语句都执行完了，这种情况下函数也结束。当然，如果要定义的函数有返回值，那么就不应该出现这种情况，因为如果函数这样结束，其返回值将没有定义。此外，无返回值的函数显然不能用在表达式里。

3.3.2 函数与程序

前面看到的所有完整程序例子里都有如下形式的框架：

```
int main() {
    ......
    return 0;
}
```

但我们一直没说清楚这段代码的意义。实际上这就是定义一个名为 main 的函数。在完整的 C 程序里都需要有名字为 main 的函数，而且只能有一个。

以 main 为名字的函数的地位特殊，它表示这个程序的执行起点和整个过程。在一个 C 程序

⊖ 在一些语言里，编程者定义的独立且可调用的结构称为子程序。子程序分为两类：有返回值的是函数，无返回值的是过程。函数用在表达式里，过程以语句形式使用。C 语言把所有子程序统称为函数。

（加工为可执行程序后）启动时，其执行就从它的 main 函数的体开始，一条条地执行其中的语句。到这个函数结束（语句都执行完了或遇到 return 语句退出），这个程序的执行就完成了。因此人们也常把 main 函数称为（C 程序里的）**主函数**。C 语言规定 main 的返回值类型是 int，通常用返回 0 表示程序正常结束，前面程序示例中主函数体最后的“return 0;”就是做这件事。如果 main 函数没有执行 return 语言就结束了，系统将自动产生一个表示程序正常结束的值（通常就是 0）。

一个普通的函数定义不构成一个完整程序，它只能作为一个程序的一部分。函数定义的作用是描述封装起来的一段计算过程，并为这段代码命名。只有在被调用时，函数的体才会真正被执行，从而产生其效能。这似乎形成了一种奇怪的现象：每个函数都等着被调用，那么它们怎么能开始工作呢？这就是 main 函数的作用。名字为 main 的函数是在程序开始时被自动调用的（它由 C 程序的运行系统调用）。

我们知道，写出一个函数定义后允许在多个不同的地方调用它。为一个调用提供了一组实际参数，就形成了一个具体计算，可以得到一个具体结果。main 可以调用其他函数，被调用的函数还可以再调用函数。这方面 main 也很特殊：程序里不允许调用它。由前面讨论可知，如果程序里定义的某个函数未被主函数（直接或间接）调用，它就不会参与程序执行，对程序运行没有任何贡献。这样的函数定义可以删去而不影响程序的意义。

包含一个或多个函数定义的程序通常采用如下形式：

```
#include …
……  /* 函数定义写在前面（可以有一个或几个） */

int main() {
    …… /* 主程序体，这里通常包含对一些函数的调用 */
    return 0;
}
```

这就是包含几个函数定义的完整程序的模式，请读者在写程序时采用这种形式。

根据 C 程序的要求和复合结构的形式规定，最短的而又完整的 C 程序是：

```
int main() {}
```

这个程序能正常编译、连接和执行。由于主函数体里没有语句，函数一启动就结束，读者可以自己试一试。在试验这个程序时，我们可能发现一个有趣的问题：虽然上述程序什么都不做，编译、连接之后也会产生一个一定大小的可执行程序，其长度因编译系统而异，可能有若干 K 字节或者更多。请读者想一想，这个程序里的代码是什么。

3.3.3 函数与类型

函数的头部描述了返回值的类型，函数内部用返回语句提供返回值，其中的表达式给出了计算返回值的方法。我们知道，任何表达式都有确定的求值结果类型，这样，返回表达式的类型和函数的返回值类型之间就可能出现不一致的情况。

C 语言要求返回表达式的类型必须能转换到函数头部的返回值类型，否则就是类型错。执行返回语句时，如果表达式求出的值的类型不是函数头部要求的类型，那么就先转换为该类型的值，以转换的结果作为函数的实际返回值。举例说，在下面的函数定义里，return 语句求出表达式的值之后就需要做类型转换：

```
int fun(int m){
    return 3.14159 * m;
}
```

前面说过，函数调用的实参个数必须与函数定义要求的参数个数一致，每个实参的类型也必须符合函数要求。这里的要求是：各实参的值应该能转换到函数参数表里规定的类型，否则是类型错。如果某个实参的类型与函数要求不一致，要先转换该实参的值，而后将转换结果送给函数。

例如，对上面的函数 fun，下面调用也将出现类型转换：

```
x = fun(3.09);
```

请读者分析：假设 x 是一个双精度变量，在这个语句执行中哪些地方将发生类型转换，每次是从什么类型转换到什么类型（提示：一共要发生 4 次类型转换）。

3.3.4 自定义输出函数

例 3.5 自定义输出函数。如果觉得写格式串太麻烦，而且容易出错，那么可以为最常用的几个类型定义独立的输出函数，例如为 int、long 和 double 类型定义下面函数：

```
void int_write(int n) { printf("%d", n); }
void long_write(long n) { printf("%ld", n); }
void double_write(double x) { printf("%f", x); }
```

考虑到经常需要在输出一项数据之后换行，可以定义另一组输出函数：

```
void int_writeln(int n) { printf("%d\n", n); }
void long_writeln(long n) { printf("%ld\n", n); }
void double_writeln(double x) { printf("%f\n", x); }
```

这几个输出函数是类型安全的，因为编译器总能自动检查并完成必要的类型转换，但在写输出时可能需要多写几个语句。例如，要完成下面语句完成的输出：

```
printf("r = %f, S = %f\n", r, 3.14159265 * r * r);
```

我们需要写（字符串仍然用 printf 输出）：

```
printf("r = ");
double_write(r);
printf(", S = ");
double_writeln(3.14159265 * r * r);
```

C 语言标准库采用 printf，而没有采用为每个类型定义一个输出函数，主要是希望通过尽可能少的机制提供尽可能强大的输出功能，并使程序更为简洁。这样做付出的代价是类型安全性，因为编译器通常不能检查 printf 的格式串与另外的输出参数之间是否类型匹配。有了上面这些自定义输出函数，我们就有了两种选择：可以为程序简洁而继续使用 printf，也可以为避免出错而使用上面这些自定义的输出函数。为简洁起见，本书后面的例子里还将继续使用 printf。

3.4 关系表达式、条件表达式、逻辑表达式

只有前面学过的语言机制，我们写程序的能力还是很弱的。假设需要写函数

```
double dmax (double, double)
```

希望它求出两个参数中较大的一个；或者想写一个求整数的绝对值的函数。粗略分析就会发现，我们已经了解的C语言功能不足以解决这些问题，因为在这两个函数里都需要比较数据的大小（前者的计算中需要比较两个参数中哪个大，后者需要比较参数和 0），根据比较结果确定下面怎样做。要实现这类计算，就需要更多的运算符和其他功能。

3.4.1 关系表达式和条件表达式

关系运算符确定两个数据之间是否存在某种关系。C 语言的关系运算符共有 6 个：

> >= <= <	依次为大于、大于等于、小于等于、小于
== !=	依次为等于、不等于

对各种数值类型都可以使用这些运算符，写出关系表达式。下面是两个简单例子：

```
3.24 <= 2.98        关系不成立
5 != 3 + 1          关系成立
```

关系运算符的操作对象是表达式，其中可以包含变量，比较的是两个表达式的值。如果被比较的表达式类型不同，就按与算术运算符一样的规则，对表达式求出的值进行转换，转换到同类型的数据之后再做比较。

关系表达式也是表达式，其计算应该得到一个值。C 语言规定关系运算的结果类型是 `int` 类型的值：关系成立时求出的值是 1；关系不成立时值是 0。这样，`3.24 <= 2.98` 的值是 `int` 类型的 0，而表达式 `5 != 3 + 1` 的值是 `int` 类型的 1。

关系运算符的优先级低于所有算术运算符，但高于赋值运算符。其中 `==` 和 `!=` 的优先级又低于另外四个关系运算符。关系运算符也采用自左向右的结合方式，它们也没有明确规定参与比较的两个运算对象的计算顺序。这些都与算术运算符一样。

逻辑值

关系表达式只有两种可能的结果：它描述的关系或者成立，或者不成立。所以说，关系表达式描述的是一种逻辑判断。当相应关系成立时，人们说这个关系式所表达的关系是真的，或说它具有逻辑值“真”；在关系不成立时就说该关系是假的，或说它具有逻辑值“假”。在程序里，逻辑判断和逻辑值的用途就是控制计算的进程。

C 语言没有专用表示逻辑值的类型，任何基本类型的值都可以当做逻辑值用。在当做逻辑值时，值是 0（无论是整数 0 还是浮点数 0 等）表示逻辑值“假”，任何不等于 0 的值都表示“真”。也就是说，任何 0 值都当做逻辑关系不成立，非 0 值当做逻辑关系成立。

C 程序里有许多需要用逻辑值的地方，下面介绍的条件表达式就是其中之一。

条件表达式

条件表达式是一种特殊表达式，用于描述根据不同情况（某条件成立与否）采用不同的方式做计算。构造条件表达式用条件运算符（有时记为 `?:`，它们总是成对出现），这是 C 语言里唯一的有三个运算对象的运算符。条件表达式的形式是：

表达式$_1$? 表达式$_2$: 表达式$_3$

条件表达式的计算方式特殊：计算时先算*表达式*$_1$；如果其值非 0（条件成立）就计算*表达式*$_2$，用它的值作为整个条件表达式的值；如果*表达式*$_1$值是 0 就计算*表达式*$_3$，用它的值作为整个条件表达式的值。请注意，*表达式*$_1$非 0 时不算*表达式*$_3$；其值为 0 时不算*表达式*$_2$。

作为简单例子，我们看条件表达式 `x > 0 ? 2 : 3` 的计算过程。按定义，这里要先计算 `x > 0`，而后根据情况选择计算另外两个表达式之一。不难看出，当 `x` 的值大于 0 时整个条件表达式的值是 2；而在 `x` 的值小于 0 时整个条件表达式的值是 3。可以清楚看到，这个条件表达式的计算过程依赖于变量 `x` 当时的值，结果也依赖于 `x` 的值。

例 3.6 几个用条件表达式的函数。

再看 `double dmax (double, double)`。函数定义很简单，只包含一个返回语句，其中使用了条件表达式：

```
double dmax (double x, double y) {
    return x > y ? x : y;
}
```

计算整数的绝对值的函数的定义与此类似，请读者自己作为练习。

再看另一个例子，定义常用的符号函数 sign。这个函数的数学定义是：

$$\text{sign}(x)=\begin{cases}1 & x>0\\ 0 & x=0\\ -1 & x<0\end{cases}$$

在参数值大于、等于或小于 0 时，函数值分别为 1、0 和−1。C 函数定义也简单：

```
double sign (double x) {
    return x > 0 ? 1 : (x == 0 ? 0 : -1);
}
```

条件运算符的优先级高于赋值运算符，低于各种关系运算符。对条件运算符结合关系的规定是：如果有多个条件表达式嵌套出现，每个后续的 : 符号总与它前面最近的那个没有配对的 ? 符号匹配。根据这些规定，上面函数里的表达式可以简写为：

```
x > 0 ? 1 : x == 0 ? 0 : -1
```

但加了括号后的表达式可能清晰。

前面特别提出条件表达式的特殊计算方式，现在看一个能说明这方面问题的示例。假设希望写这样的表达式：当 x 的值不是 0 时，给 z 赋以由 y/x 算出的值，否则给 z 赋值 1。由于条件表达式的特殊计算方式，下面语句在计算中不会出问题：

```
z = x != 0 ? y/x : 1;
```

即使 x 当时的值为 0，这里也不会出现除以 0 的情况（因为不会去算 y/x）。

3.4.2 逻辑表达式

程序里经常需要描述复杂的逻辑关系。例如，我们可能希望当 x 的值在区间 [3, 5]内时给 z 赋值 2，否则赋值 1。结合使用关系运算符和条件运算符就可以描述这种情况：

```
z = (x >= 3 ? (x <= 5 ? 2 : 1) : 1);
```

可以证明，用关系运算符和条件运算符足以描述任何复杂的条件。但仅用它们写出的描述有时不太直观，不易理解。为更方便清晰地描述复杂条件，C 语言提供了逻辑运算符，用它们可以很方便地描述多个条件同时成立、多个条件之一成立或某个条件不成立等情况。

C 语言的逻辑运算符是 !、&& 和 ||，它们分别表示否定、并且和或者三种逻辑运算。这里的 ! 是一元运算符，另外两个是二元运算符。逻辑表达式的计算结果都是整数类型的 0 或 1。下表解释了这三个逻辑运算符的意义及其计算方式：

!表达式	把表达式的值看做逻辑值，以该值的否定作为结果：如果表达式的值非 0 则结果为 0；如果表达式值是 0 则结果为 1
表达式$_1$ && 表达式$_2$	只有两个表达式都非 0 时结果为 1，否则为 0 计算方式：先求表达式$_1$；如得到 0 则不计算表达式$_2$，直接以 0 作为整个表达式的值；否则（表达式$_1$非 0）就计算表达式$_2$，如果它为 0 则整个表达式的值是 0，否则值为 1
表达式$_1$ || 表达式$_2$	只有两个表达式的值都为 0 时结果为 0，否则为 1 计算方式：先求表达式$_1$；若得到非 0 则不计算表达式$_2$，以 1 作为整个表达式的值；否则（当表达式$_1$值是 0 时）计算表达式$_2$，如果它为 0 则整个表达式的值为 0，否则值为 1

否定是一元运算符，其优先级与其他一元运算符相同；二元逻辑运算符的优先级低于关系运算符，而且“&&”的优先级高于“||”（参看本书附录 A 的表）。

根据运算符的优先级关系，对于逻辑表达式

```
(((x + 3) > (y + z)) && (y < 10)) || (y > 12)
```

可以省去其中的所有括号，简写为如下形式，其意义没有变：

```
x + 3 > y + z && y < 10 || y > 12
```

请读者特别注意运算符“&&”和“||”，它们的计算方式与条件运算符类似，在一些情况下不求值第二个运算对象。下面是一个能说明情况的例子：

```
x != 0 && y/x > 3
```

即使在计算这个表达式时 x 的值为 0，计算中也不会出现除以 0 的问题。

例 3.7 判断闰年（利用取模运算判断整除关系）。判断变量 year 的值是否表示闰年的年份。

根据历法，闰年年份值是 4 的倍数但又不是 100 的倍数，或者是 400 的倍数。在 C 语言里，是某数的倍数可以用取模运算结果为 0 表示，所以，year 为闰年的条件是：

```
year%4 == 0 && year%100 != 0 || year%400 == 0
```

由于运算符的优先级，这个表达式里不需要写括号。当然，为了更容易看清楚，也可以适当加一些括号。下面是判断一个年份是否为闰年的函数，该函数返回 int 值：

```
int isleapyear (int year) {
    return year%4 == 0 && year%100 != 0 || year%400 == 0;
}
```

这类做判断的函数在程序里非常有用，人们常把这种判断函数称为谓词。

3.5 语句与控制结构

C 语言里基本语句包括赋值语句和函数调用语句等㊀，它们完成一些基本操作。复杂的计算中需要执行许多基本操作，而且必须按照特定的顺序执行。为描述操作的执行过程，编程语言要提供一套描述机制，这种机制称为控制结构。

在机器指令层也有执行过程的控制。基本情况是一条指令完成后执行下一指令；另一控制方式是分支指令，它导致控制转移到指定位置。这两种方式的结合可以形成复杂的流程。如果把程序中的流程想象成在指令序列里缠绕的线路轨迹，早期程序的控制流常常形成一团乱线，使人很难把握。

随着程序设计成为许多人从事的职业以及成为一个重要研究领域，人们对程序实践和编程过程的规律性做了许多研究，从中逐渐认识到，随意的流程控制方式并不是一件好事，这种随意性带来许多麻烦，阻碍程序设计变成一种具有科学性的技术工作。

分析了各种情况后，人们提出了程序执行的三种基本流程模式，即顺序执行、选择执行和重复执行。在顺序执行中，一个操作完成后接着执行下一操作；选择执行是根据遇到的情况，从若干可能事项中选做一种；重复执行是在某条件成立的情况下反复做一些事情。图 3-2 描述了这三种基本流程模式的典型情况。图 3-2a 表示顺序执行。图 3-2b 是一种选择模式，从两种可能性里选一种。还有多中选一的形式。图 3-2c 是一种重复执行结构，其中的条件判断在先而动作在后。同样存在其他的重复执行模式。

应特别指出，这几种模式有一个共同点：它们都只有一个开始点和一个结束点。这一特点使我们可以把一个流程模式的整体当做一个抽象操作，嵌入其他不同的（或者相同的）流程模式中，构成更复杂的计算流程。这样的流程称为结构化的流程。

通过结构化流程模式形成的复杂流程具有层次性，可以一层层分解，这就使程序的意义比较容易把握。人们已严格证明，图 3-2 给出的三种模式对写任何程序都足够了。也就是说，如果能用其他方式写出一个程序，那么通过这三种模式的嵌套构造也一定能实现它。

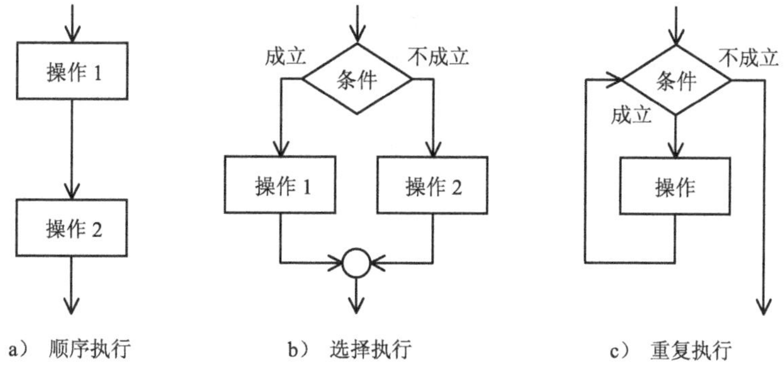

图 3-2 程序控制流程的三种基本模式

㊀ 赋值和函数调用形成的语句都是在表达式后加分号构成，用 C 语言术语是表达式语句。表达式语句是 C 程序里使用最多的基本语句。另外还有几种表示控制的基本语句，包括前面用过 return 语句。

C 语言提供了一组控制机制，包括直接对应于上面几种模式的或与之类似的结构化的控制结构。一个完整控制结构形成的片段可以当做一个语句看待，可以出现在任何能写语句的地方。这一规定使它们可以嵌套使用，因此控制结构也常被称做**控制语句**。

前面讨论过的复合结构是最重要的一种控制结构，它实现基本的顺序执行。下面介绍另外几种最常用的控制结构，还有几种结构留待下一章介绍。

3.5.1 条件语句：if 语句

条件语句用于描述在不同的操作中选择执行。它以一个逻辑条件的成立与否为条件，区分两种不同的执行方式，或决定一个操作的做与不做。条件语句有两种形式：

```
if (条件) 语句
if (条件) 语句1 else 语句2
```

请注意包围条件的圆括号，这是 if 语句的语法要求。条件可以是任何基本类型的表达式，其值当做逻辑值使用，控制成分**语句**的执行。两种条件语句的执行过程分别是：

第一种形式：首先求出条件的值，其值非 0 时执行**语句**，该**语句**的完成也是整个条件语句的完成；否则（条件为 0）就不执行**语句**，整个条件语句直接完成。

第二种形式：首先求出条件的值，其值非 0 时就执行**语句**$_1$；否则（值是 0）执行关键字 else 后的**语句**$_2$。这两个**语句**之一执行完成时条件语句完成。

条件语句中的**语句**可以是简单语句，也可以是复合语句或其他结构，包括条件语句。

请注意条件语句与条件表达式不同。条件表达式是一种表达式，根据条件决定求值方式，最终目的是算出一个值用于其他计算。条件语句则不同，虽然它也有一个条件，但其作用是根据条件的成立与否决定做什么事情，执行什么语句。语句没有值。

当然，一些情况下两种结构都可以用，这时应该从程序的简洁明晰等方面去考虑和选择。也有些情况下两种写法在各方面的差异都不大，这时可以根据自己的喜好选择。举例说，前面做过的求参数中较大值的函数也可以用条件语句写出：

```
double dmax (double x, double y) {
    if (x > y)
        return x;
    else
        return y;
}
```

这个函数与前面的函数功能相同。有人更喜欢前面那种简单的一行形式，有人更喜欢这一个。读者可以根据自己的爱好选择。这里还看到了一种新情况：一个函数里出现了多个 return 语句。这是允许的，无论执行中遇到哪个 return 函数都结束。

例 3.8 求圆盘面积（错误参数的处理）。改进前面求圆盘面积并将其输出的函数，如果半径实参小于等于 0，它就输出信息说明遇到了错误数据，否则就输出圆盘的面积。

前面几个示例里，采用函数 prt_pan_area 的程序最容易改造，因为其中与计算和输出有关的操作都封装在函数 prt_pan_area 里，修改时只需改这个函数的定义：

```
void prt_pan_area (double r) {
    if (r <= 0)
        printf("radius incorrect: %f\n", r);
    else
        printf("radius: %f, area: %f\n", r, 3.14159265*r*r);
}
```

请读者修改有关的程序并做些运行试验，确认这一修改确实完成了所要求的工作。另外，也请读者试着修改一下该程序的其他版本（采用 pan_area 函数的版本和没有定义函数的版本），比较完成同样修改所需要的工作量，从中体会定义函数的意义。

if 语句的建议书写格式

为使程序清晰易读，必须注意对各种结构采用良好书写形式。if 语句的结构比较复杂，下面是这种语句的建议书写形式，无 else 部分的 if 语句也可类似处理。

（1）当语句部分为单个语句时，人们常用如下书写形式：

```
if (XXXXXX)
    xxxxxxxxxxxx
else
    xxxxxxxxxxxx
```

如果语句部分非常短小，有时也把它直接写在条件之后或者 else 关键字之后。

（2）当语句部分为复合语句时，常用的写法有两种：

```
if (XXXXXX) {
    xxxxxxxxxxx
    xxxxxxxxxxx
}
else {
    xxxxxxxxxxx
    xxxxxxxxxxx
}
```

```
if (XXXXXX)
{
    xxxxxxxxxxxx
    xxxxxxxxxxxx
}
else
{
    xxxxxxxxxxxx
    xxxxxxxxxxxx
}
```

原则很简单：关键字 if 和 else 对齐。复合语句的花括号可看做本层结构，也作为下一层的范围边界标志，其内部成分是下层结构，应适当退格，并将它们互相对齐。这样可以使程序的层次清晰。本书示例程序始终坚持这种形式。也请读者在写程序时效仿。

例 3.9 求二次方程的根。写函数 void root2(double a, double b, double c)，将其参数分别看做二次方程 $ax^2+bx+c=0$ 的三个系数，分情况求出方程实根并输出。

根据数学知识，为求二次方程的实根，需要先计算方程的判别式，根据判别式的值区分出三种情况：该方程有两个实根，有一个重根，或者没有实根。下面函数里采用这种分步解决的方式，其主要部分是一个嵌套的条件语句。

```
void root2 (double a, double b, double c) {
    double tmp, d = b*b - 4*a*c;

    if (d > 0) {
        tmp = sqrt(d);
        printf("Two real roots: %f, %f\n",
               (-b + tmp)/2/a, (-b - tmp)/2/a);
    }
    else if (d == 0)
        printf("One real root: %f\n", -b/2/a);
    else
        printf("No real root\n");
}
```

请读者考虑，这个函数还有哪些没处理的情况？有关的修改工作可以作为练习。

在这个函数里，条件语句的 else 部分又是条件语句，通过两个判断确定和处理三种不同情况。这种形式的处理在程序里很常见，可能出现许多组判断和语句。在描述这种程序时，人们常采用上例的书写方式，其一般形式是：

```
if (...) {
    ……
}
else if (...) {
    ……
}
……
else if (...) {
```

```
    ......
}
else {
    ......
}
```

这种形式能清晰反映程序的结构，易于阅读，同时又能避免不断退格引起的大片空白，避免不断退格造成的麻烦（一再退格可能使有些行退得很远，影响程序的读写）。

3.5.2 循环语句：while 语句

循环控制结构实现重复执行的控制模式。C 语言有几种循环控制结构，while 语句是其中最简单的，使用较多。while 语句也称为当型循环语句，其形式是：

```
while (条件) 语句
```

这里的语句称为循环体，同样可以是复合语句或其他控制结构，包括循环结构（这种情况称为多重循环）。while 循环的执行方式如图 3-2c 的描述，也就是：

（1）首先求出条件的值；

（2）如果条件的值为 0 则整个 while 语句结束；否则

（3）执行循环体，而后回到（1）继续。

例 3.10 循环计算和输出。写程序打印整数 1 到 10，每个整数输出在一行。

根据前面经验，我们可以写一个简单的包含 10 个输出语句的程序：

```
#include <stdio.h>

int main() {
    printf("1\n");
    printf("2\n");
    ......         /* 实际程序里不能有省略号，需要写 10 个类似语句 */

    return 0;
}
```

这个程序并不令人满意。如果题目要求输出 1 到 100 的数，我们是不是必须写 100 个输出语句？如果要求输出 1000 个整数呢？

不难看出这里希望的一项项输出都很类似，只是要输出的数一个比一个大，按整数 1 递增，有规律。对于有规律的重复工作，就可以考虑另一种解决方式，把所有工作用一个循环结构来描述。这里考虑用一个变量（例如用 k）记录输出的值：

```
开始时给 k 赋值 1
如果 k 的值小于等于 10 就重复下面工作：
    输出 k 的值，而后把 k 的值加 1
```

重复进行的过程很容易用一个 while 语句描述，只要把语句的控制条件想清楚了，其他部分都很自然。基于这些考虑，不难写出另一个能完成同样工作的程序：

```
#include <stdio.h>

int main() {
    int k;

    k = 1;
    while (k <= 10) {
        printf("%d\n", k);
        k = k + 1;
    }

    return 0;
}
```

初看起来这个程序并不比前一个程序简单，但它有很多优点。例如，这里只包含一个输出语句，所有有关输出形式的描述都出现在一个地方。假如现在要求修改程序，改变输出形式，把各行改为“number: 1”，“number: 2”等，修改这个程序就方便得多。

进一步说，如果想有一个程序输出 1 到 100 的数，输出 300 以内的奇数，200 到 500 的偶数，1000 以内所有整除 7 的数，5000 以内所有 2 的乘幂，等等（有无穷多其他可能性），所有这些都可以在这个程序的框架中，通过简单修改完成（只是生成输出的范围和步进值不同，请读者把这些问题作为练习，修改上述程序完成所需的程序）。能修改第一个程序完成这些任务吗？当然可以！只要有足够的时间，但需要做的工作可能麻烦千百倍！而且每个修改实际上都要另外写一个很不一样的程序。

例 3.11 循环求和。写出求 $\sum_{n=1}^{100} n^2$ 的程序片段和完整程序。

设整型变量 sum 和 i 已有定义。程序片段可以写为：

```
sum = 0;
i = 1;
while (i <= 100) {
    sum = sum + i * i;
    i = i + 1;
}
```

变量 sum 最后的值就是所需结果。不难把上面程序片段做成一个完整程序。例如：

```
#include <stdio.h>

int main() {
    long i, sum;

    sum = 0;
    i = 1;
    while (i <= 100) {
        sum = sum + i * i;
        i = i + 1;
    }
    printf("Sum: %d\n", sum);

    return 0;
}
```

机敏的读者可能会问：前面程序中需要用整型变量时一直是用 int 类型，为什么这里用了 long 类型？有什么特别考虑吗？确实如此！实际上，写每个程序时都需要慎重考虑其中使用的变量的类型。没有特殊要求时都用 int，因为 int 是 C 语言里最基本的整数类型。这里用 long，是考虑在一些 C 语言系统里（采用 16 位的 int 类型的系统里），int 类型的变量不足以保存算出的和数，在这一程序执行中会出现溢出。

为了节约篇幅，后面讨论中有些地方将只给出上面那样的*程序片段*。把它们放进一个适当的程序里，检测其功能的工作留给读者自己完成。

例 3.12 输出摄氏和华氏温度的对照表。写一个程序，它从摄氏温度 0 度到 300 度，每隔 20 度为一项，输出一个摄氏温度与华氏温度的对照表。

简单而直接的解决方案是写 16 个类似的输出语句，但这样做显然很不理想（想想如果要求输出的是包含 10 000 项的对照表）。这里要做的明显是一件重复性工作，应该考虑用循环描述和处理。我们可以用一个变量保存被处理的摄氏温度值，循环开始前给它赋初值 0，每次循环体执行中把它的值加 20，一直做到 300。每一次循环计算并输出一行，其中包括当时的摄氏温度值和华氏温度值。这一分析形成了一套解决问题的方案。

根据摄氏与华氏温度对照公式：

$$F = C * 9 / 5 + 32$$

有了上面分析，写出程序已经不难了。将临时变量取名为 c，转换结果用双精度类型表示：

```
#include <stdio.h>

int main() {
    int c = 0;

    while (c <= 300) {
        printf("C = %d, F = %f\n", c, c * 9 / 5.0 + 32.0);
        c = c + 20;
    }

    return 0;
}
```

这个程序将会显示出 16 行输出，其中的第一行是：

```
C = 0, F = 32.000000
```

很容易修改这个程序，要求它输出更多的温度对照表项。

从上面几个例子里可以看到循环程序的一些特点。在进入循环之前，通常需要给循环中使用的各个变量设置初值，可以通过赋值语句或变量初始化完成这项工作；在循环体里要修改（更新）一些变量的值。虽然在循环体里每次执行的是同样的程序段，但由于参与循环的一些变量的值变了，实际做的事情就可能不同了。还有，一个循环需要有一个继续条件（其否定是循环的终止条件），它控制循环的进行或结束。

还可以看到，虽然上面这几个程序都很短，只有不多几行，但由于循环结构的存在，循环体里的语句可能多次执行，由这些不长的程序片段引起的计算过程可能很长。在编写实际程序时，一项重要工作就是设法发掘计算过程中的重复性动作，并通过适当的循环形式正确地描述这种重复动作。下一章的一个重点就是讨论循环程序的构造问题。

3.5.3 循环语句：for 语句

在上一小节的程序示例里，我们看到循环的一种常见模式：开始循环前先做准备，为循环里使用的一些变量赋初值；进入循环后先考虑循环继续的条件是否成立，如果成立就执行循环体；循环体的最后更新一些控制循环进程的变量。这种模式很普遍，C 语言为此提供了专门的 for 循环结构。for 结构的成分较多，其完整形式是：

for (*表达式*$_1$; *表达式*$_2$; *表达式*$_3$) *语句*

其中的*表达式*$_1$完成变量的初始设置（用赋值表达式），*表达式*$_2$是确定循环是否继续的条件，*表达式*$_3$常用于循环变量更新，*语句*部分是循环体。其执行方式是：

（1）求*表达式*$_1$的值，这件事只做一次，这里通常写给循环变量设初值的赋值表达式；

（2）求*表达式*$_2$的值，如果得到 0 则循环结束，否则就继续；

（3）执行作为循环体的*语句*；

（4）求*表达式*$_3$的值，这里通常写更新循环变量的赋值表达式；

（5）转到（2）继续执行。

位于 for 结构头部的三个表达式都可以没有，但是其中的分号不能少。缺第一个或第三个表达式表示不做那部分动作。缺第二个表达式表示循环条件为 1，也就是一个条件始终为真的循环。这种循环不会因为条件检测而终止。

有时我们需要程序永无止境地做某些事情（例如，操作系统的命令解释循环）。有时无法在每次循环开始前判断结束条件，只能在循环体的中间判断。这些情况下都可能需要写条件为 1 的循环。C 语言为从循环里退出提供了其他机制。例如，函数体里可以用 return 语句从循环体中直接返回，这种 return 的执行也导致它所在的循环结束。

程序示例

例 3.13 用 for 循环重写的输出摄氏和华氏温度的对照表程序。

程序很简单，形式与前面例 3.12 程序类似，只是其中 while 换成了 for 结构：

```
#include <stdio.h>

int main() {
    int c;

    for (c = 0; c <= 300; c = c + 20)
        printf("C = %d, F = %f\n", c, c * 9 / 5.0 + 32.0);

    return 0;
}
```

现在循环体里只有一个语句了。

for 语句的控制信息都出现在语句前部，常常更容易阅读和理解。各种包含变量准备、循环条件和变量值更新的重复计算，都很适合用 for 语句描述。

例 3.14 求立方和。写一个求 $\sum_{1}^{n} k^3$ 值的函数，假设值 n 由参数得到。

先确定函数的类型特征：

```
long cube_sum (int n)
```

题目里要求重复累加，累加次数由参数的值 n 确定。我们在写函数时不知道函数调用时的参数值，不同调用中的参数值当然可能不同。因此，这段计算必须用循环结构描述。显然，这个循环里需要有一个变量记录变化中的 k 值，每次循环把它的值加 1。还要用一个变量记录部分和，每次更新它的值，最后就可以由它得到总和。通过分析可以确定循环中需要用两个变量，为它们取名 k 和 sum，采用整型，由于立方增长很快，故采用下面定义：

```
long k, sum;
```

循环前把 sum 设为 0，表示 0 个项的部分和。k 初值设为 1，由它可以算出第一项的值。在发现 k 的值大于 n 时终止循环，得到循环里的继续条件为 k <= n。有了这些分析和考虑，就可以写出下面循环了：

```
sum = 0;
for (k = 1; k <= n; k = k + 1)
    sum = sum + k * k * k;
```

也可以用 while 语句描述：

```
k = 1;
sum = 0;
while (k <= n) {
    sum = sum + k * k * k;
    k = k + 1;
}
```

很容易把这个程序段包装成一个函数（用 while 语句实现也很简单）：

```
long cube_sum (int n) {
    long k, sum = 0;

    for (k = 1; k <= n; k = k + 1)
        sum += k * k * k;

    return sum;
}
```

我们可以写一个主函数，其中用一些整数作为参数调用 cube_sum 求立方和输出。请在主函数里写一个循环做试验，试一些比较大的数。读者可能发现送给 cube_sum 的参数大到一定程度，求出的结果就不对了。为什么会这样？

3.6 若干C语言结构

本节介绍一些常用的运算符和结构。

3.6.1 增量和减量运算符（++、--）

增量和减量运算符用于将变量的值加1或减1，它们都有前置写法和后置写法，应看成四个不同的运算符（前置增量、后置增量、前置减量、后置减量）：

将变量x的值增加1		将变量x的值减少1	
++x	x++	--x	x--

这几个运算符不但可以用于整型变量，也可以用于各种浮点类型的变量。

增减量运算符的常见用法是写为独立语句，用于增大或减小变量的值。例如：

```
++n;
k++;
--m;
```

这时采用前置或后置写法并没有差别，它们都能把变量的值增加1（或减少1）。

增减量运算符还经常用在 for 语句头部，用于更新循环变量。例如：

```
for (i = 1; i <= 20; ++i)
    printf("%d\n", i*i);
```

作为另一个例子，前面求平方和的程序段也可以写成：

```
sum = 0;
for (n = 1; i <= 100; ++i)
    sum = sum + i * i;
```

把其中的 ++i 换成 i++，程序的意义不会改变。在这两类使用中，增量或减量表达式都是独立出现的（而不是作为一个更大的表达式里的一部分），在这种情况下，采用前置写法或后置写法的效果相同。此时人们提倡用前置写法。

++ 和 -- 也是运算符，基于它们构造的表达式可以出现在更大的表达式里。但是如果真那样写表达式，就需要更完整地理解这几个运算符的意义了。

以增量运算符为例，前置或后置增量运算符，在把变量的值加1方面作用相同。但请注意，++ 和 -- 是运算符，表达式 ++x 和 x++ 也有值，而前置与后置运算符的求值方式不同：表达式 ++x 求出的值是x加1之后的那个值；而 x++ 求出的是x加1之前的原值。减量操作情况也是这样。下面例子说明了一些情况：

```
x = 2;
y = 2 + ++x;  /* x值变为3，y设置为5，因为 ++x 的值是加1之后的值 */
z = 3 + x++;  /* x值变为4，z取得值6，因为 x++ 的值为3，是加1之前的值 */
```

请注意第二个语句里的增量运算符和加运算符之间的空格，这是必要的。这里前后出现了三个加号，插入空格可以保证编译器对表达式的分析不出错。如果写：

```
2 +++ x
```

由于编译器采用最大可能原则（总设法找最长的能成为合法单词的字符序列，C程序里的单词包括各种字面量、标识符和运算符等），它会把这个表达式分析为 2 ++ + x，认为 ++ 的运算对象是 +2。对2不能做增量，编译器将认为这个表达式是错误的。

如果 x 是简单变量，语句“x++;”和“x = x + 1;”的意义相同。后面会看到，对于被操作对象不是简单变量的情况，两种语句就可能产生不同的结果。两者的差别在于：在“x++;”执行中只计算x一次，而在“x = x + 1;”执行中要计算x两次。

C语言提供增量和减量运算符，一方面为了程序书写方便，另一方面也是考虑编译结果的执行效率。一般硬件 CPU 都提供了增量和减量指令，增减量运算可直接采用这些指令实现，结果程序的效率可能更高一些。

3.6.2 逗号运算符

逗号运算符在形式上就是一个逗号，它是 C 语言里优先级最低的运算符（其优先级比赋值运算符还低）。逗号运算符也采用从左向右的结合方式，其形式是：

表达式$_1$，表达式$_2$

求值逗号表达式时，首先求出表达式$_1$的值，然后再去求表达式$_2$的值，最后以表达式$_2$的值作为整个逗号表达式的值（不再关心表达式$_1$的值）。

逗号表达式主要用在 for 语句头部的变量初置和变量更新部分。利用逗号表达式，这两个部分里都可以写多个变量的赋值或更新。下面是一个使用逗号表达式的例子：

```
for (sum = 0, n = 1; n <= 100; n++)
sum = sum + n * n;
```

这是前面写过几次的程序片段示例的另一种写法。

3.6.3 实现二元运算符操作的赋值运算符

程序里常需要“sum = sum + n;”形式的赋值来更新变量，其结构特点就是用一个二元运算符，将某变量的原值与另一表达式运算得到的新值再赋给这个变量。为能更方便地描述这类操作，C 语言为许多二元运算符提供了对应的赋值运算符。所有二元算术运算符都有对应的赋值运算符，它们分别是：

```
+=        -=        *=        /=        %=
```

这些运算符的优先级与简单赋值运算符相同，同样采用从右向左的结合方式。写在这些赋值运算符左边的必须是变量，右边可以是任何表达式。它们的计算结果就是使被修改变量得到更新的值，这种赋值表达式的结果类型与变量的类型相同。

下面是一些例子，每行中左边的语句在效用上与右边语句相同：

```
x += 3.5;                  x = x + 3.5;
sum += n * n;              sum = sum + n * n;
res *= x;                  res = res * x;
x += y += 3;               x = x + (y = y + 3);
```

下面是一个使用赋值运算符的例子：

```
for (sum = 0, i = 1; i <= 100; i++)
    sum += n * n;
```

这些赋值运算符也有与增量、减量运算符类似的问题，因此上面说的效用等价并不完全准确。这里也有一次计算或两次计算的问题等，也可能有实现效率问题。

3.6.4 空语句

C 语言的一种基本语句是空语句，其形式就是一个分号。空语句执行时什么也不做，这种语句的用途就是作为填充，有时需要用它把程序的语法结构补充完整。例如：

```
for (sum = 0, i = 1; i <= 100; i++, sum += n * n)
    ;
```

写在第二行的分号就是空语句，在这里表示 for 的循环体。没有这个空语句就不是一个完整的 for 结构，而且会把紧随其后的另一语句当做循环体，造成逻辑错误。

还应该指出 if 语句使用中的一个常见错误。有时初学者会写出下面片段：

```
if (xxxxx) {
```

```
    ……
};
else {
    ……
}
```

这段程序编译时将报错，编译器说 else 的位置不对。错误原因就是第一个复合语句后面的分号。复合语句不需要分号结束，这个分号将被认为是一个空语句。这样，编译器就会认为这个 if 语句没有 else 部分（因为 else 部分必须紧随着 if 条件后面的第一个语句），在遇到随后单独出现的关键字 else 时就会报错。

3.6.5 定义枚举常量

现在考虑在程序里定义常量的问题，即定义那种形式是标识符，可以用在程序中不同地方代表同一个常数的东西。C 语言里有几种定义常量的方式。

一种常用方式是写一个 enum 定义（枚举定义），其中给出要定义的常量名（标识符）和希望它们代表的常数值，这样可以很方便地定义一组符号常量。例如：

```
enum { NUM = 10, LEN = 20};
```

有了这个定义后，标识符 NUM 就代表 10，LEN 就代表 20，这样定义的常量称为*枚举常量*。用 enum 只能定义代表整数的常量，第 5 章将介绍定义常量的其他方式。有关 enum 的详细讨论放在第 9 章，目前我们只把 enum 作为一种定义符号常量的机制。

例 3.15 在程序里定义枚举常量。下面是重写的摄氏华氏温度对照表程序，程序最前面定义了几个符号常量，程序里使用了这些符号常量，各常量分别代表被定义的常数值：

```
#include <stdio.h>

enum { START = 0, END = 300, STEP = 20 };

int main() {
    int c;

    for (c = START; c <= END; c += STEP)
        printf("C = %d, F = %d\n", c, c * 5/9 + 32);

    return 0;
}
```

这个程序很简单，但从中也可以看到使用符号常量的一些优点。首先，符号形式的描述比直接写数值好，因为可适当选择所用的标识符，使其文字含义能有助于人理解程序。看到程序里出现的两个 0，我们看不出两者的差别，而它们实际代表的意义却可能完全不同。符号常量对提高程序的可读性有很明显的作用。

实践证明，把程序里使用的常数定义为符号常量，并在所有需要之处一致地使用它们，这是一种很好的方法。这样写出的程序更容易维护和修改。定义了符号常量并一致使用后，如果需要修改常数，只需要修改符号常量的定义。而如果把数值直接写在程序里，需要修改时就必须翻阅整个程序，还要仔细考虑每个数值是否应该改。对短小的程序，两种做法的差异还不明显。考虑一下，如果需要在一个 100 万行的程序中把某个原来用数值 0 的常数改为 1（这个数可能在许多地方用），就可以理解采用符号常量的优点了。

3.7 输入和输出

程序总需要与外围环境交换信息，也就是说，需要做输入和输出。C 语言的输入输出功能都是通过标准库函数提供的，前面已经介绍过输出函数 printf 的基本使用方法，本节介绍另外三个最常用的输入输出函数：scanf、getchar 和 putchar，其中 scanf 是与 printf 对应的格式化输入函数，getchar 和 putchar 是一对简单的字符输入输出函数。这几个函数都在文件 stdio.h 里描述（与 printf 一起），如果要在程序里使用它们，需要在程序最前面写：

```
#include <stdio.h>
```

3.7.1 格式输入函数 scanf

scanf 是最常用的输入函数，如果程序的输入比较规范，那么就应该用它。scanf 能完成各种类型的数据的输入工作，包括整数的输入、双精度数的输入等等。

scanf 从标准输入（默认是从键盘）读取信息，根据给定的格式描述把读入信息转换为指定数据类型数据的内部形式，并把得到的结果赋给指定变量。scanf 的使用形式也与 printf 类似，也要求有一个格式串参数，还有一些变量：

```
scanf(格式描述串, &变量名, ...)
```

这里的*格式描述串*与 printf 的格式描述串类似，其中可以包含*转换描述*（同样以 % 开头），说明实际输入的形式和数据的转换方式。格式描述串后面可以有一个或多个参数，指明接受输入的变量。这里也要求变量参数的个数与格式描述串里的*转换描述*个数一致，参数的书写形式是在变量名前加 & 符号。这个 & 是必需的，不写可能引起严重问题，造成严重的运行错误，甚至破坏整个系统（死机等）。这种写法的实际意义在后面章节介绍。

例 3.16 使用 scanf 的简单输入输出程序。下面程序读入一个整数，然后输出这个数和它的平方：

```
#include <stdio.h>

int main() {
    int i, n;

    printf("Please input a number: ");
    scanf("%d", &n);
    printf("%d %d\n", n, n * n);

    return 0;
}
```

这个程序很简单，新情况就是其中调用了函数 scanf，把输入的整数赋给变量 n。格式串里的 %d 要求按整数方式转换。运行时会看到程序输出的提示串：

```
Please input a number:
```

而后进入等待输入的状态。我们通过键盘输入整数 10 并回车后，会看到程序输出：

```
10 100
```

只有通过键盘输入一个整数并按换行（Enter）键后，scanf 得到了所需数据，程序才能继续执行下去。如果不提供输入，程序就会一直等在那里。可以看到，这个程序的行为与前面的程序不一样，其行为依赖于运行中的外界输入。使用者通过输入不同数据，可以影响这种程序的行为。这类程序称为*交互式程序*，后面有详细讨论。

输入格式描述

下表列出了 scanf 的一些最常用的转换描述、与之对应的参数变量的类型，以及程序运行时应该实际提供的输入的形式：

转换描述	参数变量的类型	要求的实际输入
%d	int	十进制数字序列
%ld	long	同上
%f	float	十进制数，可以有小数点及指数部分
%lf	double	同上
%Lf	long double	同上

虽然 scanf 的转换描述在形式上与 printf 相同，对一些参数类型的规定却有不同之处。在这里 %f 对应的参数是 float；%lf 对应于 double，与 printf 的规定不同。请读者自己对照一下，使用时注意。另外，即使针对各种浮点数的实际输入不包含小数点和指数部分，scanf 也能按浮点数去解释这种数字序列。

注意：正确的 scanf 调用要求格式描述串和随后接受输入的变量之间在类型上一致（格式串里的转换描述与变量一一对应），不一致将导致严重后果。这一点与 printf 类似。进一步说，包含 scanf 的程序也对运行时送给它的输入数据提出了明确要求，不满足要求的数据也不能正常输入。以例 3.16 的程序为例，其中 scanf 要求输入一个整数，在程序运行时，提供给它的数据就必须能解释为一个整数，否则它也无法正常工作。

再看一个例子。假设已有下面的变量定义：

```
int n; double x; float y;
```

语句

```
scanf("%d %lf %f", &n, &x, &y);
```

要求读入三个形式合适的数。scanf 将把读入的数按照指定类型（一个整数，两个双精度数）进行转换，并把转换的结果分别赋给变量 n、x 和 y。例如输入：

```
234 2252.18 220
```

scanf 将把整数 234 存入 n，把 2252.18 存入 x，把 220.0 存入 y。如果程序执行时人（通过键盘）的输入不符合格式串的要求，输入工作也不能正常完成。例如，对这个具体语句，我们应该实际输入 3 个数，还应该用空格或其他空白字符（制表符或换行符）分隔不同的数，否则 scanf 将没有办法知道哪里是一项数据的结束。

要连续读几个数值，转换描述之间的空格并不是必需的。上面语句也可以写成：

```
scanf("%d%lf%f", &n, &x, &y);
```

效果完全一样。

注意，如果 scanf 格式串的转换描述之间没有字符或只有空格，通过键盘输入的数据之间只能写空白字符，不能写其他字符。人们一般不在格式串里写转换描述之外的东西。如果给 scanf 写的格式串是 "%d, %lf, %f"，实际上就是要求用逗号分隔输入数据，形式不符的输入不能正常读入。建议读者不采用这种形式。有关 scanf 格式串的细节问题在第 8 章详细介绍。下一章里有许多与输入有关的示例和讨论。

程序实例

有了输入功能，我们就可以在程序运行中为其传递数据了。

例 3.17　求圆盘面积（带有 scanf 输入）。写一个完整程序，它把输入的数值作为圆盘半径，计算并输出圆盘的面积。如果给它的数据不是合法半径，它就输出一行错误信息。

写这个程序时应该利用已有的函数定义，程序很简单：

```
#include <stdio.h>

void prt_pan_area (double r) {
    if (r <= 0)
        printf("radius incorrect: %f\n", r);
    else
        printf("radius: %f, area: %f\n", r, 3.14159265*r*r);
}

int main() {
    double x;

    printf("Please input a radius: ");
    scanf("%lf", &x);
    prt_pan_area(x);
```

```
    return 0;
}
```

例 3.18 求二次方程的根（通过 scanf 得到方程的三个系数）。写一个程序，它输入三个浮点数，将这三个数看做一元二次方程 $ax^2+bx+c=0$ 的三个系数，求出方程实根并打印输出。

我们同样利用前面写过的求一元二次方程的实根的函数，写出的完整程序是：

```
#include <stdio.h>
#include <math.h>

void root2 (double a, double b, double c) {
    double tmp, d = b*b - 4*a*c;

    if (d > 0) {
        tmp = sqrt(d);
        printf("Two real roots: %f, %f\n",
               (-b + tmp)/2/a, (-b - tmp)/2/a);
    }
    else if (d == 0)
        printf("One real root: %f\n", -b/2/a);
    else
        printf("No real root\n");
}

int main() {
    double a, b, c;

    printf("Please input three coefficients: ");
    scanf("%lf %lf %lf", &a, &b, &c);
    root2(a, b, c);

    return 0;
}
```

易见，定义良好的函数很可能在新的程序里重复使用。

类型安全性和自定义输入函数

与前面讨论 printf 时的情况类似，使用 scanf 时，类型安全性也只能靠我们自己保证。实际上现在的情况更危险。对于输出，如果格式描述串里的转换描述与实际要输出的值的类型不匹配，产生的输出可能不是我们应该得到的东西。但这种转换方式错误不会影响程序本身的行为，不会影响程序随后的执行过程。而对于 scanf，情况就不同了。

我们看一个例子，假设有下面的变量声明和输入语句：

```
double x; int n;
......
scanf("%lf", &n); /* 转换描述与变量类型不匹配 */
......
```

程序运行时执行到这个语句时，会按照 double 类型要求的内部形式处理输入，生成一个 double 类型的双精度数。随后应该把这个双精度数赋给变量 n。这时出问题了：指定的变量是一个整型变量。最糟糕的是，scanf 不会自动做值的类型转换，而是不管三七二十一地把值赋过去。由于双精度数的内部编码方式与整数不同，显然变量 n 不能正确得到输入的值。更危险的是，通常双精度变量要占用更多内存单元。在许多系统里，双精度变量被分配了 8 个字节的内存，而整型变量只分配 2 个或 4 个字节。这样，scanf 所做的“赋值”就会超出变量 n 的内存范围，从而破坏内存里的其他数据。如果程序里出现这种语句，通常会在执行中崩溃，或者导致运行中出现莫名其妙的错误。

上面情况说明，在写使用 scanf 进行输入的程序时，必须特别关注转换描述和接受输入的变量在类型方面的一致性。这个问题必须时时注意，认真检查。

为避免这种类型安全性问题，减少编程中时时关注这类问题带来的负担，我们也可以仿造前面处理输出的方式，为每个类型写一个类型安全的输入函数。最简单的方法是让这些输入函数返回实际输入的值。下面是为几个最常用类型写的函数定义：

```
int int_read() {
    int n;
    scanf("%d", &n);
    return n;
}

long long_read() {
    long n;
    scanf("%ld", &n);
    return n;
}

double double_read() {
    double x;
    scanf("%lf", &x);
    return x;
}
```

下面是函数的使用示例

```
n = int_read();
m = long_read();
x = double_read();
```

这里假设几个变量有定义且有正确的类型。实际上，无论这几个变量是什么类型，程序运行时这里都不会出错。假设第三行的 x 是 int 类型的变量，double_read() 的执行也不会受它的影响（能正确完成输入），到了赋值时系统会自动将函数返回的双精度值转换成 int 值后赋给 x。无论如何，这里都不会出现类型安全性问题。

C 语言标准库没有采用这种设计的理由和前面 printf 的情况一样，是为了支持灵活方便的使用。这里同样有灵活性和安全性之间的权衡问题。

为简洁起见，也为使程序示例能展现更多情况，本书后面还将继续使用 scanf。读者在学习写程序时，可以根据自己的想法自由选择。当然，如果要用上面这些输入函数，必须把它们的定义复制到自己的程序里。

3.7.2 字符输入和输出函数

本节介绍字符输出函数 putchar 和字符输入函数 getchar。这是两个比较简单的函数。putchar 把一个字符送到标准输出。如果在程序里写：

```
putchar('O'); putchar('K');
```

执行时会把两个字符“O”和“K”送到标准输出。

getchar 是没有参数的函数（简称*无参函数*），它从标准输入读一个字符，返回该字符的编码。按照 ANSI C 的要求，在定义无参函数或描述无参函数的类型特征时，应该在参数表里写一个 void，指明它没有参数。因此，getchar 的类型特征是：

```
int getchar(void)
```

标准库有意把 getchar 的返回值类型定义为 int（不是 char），这个问题在后面解释。

调用无参函数时应该写一对空括号。getchar 的典型使用是：

```
n = getchar()
```

这个语句将从标准输入读一个字符，并把字符的编码赋给变量 n。默认情况下标准输入连到键盘，因此，程序执行这个 getchar 调用时会要求从键盘取得一个字符。

例 3.19 字符输入和输出。下面程序把由输入得到的一个字符输出，并且换一行：

```
#include <stdio.h>

int main() {
    int c;

    c = getchar();
    putchar(c);
    putchar('\n');

    return 0;
}
```

我们输入一个字符并按 Enter 键后，程序把输入字符重新输出来，换一行后结束。

后面章节里可以看到很多有关程序输入的讨论和示例，特别是在下一章将着重介绍通过循环结构输入一系列数据时的各种问题和技术。

语言细节和问题

本节介绍一些语言和其他方面的细节，要想开发出正确的、运行中不会出错的 C 语言程序，理解程序行为的各方面细节情况是非常必要的。

变量的意义和实现

我们可以给变量概念一个更清晰的描述。图 3-3 是有关变量概念的图示，它说明一个变量有四个属性：

1. 变量的名字，它提供了程序里访问变量的基本途径；
2. 变量的类型，它规定了变量的可能使用方式、可能存储的值，以及可能使用的各种操作；
3. 变量的存储位置，这是变量在计算机里的具体实现；
4. 变量的值，就是存储在变量的存储位置的值。

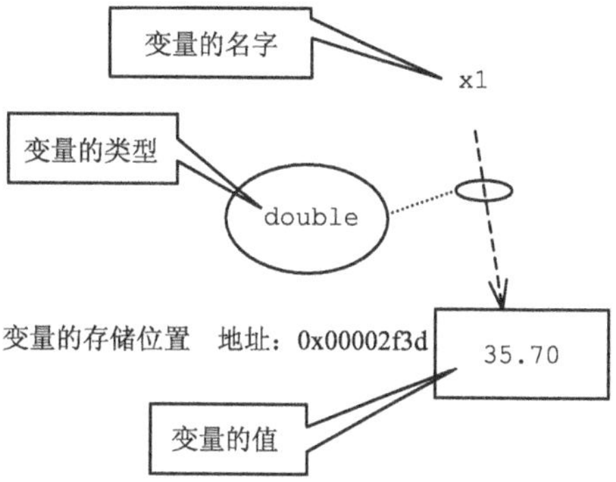

图 3-3 变量的构成

讨论与变量有关的各种问题，总围绕着这几个方面。写变量定义时，程序员规定变量名和类型，运行中为变量分配存储。程序运行中牵涉到变量的事项就是对它赋值和取值。

现在简单解释变量的实现问题。程序运行中，当一个变量被定义时，系统将为它安排一个存储位置，变量所占内存单元的多少由变量类型确定，也就是说，由该变量保存的数据的大小决定。例如，在许多系统里，双精度变量会分配 8 个字节大小的内存，其中正好存放一个双精度值；字符类型的变量通常分配 1 个字节的内存。对其他类型的变量，编译器都将根据类型的大小，安排程序在运行时为变量分配存储。不同系统可能采用不同的分配方式，同一个类型（如 `int`）在不同系统里可能采用不同长度的编码方式。一些 C 语言系统为 `int` 变量分配 2 个字节内存（采用 16 位的整数编码），另一些系统为 `int` 变量分配 4 个字节（用 32 位整数编码）。程序运行中给变量赋值时，相应值存入变量的存储单元里；需要使用某个变量的值，就从相应存储单元中取出来用。

赋值操作的一些问题

赋值是程序里最关键的基本操作。它貌似简单，其实也有不少细节。

赋值运算符的值和副作用

赋值运算符的主要作用是给变量赋值。但也应该看到，由于赋值是运算符，用它构造的赋值表达式也是一种表达式，因此在计算赋值表达式时也会得到一个值。C 语言规定，赋值表达式的值就是赋给赋值运算符左边的变量的值。举例说，假设 n 是整型变量，下面表达式（注意，这不是语句，因为没有作为语句结束符的分号）：

```
n = (3 + 5) / 2
```

不仅从右边表达式求出 4 并把它赋给 n，整个赋值表达式也以 4 为值。程序中一般用语句的形式写赋值，表示不关心也不使用赋值表达式的值。这样做是允许的，也是常见的。前面我们也看到，完全可以用赋值表达式给变量赋值，for 循环的头部有这种表达式。

由于赋值表达式本身也有值，自然也可以用它作为更大的表达式的一部分。有一种情况比较常见，就是把赋值表达式放在另一赋值符的右边。这样做的效果是用一个表达式为多个变量赋值。下面的赋值语句里采用了这种方式：

```
y = (z = (x = 3.5 * s));
```

这个语句用一个算术表达式给三个变量赋了值。C 语言规定赋值运算符采用从右向左的结合顺序，因此上面语句可以简化为下面形式，效果完全一样：

```
y = z = x = 3.5 * s;
```

这种赋值形式有时被称为*多重赋值*。

在定义变量做初始化时不能采用类似多重赋值的形式，即使定义的多个同类型变量需要完全相同的初值，也必须分开定义，分别初始化。例如：

```
double y = 3.0, z = 3.0, x = 3.0;
```

应该注意，赋值表达式的值未必是其右部表达式的值，因为做赋值操作时可能需要做类型转换。例如，下面程序片段里的赋值常常会把人弄糊涂：

```
double x; int n;
……
x = n = 2.5;
```

这个语句相当于

```
x = (n = 2.5);
```

右边的赋值之前有类型转换，实际赋给变量 n 的是 2；此后做左边那个赋值前又有类型转换，赋给 x 的值是 2.0。这些情况使程序意义很不清晰，我们千万不要写这种迷惑人的语句。

也可以以其他形式使用赋值表达式的值，但这些写法都不提倡，因为写出的程序都很不清晰。例如，下面表达式不但能给 m 赋值 5（括号里的赋值表达式），还会求出值 13：

```
(m = 5) + 8
```

进而，C 语言允许下面的语句：

```
n = (m = 5) + 8;
```

右边表达式求出的 13 被用于给变量 n 赋值，但括号里的赋值表达式还会给 m 赋值 5。这种表达形式很不清晰，不应用到实际程序里。

赋值与等于

应该看到，虽然 C 语言用“=”作为赋值符号，赋值与数学中的等于关系是完全不同的两个概念。举个典型的例子：在数学里等式 $x = x + 1$ 是一个矛盾式，因为变量 x 取任何值都不能满足这个式子，作为方程它无解。而在程序里

```
x = x + 1;
```

是很常见的语句，意义清楚，就是取出 x 的值之后加 1，再把结果重新赋给 x。语句的执行效果是使 x 的值增加 1。这完全是一个合法语句，程序里经常可以看到它。

条件表达式和条件语句

在写条件表达式和条件语句时，也要注意一些情况。

关系运算的问题

人们一般不写连续使用几个关系运算符的表达式，因为这种表达式的计算结果往往出人意料。举个例子，下面是一个合法表达式（可能是想写数学关系 5≥3≥2）：

```
5 >= 3 >= 2
```

要弄清这个表达式究竟是什么意思，则需要特别小心了。我们仔细分析一下。根据关系运算符的结合方式，上面表达式相当于（因为关系运算符是左结合）：

```
(5 >= 3) >= 2
```

关系(5 >= 3)成立，所以它的计算结果是 1。这样，上述表达式就相当于：

```
1 >= 2
```

它求出的值是 0，因为关系 1 >= 2 并不成立！如果不仔细分析，很难想到 5 >= 3 >= 2 的结果是这样。要在程序里描述 5≥3≥2 一类数学关系，应该用逻辑运算符。

条件表达式的类型

条件表达式也有特殊的类型问题。对于

表达式$_1$? 表达式$_2$: 表达式$_3$

其值可能由*表达式*$_2$得到，也可能由 *表达式*$_3$得到，因此整个条件表达式的类型应该由这两个表达式的类型得到。C 语言规定，如果这两个表达式都是算术类型（各种整数、浮点数等），那么就按常规的算术类型转换找到包含它们的公共算术类型，这个类型就是该条件表达式的结果类型。对其他情况，都要求两个表达式的类型一样。

if 语句的嵌套问题

由于 if 语句有两种不同形式，这两种形式的语句又可以嵌套出现，这导致嵌套的 if 语句有时会出问题。如果条件语句里只有 else 部分是条件语句，语句的嵌套非常清楚。问题出在条件之后直接出现条件语句时，这时会出现语句中各个部分似乎归属不清的情况。下面是一个例子：

```
if (x > 0)
    if (y > 1) z = 1;
else z = 2;  /*这个 else 部分属于哪个 if? */
```

根据条件语句的语法形式，这个例子似乎有两种解释。第一种：处在外层是一个没有 else 的条件语句，最后的 else 属于内层的 if 语句。第二种：处于内层的是一个不带 else 的条件语句，最后的 else 属于外层条件语句。程序语言不能允许同一结构存在两种不同解释（这种情况称为*歧义性*，是语言定义的大忌），对这个问题必须有一个明确说法。

C 语言的规定是，每个 else 部分总属于前面最近的那个缺少对应的 else 部分的 if 语句。根据这一规定，上面的第一种解释是正确的，第二种解释不对。

进一步说，上面示例的写法也很不合适，因为它的退格方式使人产生误解。如果真需要写具有第二种意义的嵌套条件语句，那么可以采用下面写法：

```
if (x > 0) {
    if (y > 1) z = 1;
}
else z = 2;
```

也可以利用空语句，把例子改写为：

```
if (x > 0)
    if (y > 1)
        z = 1;
    else
        ;
else z = 2;
```

第一个 else 之后的分号表示一个空语句。

表达式和求值

本节讨论与表达式求值有关的两个问题。

对求值顺序敏感的表达式

前一章讨论表达式求值时有一个遗留问题。那里说在 C 程序里可以写出对求值顺序敏感的表达式。现在讨论这个问题，并进一步说明不应该写这种表达式。

由于赋值（包括各种组合赋值）和增减量都是运算符，所以可以把基于它们构造的表达式写在更大的表达式里。但是，这样做时如果不注意就可能出错。举个例子，假设写了下面语句（假定其中变量已定义为 double 类型）：

```
x = 2.0;
y = (x = 3.0) + x;
```

现在的问题是，在这两个语句执行后，变量 y 的值究竟是什么？

实际上这个问题没有答案，因为第二个语句是错误的。执行第一个语句后 x 的值是 2.0，第二个语句执行时要求计算赋值号右边的表达式。由于有括号，加法运算将最后做，问题是被加的两个值是什么呢？C 语言没有给出回答，因为计算结果依赖于加法运算符的两个运算对象的计算顺序。从道理上说好像存在两种可能情况：

1. 先算加运算符左边的运算对象，得到值 3.0，而且计算中也改变了变量 x 的值；随后计算右边的 x 时得到值 3.0。在这种情况下做加法应当得到 6.0。
2. 先算加运算符右边得到 x 的值 2.0，加上左边计算出的 3.0，得到的最后结果是 5.0。

这个分析告诉我们，如果上面语句能执行，y 的值依赖于加法的两个运算对象的求值顺序。C 语言标准没规定这种顺序，实际上是说不应该写这种表达式。

用其他赋值运算符和增减量运算符也可能出现类似情况。由于这些运算符不但能算出值，还会修改作为运算对象的变量。如果使用不当，也都可能写出依赖于计算顺序的表达式。例如，下面几个语句的意义都没有定义：

```
m = ++n + n;
m = ++n - (n - m);
n = (n * m - n--) + m;
```

因为它们的计算结果都依赖于运算对象的计算顺序。请读者分析其中的情况。

这些例子说明，在 C 语言里确实可以写出与计算顺序有关的表达式。为保证程序确实能完成希望的工作，必须要求它们不依赖任何特定计算顺序（因为这时的结果没有保证）。在这方面，一些书籍和网络讨论中有许多错误说法。请读者注意，即使看到的某本书里说某个系统这方面情况如何如何，也绝不要依靠这种说法。实际上这类说法根本上就是错的：即使是同一个 C 系统，也未必在所有情况下都按同样顺序求值（语言标准没有这种要求），不同编译方式（不同优化级别）可能采用不同的求值顺序，系统的新版本更可能改变处理方式（根据系统开发者的需要）。如果程序有这种依赖性，不知什么时候就会带来大麻烦，因为那样写出的程序（在最好情况下）也是依赖于具体系统的具体编译方式的程序。

如果一个表达式不但能求出值，还会修改变量的值，人们就说这个表达式有*副作用*。赋值和增减量表达式都是有副作用的表达式，使用时应该特别当心。经验表明，最好不把赋值表达式和增减量表达式写在复杂表达式内部，以免因为疏忽而出问题。

求值方式

C 语言里的大部分运算符都是先求所有运算对象的值，然后把运算作用于这些值。但也有几个运算符的计算方式比较特殊。这样的运算符总共有 4 个：两个二元逻辑运算符，逗号运算符（又称为顺序运算符）和条件运算符。

二元逻辑运算符 `&&` 和 `||` 都是先求左边子表达式的值，如果根据这个值已经可以确定表达式的结果，就不再去求运算符右边的子表达式了。例如对 `&&`，如果左边子表达式的值是 0，无论右边表达式是什么结果都应该是 0，因此就不再去求右边子表达式的值。运算符 `||` 的情况与此类似，只是在左边子表达式非 0 时不再计算右边的子表达式。这种求值方式就像是在一定情况下把右边子表达式“短路”了，因此也被人们称为*短路求值*。

逗号运算符严格按从左到右的顺序求值，先计算其左边子表达式，再计算其右边子表达式，左边表达式算出的值直接丢掉。这样，如果逗号运算符左边的子表达式没有副作用，计算它就没有任何实际价值。条件运算符先计算表示条件的子表达式，而后根据条件的真假决定计算另外两个表达式之中的哪一个，而且只计算其中一个。

对于这几个特殊的运算符，如果先计算的子表达式有副作用，在后续计算的子表达式里就可以看到这种副作用。例如：

```
n = 4
n++, m = ++n;
```

逗号前的表达式将 n 变成 5，所以最后 m 的值是 6。再如：

```
n = 3;
m = (n++ > 2) ? n + 5 : n - 1;
```

最后 n 的值是 4，m 的值是 9。从另一个角度看，虽然这些表达式都是完全正确的表达式，但其意义太复杂，不利于阅读，因此不要在编程中使用。

输入和缓冲

如果程序中要求从标准输入取得信息（如执行 scanf 时），我们通过键盘输入后，需要按 Enter 键后程序才能得到输入数据。造成这种情况的原因是程序所在的操作系统通常采用缓冲式输入方式，它把键盘输入临时保存在一个输入缓冲区（操作系统管理的一块内存）里，直至人按 Enter 键，才把缓冲区里的输入数据送给程序，scanf 才能读到这些数据。

如果程序需要输入不多的几项数据，我们总可以用一个或者几个独立的 scanf 调用解决问题。如果需要输入一组数目比较多的数据，而且输入的数据类型也是统一的，那么就应该考虑通过循环完成输入，也就是说，要把对 scanf 的调用嵌套在循环里，通过反复执行它来输入一批数据。在通过循环读入一组数据时，需要考虑和解决的最关键问题就是如何控制循环。下一章里将仔细研究这方面的问题和技术。

几个常用程序模式

程序模式 3.1 简单程序

```
#include <stdio.h>
/* 如果需要用数学函数，这里还要写#include <math.h> */

int main() {
    /* 若干变量定义（以及初始化） */

    /* 若干计算和赋值语句 */
    /* 若干输出语句 */

    return 0;
}
```

程序模式 3.2 带函数定义的程序

```
#include …
……  /* 函数定义写在这里（可以有一个或几个） */

int main() {
    …… /* 主程序体，这里通常包含对一些函数的调用 */

    return 0;
}
```

本章讨论的重要概念

语义，复合结构（复合语句），顺序控制，变量，赋值，取值，变量定义，命名，赋值运算符，赋值表达式，赋值语句，变量初始化，注释，主程序与函数，函数定义，函数头部，函数体，参数表和参数，返回值，函数与类型，局部变量，返回语句，不返回值的函数，函数 main，关系，关系运算符，关系表达式，逻辑值，条件运算符，条件表达式，逻辑运算符，逻辑表达式，否定，并且，或者，控制结构，顺序执行，选择执行，重复执行，结构化控制结构，条件语句（if 语句），条件语句的嵌套，while 语句，for 语句，增量减量运算符，逗号运算符，各种赋值运算符，空语句，enum 常量，格式化输入函数 scanf，类型安全性，字符输入输出，副作用，多重赋值，短路求值，对求值顺序敏感的表达式。

练习

1. 下面的字符序列中哪些不是合法的变量名：

```
-abc      __aa      for       pp.288    to be
IBM/PC    ms-c      #micro    m%ust     tihs
while     r24_s25   __a__b    a"bc      _345
```

2. 假设整型变量 a 的值是 1，b 的值是 2，c 的值是 3，在这种情况下分别执行下面各个语句，写出执行对应语句后整型变量 u 的值。

(1) `u = a ? b : c;`

(2) `u = (a = 2) ? b + a : c + a;`

3. 假设整型变量 a 的值是 1，b 的值是 2，c 的值是 0，写出下面各个表达式的值。

(1) `a && !((b || c) && !a)`

(2) `!(a && b) || c ? a || b : a && b && c`

(3) `!(a + b < c) && b <= c * a - b`

4. 下面程序在执行时，哪些地方将发生类型转换？程序打印的值是什么？

```
int f (int n, float m) {
  return (m + n) / 4;
}

int main() {
  float y = 3;
  printf("%d\n", f(y, y + 1));
  return 0;
}
```

5. 在计算机上试验本章正文中的一些程序。对它们做一些修改，观察程序加工和运行的情况，并对程序的行为做出解释。
6. 定义求圆球的体积、求圆球的表面积、求圆柱体的体积、求圆柱体的表面积的函数。
7. (1) 不用函数，直接写一个主程序计算并输出直径为 100 毫米和 150 毫米的金、银、铜、铁、锡球的重量（以 kg 为单位输出）。

   (2) 重做上面程序，先定义一个两个参数的函数，它能求直径为 x 比重为 y 的圆球的重量，而后在主程序里调用这个函数完成所需工作。请比较这一程序与不用函数的程序，比较它们的长度和易出错程度。假设现在要求修改所用圆周率的精度，考虑用两种方式写程序的修改难度。

   (3) 请写程序，求出边长为 100 毫米和 150 毫米的金、银、铜、铁、锡立方体的重量。你可以利用前面的程序吗？是否很容易修改前面程序完成这一计算？比较不用函数的解法和使用函数的解法在易修改和重复使用方面的效用。
8. 定义函数：`double tmax(double, double, double)`，它返回三个参数中最大的一个。写一个主函数试验各种参数情况。
9. 写一个函数，它以两个电阻的值作为参数，求出并联的电阻值。
10. 如果四边形四个边的长度分别为 a、b、c、d，一对对角之和为 2α，则其面积为：

$$S=\sqrt{(s-a)(s-b)(s-c)(s-d)-abcd\cos^2\alpha}$$

其中 $s=\frac{1}{2}(a+b+c+d)$。定义一个函数计算任意四边形的面积。设有一个四边形，其四条边边长分别为 3、4、5、5，一对对角之和为 145°，写程序计算它的面积。

11. 修改已知四边长求四边形面积的函数，增加对各种参数错误情况的检查和处理（如返回值 0），用各种实例数据检查你的函数能否检查出所有可能出现的错误情况。总结一下你定义的函数有哪些不足之处，应从中吸取哪些教训？

12. 分析本章正文中给出的求二次方程根的函数，看它缺乏对哪些特殊情况的处理。补充这些处理，在需要时输出适当的信息，使之成为一个更完整的函数。写一个主函数，用各种特殊情况和一般情况测试你完成的函数。
13. （1）完成 3.5.2 节（`while` 结构）第一个例子里提出的各种修改。

    （2）自己设想一些序列，并修改这个程序去输出这些序列。
14. 修改 3.5.2 节的第二个程序例子（求平方和），求出：（1）100 以内的正整数之和；（2）100 以内的正整数的立方和；（3）$\pi+2\pi+\cdots+20\pi$；（4）前一题里产生的各种数序列之和。
15. （1）写一个包含两个整型参数的简单函数，它输出从第一个整数到第二个整数为止的整数序列，而后用这个函数输出一些序列。

    （2）写另一个取 3 个参数 `m`、`n`、`k` 的函数，它输出 `m`、`m+k`、`m+2k`、…，直至这个序列里最后一个不大于 `n` 的整数。
16. 请定义一个求阶乘函数。做一些试验，确定这个函数遇到多大的参数就会溢出。
17. 定义函数 `double power(double x, int n)`，它求出 `x` 的 `n` 次幂。用主函数试验很大的 `n` 值（例如令 `x` 值为 1），看看会出现什么情况；用大的 `x` 和 `n` 值，看看发生浮点数计算溢出时会出现什么情况。
18. 写一个程序，它在 0～90 度之间每隔 5 度输出一行数据，打印一个表。每行中包括 5 个项目：角度数，以及它所对应的正弦、余弦、正切、余切函数值。
19. 查看有关公式，写求解并输出一元三次方程的根的函数。
20. 写出求等差级数的和 $\sum_{k=1}^{n} ka$ 的函数。用两种循环结构给出函数定义，再利用等差级数求和公式给出函数定义。
21. 请查出银行 1 年定期存款的利率和 5 年定期存款的利率。假定现在存入 100 元钱，存款到期后立即将利息与本金一起再存入。请写程序计算按每次存 1 年和按照每次存 5 年，共存 50 年后两种存款方式的得款总额。对两种情况每隔 5 年输出一次当时的总金额。
22. 写一个程序打印出 2 的顺序各次幂。让它打印 2 的前 30 个幂，看看会出现什么情况。用一个条件为真的循环打印 2 的各次幂，看看会出现什么情况。
23. 请写一个程序，打印出 1 到 100 之间被 6 或者 7 整除的所有整数；修改程序使它打印出 1 到 100 之间只被 6 或 7 之一整除的数（不包括同时被两者整除的数）。
24. 请为上面一些习题定义的函数写出主函数，其中用 scanf 获得数据后调用相关计算函数，最后输出计算结果。编译做出的完整程序，用不同输入做试验。

第 4 章　基本编程技术

在前面学习中，读者已经试验了一些程序示例，做了些编程练习。从工作中可以体会到，虽然写程序时要处理许多琐碎细节，但这也是一件有趣的工作，是对人的智力挑战。为完成一个程序，首先要分析问题以寻找解决方案，为此需要聪明才智和想象力，各种相关领域的知识和技术都可能有用。要把设计变成现实，变成可以运行的程序，既需要发挥智力，又需要有条有理地工作，还要非常细心。一个小错误就可能使程序无法编译或不能正确执行。当然，高度精确性也是现代社会的需要，写程序的过程能提供许多有益的体验。

学习程序设计总要经历一个过程，但并不表示这里的学习就是简单的经验积累，也不意味着只要多写程序就一定能写得好。人们从多年的实践中总结出程序设计领域许多规律性的东西，总结出许多模式、方法和技术，也进一步研究了许多理论问题。

在学习程序设计时，一开始就应该注意前人的经验。正确的好程序不可能是随随便便写出来的，也不应该是修修补补改出来的。只有认真学习怎样写好小程序，弄清其中的基本道理，才可能进一步写出更大更复杂的程序。这些都是本书中特别强调的。

在进一步了解 C 语言的其他功能之前，需要进一步理解如何把已知的东西应用于实际程序设计，这就是本章的目的。前面讨论了三种结构化流程模式和相关语言结构。顺序模式最简单，很容易用复合语句实现。使用选择模式的最重要问题就是正确描述条件，考虑不同条件下应该做的动作，用条件语句实现也不困难。学习程序设计初期的主要难点是重复执行模式，这种模式比较复杂，用循环实现时牵涉的问题较多，是本章讨论的重点。本章还将讨论基本输入输出、递归编程，以及许多编程技术问题。

4.1　循环程序设计

要写好循环，首先要发现计算过程中可能需要（应该使用）循环。在分析问题时，要注意识别出计算过程中重复执行的类似动作，这是重要的线索，说明可能需要引进一个循环，统一描述和处理这些重复动作。常见情况如：需要一批可以按统一规律算出来的数据，要对一系列类似数据做同样处理，需要反复从一个结果算出另一结果等，这些情况都可看做重复性计算。如果重复次数较多，或者次数无法确定，就应考虑用循环描述。

从发现重复性动作到写好一个循环结构，还需考虑和解决许多具体问题。首先是每次循环中需要做的处理工作，这是实现循环的基础。再就是循环的控制，需要确定怎样开始、继续和停止循环。这方面牵涉的问题很多，一般要包括：在循环中涉及哪些变量？循环开始前应该给它们什么初值？循环体中应该如何修改它们？在什么情况下应该继续（或终止）循环？循环终止后如何得到需要的结果？如此等等。具体问题还包括使用语言里的哪种结构实现循环等。这些都是本节讨论的重点。

本节将展示一批程序设计实例，介绍一些典型的循环程序设计问题。对其中的许多实例，这里用的方法都是先分析问题，逐渐发掘完成程序的线索，最终完成能解决问题的程序。这样讨论是为帮助读者看到“从问题到程序”的思维过程。对于许多问题实例，下面都给出了能解决问题的多个不同程序，并着重讨论它们之间的差异及优缺点。这样做是希望读者能理解：程序设计不是教条，即使对一个典型问题，也没有需要死记硬背的标准解答。只要不是极端简单的问题，总会有许多解决方法，可以写出许多有着或多或少形式或实质差异的程序。许多程序往往各有长短。当然，能写出多个程序，并不说明这些程序都有同等价值。实际上，正确的程序也常有优劣之分，讨论中也会对此提出一些看法。

4.1.1 基本循环方式

假设现在需要求从 13 到 315 的所有整数之和。一个显然的解法是写一个循环，这时需要用一个变量保存和数，计算过程中它保存部分和。循环中顺序把各个数加上去，直至所有的数处理完毕，部分和就变成了完全和。为实现这一循环，还需要用一个变量保存应该加入的数的轨迹，每次重复时把这个变量加 1。这正好是 for 语句的循环形式。

假定已经定义了名为 sum 的总和变量和名为 n 的循环变量。n 应该取遍 [13, 315] 范围里的所有整数。一种典型实现方式称为向上循环，即让循环变量 n 从区间最小值开始逐步增加，直至达到最大值。这样写出的循环具有如下形式：

```
for (sum = 0, n = 13; n <= 315; ++n)
    sum += n;
```

这个问题也可以用向下循环的方式解决：

```
for (sum = 0, n = 315; n >= 13; --n)
    sum += n;
```

对这个具体问题而言，采用向上或者向下循环的效果完全一样。有许多循环的情况与此类似，都可以用两种方式处理。对这类情况，人们一般采用向上循环的方式，因为这种方式更符合人的思维方式。实际中也确实存在一些循环，对它们必须采用某种特定的循环方式，否则就会导致程序错误。后面会遇到这样的例子。

完全可以用 while 语句重写上述循环。实际上，C 语言的 while 语句和 for 语句具有同样表达能力，所有用 for 表述的循环都可翻译为用 while 写的代码，反之亦然。

有时需要求和的不是一个范围内的所有整数值，而是具有同等间隔的值。例如，需要求出 [13, 315] 区间里每隔 7 的各整数之和。用循环语句描述这一过程也很容易：

```
for (sum = 0, n = 13; n <= 315; n += 7)
    sum += n;
```

人们一般不采用浮点数控制循环的次数，尤其是在增量为小数或包含小数的情况下。例如，假设需要求出从 0.2 到 100，每隔 0.2 的各数的平方和。如果写：

```
double sum, x;
for (sum = 0.0, x = 0.2; x <= 100.0; x += 0.2)
    sum += x * x;
```

由于浮点数的运算有误差，我们将无法保证这一循环恰好重复执行 500 次，因此就不能保证它一定得到所需的结果。这一循环的正确写法是：

```
int n;
double sum, x;
for (sum = 0.0, n = 1; n <= 500; ++n) {
    x = 0.2 * n;
    sum += x * x;
}
```

这里用整数控制循环，虽然看起来复杂一点，但不会出现循环次数不正确的问题。

这个例子也说明了计算机和数学的不同。按照数学的观点，这两个程序完全等价，而在计算机上它们就可能不一样。后面还有关于浮点误差问题的许多讨论。

本节的主要内容是一批程序设计的例子，其中主要关注循环的构造问题。

4.1.2 求一系列完全平方数

例 4.1 打印一系列平方数。写程序打印出 1 到 200 之间的所有完全平方数，即那些正好是某个整数的平方的数。通过分析可以发现，这样简单的问题也有许多不同解法。

第一种方法

一种最显然的方法是逐个检查 1 到 200 的所有整数，碰到完全平方数就打印。这一计算过程中有一系列重复动作（每次检查一个数），可以考虑用循环描述。循环中用一个变量，顺序取被检查的数值，从 1 开始每次加 1。这样就得到了循环的框架：

```
for (n = 1; n <= 200; ++n)
    if (n 是完全平方数) 打印 n;
```

这里假设 n 是有定义的整型变量，在循环过程中它遍历了从 1 到 200 的各个整数。这种循环特别适合用 for 语句描述。

上面只是一个程序框架，其中有些部分还不是用程序语言描述的，需要在随后的工作中填充。这一做法值得提倡：先写出一段程序的框架，而后考虑其中的细节，这种做法可以有效分解问题的复杂性。上面框架分解了问题，把对一批数的处理归结到对一个数的处理，随后只需考虑如何判断一个数是否为完全平方数，如何输出它。复杂的工程设计问题都是这样一步步分解而最终解决的，任何有点复杂的编程工作都应该这样做。

打印语句很容易写，剩下的主要问题就是条件语句里的判断。由于 C 语言没有直接判断一个数是否为完全平方数的手段，这个问题还需要进一步分析。

被考查的整数是某个具体的 n，一种可能方法是从 1 开始检查各个整数，看是否有一个数的平方正好等于 n。如果有，n 就是完全平方数；否则就不是。这个过程又构成一个循环，需要用另一变量（例如 m）记录检查用的值。这里产生新的问题：m 的取值从哪里开始，什么条件下应当继续（或结束）。不难看到 m 应该从 1 开始，一旦其平方大于 n 就可以结束了，因为更大的数都不会是 n 的平方根。按这种分析写出循环是：

```
for (m = 1; m * m <= n; ++m)
    if (m * m == n) 打印 n;
```

显然，在这个循环的执行过程中至多发现一个值的平方等于 n。如果 n 是完全平方数，这个值就会打印出来，而且只打印一次。

现在要把代码组合起来。由于我们用一个循环实现前面框架里的循环体，现在应把它放在循环体的位置。这样就出现了一个循环体又是一个循环的情况。C 语言允许各种控制结构嵌套，嵌套的循环也是很常见的结构。加上其他部分就得到了下面程序：

```
#include <stdio.h>

int main () {
    int m, n;

    for (n = 1; n <= 200; ++n)
        for (m = 1; m * m <= n; ++m)
            if (m * m == n)
                printf("%d ", n);
    printf("\n");  /* 最后换一行 */

    return 0;
}
```

第二种方法

题目要求打印 1 到 200 区间的所有完全平方数，不难想到，这些数也就是从 1 开始的一些整数的平方。基于这个想法可以得到另一解决方案：用一个循环变量 n，从 1 开始逐个打印 n 的平方，直到 n 的平方大于 200 为止。最后这句话就是循环结束条件。按这种想法写出的程序更简单，只需要一层循环。用 for 语句写出的程序主要部分如下：

```
for (n = 1; n * n <= 200; ++n)
    printf("%d ", n * n); /* 请注意应该打印什么 */
```

不难从它出发写一个完整程序，这件事留给读者完成。

另一种可能方法是递推。初等数学告诉我们，平方数序列有如下递推关系：

$$a_1 = 1$$

$$a_{n+1} = a_n + 2n + 1$$

利用这个公式可以写出一个程序，还可以写出只用加法的程序。这些都请读者考虑。

从这个例子可以看到：即使很简单的问题也可能有许多不同的求解途径，完成的程序大相径庭。这些说明，只要对问题做深入分析，就可能发现许多解决问题的线索。

4.1.3 判断素数（谓词函数）

例 4.2 判断素数。写函数判断一个整数（参数）是否为素数。

一个判断只有成立和不成立两种情况，完成判断的函数是一类特殊函数（前面说过，这种函数也称为谓词），它们的返回值常作为逻辑值使用，用于控制程序的流程，或者用作条件表达式的条件。人们通常让判断函数返回 0 或 1，用 1 表示判断成立（这里表示是素数），0 表示判断不成立（不是素数）。这样，这个函数的类型特征可以取为：

```
int isprime(int)
```

判断一个数（例如 n）是否为素数有许多高级的数学方法，现在只考虑最直接而简单的方法，就是设法确定它有无真因子。m 整除 n 可以用条件 (n%m == 0) 描述，如果又有 m < n 而且 m 不是 1，那么 m 就是 n 的真因子。检查素数的最简单方法就是令变量 m 由 2 开始递增取值，一个个试除 n。这些可以通过一个循环完成。

下一个问题是用 m 试除到什么时候结束。显然，检查完所有小于 n 的值一定能保证不漏掉任何可能性。稍加分析不难看出，只要试到 m * m > n 就够了，继续试已经没有意义（这一论断的合理性请读者自己考虑）。有了上述分析，写出定义已经很自然了：

```
int isprime (int n) { /* 判断一个数是否为素数 */
    int m = 2;

    for ( ; m * m <= n; ++m)
        if (n % m == 0) return 0; /* 发现因子，不是素数 */

    return 1;  /* 可能性均考虑过，没有因子，是素数 */
}
```

发现 n 的一个因子就可以得出结论，不必继续循环了。代码中的 return 语句导致函数结束，也使函数体里的循环结束。这也是结束函数里的循环的一种方式。

这个函数定义还有不完善之处。例如，它对 1 将给出“是素数”的判断，对 0 和负数也会给出不合理结果。解决这些问题并不难，只要在循环前加上特殊情况的处理。例如：

```
if (n <= 1) return 0;
```

在写一个程序（或函数）之前，首先应该仔细分析需要考虑的情况。完成之后还应仔细检查，看看是否有什么遗漏。如果事先分析周全，在开始时就应该看到这些问题。

4.1.4 艰难旅程（浮点误差）

例 4.3 乌龟旅行。设有一只乌龟要环球旅行。出发时它踌躇满志，第一秒四脚飞奔爬了 1 米。随着体力和毅力下降，它第二秒爬了 1/2 米，第三秒爬了 1/3 米，第四秒爬了 1/4 米，如此等等。现在问这只乌龟一小时能爬出多远？爬出 20 米需要多少时间？

显然，这里要算的是无穷和式 $\sum_{n=1}^{\infty}\frac{1}{n}$ 的一段有限和。数学知识告诉我们 $\sum_{n=1}^{\infty}\frac{1}{n}=\infty$，也就是说，只要乌龟坚持爬下去，它不但能完成环球旅行，也能爬到宇宙的尽头（只要它活得足够长）。我们想用这个例子研究浮点数的误差问题，并对 float 和 double 类型的情况做些比较。先定义两个采用 float 类型的函数：

```
float distf (long n) {
    long i;
    float x = 0.0;
    for (i = 1; i <= n; ++i) x += 1/(float)i;
    return x;
}

long secondsf (float d) {
    long i;

    float x = 0.0;
    for (i = 1; x < d; ++i) x += 1/(float)i;

    return i - 1;
}
```

其中distf计算出乌龟n秒爬出的距离，而secondsf计算它爬d米所用的秒数。注意secondsf在返回值时减 1，因为循环最后的变量更新已经把 i 多加了一次。

现在很容易写出完成题目的主函数了，其中写如下的函数调用：

```
printf("%ld seconds, %f meters\n", 3600, distf(3600));
printf("%ld seconds, %f meters\n", secondsf(20.0), 20.0);
```

在作者所用的系统上，程序立刻打印出：

```
3600 seconds, 8.766049 meters
```

也就是说，乌龟一小时爬出了 8 米多。但此后程序再也没有输出了，运行了很长很长时间也不停止。仔细检查程序没有发现任何错误。修改主函数，放入如下语句：

```
for (x = 10.0; x <= 20.5; x += 1.0)
    printf("%ld seconds, %f meters\n", secondsf(x), x);
```

程序输出了下面几行：

```
12367 seconds, 10.000000 meters
33617 seconds, 11.000000 meters
91328 seconds, 12.000000 meters
248695 seconds, 13.000000 meters
662167 seconds, 14.000000 meters
1673859 seconds, 15.000000 meters
```

乌龟 4 个多小时爬到 10 米远，19 天多才爬到 15 米，而后程序就再也没有反应了。这使我们怀疑问题出在变量的表示范围或者精度方面。我们想到考虑如下的测试函数：

```
void test_float () {
    long i;
    float sum = 0.0, sum0 = -1.0;

    for (i = 1; sum != sum0; ++i) {
        sum0 = sum;
        sum += 1 / (float)i;
    }
    printf ("float: %ld terms at %f\n", i-1, sum);
}
```

循环的结束条件是变量 sum 的部分和不再变化。在同一系统里函数很快输出了一行：

```
float: 2097152 terms at 15.403683
```

这就是说，在加入 200 多万项之后，加入的数值很小的项已经不再起作用了。由此可见，我们对乌龟活动情况的模拟受到了浮点数表示精度和范围的限制。

为了进一步弄清不同数据类型带来的变化，我们改用 double 类型写出同样程序，结果发现，在 20 亿秒的时候和数还在增长，当时的输出值是：

```
double: 2000000000 seconds, 21.993629 meters
```

也就是说，经过了大约 63 年半，乌龟爬出了近 22 米。在大约二亿五千万秒，也就是大约 8 年的时候它爬过了 20 米，这是题目第二部分的答案。作者用的系统里的 long 用 32 位二进制表示，在其取值范围内无法找到采用 double 类型的增长结束点。但是可以保证，这个结束点一定出现在比采用 float 类型大得多的地方。

那么，在精度允许的范围内，采用 float 和 double 类型会产生不同结果吗？我们又写了下面的比较代码，考察 200 万秒时的结果：

```
int i;
float sumf = 0.0;
double sumd = 0.0;
for (i = 1; i <= 2000000; ++i) {
    sumf += 1 / (float)i;
    sumd += 1 / (double)i;
}
printf ("float: %d terms at %14.10f\n", i-1, sumf);
printf ("double: %d terms at %14.10f\n", i-1, sumd);
```

得到的结果确实不同：

```
float: 2000000 terms at  15.3110322952
double: 2000000 terms at  15.0858736534
```

用数学软件计算出精确到小数点后 10 位的正确值是：15.0858736534。也就是说，到这时为止，用 double 类型的计算在 10 位精度下没有可见误差，而用 float 的计算已经产生了明显误差，只剩下两位正确数字了。通过这些试验，可以看到多次浮点数运算确实可能带来明显误差。在解决实际问题时，运算的次数可能远远多于这个小试验，累计误差的情况更复杂。由此也可以看到选择适当浮点数类型的必要性。人们建议，如果没有特殊原因，浮点计算总应该用 double 类型。float 的表示范围和精度不能满足许多常规计算的需要，而 long double 类型可能影响程序效率。它们都只适合特殊的场合。

上面试验展示了浮点数运算的误差问题。在某些特殊情况下，浮点数运算的误差积累可能更迅速。有两个情况值得专门提出：（1）将一批较小的数值一个个加到很大的数上，常常会导致丢掉这些小数值的重要部分，甚至导致一个数被整个丢掉（上例里就出现了这种情况）。（2）两个值很接近的数相减，可能导致结果的精度大幅度下降。

4.1.5 求立方根（迭代和逼近）

例 4.4 求立方根。求 x 立方根的迭代公式（递推公式）是：$x_{n+1}=\frac{1}{3}(2x_n+x/x_n^2)$，写函数利用这个公式求 x 的立方根的近似值，要求达到精度 $|(x_{n+1}-x_n)/x_n|<10^{-6}$。

给所定义函数取名为 cbrt（仿照 sqrt），其类型特征为：

```
double cbrt(double x)
```

上面公式说明，求下一迭代值时总要用到 x，它的值需要保留。对这个例子，我们难以事先确定循环次数，只能按题目要求给出结束条件，期望这一条件最终能满足（这由人们对本计算方法的研究保证）。按照定义，判断迭代终止时需要用前后两个近似值，因此必须用两个变量保存这两个值。根据这些分析，相应函数的体可以实现为：

```
double x1, x2;
x1 = x;
x2 = (2.0 * x1 + x / (x1 * x1)) / 3.0;
while (fabs((x2 - x1) / x1) >= 1E-6) {
    x1 = x2;
    x2 = (2.0 * x1 + x / (x1 * x1)) / 3.0;
}
return x2;
```

读者应该记得，fabs 是 <math.h> 里求浮点数的绝对值的标准库数学函数。这段代码有一个问题：如果初始时参数 x 的值就是 0，函数执行时会发生以 0 为除数的错误。这个问题需要在函数开始专门处理，可以加上一句：

```
if (x == 0.0) return 0.0;
```

最后的函数定义如下：

```
double cbrt (double x) {
    double x1, x2;

    if (x == 0.0) return 0.0;
    x1 = x;
    x2 = (2.0 * x1 + x / (x1 * x1)) / 3.0;
    while (fabs((x2 - x1) / x1) >= 1E-6) {
        x1 = x2;
        x2 = (2.0 * x1 + x / (x1 * x1)) / 3.0;
    }

    return x2;
}
```

这个函数定义直截了当，但其中有两个相同的语句，似乎不够简练。用C语言的其他控制语句可以消除这类重复，下一章有相应的程序示例。仅用 while 或 for 语句时也可以消除这类重复，但那样写出的程序不太清晰，这里就不介绍了。

这个问题也很典型。人们已经研究了许多典型函数的计算方法，其中不少函数的计算都采用类似这个函数的计算方式：根据一个递推公式，通过迭代计算取得一系列逐渐逼近实际函数值的近似值。实现这类计算的程序通常都具有上述函数的形式：用几个互相协作的临时变量，通过它们的相互配合，最终算出所需的函数值。

4.1.6 求 sin 函数值（通项计算）

例 4.5 级数通项计算。利用公式 $\sin x=\sum_{n=0}^{\infty}(-1)^n\frac{x^{2n+1}}{(2n+1)!}$ 求 $\sin x$ 的近似值。

设要定义的函数是 double dsin(double x)（为避免与标准库函数的名字冲突，这里另选了一个名字）。显然在计算中需要把各项的值加入，在 n 趋向无穷的过程中，项的值也将逐渐趋于0。为写出这个程序，需要给近似值一个精确定义。例如，可以用项的值小于 10^{-6} 作为结束条件，条件满足时结束循环，以得到的累积值作为近似值。

在这一循环里，显然需要用一个变量保存累加和，设用 sum；每次循环需要求出一个项的值，用变量 t 保存这个值。下一个问题是如何计算 t。最直接的方式就是完全按通项公式 $(-1)^n\frac{x^{2n+1}}{(2n+1)!}$ 计算，这个计算不难用一个循环写出：

```
for (t = x, i = 1; i <= n; ++i)
    t *= -(x*x/(2*i)/(2*i+1));
```

仔细分析不难看出，这一做法将形成许多重复计算，因为后一项的大部分在计算前一个项时都已经做过。如果记录下当前项的值，那么就很容易算出下一项的值。也就是说，这些项的值可以逐个向前递推。不难写出从一个项计算下一项的递推公式：

$$t_n=-t_{n-1}\cdot x^2/(2n\cdot(2n+1))$$

找到这个公式，计算级数中各项的事情就很简单了。

循环的初始值应是 sum = 0.0，n = 0，t = x。写出函数定义已经不难：

```
double dsin (double x) {
    double sum = 0.0, t = x;
    int n = 0;

    while (t >= 1E-6 || t <= -1E-6) {
        sum = sum + t;
```

```
        n = n + 1;
        t = -t * x * x / (2*n) / (2*n + 1);
    }

    return sum;
}
```

通过分析发现项的递推性质，节省了许多计算成本。假设需要计算 m 个项，采用递推方法，执行各种基本运算的次数与 m 的值成正比；如果分别计算各个项，总的计算量将会与 m^2 成正比。如果项数很多，两种不同方式效率差异就会非常明显。

还有几个情况值得注意：这里循环体的执行次数依赖于参数，甚至很难做出近似估计。根据数学知识，当实参的绝对值较小时（例如 $x \in [-\pi, \pi]$），级数收敛很快，项的绝对值将迅速减小，这个函数能很快算出结果。如果实参的绝对值很大，循环就可能做许多次，甚至做到 n 值超出了 int 的表示范围（这时会发生什么情况？请读者考虑）。如果实参的绝对值很大，其乘幂（即使除以作为分母的阶乘）也可能超出 double 的表示范围，得到的结果就完全没意义了。另外，计算中的项正负交替，如果实参的绝对值很大，就会出现很大的正数加上绝对值很大的负数的情况。按前面说法，这种计算可能导致很大误差。这些情况都不难通过一些试验来验证（请读者参考前一个例子，做做这些有趣的试验）。一个很有效的改进是利用标准库函数 fmod，将实际参数值对 π 值取余数后再计算。

从这个例子和讨论可以看出，对问题本身的理解也非常重要。对级数收敛性质的考虑能帮助我们认识许多情况。所以说，写程序时必须仔细考虑问题本身的性质。

这个函数也很典型，许多程序都需要计算一系列数据项的值。在这种情况下，寻找项的共性就尤为重要，因为只有这样才能把计算这些项值的工作写成循环。如果各项的值之间存在某种递推关系，就应该利用它减少计算量，设法写出效率更高的程序。

4.1.7 从循环中退出

通过循环条件确定循环的结束或继续是最规范、最清晰的做法，但有时这种控制方式不合用，我们可能想从正在执行的循环中间退出来。前面判断素数的函数里就遇到了这种情况，因为找到一个因子就可以做出非素数的结论，当时用一个 return 退出函数，也结束了循环。这里看另一个例子，介绍一种常见处理方式和一个专用于此的语句。

例 4.6 验证哥德巴赫猜想。考虑写程序：对 6 到 200 之间的各个偶数找出素数分解，即找出和等于该偶数的两个素数。利用前面的 isprime，程序主要部分可以写成：

```
for (n = 6; n <= 200; n += 2)
    for (m = 3; m <= n/2; m += 2)
        if (isprime(m) && isprime(n-m))
            printf("%d = %d + %d\n", n, m, n-m);
```

但是这里出现了一个问题：当某个偶数能以多种方式表示为两个素数之和时，这个程序段执行时就会输出多对分解。例如对偶数 10，程序将输出两行：

```
10 = 3 + 7
10 = 5 + 5
```

为了验证哥德巴赫猜想，我们只需要对每个偶数找到一种分解。找到更多分解既无实际意义，也浪费了计算时间。如果希望对每个偶数只输出一行，该怎么做呢？

上面程序段包含了两层循环。在内层循环里，m 从 3 开始递增取值直到大于 n/2。如果其间遇到多对满足条件的素数，程序就会产生多行输出。现在的问题是怎样在发现了一对素数后就使这一内层循环停下来。这个问题实际上要求增加对循环的控制。对这类情况，一种常见做法是把发现了素数分解这件事情作为一个附加条件，加入循环的控制条件里。一种可行方法是引进一个新变量，例如取名 found，其值为 0 表示尚未发现（满足条件的）素数分解。一旦发现素数分解，就将 found 赋值为 1。为了实现这一方案，内层循环初始化时也应把 found 置 0，表示初始时尚未找到分解（显然）；循环里发现素数分解，就立即把 found 置为 1。此外，还要把 found 加入内层循环的条件中：

```
for (n = 6; n <= 200; n += 2)
    for (found = 0, m = 3; m <= n/2 && !found; m += 2)
        if (isprime(m) && isprime(n - m)) {
            printf("%d = %d + %d\n", n, m, n-m);
            found = 1;
        }
```

这段代码里的 ! 是逻辑否定运算符，当 found 为 0 时 !found 得到 1，表示还没有找到素数分解。一旦发现了素数对，由于 found 被置为 1，循环条件中的 !found 不再成立，就会导致内层循环结束，程序开始下一次外层循环，去考察下一个偶数。

这里的 found 是一个专门用于控制循环的辅助变量，这类做法在程序设计中很常见。实际上，由于从循环的中间退出是写程序时常需要的功能，C 语言（其他许多语言也一样）为此提供了专门的机制，就是下面介绍的 break 语句。

break 语句

break 语句的形式很简单，就是：

```
break;
```

这个语句只能用在循环语句以及下面介绍的 switch 语句里，其作用是使当前（最内层的，因为循环等结构可能嵌套）循环语句（或 switch 语句）立刻终止，使程序从被终止的循环（或者 switch）语句之后继续执行下去。实际上，语言提供 break 语句就是为了解决上面提出的问题，使人可以方便地描述从循环执行中直接退出的情况。break 语句通常被放在条件语句的控制之下，描述在某些条件成立时结束循环。

还用前例说明 break 语句的用法。完成同样工作的程序段可以写成：

```
for (n = 6; n <= 200; n += 2)
    for (m = 3; m <= n/2; m+= 2)
        if (isprime(m) && isprime(n - m)) {
            printf("%d = %d + %d\n", n, m, n-m);
            break;
        }
```

这段代码更简单，也不必引进额外的循环控制变量。一旦条件成立（找到了所需的一对素数），输出之后执行 break 语句就会导致内层循环结束，程序的执行回到外层循环的最后。随后是更新变量 n，判断条件，继续去处理下一个偶数。

下面是借助 break 语句重新写的求立方根函数：

```
double cbrt (double x) {
    double x1, x2 = x;

    if (x == 0.0) return 0.0;
    while (1) {
        x1 = x2;
        x2 = (2.0 * x1 + x / (x1 * x1)) / 3.0;
        if (fabs((x2 - x1) / x1) < 1E-6) break;
    }

    return x2;
}
```

这一写法消除了重复语句，使函数定义变得更清晰简洁了。请读者特别注意函数中的循环条件，这里写 1 表示一个永真的条件，这个循环永远不会因为循环条件变成假而终止。循环体里 if 语句的条件是循环的实际终止条件。

4.2 输入循环

第3章最后介绍了输入，通过几个简单实例介绍了基本输入函数 scanf 和 getchar 的使用。在那些例子里，程序都是输入一项或确定的几项数据，情况比较简单。一般而言，与外界（例如程序使用者）交换信息的程序常要输入一系列数据，可能需要输入一组类似形式的数据，写程序时可能无法确定要输入的数据项数。这些情况下就需要写处理输入的循环。本节将仔细研究处理多项输入时可能遇到的问题，探讨描述输入循环的技术。

4.2.1 输入循环的基本技术

输入循环指在一个循环里进行输入操作，这时会出现新的控制问题。输入循环的基本控制技术有几种，下面从最简单的情况开始逐一介绍它们。

通过计数器控制循环

如果在编程时已经知道需要输入的数据项数。那么就可以写一个简单的计数循环，通过计数变量控制循环，在循环里简单地调用输入函数。按这种方式写出的输入循环，与前面讨论的其他循环没有实质性差别，只是循环里有输入。

例 4.7 由每月降雨量求一年的总降雨量。

易见，这个程序执行中总是要求输入 12 项数据，为此需要调用 scanf 函数 12 次。虽然可以写 12 个独立的调用语句完成这些工作，更好的方式是用一个执行 12 次的计数循环。这样做没有任何新困难，按这种想法写出的程序如下：

```
#include <stdio.h>

int main() {
    double x, sum = 0.0;
    int n;

    for (n = 0; n < 12; ++n) {
        printf("Enter next data: ");
        scanf("%lf", &x);
        sum += x;
    }
    printf("Annual Precipitation: %f\n", sum);

    return 0;
}
```

这里出现的是最简单的一类输入循环。采用循环结构，而不是采用重复写出一批语句的方式，优势仅在于用一段较短描述代替了很长一段烦琐重复的描述。

如果编程时不知道需要输入的数据项数，但使用程序的人知道，也可以让程序先从使用者那里得到项数，而后再进入正式的数据输入循环。这种程序的基本框架是：

```
#include <stdio.h>

int main() {
    int i; n;
    double x;

    printf("Please input the number of data: ");
    scanf("%d", &n);
    for (i = 0; i < n; ++i) {
        scanf("%lf", &x);
        ……            /* 对输入数据的处理 */
    }

    return 0;
}
```

采用这种方式可以很方便地输入一批数据。但它也有缺点，因为要求输入者事先弄清数据的项数，可能给程序使用者带来一些麻烦（想想，如果有很大一批数据需要统计）。

用结束标志控制的循环

假定用户事先不清楚需要输入的数据的项数，采用计数循环的路就走不通了。这时有一种简便的方式，就是选择一个特殊的“结束标志”来控制循环。这个结束标志应该是一个特殊的输入值，具有与输入数据同样的类型，但又不是正常的输入数据。我们让程序在循环中不断检测得到的数据，一旦看到这个特殊数据，就知道用户要求结束了。采用这种技术，写出的循环结束条件实际上变成了写程序的人与使用程序的人之间的一种约定，当输入满足约定时程序就结束。下面用一个简单例子说明这种技术。

例 4.8 用特殊值控制循环结束（货单统计）。设需要计算一批货物的总值，每次输入一种货物的单价和数量。

由于事先不知道要统计多少货物，因此不能采用计数循环。这里考虑的方式是为使用者提供一个特殊“值”，使他们可以用这个“值”通知程序所有数据都已输入完毕。对这个例子而言，用单价为 0 作为结束标志就很好，因为不存在单价为 0 的货品，因此不必担心这种方式会出问题。根据这种想法可以写出下面程序：

```
#include <stdio.h>

int main() {
    double price = 1.0, amount, sum = 0.0;

    while (price != 0) {
        printf("Enter data (price amount), price=0 to finish:");
        scanf("%lf%lf", &price, &amount);
        sum += price * amount;
    }
    printf("Total price: %f\n", sum);

    return 0;
}
```

在程序开始时先给 price 赋初值 1，就是为了保证执行第一次进入循环时条件成立。这个值没有任何其他用处。循环最后多做了一次累计工作，但是由于当时 price 的值是 0，因此不会对结果造成任何影响。我们可以改造程序，用 if 语句在循环内部检查输入数据是否为 0，遇到 0 时就用 break 语句退出循环。

这一程序运行时，要求用户输入一对对可以解释为浮点数的数据，直到用户输入的 price 为 0 时循环结束，程序输出算出的总值。

这一程序与前面程序的行为方式很不一样，其中循环的执行次数完全由程序运行中外部提供的输入确定。对这个例子，其中的循环将重复执行多少次，完全看用户通过键盘提供了多少对数据项之后才送给它一个值为 0 的单价。这是一类程序的典型，这种程序不断与外部打交道，根据输入情况决定做什么。这些都是典型的*交互式程序*的特征。

采用上面两种方式，可以解决许多数据输入循环的控制问题。但有时也会遇到困难。举个例子，假定现在要写程序求一批输入数据的平均值。由于事先不知道可能输入哪些数据，而且任何数值都可能出现在需要求平均值的数据集合中，如果我们选 0 作为“结束标志”，而实际需要处理的数据里有 0，这个程序就不能正确处理了（选任何其他数值也一样）。这一情况具有普遍性，要解决这类问题，就需要进一步了解 scanf 的功能。

深入理解函数 scanf

scanf 的执行过程就是顺序地处理格式描述串，根据格式描述串要求完成输入、解释转换和对变量的赋值。scanf 的返回值是 int 类型。如果格式描述串要求的工作正常结束，scanf 返回正确完成的数据转换项数；如果 scanf 读入时遇到了文件结束，它就返回一个特殊符号常量 EOF 的值（这是一个 int 值）。另外，scanf 还可能在没处理完整个格式描述串的情况下失败，这时它返回已完成的数据转换项数。

被调用时，scanf 从头开始扫描自己的实参格式描述串，用遇到的转换描述与实际输入比较。如果实际输入符合转换描述的要求，它就完成这一项转换。例如被处理的描述符是 %d，而遇到的实际输入正好是数字，scanf 连续读入遇到的数字字符，把得到的一串数字转换为一个整数存入指定变量，然后继续向下处理格式描述串。如果遇到 %d 但当时的实际输入不是数字，scanf 无法完成转换而立刻失败，它结束并返回已成功完成转换的项数。这里还要特别说明：如果格式描述串里要求读入整数，scanf 执行到这里时会先跳过遇到的所有空白字符，从随后的第一个非空白字符开始处理。另外，如果 scanf 在格式描述串里遇到非转换描述的普通（非空白）字符，就去查看下一个输入字符是否同一个字符。如果是就读入该字符并丢掉，否则 scanf 也失败并立即结束。

要想把 scanf 放在一个循环里，使之可以输入某类型的一些数据，而且能通过输入控制循环结束，就需要利用它的返回值来控制循环。注意，函数调用

```
scanf("%d", &x)
```

只可能产生三种不同的函数值：返回 1 表示成功读入了一项数据；返回 0 表示读入数据失败；返回 EOF 值表示遇到了文件结束（下面会介绍常量 EOF 的情况）。如果需要每次读入一项，连续读入一批数据，我们可以把这种调用放在循环条件里，用返回值为 1 作为继续条件（因为这说明又正常读入了一项数据）。下面是一个例子。

例 4.9 读入一系列半径求面积。写程序读入一些数值作为圆盘半径，分别算出面积输出。

由于要对无法确定数目的一批数据做同样计算，显然需要用一个循环。由于不知道输入数据的项数，我们可以利用 scanf 的返回值控制循环，程序如下：

```
#include <stdio.h>

void prt_pan_area (double r) {
    if (r < 0)
        printf("Input error: %f\n", r);
    else
        printf ("r = %f, S = %f\n", r, 3.14159265 * r * r);
}

int main() {
    double x;

    while (scanf("%lf", &x) == 1) prt_pan_area(x);

    return 0;
}
```

这里用 scanf 的返回值为 1 作为继续循环的条件，即正确读入了一个双精度数。scanf 遇到文件结束或错误数据就不会返回 1。举例说，scanf 希望读双精度数时遇到字母 m，由于它不能把 m 解释为数，其转换工作将失败并返回值 0，循环就结束了。

通过有意让输入失败的方式控制程序似乎有些不妥，更好的方式是利用标准库定义的符号常量 EOF（意为 End Of File，文件结束），scanf 执行中遇到文件结束（文件内容处理完了，也表示数据输入完了）就会返回 EOF 值，说明再也没有输入了（另外一些输入函数也采用这种方式，包括 getchar，下面讨论）。这样，如果把上面实例程序的输入重新定向到某个文件（参看本章最后有关标准输入输出重新定向的解释），scanf 就会反复从该文件读入数据，到读完文件里所有数据后再去读时就会返回 EOF 值。这时程序知道被处理的文件已经读完。有些读者可能想知道 EOF 到底是什么。一般的 C 系统把 EOF 定义为-1。它一定不是正数，因此不会与 scanf 的其他返回值混淆。

在默认情况下，从标准输入读的程序将由键盘得到数据，是否能从键盘输入一个文件结束信息呢？虽然各种系统的情况可能不同，但一般都提供了通过组合键输入这一信息的方式。在许多

系统里可以用 Ctrl-Z 或 Ctrl-D 送入文件结束信息。在上面程序运行时，如果按了这种组合键，scanf 就会返回 EOF 并导致循环和整个程序结束。

例 4.10 求一系列输入数据中的最大、最小和平均值。现要求写一个程序，它读入一系列数值，统计数据个数，确定其中的最小值和最大值，并计算出所有数据的平均值。

显然应该用循环读入数据，处理工作也在循环中完成。为得到全部数据的最大值和最小值，需要在输入中维护一些信息。我们可以用两个变量记录已处理数据中的最小值和最大值，这样，输入结束时就有了所有数据的最小值和最大值。每读入一个数值都考虑它们的更新，使它们始终保存已读入数据中的最小值和最大值。为了求平均值，循环中还要记录数据个数以及数据之和，为此需要另外用两个变量，并在循环中正确更新它们。

还有一个问题：最大值和最小值变量的初值取什么。如果假定至少有一项输入，就有一种简单处理方式：程序可以先输入一项数据，用它设置两个变量的初值（所有数据中最大的数据至少有这么大，最小的数据至少有这么小）。这样写出的程序如下：

```
#include <stdio.h>

int main() {
    double sum = 0.0, biggest, smallest, x;
    int count = 1;

    scanf("%lf", &sum);
    biggest = smallest = sum;

    while (scanf("%lf", &x) == 1) {
        sum += x;
        ++count;
        if (x > biggest) biggest = x;
        if (x < smallest) smallest = x;
    }

    printf("Count of numbers: %d\n", count);
    printf("Biggest: %f, Smallest: %f, Average: %f\n",
           biggest, smallest, sum / count);

    return 0;
}
```

这一程序运行中将不断读入数据，直到遇到文件结束（或输入出错）就完成了输入循环，然后它输出各种统计结果并结束。

这个程序要求至少有一个输入数据项。如果改变问题的要求，希望它也能正确处理空的数据集合，程序应该怎么修改呢？这个问题请读者自己考虑。

输入循环的总结

如果需要在程序里输入一批数据，那么我们可以根据情况采用不同的方式控制循环。上面介绍了输入循环的三种控制方式和有关的技术，这里对它们做一个总结：

1. 程序内部自主控制，根据程序内部状态（内部信息）判断，决定循环继续或终止，以及是否继续读入数据。前面例子说明，这种判断可以完全靠程序内部，也可能通过先行输入。这一技术的缺点是不够灵活，难以处理事先不清楚项数的输入数据。
2. 从输入的数据类型里选一个特殊值作为结束标志值，与程序的使用者约定用它通知程序输入完成。这一技术的缺点是有时可能无法找到可用的表示结束的值。
3. 通过输入函数的返回值传递信息，控制循环的继续或结束。

这些技术都很有用，后面程序实例中还会频繁用到，写实际程序时同样可能用到。

4.2.2 字符输入

上一章介绍了字符输入函数 getchar，那里只给出了几个很简单的例子。本小节将通过一些例子说明如何通过这个函数输入一系列字符，我们将仔细考察 getchar 的功能细节，阐释使用它的一些技术。

输入一系列字符

假设现在要写一个程序，要求它从标准输入读入一系列字符并把它们送到标准输出。显然在这个程序中需要反复读入和输出字符，其基本部分应是下面形式的循环：

```
while (...) {
    c = getchar();
    putchar(c);
}
```

问题是循环条件怎么写，或者说，循环应该在什么情况下终止？这也是个一般性的问题：循环里的 putchar(c)可以换成任意程序片段，做我们希望做的任何事情。

如前所述，输入循环的常用控制方式有几种，适用于不同情况：一种方式是在程序内部控制，与实际输入无关。例如用一个计数器，读入字符达到规定数量就结束循环。

例 4.11 由标准输入读入 10 个字符并输出各字符的编码。程序很简单：

```
#include <stdio.h>

int main() {
    int c, n;

    for (n = 0; n < 10; ++n) {
        c = getchar();
        printf("%d ", c);
    }

    return 0;
}
```

这个程序把字符变量的值按整数的形式转换输出，得到各个字符的编码值。

第二种方式是根据运行中的实际输入决定是否结束循环。如果这样考虑，写程序时就要确定一种输入结束条件，输入满足条件时循环结束，程序继续做循环后的事情。

例 4.12 写程序读入一行，输出行里字符的个数。

读入“一行”，也就是不断循环读入字符，直到遇到换行字符，把“读到换行字符”作为循环结束条件。程序很简单：

```
#include <stdio.h>

int main() {
    int c, n = 0;

    c = getchar();
    while (c != '\n') { // 读入字符不是换行符就继续循环
        ++n;
        c = getchar();
    };
    printf("%d characters\n", n);

    return 0;
}
```

利用 C 语言里赋值表达式也有值的性质，熟悉 C 语言的人常把这个程序写成：

```
#include <stdio.h>

int main() {
    int c, n = 0;

    while ((c = getchar()) != '\n') ++n;
    printf("%d chars\n", n);

    return 0;
}
```

由于赋值运算符的优先级低，括在赋值表达式外面的括号是必不可少的。

这一方式可以推广到其他情况，连续输入一些字符的循环可以写成遇到换行符结束，也可以写成遇到其他字符（例如遇到字符 'a'）结束，遇到什么字符结束就是我们（写程序的人）和为程序提供输入的人（可能也是我们自己）之间的约定。也就是前面所说的，循环结束条件是写程序的人与使用者之间的一种约定。

处理所有可输入字符

与循环输入数值的情况类似，采用上面这种输入多个字符的方法，必须选定一个用于结束判断的字符。但这样做后，该字符就不能再作为输入中的正常字符了。例如，选换行符作为表示输入结束的字符，实际输入就不能是多个行（程序遇到第一个换行符就结束）。假如有一个程序，要求它能处理所有可以从键盘输入的字符，上面这种方法就行不通了。在这种情况下，我们如何从外部通知程序要处理的字符都处理完了呢？

标准库提供的方案是利用 getchar 的返回值和符号常量 EOF。如果 getchar 执行时遇到文件结束，它就会返回 EOF 值。这样，程序里可以通过判断 getchar 的返回值是否为 EOF 确定被处理数据是否读完。根据这个情况写出的循环可以是：

```
while (1) {
    c = getchar();
    if (c == EOF) break;
    ...... /* 对输入的实际处理 */
}
```

这个循环的条件是 1，也就是说每次判断时条件都成立。当数据全部读完时，getchar 返回的 EOF 值使 if 语句的条件成立， 执行 break 退出循环。

人们常利用 C 语言的特点，把循环写成下面的样子：

```
while ((c = getchar()) != EOF) {
    ...... /* 对输入的实际处理 */
}
```

我们会（在本书和其他 C 程序设计书里）看到很多这样的循环。请读者注意，括起赋值表达式的括号是必需的。不写这对括号程序是什么意思？请读者自己分析。

标准库要保证 EOF 值与任何字符的编码值不同（否则就会产生混乱），为此，标准库里把 getchar 的返回类型定义为 int（而不是 char），以便其返回值不仅可以包含 char 类型的所有值，还能表示 EOF 值。由于同样原因，调用 getchar 时也必须用 int 变量去接收其返回值，这样才能保证 EOF 信息不丢失，保证能正确判断文件结束。

读者可能会问：如果用 char 类型的变量接收 getchar 的返回值，难道 EOF 会丢失？我们可以把 getchar 返回的 int 值赋给 char 变量，但这时会出现类型转换。由于 EOF 值一定不在 char 类型的范围内，这时 C 语言对转换结果没有定义。如果写

```
char ch;
while ((ch = getchar()) != EOF) ...
```

当实际输入使 getchar 返回 EOF 值时，赋给 ch 的是什么是完全没有保证的。再拿 ch 的值与 EOF 比较，由于 EOF 是 int 类型，ch 的值又转回 int 去与 EOF 比较，比较的结果没有任何保证。因此可以认为，文件结束信息确实丢失了。

例 4.13 用 getchar 读入整个文件的内容并输出。写程序从标准输入中读入字符，复制到标准输出，直到文件结束：

```
#include <stdio.h>

int main() {
    int c;

    while ((c = getchar()) != EOF)
```

```
        putchar(c);

    return 0;
}
```

文件完全可能没有内容，一开始就是文件结束。这里的写法也能处理这种情况。

例 4.14 统计由标准输入得到的文件里的字符个数。程序可写为：

```
#include <stdio.h>

int main(){
    int c; long n = 0;

    while ((c = getchar()) != EOF)
        ++n;
    printf("%ld\n", n);

    return 0;
}
```

4.2.3 检查输入

程序可以分为两类：一类程序启动后自己运行，产生一些输出后结束；另一类程序在执行中不断与外界打交道，从外界获取信息，也可能产生输出，被称为*交互式程序*（有输入的程序都是交互式程序）。交互式程序要处理输入，但在写这种程序时，我们无法保证它们运行时一定能从外界得到正确信息，交互中不出现异常情况。甚至无法保证外界不是故意与这个程序捣乱，不是在有意设法破坏程序的工作（想想网络入侵者或计算机病毒）。那么，写交互式程序时应当怎样考虑和处理输入问题呢？基本原则就是设法检查判断输入完成的情况，因此，获取有关输入情况的信息就非常重要了。

获取输入完成的情况有两个基本方法：一是检查输入操作的完成状态；二是检查实际输入得到的数据，看外界提供的输入是否满足程序需要。

如果我们简单地写为（像本节前面的简单例子那样）：

```
printf("Please enter an integer: ");
scanf("%d", &n);
for (i = 0; i < n; ++i) ...
```

如果 scanf 的输入失败（用户没输入合法整数），它完成时变量 n 的值就没有任何保证，随后的循环做什么也就完全没有保证了。另一方面，如果输入成功，但赋给 n 的值是负数、0 或极大的正整数，可能也未必是我们希望的。

标准库的设计考虑到交互式程序的这些需要，它提供的每个输入函数都用返回值说明函数执行中遇到的情况，包括正常情况和非正常情况。例如，scanf 返回 int 值，在遇到文件结束时返回特殊的 EOF 值，一般情况下返回所完成的数据转换项数。只要检查这个返回值，就可以确定是否输入正确，进而决定应当如何处理。

在上例中，只有程序得到合法的整数，继续运行下去才有意义，采用上面简单写法无法得到这种保证。另一方面，写程序时无法决定用户的实际行为，因此需要做一些假设。例如假设用户是合作的，也就是说，他们确实希望用这个程序而不是故意捣乱。还可假设用户的输入可能有错，因此需要检查，发现有错误时要求用户重新输入。

注意：遇到用户实际输入无法转换为整数时，scanf 一定是遇到了既非数字又非正负号的字符，输入失败时这个字符仍然留在输入流里。如果再次调用 scanf 去读整数，首先遇到的还会是这个字符，因此 scanf 还会失败。由此可见，在程序再次调用 scanf 之前必须把输入流里的一些东西丢掉。一种合理方式是丢掉当前输入行的所有内容，要求用户重新输入。采取这种策略，我们可以把上面的程序片段重写为：

```
printf("Please enter an integer: ");
while (scanf("%d", &n) != 1) {
    while (getchar() != '\n') ;
    printf("Input incorrect. An integer again.");
}
for (i = 0; i < n; ++i) ...
```

其中的“while (getchar() != '\n') ;”以一个空语句作为循环体，丢掉直至换行符的所有字符。这样就可以保证到了执行 for 语句时，变量 n 里确实有一个由输入得到的整数。如果还有对 n 值的进一步要求（例如需要它大于 10 并小于 100），也可以把这一要求写在条件里，在 n 值不满足要求时请用户重新输入。

作为另一个例子，如果程序里的某处要求输入三个整数，一种可能写法是：

```
for (i = 0; i < 5 && scanf("%d %d %d", &a, &b, &c) != 3; ++i) {
    while (getchar() != '\n') ;
    printf("Ask for 3 integers. Please input again.");
}
if (i != 5) {
    /* 没有得到正常输入时的处理 */
}
```

循环条件判断是否实际得到三个整数，出现问题时要求用户重新输入。打印出错信息后用循环把直到行结束的字符都读入并丢掉。这里的处理方式是只允许使用者出 5 次错，错误次数太多就放弃了，例如可以停止程序或者转去做其他事情。

前一章介绍过定义几个特定类型的输入函数，那里的定义有一个缺点，就是输入出错的情况没有处理。为了防止输入出错时函数返回无意义的数据（垃圾数据），那些函数里局部定义的变量都初始化为 0。那种做法的另一缺点是很难在使用那些函数的同时处理上面讨论的输入错误问题。请读者想想这方面的问题，想想可能如何改进。

如果假定用户可能不合作，可能有意捣乱或设法破坏，那就需要改变设计。进一步的问题牵涉到程序安全性，本章最后对这方面问题做了一些分析和讨论。

4.2.4 一个简单计算器

例 4.15 简单计算器。考虑一个简单的交互式计算器，它从键盘读入如下形式的行：

```
128+365
254+1438
10313+524
```

每读入一个形式正确的行后就计算并输出其结果，直至用户要求结束。

很容易看到，程序的主要部分应该是一个基本循环：

```
while (还有输入) {
    取得数据
    计算并输出
}
```

由于要输入和处理的是整数，最简单的办法就是令程序在遇到非数字时结束。下面程序能读入并计算表达式，遇到第一个不是数字的非空白字符（包括文件结束）就结束：

```
#include <stdio.h>

int main() {
    int left, right;

    printf("Small Calculator\n");
    printf("Any no-digit character to stop.\n");
    while (scanf("%d", &left) == 1) {
        if (getchar() != '+' || scanf("%d", &right) != 1) {
            printf("Format incorrect. Format: nnnn+mmmm\n ");
            while (getchar() != '\n') // 丢掉本行剩余字符
```

```
                ;
            }
            else
            printf("%d + %d = %d\n", left, right, left+right);
        }

        return 0;
    }
```

正如前面所说，如何结束循环是一种约定。

这个程序可以有许多改进和扩充。本章后面的练习中提出了一些改进扩充工作，请读者设法完成。也请读者自己考虑一些扩充并实现之。

4.3 循环与递归

我们已经看到，一段很短的程序，如果里面有循环，就可能导致一段很长的计算，完成复杂的工作。如果现在告诉读者，即使没有前面讨论的循环结构，也可以写用循环能写的东西，读者有可能不相信。实际上，C 语言允许用一种称为**递归**的方式写程序，通过这种方式，不用循环结构就能写出复杂的程序，写出的许多程序还更加简单清晰。下面介绍这种编程方式，并将它与循环结构做些比较。这里还要讨论另一些重要问题。

4.3.1 阶乘和乘幂（循环，递归）

例 4.16 递归计算阶乘。考虑一个简单例子，设现在要定义一个计算整数阶乘的函数：

$$n!=1\times 2\times\cdots\times(n-1)\times n$$

易见计算中乘法的次数依赖于实参的值，不同调用的实参可能不同。根据前面讨论，需要用循环来解决这个问题。阶乘函数的类型特征可以定为：`int fact(int)`，但由于阶乘值随参数而增长的速度非常快，更合适的选择可能是 `long fact(long)`：

```
long fact1 (long n) {
    long fac, i;

    for (fac = 1, i = 1; i <= n; ++i)
        fac *= i;

    return fac;
}
```

循环里用了两个变量，其中的 `fac` 保存部分乘积，其最终值就是所需的阶乘。

前面阶乘的数学定义里用了省略号，数学书里经常看到这种写法。实际上这种写法不科学，是数学表述中常见的不精确性，其意义依赖于人对省略号的理解和共识。要严格定义阶乘的概念，需要用数学里的**递归定义**方式。阶乘的递归定义可写为：

$$n!=\begin{cases}1 & n=0\\ n\times(n-1)! & n>0\end{cases}$$

这里说：当 $n=0$ 时其阶乘就是 1；当 $n>0$ 时其阶乘等于 $n-1$ 的阶乘的 n 倍。定义的右边用到了正在定义的东西（阶乘），这就是**递归**一词的含义。那么，这种做法会不会造成不合理的循环定义呢？实际上不会。因为这里对特殊情况（$n=0$）直接给出定义；对于一般情况，把一个数的阶乘定义归结到比它小 1 的数的阶乘。按照定义，任何大于 0 的整数 n 的阶乘基于 $n-1$ 的阶乘定义，而 $n-1$ 的阶乘又基于 $n-2$ 的阶乘定义……因此 n 的阶乘最终将归结到 0 的阶乘，而这是定义中明确给出的。这样，任何非负整数的阶乘就定义好了。这一论断的严格证明需要用数学归纳法。

从计算的角度看，这一递归定义也提供了一种计算阶乘函数的方法。如果所用描述工具（编程语言）支持用递归的方式定义计算，这个定义就可以直接翻译成程序。

C 语言允许用递归方式定义函数，也就是说，它允许在被定义函数的体内调用该函数自身。采用递归定义方式，阶乘函数的定义非常简单：

```
long fact (long n) {
    return n == 0 ? 1 : n * fact(n-1);
}
```

这一定义直接对应于阶乘函数的递归形式的数学定义，其正确性很明显。如果要计算 10 的阶乘，并把结果存入变量 n，可以直接写：

```
n = fact(10);
```

虽然上面这个阶乘函数的定义很简单，它实现的计算过程却不简单。图 4-1 形象地展示了 fact(3)的计算过程。求 fact(3)时需要调用 fact(2)，而 fact(2)又调用 fact(1)，直至达到 fact(0)直接返回结果。此后，前面的一系列调用也由于得到了结果而顺序返回。最终使 fact(3)求出了结果 6。图 4-1 中的箭头描述了这些函数调用与返回的流程。

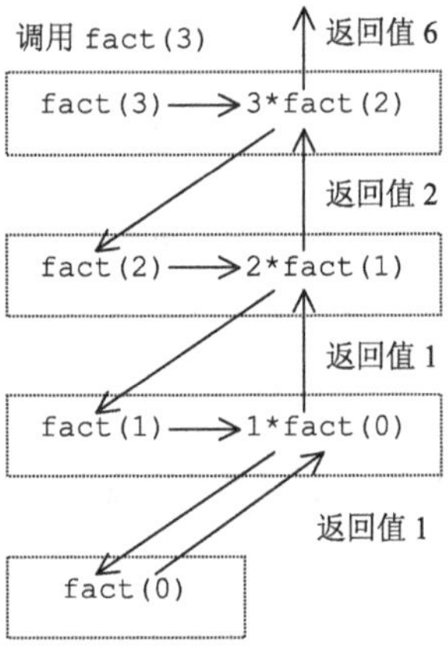

图 4-1　fact(3)的计算过程

如果考虑 long 类型的表示范围，函数里还应增加对负参数值的处理。一个合理方式是扩充阶乘定义，令其对所有负数都给出值 1。采纳这一定义，只需把函数里的==运算符换成<=运算符。如果需要，也可以考虑加入参数检查，在遇到负数时报告错误。

例 4.17　递归求幂。写函数 double dexp(int n)求 e（自然对数的底）的 *n* 次幂[⊖]。

在参数非负的情况下，乘幂的递归数学定义如下：

$$e^n = \begin{cases} 1 & n = 0 \\ e \times e^{n-1} & n > 0 \end{cases}$$

这个定义可以直接翻译为递归定义的 C 函数。参数为负时乘幂也有定义，因此要考虑负数的处理。由于 $n<0$ 时 $e^n = 1/e^{-n}$ 且 $-n>0$。因此我们先可以定义一个处理非负参数的辅助计算函数（用递归方式），而后借助它定义所需要的 dexp：

```
double dexp1 (int n) {
    return n == 0 ? 1 : 2.71828 * dexp1(n-1);
}

double dexp (int n) {
    return n >= 0 ? depx1(n) : 1 / dexp1(-n);
}
```

dexp1 是为实现 dexp 而定义的辅助函数，它实现了计算过程的主要部分，但是我们并不打算直接用它，因为它不完全（请考虑为什么）。这里的主要函数 dexp 只是根据不同情况确定如何使用 dexp1。在实际程序设计里，如果需要实现的功能比较复杂，常常先定义一些辅助函数。确定辅助函数的功能并给出定义，对写好复杂的程序是非常重要的。下一章将仔细讨论这方面的问题。

这个函数也可以用循环写出。下面是一种定义：

```
double dexp1 (int n) {
    double x = 2.71828, d = 1;
    int i;

    if (n < 0) {
        n = -n;
        x = 1/x;
    }
    for (i = 0; i < n, ++i) d *= x;
```

⊖ 在叙述函数的类型特征时给定参数的名字，是为了在其他地方（如在正文里）方便地讨论与参数有关的问题。后面常用这种写法。其他的 C 语言书籍里也常用这种写法。

```
    return d;
}
```

当 n 的值小于 0 时，循环中乘 |n| 个 1/e，仍能得到正确的结果。

上面两个例子说明，有些循环程序也可以用递归的形式写，有些递归程序也可以通过循环写出。当然，要写出一个递归程序，必须将其定义为函数，因为需要在该函数体内调用这一函数本身，递归调用时需要用到函数的名字。

从形式看，上面递归函数的定义里都用到条件表达式（或条件语句），这是必需的，因为定义这类函数时总要区分两种情况：一种是可以直接给出结果的情况，这是递归定义的基础；另一种是需要递归的情况。在处理后一情况时，总是把复杂情况的计算归结到较简单情况的同一个计算。这些实际上是递归定义的本质。

递归和循环

实际上，只要有了基本运算符、关系判断和条件表达式，加上可以用递归方式定义函数，我们就有了一个表达能力很强的程序语言。从理论上说，用其他任何程序设计语言能写出的函数，只用 C 语言里的这些机制就能实现该函数了。也就是说，如果把 C 语言的这个小部分看做一个小语言，这个小语言的能力已经“足够强”了。

那么，既然 C 语言里的一小部分就已经“足够强”，为什么它还要提供其他功能呢？原因是实际需要。从实际程序设计的角度看，语言里还需要有许多其他的有用机制，这些机制使我们可以更好、更自然、更方便地写出所需要的程序。

一些读者可能希望进一步了解递归和循环的关系。从理论上说，每段采用循环结构写出的程序都可以机械地改写为一个不用循环、只用递归的函数。反过来则不那么容易，但也是可能做到的。要想把以递归方式写出的程序改写成只用循环的程序，常常需要复杂的智力劳动，可能还需要借助于一些高级的程序设计技术。具体情况这里就不讨论了。

4.3.2 Fibonacci 序列（计算与时间）

例 4.18 Fibonacci 序列的计算。数学里非常重要的 Fibonacci（斐波那契）序列 $\{F_i\}_i$ 有如下的递归定义：

$$F_0 = 1,\quad F_1 = 1,\quad F_n = F_{n-1} + F_{n-2}\quad (n > 1)$$

很容易用递归方式写出求 F_n 的函数，下面是一种定义：

```
long fib (int n) {
    return n < 2 ? 1 : fib(n-1) + fib(n-2);
}
```

Fibonacci 序列值增长很快，这里用 `long` 作为函数返回值。定义里考虑了实参为负的情况，把所有负编号的值硬性定义为 1。这是一种合理处置，写程序常遇到这类情况。

问题分析

我们现在想讨论另一个问题：上面定义的这个函数好不好？从一方面看，这个函数确实很好，其描述方式（递归定义的函数）与 Fibonacci 序列的数学定义直接对应，很容易确定函数定义的正确性。这个函数定义很简单，容易读，也容易理解。

但从另一方面看，这个定义却有一个本质性的缺陷。为了说明它的缺陷，我们先看一个计算实例，图 4-2 展示了 `fib(5)` 的计算过程。

这个图描述了 `fib(5)` 执行过程中的调用关系，图中从 `fib(5)` 向下到 `fib(4)` 和 `fib(3)` 的箭头表示在计算 `fib(5)` 时需要调用 `fib(4)` 和 `fib(3)`，其他箭头的意义相同。从这个图例可以看到存在许多重复计算，除 `fib(4)` 外都计算了多次。还有一个情况也值得注意：参数越小被重复调用次数也越多（除 `fib(0)` 没有 `fib(1)` 多之外），例如 `fib(2)` 算了 3 次，`fib(1)` 算了5次。这种情况具有普遍性，以更大的参数开始计算，情况也类似。而且，初始调用的参数值越大，重复计算就越多。

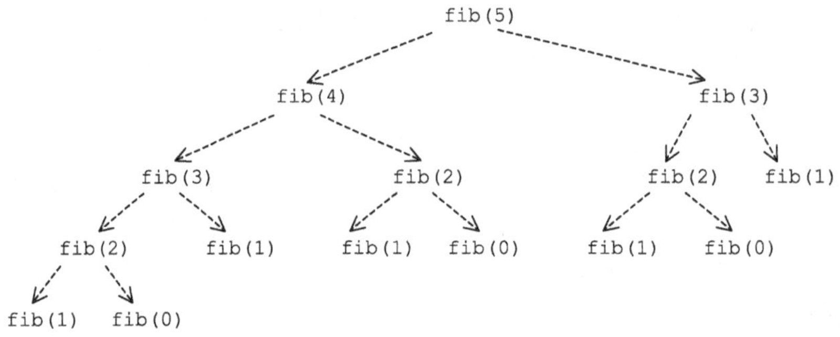

图4-2 fib(5)计算中的函数调用情况

有人可能认为，出现一些重复计算没多大关系，今天计算机这么快，多算几次花不了多少时间。但问题并不这么简单。随着参数值增大，fib计算中的重复工作将飞速增长，如果在计算机上试试fib(37)、fib(38)等，立刻就能体会到这种情况。在目前最快的微机上计算fib(45)大约需要一分钟，而45还不是一个很大的数。

更严重的问题是，参数值每增加1，fib的计算时间将增长约1.6倍左右（理论估计，实际时间可能更多）。这样，在目前最快的微机上一个小时算不出fib(55)，而计算fib(100)将需要数万年（数量级估计）。这个结果实在令人吃惊！

这个例子反映出计算机的一个本质弱点：计算需要时间，复杂的计算要很多时间。计算机的这一本质特征，也就说明了存在着计算机不可能做好的事情。

对于求Fibonacci值的问题，我们可以找到更好的办法（下面介绍），但是有些问题的情况则不是这样。人们已发现了许多非常重要的实际计算问题，理论上说它们可以用计算机解决，写出解决问题的程序并不难。但是，从实际角度看这些问题并没有解决，因为对规模稍微大一点的实际情况（“规模大”对应于上面“大一点的参数 *n*”），我们根本等不到计算完成。在这种情况下能说问题解决了吗？显然，说“能”是很牵强的，理解这一点对于理解计算机也是非常重要的。

4.3.3 为计算过程计时

例4.19 统计程序或程序片段的计算时间。这能帮助我们理解程序的性质，人们常需要做这件事。为程序计时可以用普通的计时器，例如手表或秒表。但那样做既费事又不精确。许多程序语言或系统都提供了内部计时功能，下面介绍C标准库的计时功能。

C标准库里有几个与时间有关的函数，在标准头文件<time.h>里描述。如果要在程序里统计时间，程序头部就应该写：

```
#include <time.h>
```

做程序计时通常用下面的表达式：

```
clock() / CLOCKS_PER_SEC
```

这里调用库函数clock，把得到的值除以CLOCKS_PER_SEC代表的常量。这个表达式得到的是从程序开始执行到该表达式求值的时间间隔，以秒计[⊖]。

下面是一个例子，它输出计算一些Fibonacci序列值所需的时间：

```
#include <stdio.h>
```

⊖ 一些老的C语言系统采用其他名字。例如Turbe-C用的是CLK_TCK而不是CLOCKS_PER_SEC。如果按这里的方式写程序出了问题，请去查一查所用C语言系统的说明。

```
#include <time.h>

long fib (int n) {
    return n <= 1 ? 1 : fib(n-1) + fib(n-2);
}

int main() {
    double x;
    int n;

    for (n = 35; n < 46; ++n) {
        x = clock();
        printf("Fab %d is %ld in ", n, fib(n));
        printf(" %fs\n", (clock()-x)/CLOCKS_PER_SEC);
    }

    return 0;
}
```

下面是这个程序在一台计算机上的输出，从中可以清晰地看到时间的迅速增长：

```
Fab 35 is 14930352 in  0.430000s
Fab 36 is 24157817 in  0.691000s
Fab 37 is 39088169 in  1.132000s
Fab 38 is 63245986 in  1.812000s
Fab 39 is 102334155 in  2.905000s
Fab 40 is 165580141 in  4.746000s
Fab 41 is 267914296 in  7.802000s
Fab 42 is 433494437 in  12.608000s
Fab 43 is 701408733 in  20.409000s
Fab 44 is 1134903170 in  32.827000s
Fab 45 is 1836311903 in  53.237000s
```

还要说明几点：首先，程序输出的是两次相继计时之差，基本上等于计算一个 `fib` 值的时间。此外，每个 C 系统都有一个最小时间单位，计时结果总按单位增长，小于该单位的计时值都是 0。虽然这里的计时值可能有误差，但还是很能说明问题。

为程序计时，是人们在实现大系统、研究计算过程的性质时常做的事。如果我们发现一个程序很慢，不能满足需要，可能做的一件事是仔细检查程序，估计其中各部分耗时，还可以对某些部分计时，考察实际运行实况，然后考虑改进设计或实现方法。计算代价的理论研究形成了“算法分析和复杂性”研究领域，该领域已取得许多极其重要的成果，例如，目前被数学家们排在第一位的“最重要数学问题”就源自这一领域。

4.3.4 Fibonacci 序列的迭代计算（程序正确性与循环不变式）

例 4.20 用循环求 Fibonacci 数。求 Fibonacci 数的问题确实有“更好”（更快）的解法。考虑下面论述：

（1）F_0 和 F_1 已知；

（2）由 F_0 和 F_1 可以计算出 F_2；

（3）一般地，如果已知连续两个 Fibonacci 数，就可以算出序列中下一个数。

这几条给出了一种计算第 n 个 Fibonacci 数的方式：从 F_0 和 F_1 出发逐个向前推算，直至算出所需的 F_n 为止。显然，在这个计算里需要用一个计数变量，保存当时算出的 Fibonacci 数的下标。按这种想法写出的新函数定义如下：

```
long fib1 (int n) {
    long f1 = 1, f2 = 1, f3, i;

    if (n <= 1) return 1;
    for (f3 = f1 + f2, i = 2; i < n; ++i) {
        f1 = f2;
```

```
            f2 = f3;
            f3 = f1 + f2;
        }

        return f3;
    }
```

这个函数里的循环比较复杂，我们怎么能确信它完成了所需的工作呢？下面我们仔细讨论一下这个问题，其中要讲一点程序的理论。

要写好一个循环，首先必须想清楚它应该做什么。本循环的目的是：一旦变量 i 增加到等于 n，变量 f3 的值就应当是所需的 F_n 值。为确认程序能做到这点，我们说明它保证：每次做循环条件判断时，f3 的值正是第 i 个 Fibonacci 数。这样，当 i 值等于 n 时 f3 就是第 *n* 个 Fibonacci 数了。通过分析不难看到，上面循环确实保证了这种关系。

循环里用了三个递推变量，其更新方式是一个个前推。我们有如下论证：

- 首先，第一次判断循环条件时 i 值为 2 而 f3 的值等于 F_2，上面关系成立。而且 f1 和 f2 的值分别是第 F_0 和 F_1，也就是 F_{i-2} 和 F_{i-1}。
- 假设某次判断循环条件时 f3 的值是 F_i，而且当时 f1 和 f2 分别是 F_{i-2} 和 F_{i-1}。循环体里的前两个赋值使 f1 和 f2 分别变成 F_{i-1} 和 F_i，最后的赋值使 f3 的值变成 F_{i+1}。循环最后 i 的值加 1，这样，到了又一次判断循环条件时，f3 的值还是等于 F_i（而且 f1 和 f2 的值仍然分别是 F_{i-2} 和 F_{i-1}）。

一个循环表示一种反复进行的计算过程，根据实际执行中所涉及的变量的情况，循环体有可能执行许多次。在这种情况下，我们怎样保证对任何可能的数据，这个循环都能正确地完成所需要的计算呢？显然，循环里总要涉及一些每次循环体执行都会变化的变量。人们仔细研究后发现，写循环时，最需要考虑的是一些变量之间的关系，并设法保证这些关系在循环体一次次执行时保持不变。这种关系称为**循环不变式**。

前面写简单循环时，我们更多地依靠直觉。实际上那里也有循环中不变的关系。例如，对于下面大家都已很熟悉的循环：

```
for (sum = 0, n = 1; n <= 100; ++n)
    sum = sum + n * n;
```

它维持的不变关系就是：在每次判断循环条件时，sum 总是前 n-1 个正整数的平方和。刚进入循环时 n 为 1，sum 为 0，这个关系显然成立；每次循环把 n 的平方加入 sum，同时 n 值加 1，这样就维持了条件。循环结束时 n<=100 不成立了，也就是说 n 变成了 101。根据这些分析，我们可以确信这时 sum 的值就是前 100 个数的平方和。

实际上，要写好一个循环，最重要的就是弄清楚“循环中应当维持的什么东西不变”。应当想清楚循环中要维持变量之间的什么关系，才能保证循环结束时有关变量都处在所需状态。写完循环后还应该仔细检查，看提出的要求是否满足了。对于简单循环，这些问题的回答可能非常简单，不需要专门费脑筋。在描述复杂的循环时，有意识地思考这个问题就很重要了。在上面计算 Fibonacci 数的循环里，需要保持的就是 f3 与 i 之间的关系（实际上还有 f1 和 f2 与 i 的关系作为辅助）：保证每次循环判断时 f3 的值正好是第 i 个 Fibonacci 数。确定了这一点，函数能计算出正确结果也就确信无疑了。

下面的问题是：这个函数确实比前一个好吗？

首先应当看到，新函数定义比前一个定义复杂很多，其中不但要区分各种情况，还出现了一个比较复杂的循环。弄清这个程序能否完成所需计算也不再简单，要经过仔细思考，还要借助循环不变式的概念。从这方面看，新函数远不如前面递归定义的函数。

但是，新函数在计算时间上却有很大优越性。这个函数的主体就是一个循环，执行时间基本上由循环次数确定，而执行次数基本上等于 n 的大小（n 大于 0 时），计算 fib(100) 只需大约

100 次循环，在计算机上根本察觉不到运行时间。与前面函数完成同样计算需要的时间以万年计相比，新函数显然具有绝对的优越性（这里没有考虑表示范围，long 类型通常无法表示 fib(100) 的值，请读者设法确定 fib 函数何时溢出）。

总结一下，我们有一个清晰但非常低效的函数定义，又有一个不太清晰但却非常高效的程序。两者不能兼得。能不能有一种方法，只需要写出解决问题的最清晰的程序，有一个极聪明的编译器能把它翻译为一个高效程序？这是一个非常有趣的研究课题。

还要提醒读者：并不是所有问题都像计算 Fibonacci 数这样，可以找到快速计算方法。有些问题的计算确实需要很长时间。人们已经发现了许多很有实际价值的问题，对于它们，已经找到的解法都非常耗时。这些问题究竟有没有更快的计算方法，至今还没有结论。寻找解决问题的好算法一直是计算机科学及其应用中一个最重要的研究领域。

有人可能提出，完成同一计算，前面递归定义的函数比这个循环函数慢得多，这是不是一种普遍规律呢？其实不然。下面是另一个递归定义的求 Fibonacci 数的函数，其计算速度与前面用循环定义的函数差不多：

```
long fib1 (long a, long b, int n) {
    return n <= 0 ? b : fib1(a + b, a, n - 1);
}

long fib (int n) { return fib1(1, 1, n); }
```

当然，想说明这个函数确实计算 Fibonacci 数又不那么容易了。请读者自己考虑。

4.3.5 最大公约数

例 4.21 用几种方法求整数的最大公约数。写函数 long gcd(long, long)，它求出两个长整数参数的最大公约数（greatest common divisor，gcd）。

解法一

最直接的方法是系统化地检查一些整数，直至找到能同时整除两个数的最大数。假设参数分别是 m 和 n，为了顺序检查，需要用一个辅助变量 k，用它的值去做检查。下面的问题是 k 如何取值。一种简单办法是让 k 顺序取值，通过一个循环实现重复检查。这样 k 的取值问题就变成：如何取初值，如何更新，如何判断结束。

方法 1：令 k 从 1 开始递增取值，结束条件是 k 大于 m 或 n 中的某一个，因为最大公约数绝不会大于两个数中任何一个。

下一问题是如何得到所需的结果。m 和 n 可能有许多公约数，变量 k 的最后值也不会是 m 和 n 的公约数，因为它已大于两个数之一了。这说明需要记录循环中找到的公约数，为此需要引进新变量。在这个具体问题里，只需要用一个变量记录已找到的最大的那个公约数，例如用变量 d。d 的初值设为 1，因为 1 是任何整数的约数。一旦遇到 m 和 n 的新公约数（显然它大于 d），就把它记入 d 中。这样，更新 d 的语句是：

```
if (m % k == 0 && n % k == 0)
    d = k;  /* k是新找到的一个公约数 */
```

确定了 d 及其初值后，可以看出 k 从 2 开始循环就够了。函数定义已经很清楚：

```
long gcd (long m, long n) {
    long d = 1, k = 2;

    for ( ; k <= m && k <= n; ++k)
        if (m % k == 0 && n % k == 0)
            d = k;

    return d;
}
```

如果 m 和 n 没有公约数，变量 d 的初值 1 就会留下来，也能得到正确结果。

如果考虑参数的各种可能情况，我们会发现还有许多特殊情况需要处理：

1. 如果 m 和 n 都为 0，此时不存在最大公约数。对这种情况要选一种合理处理，例如可以令函数返回值 0，指明遇到了这种特殊情况；
2. 如果 m、n 之一为 0，最大公约数就是另一个数。上面函数遇到这种情况时返回的值不对，可以加入直接的判断和处理；
3. m、n 可能是负数，此时上面函数返回 1，有可能是错的，也应当处理。

综合起来，在上面函数的循环之前应加上以下几个语句：

```
if (m == 0 && n == 0) return 0;
if (m < 0) m = -m;
if (n < 0) n = -n;
if (m == 0) return n;
if (n == 0) return m;
```

在这个示例程序里用了一个辅助变量 d，用于记录计算过程中得到的中间结果。引入这类辅助变量是程序设计中的一种常用技术。另一个值得注意的问题是，许多计算问题都有一些需要处理的特殊情况，应当仔细分析，分别给以处理。其中一件事情就是分析参数的各种可能情况，看看程序是否都能给出正确结果，必要时需改造程序，常常是在主要代码前面加一些条件判断，也可能需要加入另外的处理方法。

方法 2：令 k 从某个大数开始递减取值，这样找到的第一个公约数就是最大公约数。可以令 k 的初值为 m 和 n 中较小的一个，在没有遇到公约数的情况下递减。结束条件是：或者 k 值达到 1，或者已经找到了公约数。由于 1 总是两个数的公约数，因此前一条件被后一条件覆盖。可以写出下面的循环体：

```
for (k = (m > n ? n : m);
     m % k != 0 || n % k != 0; --k)
    ;     /* 空循环体 */
return k; /* 循环结束时，k 总是最大公约数 */
```

用这种方法写出的程序更简单些。

上面这两个解法的共同点是采用重复测试的方法，用一个个数去检查条件成立与否。这种方法的缺点是效率低，如果被检查的数比较大，循环就需要反复执行许多次。一般说，如果能找到解决问题的特殊方法，就不应该选用这种“通用”方法。

解法二

对于求最大公约数的问题，古代的人们已经提出了更有效的计算方法，这就是著名的欧几里得算法（欧氏算法），即**辗转相除法**。下面介绍欧几里得算法的程序实现。首先，不难用递归形式给出辗转相除法求最大公约数的定义：

$$\gcd(m,n)=\begin{cases} n & m \bmod n = 0 \\ \gcd(n, m \bmod n) & m \bmod n \neq 0 \end{cases}$$

函数定义 1（递归方式）：我们可以先假定函数的第二个参数非 0，而且两个参数都不小于 0。下面函数直接对应于辗转相除法的递归定义：

```
long gcd1 (long m, long n) {
    return m % n == 0 ? n : gcd1(n, m % n);
}
```

这个函数很简单，对欧几里得算法的研究保证了这个程序的计算一定能结束。这个函数的计算速度很快，一般来说远远快于顺序检查。

有关各种特殊情况的处理可以另写一个函数，其主体是对上面函数的调用，这是程序设计中常用的一种方法。下面是求最大公约数的主函数：

```
long gcd(long m, long n) {
```

```
        if (m < 0) m = -m;
        if (n < 0) n = -n;
        return n == 0 ? m : gcd1(m, n);
    }
```

函数定义 2（循环方式）：辗转相除是一种重复性工作，其中反复求余数，这种计算也可以通过循环实现。在写程序前，应先分析一下循环应当如何写：

1．循环开始时，m 和 n 是求最大公约数的出发点；

2．每次循环判断 m % n 的值是否为 0。如果为 0，那么 n 就是最大公约数，计算结束；

3．否则做变量更新，更新后的 m 取原来 n 的值，而 n 取原来 m % n 的值。为保证能正确完成更新操作，必须另外用一个辅助变量 r，下面是正确的更新序列：

```
    r = m % n; m = n; n = r;
```

这样，循环就可以写为：

```
    for (r = m % n; r != 0; r = m % n) {
        m = n;
        n = r;
    }
```

C 函数的参数可直接用作局部变量（参数就是局部变量，只是由实参取得初值）。下面是函数定义，其中假定了参数值均不小于 0。把函数补充完整的工作请读者完成。

```
    long gcd2 (long m, long n) {
        long r;

        if (n == 0) return m;
        for (r = m % n; r != 0; r = m % n) {
            m = n;
            n = r;
        }

        return n;
    }
```

m 的值为 0 以及 m 和 n 的值都为 0 没有作为特殊情况处理，因为这些处理都已经包含在这个定义里了，读者很容易弄清楚这一点。这个程序里也有一个较复杂的循环。按前面说法，循环中总需要维持某一种不变关系，以保证循环的正确性。那么，在上面函数里的这个循环中保持的是变量之间的什么关系呢？这一点也请读者考虑。

4.3.6 河内塔（梵塔）问题

例 4.22 河内塔的递归求解。现在讨论一个著名问题，用递归解很简单，用循环解就很不容易。这个问题称为河内塔（Hanoi）问题，也称梵塔、汉诺塔问题。据说问题来自古印度，另一说是来自西藏。某神庙里有三根细圆柱，还有 64 个大小不等、中心有圆孔的金盘套在柱上，这就是梵塔。僧侣们日夜不息地把圆盘从一根柱上搬到另一根柱上，规则是每次只能移一个圆盘，而且不允许把大盘放到小盘之上。开始时所有圆盘按从大到小顺序套在一根柱上，据说当所有圆盘都搬到另一根柱上时，世界就要毁灭。图 4-3 里画的细柱上套着 5 片圆盘。

现在考虑如何写一个程序模拟搬圆盘的过程。当然这一程序不能真正搬动圆盘，我们希望它能打印出一系列搬动指令，说明应该把圆盘（只能是当时最上面的圆盘）从哪根柱搬到哪根柱。为方便起见，我们把三根圆柱分别命名为 a、b 和 c，假定开始时所有圆盘都在圆柱 a 上，目标是将它们都搬到圆柱 b，而且要保持从大到小的顺序。

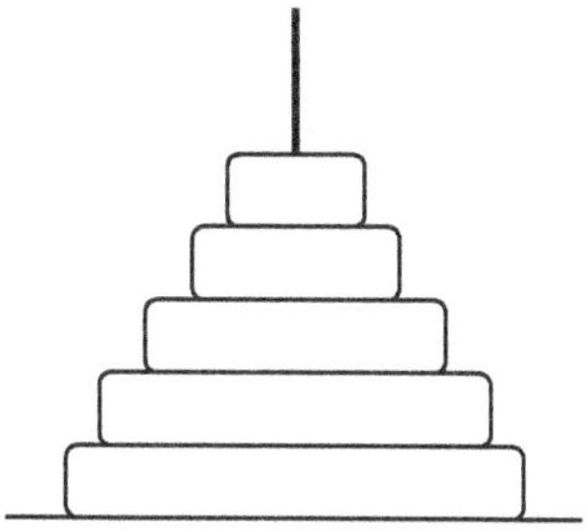

图 4-3 河内塔（梵塔）

初看起来，这个问题好像没什么规律。第一步只能把 a 上最小的圆盘搬到另一圆柱，例如柱 b。然而这时已经不能再向柱 b 搬圆盘了，因为任何圆盘搬过去，都将违反“不能把大盘放到小盘上”的规则。这时只能考虑把柱 a 上的次小圆盘搬到柱 c。下一步只能将柱 b 上最小的圆盘搬到柱 c 的次小圆盘上面，或者把它搬回柱 a。这样考虑问题，事情好像完全是杂乱无章的，看不出写出程序的线索。

对这个问题，取得突破的要点在于换种看法，反过来看问题：假设我们能把上面 63 个圆盘从柱 a 搬到柱 c（其间可利用柱 b 作为辅助），那么下一步就应把柱 a 上最后一个圆盘（最大圆盘）直接搬到 b，剩下的问题就是把 c 上的 63 个圆盘搬到 b。这样分析就抓住了解决问题的过程的基本结构：实际上，我们可以把搬 64 个圆盘（借助于另一圆柱）的问题分解为三个子问题：

1. 借助于柱 b 把 63 个圆盘从 a 搬到 c；
2. 从 a 搬一个圆盘到 b；
3. 借助于柱 a 把 63 个圆盘从 c 搬到 b。

很显然，搬 63 个圆盘的问题与搬 64 个圆盘完全一样，只是问题规模减小了一点。从这一分析中，我们已经看到了采用递归方法解决问题的所有特征。这里有一种基本情况：如果某个圆柱上只有一个需要搬的圆盘，那么就直接搬它；如果需要搬的圆盘多于一个，那就是递归情况，需要借助于另一根圆柱，将这一问题分解为三个部分……

现在考虑如何写解决这一问题的递归函数。把函数命名为 henoi，先考虑这个函数的类型特征，考虑它应该有哪些参数。显然函数应该有一个记录需要搬动的圆盘数（问题规模）的整型参数，每次递归调用时这个参数减一，参数为 1 时可以直接搬（函数也直接返回），否则就要递归。函数还需要知道应该从哪个圆柱往哪个圆柱搬，以哪个圆柱作为辅助。假设我们用字符类型的值表示圆柱，这个递归函数的类型特征就可以描述为：

```
void henoi(int n, char from, char to, char by)
```

我们想做的是：从圆柱 from 搬 n 个圆盘到圆柱 to，以圆柱 by 为辅助。

至此，写出 henoi 函数的递归定义已经不困难了。下面是一种写法：

```
void moveone (char from, char to) {
    printf("%c -> %c\n", from, to);
}

void henoi (int n, char from, char to, char by) {
    if (n == 1) moveone(from, to);
    else {
        henoi(n-1, from, by, to);
        moveone(from, to);
        henoi(n-1, by, to, from);
    }
}
```

这里单独定义了一个 moveone 函数，以便把与输出有关的功能集中到一起。如果需要修改输出形式，这里就只需修改这个函数。举例说，如果存在适当的图形显示系统，可以考虑把搬圆盘的动作用更形象的方式显示出来。如果要用这个程序去控制一个机械手，真正地移动圆盘，那就把 moveone 改为控制机械手的程序。

下面的调用能输出把 4 个圆盘从圆柱 a 移动到圆柱 b 的各移动步骤：

```
henoi(4, 'a', 'b', 'c');
```

虽然这个函数不长，但是其执行时间随 n 值增大的速度却非常快。对 n 的值应用数学归纳法，很容易证明调用 moveone 的次数等于 2^n-1。请读者考虑如何证明，再通过计时检验这一理论结论。当然，由于输出的速度（与程序内部计算相比）非常慢，所有产生大量输出信息的程序（如 henoi 函数），运行中很大比例的时间都用在生成输出上。

完全可能采用循环实现这个程序，有很多可能方法，具体情况这里不介绍了，读者可以自己设法做一做，或者去查查有关的资料。

4.4 程序调试和排错

写好了一个程序，通过加工（编译和连接）生成可执行程序后，就需要去运行它，提供一些数据去试验它，以便确认该程序确实满足需要，能完成预期工作，这一工作就是测试。程序测试（即试验性地运行程序）的工作该如何做？运行中应该提供什么样的数据？怎样检查程序里的错误？发现了错误后该怎么办？本节简单讨论这些问题。

我们当然希望程序一经写出就完美无缺。初学者在遇到程序出问题时，通常总认为一定是“系统有问题”，或者是计算机捣乱，而自己并无过错，只是不够幸运而已。有经验的程序员则明白，绝大多数情况下犯错误的一定是自己，需要设法排除的正是自己在前段工作中所犯的错误。读者经过了前段实践，应该已经在这方面有些体会了。

测试和排错是程序开发过程中必不可少的一个阶段，人们积累了许多实践经验，也进行了许多研究，有不少这方面的论文和专著。本节介绍在程序测试和排错的一些最基本技术，希望进一步了解有关情况的读者可以阅读 Kernighan 等的《程序设计实践》一书，其中有关于这一问题的精辟讨论，也可以参考其他更专门的书籍。

所谓测试（testing），就是在完成了一个程序或程序中的一部分之后，通过一些试验性运行，通过仔细检查运行效果，设法确认这个程序确实完成了所期望的工作。也可以反过来说：测试就是设法用一些特别选出的数据去挖掘程序里的错误，直至无法发现错误为止（实践中还可能受时间的限制）。排错（debugging）则是在发现程序有错的情况下，设法确认产生错误的根源，而后通过修改程序，排除这些错误的工作过程。

显然，有些排除错误的工作出现在测试之前。我们在测试程序前，先要把写出的源程序加工为可执行程序。在这个加工过程中就可能发现程序里的一些语法错误和上下文关系错误，只有排除了这类错误之后才能生成可执行程序，进入下一步的测试和排错。此外，通过仔细研读自己或别人的程序代码，也可能发现其中的一些错误。

4.4.1 测试

测试中考虑的基本问题就是怎样运行程序，提供什么样的数据，才可能最大限度地试验程序可能表现出的各种行为情况，把程序中的缺陷和错误尽可能地挖出来。从本质上区分，可以看到两类基本的确定测试数据的方式：

1. 根据程序的内部结构确定测试数据。这一做法相当于把程序打开，看着它的内部考虑如何去检查它，以便发现其中的问题。这种方式称为*白箱测试*。
2. 根据程序所解决问题的要求去确定测试过程和数据，并不考虑程序内部如何解决问题。这一做法相当于将程序看做一个解决问题的黑箱，因此称为*黑箱测试*。

下面分别简单介绍这两种测试方法。

4.4.2 白箱测试

白箱测试的基础是考察程序的内部结构和由此产生的执行流程，设法选择一些数据，使程序在试验性运行中能表现出所有可能的行为。这一做法的基本想法是：如果所有的执行可能性都能给出正确结果，那么这个程序的正确性就比较有保证了。

确定程序行为的一个重要方面是程序里的各种控制结构，不同结构产生不同的执行流程。几种基本控制结构所产生的可能执行流很容易理解：

1. 复合结构。复合结构只有一条执行流，从第一个语句开始，到最后一个语句结束。
2. 条件结构。“`if` (条件) 语句”有两条可能执行流：条件不成立时语句不执行而直接结束；

条件成立时在执行了语句之后结束。因此，如果被测试程序包含一个这种形式的条件语句，我们就应该设法通过提供的测试数据，检验程序在这两种执行流程的情况下都能正确工作。“if (条件) 语句 $_1$ else 语句 $_2$”的情况与此类似。

3. while 循环结构。循环结构的执行流情况更复杂。从本质上说，循环

```
while (条件) 循环体
```

可能产生无穷多条执行流：循环体不执行（第一次条件检测时失败），循环体执行一次，循环体执行两次……这意味着不可能完全地测试一个循环的所有执行流，这也正是循环结构比较复杂，理解和书写都比较困难的内在根源。为了测试程序中的循环，常用方法是选择测试数据，检查循环的某些典型情况，包括循环体执行 0 次、1 次、2 次的情况，有时再另外选择若干典型情况。如果能确认在这些情况下程序的执行效果都如所愿，我们对这个循环的正确性就比较有信心了。

对其他控制结构可以做类似分析。如果有控制结构嵌套，它们形成的执行流就会复合起来。一段程序的所有执行流可能很多，测试时需要系统化地一步步做。如对语句：

```
if (x > 0) ...
else if (y > 0) ...
else ...
```

存在三条可能的执行流：x > 0 时，x <= 0 且 y > 0 时，以及 x <= 0 且 y <= 0 时，程序的执行将分别通过这三条执行流。

通过分析，弄清了程序的可能执行流之后，接下去的工作就是设计出一些测试数据，设法使程序在不同执行中通过各条执行流。这里不仔细讨论其中的细节了。下面有关如何做黑箱测试的一些技术也可以参考。

4.4.3 黑箱测试

在做黑箱测试时，我们考虑的不是程序的内部结构（或许它根本就不可知，抑或即使可知，也可能因为是别人做的程序，或者因为它极其复杂，理解其所有可能行为非常困难），而只是考虑程序所解决的问题的各种情况。

举例说，如果某个函数只有一个 int 类型的参数，那么就可以考虑检查在参数为 0 时这个函数能否得到正确结果，在参数为 1 和 –1 时，2 和 –2 怎么样，如此等等。如果对函数的性质有所了解，还应该考查那些已知结果的明显情况。

例如，对于计算立方根的函数：

```
double cbrt (double x) {
    double x1, x2 = x;

    if (x == 0.0) return 0.0;
    while (1) {
        x1 = x2;
        x2 = (2.0 * x1 + x / (x1 * x1)) / 3.0;
        if (fabs((x2 - x1) / x1) < 1E-6) break;
    }

    return x2;
}
```

我们应该先测试这个函数对于 0、1、–1、8、27 等的计算情况，因为知道应该得到的结果。在确认这些情况都能正确工作后，再去检查一些一般性的情况。

为了测试 cbrt，可以写一个简单的主函数，其中包含一些调用 cbrt 做计算和输出结果的语句。但是，简单地做几次试验未必能使人确信这个函数正确（实际上也确实无法保证）。为了换一批数据再做试验，常常需要去修改源程序，重新编译后再运行。这种工作方式的一个缺点是效率不高，而且还可能因为不小心把新错误引进了源程序。

换一种想法，我们应该考虑尽可能让程序帮助做一些事情，至少可以通过编程提供一个试验 cbrt 的环境。实际上，通常只需要写不多的代码就可以做出一个简单的试验工具。例如，为了测试 cbrt 函数，我们可以写出如下主函数：

```
int main () {
    double x, y;

    while (scanf("%lf", &x) == 1)
        printf("cbrt(%f) = %f\n", x, cbrt(x));

    return 0;
}
```

这个主函数使人可以方便地做一系列试验。我们应该先试验一些特殊情况和容易判断正误的情况，而后再检查其他情况。下面是一些试验和输出：

```
0
cbrt(0.000000) = 0.000000
1
cbrt(1.000000) = 1.000000
27
cbrt(27.000000) = 3.000000
1000
cbrt(1000.000000) = 10.000000
100
cbrt(100.000000) = 4.641589
……
```

上述函数可以看做是一个针对 cbrt 的测试平台，有它之后，测试就容易做了。

如果觉得这样反复输入并检查输出很令人讨厌，那么可以考虑让计算机帮我们做更多的事情。例如把 main 改写为：

```
int main() {
    double x, y;

    for (x = -10.0; x <= 10.0; x += 0.11) {
       y = cbrt(x);
       if (fabs(x - y*y*y) > 1E-10)
           printf("Check error. x = %f, cbrt(x) = %f\n", x, y);
    }
    printf("Test finished.\n");

    return 0;
}
```

修改其中循环的起点、终点和步长，就可以让计算机去做许许多多的测试。一旦遇到某个计算结果的误差超过限制，程序就会把这个数据输出来，供人进一步检查。如果一切都正常，这个程序将只输出一行信息就结束。

请注意这里的方法，对许多很复杂的计算函数，常常有一些相对简单的检查方式。例如这个程序里用乘法检查求立方根。这种想法常常很有用。

这种为检查有用的程序或者程序部分而写的虚拟主函数，也叫做*驱动程序*，或者*测试平台*。在开发复杂程序的过程中，人们往往需要写许多这种代码段，以便逐步检查所开发的程序，为最后装配完整的系统做准备。随着学习的进展，我们写的程序也会变得越来越长、越来越复杂，因此常需要写一些驱动程序，以便能尽早做一些测试，而不应该在写出了所有代码之后再做试验。在这个方面，定义函数也是非常重要的，因为函数是非常合适的测试单位。写好一个或几个函数之后，就应该去测试它（它们），确认其功能正确，能满足我们的需要。这样，在编制较大程序的过程中，我们就不断有一些前期成果。经过细致测试的函数也成为构造更大结构的基础。

请注意，测试并不一定要用计算机。我们写出程序之后，先用自己的手和眼睛，查看一下程序对典型数据的工作情况，常能发现一些很明显的错误。

4.4.4 排除程序里的错误

通过对程序的加工和试验性运行，我们可能发现程序里有错。发现错误之后就需要设法去排除错误，这两方面的工作常常是交替进行的。检查和更正程序错误也是一种只有通过实践才能学会的技术。

有关排除语法错误的问题在第1章已有所论述，这里不再重复了。如果我们的程序具有良好的格式，良好的组织结构，排除语法错误的工作通常不难完成。在加工中发现错误之后，我们应仔细阅读编译器或连接器产生的错误信息报告，根据它们确定错误的根源并更正之。下面考虑程序运行中产生出不正确行为或不正确结果的情况。

假设在测试中发现程序里有错误，要想排除错误，首先当然是确定错误的根源。而确定错误的根源又需要考虑程序的执行流，分析并确定所发现的错误是通过什么样的执行流产生的，为此可以考察程序处理什么样的数据会出现错误。

首先应设法保证程序对某些最基本情况能正确工作。如果连这一点也无法做到，那就应该把注意力集中到：例如，如果程序里有循环，首先看循环体根本不执行的情况下程序对不对？程序对数据0能否正确工作？在没有数据的情况下（假设是处理一批数据，例如输入一系列字符或数据）能否正确工作。特殊情况通常导致比较容易确定的执行流，应该先解决这些简单情况下的程序问题。而后再考虑更一般更复杂的情况。

如果程序在使用某个（或某组）数据时出现错误，那么就应该试验一些相关情况，看看出错的数据是否有某种规律性，它们所导致的执行流是否有规律性。而后检查执行流所通过的语句，逐步缩小范围，最终确定错误的原因。

还有一种常见错误是执行进入了死循环，启动后长时间运行而不结束。这种情况下，需要检查的就是程序里的各个循环，考察哪个循环可能无止境地兜圈子。例如，一个典型问题是检查各个循环的循环变量是否正确更新等。

检查程序错误的一种最常见技术是在程序里插入适当的输出语句，让程序在执行中输出一些变量的值，以便仔细检查。例如在输入语句之后加入一个语句，打印接受输入值的变量，可以帮助我们看到程序是否正确地得到了输入。如果程序里出现死循环，插入其前面的输出语句能执行，插入其后面的输出语句不执行，插入其中的输出语句将反复产生输出，这样也可以帮助我们确认出现死循环的位置或范围。

许多程序开发环境带有功能强大的动态调试和查错系统（debugger），利用它们可以很方便地跟踪程序执行过程。但我们发现，初学程序设计时就养成依靠查错系统的习惯，往往会阻碍人产生对程序的良好感觉，诱使初学者养成一种不良习惯，在没想清问题之前就随便进入编程和查错。按这种方式学习程序设计的人，以后编写的程序的质量也比较差。因此我们建议，在学习基本程序设计的阶段，不要依赖系统的查错系统，应尽可能自己仔细分析和思考。由于目前编写的程序都比较简单，程序中的错误都是不难发现的。

最后还应指出，测试程序、排除程序错误的最重要工具就是我们的眼睛和头脑，这是任何其他东西都不能代替的，也是别人不能代替的。在发现程序有错之后，应该仔细阅读和检查程序的相关部分，许多错误实际上很明显。为了有助于检查，程序的正确格式也愈发显得重要了。我们常常遇到学生拿来的有错却找不出问题所在程序，而把程序的格式整理清楚后，错误立刻就被发现了。这种情况也请读者注意。其中的教训是：*如果你看不到程序里的错误，请先将程序的格式整理好*。那么，为什么不一开始就把格式写好呢？

语言细节和问题

本节讨论一些程序设计和C语言细节问题，其中有些问题也很重要，对读者深入理解本章内容有一些帮助。

程序的逐步求精和控制结构嵌套

如前所述，任何控制结构都可以作为语句看待，可以放在程序里任何可以出现语句的位置。将一个控制结构作为另一控制结构的组成部分，就形成了嵌套的控制结构。这种嵌套不应该是有意为之，而应该是逐步分析的产物。在本章的许多实例的分析和开发中，我们可以看到各种控制结构是如何在对问题细节的分析处理中逐步展开的。

首先从较高的层次把握程序的流程，通过适当的高层结构描述之，尽可能抽象掉一些具体描述细节；而后逐步通过进一步分析引入更多计算细节描述。这种程序开发技术称为程序的*逐步求精*。对比较复杂的程序，从第一个语句开始直截了当地写下去，直至完成程序，这样的做法通常很难成功。就像设计一座大型建筑，开始总需要有一个整体的谋划，然后逐步填充细节，最终完成设计。复杂程序的开发也是这样一个过程。

逐步求精的开发过程需要各种控制结构和函数的支持。将程序（框架）的一些部分用适当的控制结构展开，或将其描述为特定函数调用并进而去开发相应的函数定义，也就逐步增加了程序的细节，使程序向着最终的完整描述前进了一步。本章主要讨论如何思考和引入新的控制结构，特别是循环。有关函数抽象和函数定义的问题将在下一章详细讨论。

一些书籍中把循环体本身又是循环的结构称为两重循环（还可以有多重），并专门讨论它们。其实这种讨论并不必要。在我们逐步分析分解程序功能的过程中，可能发现需要用另一个循环来实现当前考虑的循环体。这时就自然地出现了循环嵌套的情况，这只是程序逐步求精的一种具体体现，需要做的事情与嵌入其他结构并无二致。进一步说，在这种情况下思考新循环时要考虑的问题也就是考虑任何循环时需要考虑的问题。

循环中的几种变量

分析我们写出的各种循环结构，可以看到循环里有几种常见的变量，其使用方式很典型。这种分类分析也是有用的经验总结，有助于我们对重复计算和循环的分析和思考。请注意，这些分类不是绝对的，不同种类之间常常没有明确的界限。

1. 循环控制变量（简称*循环变量*）。这种变量在循环开始时设初值，每次循环执行中递增（或递减）一个固定值，直到其值达到（或超过）某个界限时循环结束。这种变量出现在循环条件里，控制循环的进行和结束。在典型的 `for` 循环里常常看到这种变量。下面几个例子里的 `n` 就是典型的循环控制变量：

```
for (n = 0; n < 10; ++n)
    ......
for (n = 30; n >= 0; --n)
    ......
for (n = 2; n < 52; n += 4)
    ......
```

2. 累积变量。这类变量在循环体执行中更新，其更新常可以用 `+=` 或 `*=` 一类运算符描述。循环开始前它们的初值常用相应运算符的单位元素（例如，用加法更新的变量常以 0 为初值；用乘法更新的变量常以 1 为初值；等等）。循环结束时，累积变量里将会留下一个最终值，这个值常被作为循环计算的结果。
3. 递推变量。这种情况更一般，循环变量或累积变量都可以看做是递推变量的特殊情况。递推变量常指在循环中互相协调工作的多个变量，它们“亦步亦趋”，每次循环通过其中一个或几个算出另一个新值，然后按某种顺序更新各变量。例如，在有三个递推变量 `x1`、`x2`、`x3` 的循环体里，常可以看见下面形式的语句序列：

```
x1 = x2;
x2 = x3;
x3 = ... x1 ... x2 ...;
```

   可以形象地把 `x3` 看成是“走在前面”的一个，而 `x2` 和 `x1` 依次紧随其后，三个变量亦步亦趋地更新。前面求立方根、求最大公约数的函数里都有典型的递推变量。

重新审视前面的实例，可以看到许多变量能划归这三类中的某一类，也有些变量的归类不那么清楚。这些讨论只是为了给读者提供一些认识问题的线索，而不希望成为教条。

与输入输出有关的几个问题

前两章的最后都讨论了程序输入输出的一些情况，其中多次提到输入流、标准输入和标准输出等概念。现在我们较详细地说明一下相关的情况。

理解输入

到目前为止我们接触的都是正文形式的输入。程序执行中通过键盘或其他方式送给它的是一些字符，getchar 执行时读入一个字符，scanf 执行时根据转换描述符读入一些字符，将其解释为具体类型的数据，翻译为内部表示形式。标准输入可以看成一个绵延不断的字符序列（字符流）。在程序里调用上述输入函数，也就是希望用掉这一序列最前面的一个或几个字符，这就是输入。getchar 的一次执行总是用掉序列里第一个字符。scanf 要求用掉序列的前几个字符（如果它们符合转换描述的要求）。

输入序列中的字符用了一个就少一个，未用掉的字符仍留在那里。在 scanf 工作时，如果出现转换失败，输入流里的字符序列将保持当时的状态，导致转换失败的字符仍是序列里的第一个字符。特别是，如果格式串里的第一个转换就失败了，函数 scanf 就会返回 0，输入流则保持不变。如果不做任何事就再次以同样方式调用 scanf，这一读入动作还必然失败，因为输入流里导致上次失败的字符还在那里。

考虑把前面求圆盘面积的程序里的循环条件改为：

```
while (scanf("%lf", &x) != EOF) ...
```

如果执行中不小心输入了字母 m，这一程序就会进入无穷循环。请读者根据上面的讨论分析其中原因，设法弄清为什么会出现无限循环。

标准输入输出和重新定向

默认方式下，操作系统把程序的标准输入和标准输出连接到标准输入输出设备。标准输入通常被连接到键盘，标准输出则连接到显示器或显示器的某个特殊窗口。为了给用户提供方便，一般操作系统都允许对标准输入和标准输出重新定向，也就是说，允许将它们连接到其他设备或者文件系统里的具体命名文件。

例如，在 DOS 或 Windows 系统的命令行窗口里，可以用流定向符 < 和 > 分别把标准输入或输出重新定向到指定文件。假如现在有一个名字为 prog 的程序，它从标准输入读数据，并向标准输出写命令。用下面命令启动程序（设提示符是“>>”）：

```
>> prog
```

该程序将采用默认的标准输入和标准输出连接运行。如果写：

```
>> prog < file1.dat > file2.txt
```

程序 prog 的标准输入就被连接到文件 file1.dat，这将使程序里的 getchar 和 scanf 都由 file1.dat 读入数据。这个命令还把 prog 的标准输出连接到文件 file2.txt，使 printf 和 putchar 产生的输出都写入文件 file2.txt。如果不写 >file2.txt，程序的输出就会送到默认地方（屏幕或特殊窗口）。

由于操作系统允许对标准输入重新定向，以实际文件作为 getchar 或 scanf 的输入源，这样，我们在编程时就可以不区分实际输入究竟是来自键盘还是文件，就输入数据而言，两者并没有什么区别。在本书后面的讨论中，经常直接说从文件读入等，而实际是从标准输入读入。标准输出的情况与此类似。有时我们可能需要程序从特定的命名文件读入数据，或者向特定的命名文件输出。这称为**文件输入**和**文件输出**，标准库也提供了这方面的概念，有关情况将留到讨论文件处理的第 8 章介绍。

输入与安全性

我们写一个程序，当然是希望它能完成某项特定工作。如果一个程序启动后就自主执行直至完成，那么，它能否完成特定工作就完全由程序代码本身确定了。绝大部分程序都不是这样的，它们在执行中需要从外部获取信息，也就是说，要求获得输入。在这种情况下，程序能否完成特定工作不仅依赖于它自身，也依赖于送给它的数据。

以求一批数据的平均值为例，相应程序会要求读入一批数据（假设用空白分隔，转换为浮点数），最终输出这批数据的平均值。如果有了一个这样的程序，运行时送给它一系列用空白分隔的形式合适的数，它最后能输出这些数的平均值，我们可以认为这个程序完成了所需工作。现在考虑送给它的数据有错的情况，例如其中出现了非数字字符。显然这时程序已不能正常完成工作了，但它会有怎样的行为呢？考虑下面几种可能：

1. 程序报告数据有错，输出已经正常输入的数据的平均值后结束；
2. 程序报告数据有错，丢掉非数字字符（可能还有另一些字符）后继续处理，直至读入完所有正确数据并输出它们的平均值后结束；
3. 程序报告数据有错后立即结束；
4. 程序没产生任何输出就结束；
5. 程序陷入无限循环，既不报告数据有错也不结束；
6. 程序进入不知道什么状态，胡乱修改内存数据，甚至破坏其他正在运行的程序，或者破坏计算机内存或外存里的数据之后结束或者不结束。

虽然，数据出错后已经不可能得到正确的平均值了，但对用户而言，程序的上述不同行为方式绝对不是等价的。相对而言，前三种情况用户比较容易接受；第 4、5 种情况使用户感到莫名其妙，不知道出现了什么问题；最后一种情况简直太可怕了，大概没有人敢用这种遇到不正确输入就胡作非为的程序。

遭遇不合需要的输入，对实际程序而言是很常见的。例如，使用编辑器时不当心按了一个没用的功能键或组合键；送给 C 编译器的源程序里有语法错；用照片展示软件去打开一个其格式它不会处理的图像或打开一个损坏了的图像；给浏览器输入了一个不存在的网址；如此等等。显然，开发任何实用的程序时都必须考虑对错误输入的恰当处理。

考虑错误输入的处理时，首先要有清晰的处理原则，并在编程中贯彻这些原则。处理原则中有些可能与具体应用相关，但也有一些一般性原则。例如：保证任何错误输入不破坏程序本身，不将程序带入无法预知的状态（对上例而言，就是避免最后两种情况）；保证程序对任何输入都有合理的反应，必要时向用户做适当的信息报告（上例中前三种处理都有报告）；必要时设法恢复到能继续工作的状态（上例中的情况 2）。

可见，设计和实现那些与外界交互的程序时，必须考虑对错误输入的合理处置。一个只保证对正确输入能正确工作，但遇到不正确输入时其行为没有任何保证的程序（或应用系统），从实际的角度看是很有问题的。可惜，今天大量软件在这方面都有或大或小的问题。人们拿许多软件做过试验，发现随机性的输入很快就会使这些软件崩溃。

今天计算机系统的安全性得到前所未有的重视，一个重要原因是计算机网络和互联网的发展，使不知身处何处的人都有可能把一些信息送给我们计算机里运行的程序。由此产生的一个概念是“恶意输入”。网络病毒、木马、恶意网页、各种各样的网络攻击等，实际上都是送给程序的恶意输入。当然，并不是所有问题都能简单地归结到应用软件中输入处理的缺陷，但在编程的层面上关注安全性是解决所有安全性问题的基础。

目前广泛使用的系统和应用软件在安全性方面存在大量缺陷，究其原因，计算机教育中缺乏这方面的内容难辞其咎。本小节介绍这方面情况，就是希望读者在开始学习程序设计时就特别关注程序安全性问题。后面还有许多针对这方面问题的讨论。

几个常用程序模式

程序模式 4.1 向上循环和向下循环

```
for (n = start; n < end; ++n) ……
for (n = start; n < end; n += step) ……
for (n = end - 1; n >= start; --n) ……
```

程序模式 4.2 程序计时（需要包含 time.h）

```
x = clock();
...... /* 被计时程序段 */
y = (clock()-x)/CLOCKS_PER_SEC;
```

程序模式 4.3　输入一系列数的循环

```
while (scanf("%lf", &x) == 1) {
    ...... /* 使用输入的数 */
}
```

程序模式 4.4　输入一系列字符的循环

```
while ((c = getchar()) != EOF) {
    ...... /* 对输入的实际处理 */
}
```

程序模式 4.5　带检查的整数输入

```
printf("Please enter an integer: ");
while (scanf("%d", &n) != 1) {
    while (getchar() != '\n') ;
    printf("Input incorrect. An integer again.");
}
...... /* 使用输入的数据 */
```

本章讨论的重要概念

向上循环，向下循环，浮点计算的误差，迭代和逼近，迭代公式，递推，素数，从循环中退出，break 语句，输入控制，输入循环，文件结束与标准常量 EOF，输入的检查，循环和递归，斐波那契（Fibonacci）序列，程序计时，循环不变关系，最大公约数，欧几里得算法，河内塔，程序调试，排错，白箱测试，黑箱测试，循环控制变量，累积变量，递推变量，标准输入输出，重新定向，输入与安全。

练习

1. （1）写出通过递推方式求 200 以内的完全平方数的程序；
   （2）写出只使用加法求完全平方数的程序；
   （3）写出求 1000 以内的完全立方数的程序，请参考书中实例的写法和上面的两种写法，分别写出相应的求立方数的版本。
2. 试验正文中乌龟旅行的实例，看看在你所用的 C 系统上得到什么样的结果。从数学教科书中找出有关调和级数的理论结论，并将它与我们的试验做一个比较。
3. 写一个程序，计算并输出 Fibonacci 序列中一系列的相邻项之比。确定一个范围，观察输出的结果，你能够得到什么结论。（这个比的序列可能有极限吗？极限是什么？）请查阅有关资料，了解有关的理论结果。
4. 写函数计算 $1!+2!+\cdots+k!$。用主函数试验函数对一系列 k 值计算出的结果。你写出的函数对 1 到 10 计算结果都正确吗？如果出现错误，弄清楚是什么原因。这个程序能对 $k=30$ 得到正确结果吗？（另外，你能只用一重循环完成函数的定义吗？）
5. 写函数计算：$f(x)=1+1/(1+1/(\cdots+1/(1+1/x)\cdots))$，公式中有 n 层嵌套。利用这个函数打印 $x = 1.0$、2.0、…、20.0，$n=10$ 时的函数值表。
6. 实现书中讨论的验证哥德巴赫猜想的程序，用不同的 n 对 6～n 的范围试验该程序。去掉程序中的打印输出语句，增加计时功能，对不同的 n 运行程序，考察程序的运行时间，画出一条曲线，显示运行时间与 n 的关系。
7. 设法（从文献中）找到其他更有效的素数判断方法并实现对应函数。在一个数值比较大的整数区间试验书上给出的函数和你写的其他函数，利用它们打印出这一区间的所有素数。你所试验的几种方法在工作效率上有明显差异吗？（为程序计时。）

8.（1）定义函数：`void prt_factors(int)`，对于正的整数实参，这个函数输出其所有的因子。

（2）定义函数：`void prt_pfactors(int)`，对于正整数实际参数，它输出所有的素因子（多重因子重复输出）；对于负参数，它首先输出-1，然后输出所有因子。

9．已知 $\sum_{n=1}^{\infty}\frac{1}{n^2}=\frac{\pi^2}{6}$，利用该公式编程序求 π 的近似值，看用这个和式的前多少项求出的近似值与 3.141 591 65 的误差小于 10^{-5}，令程序输出三项数据：计算得到的和，由这个和求出 π 的近似值，得到这个和所用的项数。把 10^{-5} 改为 10^{-6}、10^{-7} 并重新试验，用计时方式总结出误差减小与执行时间之间的关系。

10．下面序列的收敛非常快

$$\frac{\pi}{6}\cong\frac{1}{2}+(\frac{1}{2})\frac{1}{3}(\frac{1}{2})^3+(\frac{1}{2}\times\frac{3}{4})\frac{1}{5}(\frac{1}{2})^5+(\frac{1}{2}\times\frac{3}{4}\times\frac{5}{6})\frac{1}{7}(\frac{1}{2})^7\cdots$$

请写一个程序，根据这个序列计算 π 的近似值。而后做与上一题类似的试验。

11．修改书中计算 sin 值的函数，使之能输出计算中循环执行的次数。用不同的数值（一个比一个大）试验这一函数，观察出现的情况。你看到出现溢出的情况了吗？（为试验方便，你应该写一个适当的驱动程序。）

12．已知 $\sinh^{-1}x=x-\frac{1}{2}\times\frac{x^3}{3}+\frac{1\times3}{2\times4}\times\frac{x^5}{5}-\frac{1\times3\times5}{2\times4\times6}\times\frac{x^7}{7}+\cdots$（$x<1$），写函数 `double asinh(double)` 计算 $\sinh^{-1}x$ 的近似值。

13．考虑不用函数（例如 `isprime`）直接写出对 6～200 的偶数验证哥德巴赫猜想的程序（可以用循环、条件、`break` 语句等，不能用 `goto`）。将写出的程序与用定义函数的方式写出的程序比较，例如考察两个函数的行数、字节数，其中各种控制结构的嵌套深度，控制结构使用的个数等。

14．辗转相减求最大公约数的递归定义是（其中 $m>0,n>0$）：

$$\gcd(m,n)=\begin{cases}m & m=n\\ \gcd(n,m) & n>m\\ \gcd(m-n,n) & m>n\end{cases}$$

利用这个定义，用递归和循环方式各写出一个求最大公约数的函数。

15．对一些 n 值试验河内塔程序，给它们计时。据此估计你所用的计算机搬完 64 个圆盘需要多长时间。如果僧侣们 1 秒钟搬圆盘 1 次，搬完 64 个圆盘需要多少时间？将这一时间与科学家对宇宙的估计寿命做个比较，据此评价僧侣们的说法。

16．一个三位的十进制整数，如果其三个数字之立方和等于它的数值，它就称为“水仙花数”。定义函数判断一个整数是水仙花数，并利用该函数打印出所有的水仙花数。

17．如果一个整数的所有因子（包括因子 1 在内）之和正好等于这个数，它就称为“完全数”。因子之和小于自身的数称为“亏数”，大于自身的称为“盈数”。请写一个函数，当其参数是亏数时返回负值，是完全数时返回 0，是盈数时返回正值。利用这个函数求出 1000 以内的所有完全数（实际上只有 1、6、28、496）。为这个程序计时：从 1000 开始每隔 1000 做一次计算，写一个循环，输出各次计算所花的时间。再从 10 000 开始，每隔 10 000 做一次计算直到 100 000 为止，输出程序计时值。利用所定义的函数对一段区间的整数做一个分类，输出其中各个数所属的类。

18．写程序由标准输入得到一系列三个一组的数，把每组数作为三角形的三边长，计算三角形的面积。注意在程序里检查输入数据，对不能构成三角形的情况给出错误信息。仔细分析自己的程序，能否检查出所有不合理数据。用不同数据运行试验。

19．写一个程序，它读入一系列整数，最后输出其中最大的两个数。

20．写一个程序，它输出所读入的一系列整数的平均值。假定给它的第一个数并不是数据，而是用于说明数据的项数。

21．假设程序由输入得到的一系列正实数是一条折线在 x 等于 0，1，2，…的对应值（数据的数目事先并未确定），请求出这一折线与 x 轴之间区域的面积。

22. 能够组成直角三角形三个边的最小一组整数是 3、4、5。写程序求出在一定范围里所有可以组成直角三角形三个边的整数组，输出三个一组的整数。设法避免重复的组。
23. 改造本章正文中讨论的计算器程序：
    (1) 原程序不能正确处理数值与运算符之间的空格等空白字符。如果输入 `2 + 3`，程序会认为是输入错误。请设法修改这个程序，使之能正确处理这种情况。
    (2) 增加计算一行后的处理，使出现在正确表达式之后的任意字符序列都不会影响下一表达式的计算（抛弃正确表达式之后的字符）。
    (3) 修改程序，使之在数值、加号之间出现任意个空格时都能正确计算。
    (4) 修改程序，使之不仅能处理加法，还能处理其他算术运算符（提示：记录运算符，用 `if` 或者 `switch` 判断、计算和输出）。
24. 仿照本章正文中的单词统计程序，写一个统计 C 程序里标识符个数的程序。在程序里可以利用标准库提供的字符分类函数：

    `int isalpha(int c)`　　当 c 是字母的编码时，返回非 0 值；
    `int isdigit(int c)`　　当 c 是数字的编码时，返回非 0 值。

    使用这两个函数时，应在程序文件前部写 `#include <ctype.h>`。提示：请首先弄清 C 语言对标识符形式的规定，画出一个自动机，描述在读入标识符的过程中的状态转换情况，而后再根据这个自动机写出识别标识符的程序片段。
25. 注意下面递推计算规则：遇到 1 就终止；如果遇到 1 之外的奇数时求出它乘 3 加 1 的值作为下一个数；如果遇到偶数则求出它除以 2 的值作为下一个数。问题是：从一个正整数出发反复使用这套规则，最终是否都得到 1。也就是问，按上述规则定义的递推序列是否对每个正整数都终止（这个著名问题至今没有结论）。请按上面规则定义一个函数，它从参数出发反复递推，直到终止或者到达一个预先定义好的最大递推步数。让这个函数输出所经历的每个递推值，最后输出递推的步数。写一个主程序，通过一个循环反复对输入的数调用这个函数。请注意：序列中的数可能变得很大，你可以考虑设法检查溢出，并在遇到溢出时打印信息。
26. 考察目前银行对各种期限的储蓄利率。写一个函数，它能够计算出对给定的时间（例如 8 年，10.5 年等，以半年为基本单位）如何分段将能够得到最大的收益。
27. 为本章正文中的某些程序实例写出好用的测试驱动程序。为你所做的某些练习写出好用的测试驱动程序，并借助于它们仔细检查你所定义的函数。
28. 用你认为最准确的方式描述本章中各个实例里的每个循环的循环不变关系。
29. 设法检查你的一些程序里的循环，为它们写出循环不变关系。论证循环里的语句确实能维持有关不变关系（否则，不是你给出的不变关系有错，就是程序有错）。

第 5 章　C 程序结构

本章讨论一些与 C 程序整体结构有关的问题，这些问题对于正确理解和正确书写 C 程序都是非常重要的。有些人使用 C 语言多年还是常犯一些错误，原因就是对一些基本问题不清楚。本章的讨论方式是希望读者在学习 C 编程时能了解一些更深的原因，后面章节有一些更有意思的例子。本章的一些内容比较深，第一次阅读时未必能完全理解。这也没关系，建议读者在学了后面章节后，重新回来读一读本章的内容。

5.1　数值类型

第 2 章里介绍了几种常用数值类型。本节对 C 语言的数值类型做一个全面介绍。

几个实数类型都已在第 2 章介绍。请特别注意各种实数文字量的形式，它们必须包含小数点或指数部分。不加后缀是 `double` 文字量，`float` 文字量加后缀 `f` 或 `F`，而 `long double` 文字量加后缀 `l` 或 `L`（建议用大写 `L`，小写 `l` 很容易与数字 1 混淆）。实数类型的内部编码一般采用有关的国际标准（IEEE 754 标准）。

除实数类型之外的数值类型都是整数类型。C 语言把字符类型也看做整数类型，允许将它们作为整数参加运算。各种整数类型都分为带符号与无符号两种，带符号类型表示一定范围内的正数和负数，无符号类型的值不小于 0。

5.1.1　字符类型

写一般的 C 程序时一般只用 `char` 类型。在常见的 C 语言系统里，一个字符占一个字节，其中保存字符的编码。字符类型主要用于表示文字信息和输入输出。如果字符的使用限制在这一范围里，就不会遇到任何复杂情况。

把字符当做整数参加算术运算时用的就是字符的编码。由此可见，一个字符究竟表示哪个整数，要看所用系统里的字符编码方式。在目前常见的编码系统（如 ASCII 或 EBCDIC）里，数字字符和英文字母字符的编码都是顺序地连续排列的。有些 C 程序利用了这一特征。例如，我们可能看到程序里有下面片段：

```
if (c >= 'a' && c <= 'z') …… /* 判断 c 中字符是否小写字母 */
n = d - '0';  /* 把变量 d 里保存的数字字符的“数值”赋给整型变量 n */
```

这里假定 `c`、`d` 保存的是字符，而且 `d` 里保存的是某个数字字符。由于字母连续排列，位于`'a'`和`'z'`之间的显然都是小写字母。对第二个例子，由于数字字符的编码连续排列，假设 `d` 的值为`'3'`，`d - '0'`（字符 0）的结果正好就是 3，其他类似。

实际上，C 语言有 `signed char` 和 `unsigned char` 两个字符类型，不加限定符的 `char` 类型等价于这两者之一，在不同 C 系统里情况可能不同。如果程序里只用普通的可打印字符（字母、数字、标点符号、空白等），这一情况不会产生任何影响。

区分“有符号字符”和“无符号字符”，这件事不太好理解。问题只出现在用字符数据参加算术运算时如何确定它代表的整数值：是把字符数据看成有符号整数呢，还是看成无符号的整数？写简单程序时不必深究这一问题，只需知道有这种情况。

5.1.2 整数类型

ANSI C 的基本整数类型有三个：

```
int, short int, long int
```

其中 short int 可以简写为 short， long int 可以简写为 long。与这三个类型对应的有三个无符号类型，因此，实际上整数类型共有六个：

```
int             short            long
unsigned int    unsigned short   unsigned long
```

unsigned int 可以简写为 unsigned。上面许多类型名已经是简写形式，例如 unsigned long 的完整形式是 unsigned long int。C 语言标准没规定各种整型的实现方式（二进制编码长度），只规定了一些原则：short 类型的表示范围不大于 int 的表示范围，long 的表示范围不小于 int。还规定 short 至少 16 位，long 至少 32 位，各个 unsigned 类型总是用与对应的 signed 类型同样位数的二进制表示。

C99 增加了 signed long long int 和 unsigned long long int。可分别简写为 long long 和 unsigned long long。规定 long long 最少 64 位。

C 语言里最基本的类型是 int。通常 C 系统都用宿主计算机中一个机器字长度的编码表示 int，在 16 位计算机的 C 语言系统里 int 类型通常用 16 位表示，在 32 位计算机的 C 语言系统里 int 类型通常用 32 位表示。

PC 机 C 系统的情况比较复杂。一些老系统（DOS、Windows 3.1 上的 C 系统）用 16 位的 int，因为 16 位是 8086/8088 CPU 的字长。这时 int 的表示范围是 −32 768～32 767，即 $-2^{15} \sim 2^{15}-1$；unsigned int 的表示范围是 0～65 535，即 $0 \sim 2^{16}-1$。这些系统里的 long 常用 32 位表示，short 通常也用 16 位表示。新的 C 系统（运行在 Windows NT/2000/XP 等上的 C 系统）用 32 位的 int 类型，long 与 int 一样，short 用 16 位表示。

整数类型的文字量用连续数字序列表示，可用十进制、八进制和十六进制形式书写。长整数加后缀 l 或 L，short 类型没有专门的字面量写法。无符号整数的后缀是 u 和 U，无符号长整型加后缀 UL 或 LU 均可。下面是一些无符号整数的字面量：

```
123U, 2987654LU, 327LU, 32014U
```

无符号整数类型的算术采用特殊规则：以类型的表示范围为模进行运算，计算结果超出表示范围时以取模后的余数作为结果。假定 unsigned 用 16 位表示，表示范围是 0～65 535。如果计算结果超出这个范围，就以得到的结果除以 65 536 的余数为结果。例如 234+65500 的结果是 198。其他无符号类型的情况也一样。

C 标准库有两个文件“limit.h”和“float.h”，其中列出本系统所有数据类型的表示方面的信息。这方面的进一步细节请参看第 11 章里的介绍。

计算中可能出现隐式类型转换。如果有小的整数类型（各种 short 或 char）的值要参与运算，计算前先把它们的值转换为 int 类型的值，这称为**整数提升**。如果 int 不能表示某个值的类型中所有的值，就把它提升为 unsigned int（例如，如果 int 和 unsigned short 都是 16 位表示，就会出现这种情况）。

前面讲过，两个不同类型的值运算前，先把小数据类型的值转换到大数据类型。现在要补充：基本类型相同时，无符号类型看做比有符号类型更大的类型。举例说，计算

```
2365U + 18764
```

时，先从整型值 18764 转换生成一个无符号整数值，然后用这个新值参与计算。

在不同类型之间转换（无论是由于运算、赋值和参数传递，或强制转换），基本规则都是：如果原值能在转换的目标类型里表示，那么转换得到的值不变（浮点数到整数转换丢掉小数部

分）；如果不能表示，转换结果依赖于具体系统。例如，把 long 类型的值赋给 int 变量，在 unsigned 和 int 类型的变量之间赋值，都可能出现不能表示的情况。浮点数类型转换到整数类型可能溢出，整数类型转换到浮点数类型也可能丢失精度。

5.1.3 基本数据类型的选择

C 语言提供多个浮点数和多个整数类型，是为了让程序员有更多选择，以满足复杂的系统程序设计的需要。C 语言应用广泛，不同程序或软件对数的表示范围和精度可能有不同要求。对某些应用问题，合适的数值类型可能很重要，在写那些程序时就需要更仔细地选择各个变量的类型。这是专业程序员们在写重要程序时的一项工作。

然而，对简单程序，特别是对学习时写的程序，这种选择就不那么重要了。现在提出如下类型选择原则，这也是在多数 C 程序里的最合理选择：

1. 如果没有特殊需要，浮点数都采用 double 类型，因为其精度和表示范围能满足一般要求（float 精度常常不够，long double 可能影响效率）。
2. 如果没有特殊需要，整数总采用 int 类型，因为它是每个 C 系统里的最基本类型，能得到硬件最好的支持，其效率不会低于任何其他整数类型。
3. 如果没有特殊需要，字符总采用 char 类型。
4. 尽量少用各种 unsigned 类型，除非服务于某些特殊目的。

5.2 几种控制语句

C 语言还有另外两种控制结构和几种控制程序流程的语句。理论上说这些语句都不是必需的，其功能完全可以用前面介绍过的结构实现。提供这些是为了写程序更方便。有时用这些语句写出的程序更简洁，或者看起来更清晰。

5.2.1 do-while 循环结构

do-while 循环结构的形式是：

do 语句 while (条件);

其执行流程如图 5-1 所示：首先执行**语句**，然后判断**条件**，条件成立时（值不是 0）继续循环；否则循环结束。注意，这里的条件也是循环继续条件。还请注意围绕条件的括号和最后的分号，这些都是语法要求。

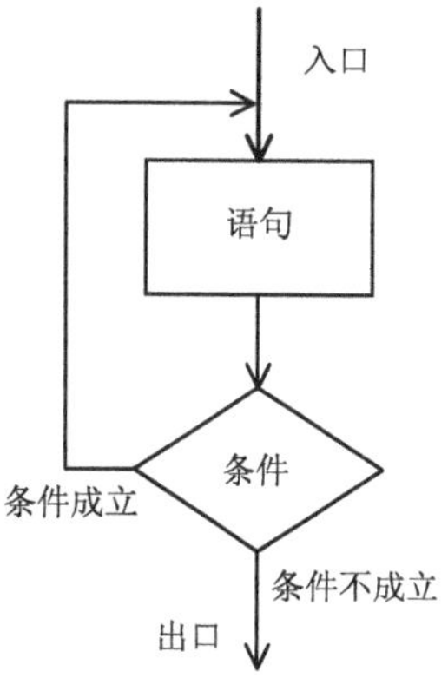

图 5-1 do-while 结构的执行流程

在 do-while 语句里，作为循环体的**语句**执行在前，所以循环体至少执行一次。而对 while 结构，如果一开始循环条件不成立，循环体一次也不执行。在一般程序里，do-while 结构的使用比 while 结构少得多。

下面是用 do-while 语句重写的立方根函数，请与前面用 while 写的函数比较一下：

```
double cbrt (double x) {
    double x1, x2 = x;

    if (x == 0.0) return 0.0;
    do {
        x1 = x2;
        x2 = (2.0*x1 + x / (x1*x1)) / 3.0;
    } while (fabs((x2 - x1) / x1) >= 1E-6);
```

```
    return x2;
}
```

至此我们已经看到 C 语言的全部三种循环结构，写循环时可以根据情况选择。while 和 do-while 比较简单，其中 while 用得更多。for 循环比较复杂，成分较多，功能更强大，实际覆盖了 while 的功能。for 循环的设计反映了循环的典型特征，也很常用，许多情况下用 for 实现的循环比用 while 实现的循环更简洁清晰。for 结构把与循环控制有关的描述都集中在语句头部，有利于人们阅读和理解。

5.2.2 流程控制语句

C 语言还提供了三个流程控制语句：break 语句，continue 语句和 goto 语句。break 语句已在前面介绍过，现在介绍另外两个。实际上，只用顺序结构（复合结构）、选择结构和循环结构，已经可以写出所有程序了，提供其他控制语句也是为了写程序方便，有时是为了满足人们已经养成的编程习惯。continue 语句和 goto 语句的形式都很简单。

continue 语句

continue 语句形式很简单：

```
continue;
```

这个语句只能用在循环里，结束最内层循环体的本次执行，立即进入下次循环。对 while 和 do-while 循环，continue 之后的动作是条件判断；对 for 循环，随后是变量更新。

请注意 break 语句和 continue 语句的差别。break 语句导致最内层循环终止，使程序跳到这个循环之外；continue 语句则导致循环内的一次控制转移，使控制跳到循环体最后，相当于跳过循环体里这个语句之后的部分。图 5-2 说明了 break 和 continue 语句引起的控制转移的情况。

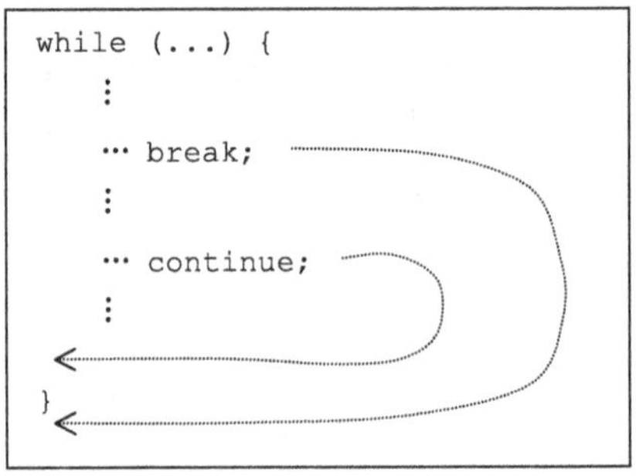

图 5-2 break 和 continue 语句引起的控制转移

goto 语句

goto 语句又称**转移语句**或**转跳语句**，是程序语言里历史最悠久的控制语句，是 CPU 转移指令在高级语言里的直接表现形式。随着人们对程序性质的认识发展，以及语言里其他控制结构和语句的出现，今天 goto 语句已经变得越来越不重要了。但是由于历史原因，许多语言仍然保留了 goto 语句，C 语言就是这样。

goto 语句需要与程序里的标号协同工作，实现在一个函数体内的任意控制转移。标号可以写在任何语句前面，其形式是一个任意标识符后跟一个冒号：

```
标号名:
```

一个标号表示了程序里的一个位置，作为 goto 转移的目标。goto 语句的形式是：

```
goto 标号名;
```

执行 goto 语句使控制立即转移到本函数里相应标号所在的位置，从那里继续执行下去。请注意标号的作用范围，C 语言只允许用 goto 转向本函数里的标号。

仔细想想，不难看出 break 语句和 continue 语句实际上都是受限制的转移语句，实现的是方式固定、意义更清晰的控制转移。

goto 语句出现在最早的高级程序语言 Fortran 里，几乎是语言中唯一的控制语句。早期编程中人们无节制地使用 goto，写出了许多很“巧妙”的程序，其中许多十分费解，有的看起来正确，其实带有隐藏很深、难以发现的错误。1968 年荷兰计算机科学家 Dijkstra 写了一篇名为“goto

是有害的”的文章，引起计算机界的强烈反响，导致了一场持续大约六年的大辩论。辩论的结果是“结构化程序设计”革命：各种新语言都引进了几种标准的控制结构，计算机教育和实践中大力提倡结构化程序设计，提倡尽量用控制结构和函数（过程）抽象机制写程序。对 goto 语句的共同认识是：不用或尽量少用。

实际上，使用 goto 的大部分情况是实现条件执行或循环。典型情况如：

（1）向前转跳：

```
    ……
label: ……
    ……
    ... goto label;
    ……
```

（2）向后转跳：

```
……
... goto label;
……
label: ……
……
```

第 1 种形式一般构成了循环，第 2 种形式通常是条件执行。用循环控制结构或条件控制结构改写这种程序，可以使程序更清晰易读，也更不容易出错。

有些读者学过并做过一些程序设计，可能已养成随意使用 goto 的习惯。但要强调，无节制地使用 goto 是一种极坏的编程习惯，基本上说明对要做的程序的结构没有清晰认识。可以说，一个人写程序的水平与其使用 goto 的数量成反比。含有大量 goto 的程序既难写正确，又难理解，使用 goto 绝不能成为习惯。本书所有实例都没有用 goto，不但解决了问题，做出的程序也清楚简单，这至少也说明了一点问题。实际上，程序中不合理的 goto 表示对问题分析不足，没有做好程序流程分解、函数抽象等，是不成熟的程序。

由于提供了丰富的控制结构，C 程序里“真正需要”goto 语句的地方已经很少了。这方面唯一合理的例子是从多重循环的内部直接退出，一个可能方法是用 goto 语句直接转移到循环语句之后。下面是一个例子的框架：

```
    for (...)
        for (...) {
            ……
            if (...) goto label;
            ……
        }
label: ……
    ……
```

虽然可以通过控制变量等技术处理这种情况（从而消除对 goto 的需要），但写出的程序并不更清晰易懂，因此在这里使用 goto 还是可取的。但请注意，这里只把 goto 语句作为退出循环的手段，转移目标就是循环的结束位置，随便转移仍然是不可取的。

5.2.3 开关语句

开关语句（switch 语句）是 C 语言的另一种分支结构。这是一种多分支结构，根据一个整型表达式的值从多个分支中选择执行。开关语句比较复杂，其一般形式是：

```
switch (整型表达式) {
    case 整型常量表达式: 语句序列
    case 整型常量表达式: 语句序列
    ……
    default: 语句序列
}
```

常量表达式指在编译时可以确定值的表达式，常用整型或字符型的文字量。default 部分可以没有；各 case 之后的**语句序列**也可以没有（如果有，可包含一个或多个语句）。这里的“case 整型常量表达式:”当做标号看待，其中的表达式称为 case 表达式。

开关语句的执行方式是：先求**整型表达式**的值，然后用该值与各 case 表达式的值比较。如果遇到相等的值，就转到那里执行下去；如果找不到，而这一开关语句有 default 部分，就执行“default:”之后的语句序列；如果没有 default 部分，那么整个开关语句结束。开关语句的一个基本要求是各 case 表达式的值互不相同。另外，执行了出现在开关语句里的 break 语句也将导致这一开关语句结束。

例如，下面程序片段根据 n 值确定分支，值为 1 和 2 时单独处理，其他情况统一处理：

```
switch (n) {
    case 1: ……
        break;
    case 2: ……
        break;
    default: ……
        break;
}
```

人们通常在每个分支最后写一个 break 语句，使这一语句序列执行完后退出开关语句。如果一个 case 分支最后没有 break，其语句序列执行完后就进入下一分支的语句序列，这种情况导致多个分支的代码段共享。一般认为，除非多个分支采用完全相同的语句序列（即一些 case 标号和后面的标号共同使用同一语句序列），否则不提倡这种代码共享。部分代码共享导致程序片段间的依赖关系，不利于程序的理解和修改。

人们也常在最后的分支之后写 break 语句，这样做主要是为了防止修改程序不慎而引起错误。例如在最后又增加了一个分支，但它前面没写 break 语句，就可能引进一个容易忽视的语义错误。

例 5.1 文件中字符的分类统计。写一个程序分别统计输入文件中的空格、行、数字、花括号（作为四个类别）以及其他字符（放在一起作为一个类）。最后输出各项统计的结果。

显然这里应该有一个循环，逐个处理输入字符。循环体里需要分别处理各种情况，可以用 if 语句完成。因为这里的情况比较多，区分情况的依据是读入的字符，字符具有整数值，因此人们常用开关语句处理这类情况。写出的程序如下：

```
#include <stdio.h>

int main() {
    int c;
    int nd = 0, nb = 0, nl = 0, nc = 0, nn = 0; /*5个计数器*/

    while ((c = getchar()) != EOF)
        switch (c) {
            case ' ':
                ++nb; break;
            case '1': case '2': case '3': case '4': case '5':
            case '6': case '7': case '8': case '9': case '0':
                ++nd; break;
            case '\n':
                ++nl; break;
            case '{':
            case '}':
                ++nc; break;
            default:
                ++nn; break;
        }
    printf("spaces: %d, lines: %d, digits: %d", nb, nl, nd);
    printf("{ and }: %d, others: %d\n", nc, nn);

    return 0;
}
```

在上面例子里可以看到多个分支（标号）共用一段代码的情况。

5.3 一些标准库函数

C 语言是一种很简洁的语言，其基本部分比较小。例如，语言本身没包括提供输入输出功能的结构，程序设计中需要的许多东西是通过函数提供的。每个 C 系统都带有一个相当大的函数库，其中以函数方式提供了许多程序中常用的功能。

ANSI C 标准对函数库做了规范化，总结出一批最常用的功能，定义了标准库。今天的每个 C 系统都提供了标准库函数，供人们开发 C 程序时使用。标准库的功能通过一批头文件描述，如果要使用标准库的功能，就需要用 `#include` 命令包含相应的头文件。

此外，具体 C 系统通常还根据其运行环境的情况提供一些扩充库，使采用这个 C 系统开发的程序可利用特定硬件或操作系统的功能，更方便地描述某些常用任务。例如，运行在 DOS 上的 C 系统会提供一批利用 DOS 系统特定功能的函数；运行在 Windows 上的 C 系统提供了一批与 Windows 有关的函数；运行在 Linux 上 C 的系统必定提供一批与 Linux 接口的函数。扩充库的功能也通过一批头文件描述，使用时也要包含相应的头文件。

无论是标准库函数还是扩充库函数，都可看做是常用计算过程的抽象。如果写程序时需要，就可以按规定方式直接调用这些函数，不必自己去重新实现，也不必关心这些函数是如何实现的。这样，开发 C 系统的人只做了一次工作，就能使所有使用该系统编程序的人都节省大量时间和精力。由此可以明显看到函数的意义和作用。

C 标准库的函数包括基本输入和输出、文件操作、存储管理以及其他一些常用功能函数，如数学函数、数据值的类型转换函数等。对这些函数的介绍散布在本书许多章节里。第 8 章将集中介绍输入和输出，第 11 章包含对标准库里各种重要函数的介绍。至于具体 C 系统的扩充函数库，就需要查阅系统联机帮助材料、系统手册或其他参考书籍。学习本课程时也应学会使用手册和联机帮助材料，学会如何阅读它们。

本节介绍两组简单函数。

5.3.1 字符分类函数

标准库文件 `ctype.h` 描述各种字符分类函数，使用它们时要用 `#include` 命令包含这个头文件。这些函数都很简单，对满足条件的字符返回非 0 值，否则就返回 0。下表列出了这些函数。

`isalpha(c)`	c 是字母字符
`isdigit(c)`	c 是数字字符
`isalnum(c)`	c 是字母或数字字符
`isspace(c)`	c 是空格、制表符、换行符
`isupper(c)`	c 是大写字母
`islower(c)`	c 是小写字母
`iscntrl(c)`	c 是控制字符
`isprint(c)`	c 是可打印字符，包括空格
`isgraph(c)`	c 是可打印字符，不包括空格
`isxdigit(c)`	c 是十六进制数字字符
`ispunct(c)`	c 是标点符号

这里还有两个字母大小写转换函数：

`int tolower(int c)`	当 c 是大写字母时返回对应小写字母，否则返回 c 本身
`int toupper(int c)`	当 c 是小写字母时返回对应大写字母，否则返回 c 本身

例 5.2 使用标准库的字符分类函数。下面的程序统计文件中数字、小写字母和大写字母的个数。利用标准库函数比自己写条件判断更合适，值得提倡。

```
#include <stdio.h>
#include <ctype.h>

int main() {
    int c, cd = 0, cu = 0, cl = 0;

    while ((c = getchar()) != EOF) {
        if (isdigit(c)) ++cd;
        if (isupper(c)) ++cu;
```

```
        if (islower(c)) ++cl;
    }
    printf ("digits: %d\n", cd);
    printf ("uppers: %d\n", cu);
    printf ("lowers: %d\n", cl);

    return 0;
}
```

5.3.2 随机数生成函数

计算机程序实现的是确定性计算：给出一个或一组初始数据，它计算出与之对应的确定结果。然而，在计算机应用中有时也需要带随机性的计算。

一个例子是程序调试，其中需要用各种数据进行运行试验，看能不能得到预期结果，有时用随机性数据作为试验数据是很合适的。另一个应用领域是计算机模拟，也就是用计算机模拟某种实际情况或过程，揭示其中的规律性。客观事物的变化中总有些随机因素，如果用确定性数据模拟，多次模拟得到同样结果，不能很好地反映客观过程的实际情况。由于这些情况，人们希望能用计算机生成随机数。

计算机实际上无法生成真正的随机数，只能生成所谓的伪随机数。如何用计算机生成随机性较好的随机数仍是一个研究问题。最简单的生成方法是定义一种递推关系，通过它生成一个数值序列，设法使这个序列中的数看起来比较具有随机性。

最常用的简单递推关系是通过除余法定义的关系：

$$\alpha_0 = A,\ \alpha_n = (B\times\alpha_{n-1} + C)\bmod D \qquad 对\ \ n>0$$

这里 A,B,C,D 都是整常数且 $0\leqslant A<D$。通过很好地选择常数 B和C，可以产生值位于 0 到 $D-1$ 范围中的比较好的随机数列。

自己定义随机数的生成函数的问题留到后面讨论，现在介绍标准库的相关功能。要使用标准库的随机数功能，应包含系统文件 stdlib.h，其中有随机数生成函数的描述：

```
int rand(void)
```

这是一个无参函数，每次调用会得到一个新的随机整数，其值在 0 和系统定义的符号常量 RAND_MAX 之间。不同系统里的 RAND_MAX 可能不同，常见的值是 32 767。

另一个函数是 srand，类型特征为：

```
void srand(unsigned seed)
```

这个函数用参数 seed 的值重新设置种子值，这是标准库为生成下一个随机数而保存的一个整数值（由它出发递推取得下一个随机数）。默认的初始种子值是 1。

例 5.3 随机数试验程序。下面的程序先打印出由默认种子值出发生成的 10 个随机数，而后打印设定了新的种子值 11 后生成的 10 个随机数：

```
#include <stdio.h>
#include <stdlib.h>

int main() {
    int i;

    for (i = 0; i < 10; ++i) printf ("%d ", rand());
    putchar('\n');
    srand(11);
    for (i = 0; i < 10; ++i) printf ("%d ", rand());
    putchar('\n');

    return 0;
}
```

程序里的“putchar('\n');”使输出换一行。在某个系统里这个程序输出：

```
41 18467 6334 26500 19169 15724 11478 29358 26962 24464
74 27648 21136 4989 24011 22223 9834 85 28238 28519
```

看起来这些数确实很像是随机的。

5.4 程序的函数分解

随着需要处理的问题变得复杂，程序也会变得更长。程序长带来许多问题：长的程序开发困难，牵涉情况复杂，编程人更难把握。长程序的阅读和理解也更困难，这又反过来影响程序的开发和维护。要修改程序，必须首先理解所做改动对整个程序的影响，防止不当修改破坏程序的内在一致性。程序越大，理解和把握代码修改的影响也会变得更加困难。此外，随着程序变大，程序中会出现许多不同位置需要做相同或类似工作的情况，分别写出的代码片段既使程序变长，也增加了不同部分之间的互相联系。

处理复杂问题的基本方法就是设法将其分解为一些相对简单的子问题，分别处理这些子问题，然后用各子问题的解去构造整个问题的解。为了支持复杂计算过程的描述和程序设计，程序语言需要提供分解复杂描述的手段，需要有把代码片段抽象出来作为整体来使用和处理的手段。随着人们对程序设计实践的总结，许多抽象机制被引进程序语言。这些机制极为重要，只有借助它们才可能把握和处理复杂的计算过程，完成复杂的程序或软件系统。C 语言是 20 世纪 70 年代初研制的语言，那时这方面的认识还比较粗浅，所以它只提供了针对计算过程的抽象机制，也就是前面已初步介绍过的函数机制。

一个 C 程序主要由一系列函数定义组成。每个函数的体封装了一段代码。*函数头部*描述函数与外部的联系。函数定义可以不写返回值类型，表示返回值为 `int`。但不提倡这种做法，因为容易隐藏错误[⊖]。定义无返回值的函数时用 `void` 描述返回值类型。这种写法很别扭，是用同一形式描述有返回值和无返回值函数带来的后果。参数表里列出的是*形式参数*，简称*形参*，每个形参用一个类型名和一个参数名描述。无参数的函数的参数表写成 `()`或 `(void)`。这种写法不自然，是早期 C 语言的语法形式对 ANSI C 标准的影响。

每个 C 程序必须有一个以 `main` 为名的主函数，其返回值必须是 `int`。有些书中的程序示例没写 `main` 的返回值类型，也表示返回值为 `int`。主函数的返回值不会在本程序内部使用，操作系统或别的程序可能检查这个返回值。应该为主函数定义返回值，人们一般用返回值 0 表示正常结束，用其他值表示执行中出现非正常情况。语言规定，如果主函数结束时没提供返回值，系统将自动产生表示成功完成的返回值。

除了主函数外，程序里的其他函数只有被明确调用时才进入执行状态。所以，一个函数要在程序执行中起作用，它或是被主函数直接调用，或是被另一个被调用执行的函数调用。不被调用的函数在执行中不会起作用。前面章节里，我们已经看到过许多与函数有关的程序实例。本节讨论程序的函数分解，研究与函数的定义和使用有关的各种问题，其中将特别关注函数头部的设计。

5.4.1 函数分解

编写大程序时必须特别注意程序的功能分解，对 C 语言主要是函数分解。也就是说，应该把程序写成一组函数，通过其互相调用完成所需工作。图 5-3 显示了一个 C 程序的调用关系。左边是程序概貌，其中除主函数外还有三个函数；右边图形显示调用关系，矩形表示函数，箭头表示函数调用。递归调用（函数调用自己）表现为到自身的箭头。

⊖ 新的 C99 标准已经禁止这种不写返回值类型的形式。

```
#include...
int f (...){
   ...f (...)...
}
int g(...) {
   ...f (...)...
}
void h(...) {
   ...f (...)...
   ...g (...)...
}
int main() {
   ...h (...)...
   ...g (...)...
}
```

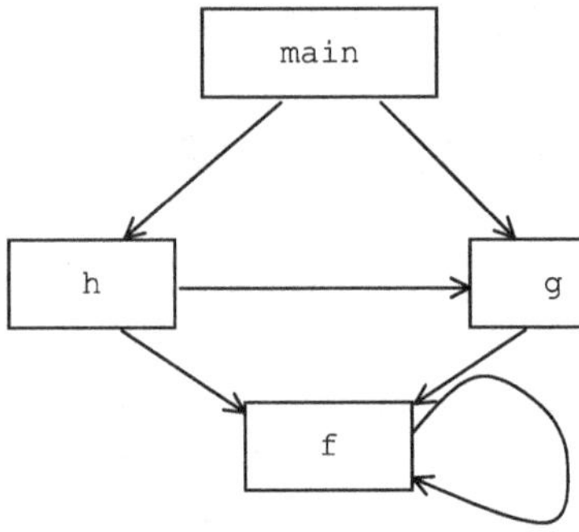

图 5-3 源程序及其确定的函数调用关系示意图

初学者往往不注意函数分解，一些教学材料或书籍也不强调这个问题，给出的程序例子经常是一大片代码，没有结构，一些人的不良编程习惯与此有关。实际上，在学习程序设计的过程中，对于函数分解，无论怎样强调都不过分。没有合理的函数分解，完成较大程序将更困难，要花更多时间，写出的程序更难理解，发现错误更难定位和改正。

函数的作用是使人可以把一段计算抽象出来，封装（包装）起来，使之成为程序中的一个独立实体。为这样封装起的代码取名字，就形成了一个*函数定义*。当程序中需要做这段计算时，可以写一个简洁的*函数调用*。函数抽象机制带来许多益处：

1. 重复出现的代码片段被唯一的函数定义和一些形式简单的函数调用取代，这会使程序变得更简短、更清晰。由于整个程序里同样的计算片段仅描述了一次，如果需要改造这部分计算，那么只需要修改一个地方，即修改函数的定义。
2. 函数定义和使用是对程序复杂性的一种分解，使人在程序设计中可以孤立地考虑函数的定义与函数的使用问题，可能提高程序开发的效率。
3. 把具有独立逻辑意义的计算片段定义为函数，就是为程序引进了新的高级概念。定义好的函数可以看成面向具体应用的更高层次的基本操作，使人可以站在更高抽象层次上看待和把握程序的意义，这些对开发大的软件非常重要。

那么，什么样的程序片段应该定义为函数呢？没有万能的准则，需要写程序的人自己去分析问题，总结经验。这里提出两条线索，供读者学习时参考：

1. 程序中重复出现相同或相似的片段。可以考虑从中抽取出共同的东西定义为函数。这样做不但可能缩短程序的代码，也将大大提高程序的可读性和易修改性。
2. 程序中具有**逻辑独立性**的片段。即使这种片段只出现一次，也可以考虑把它们定义为独立的函数，在原位置写函数调用。这种做法的主要作用是分解程序复杂性，使之更容易理解和把握。例如，许多程序可以分解为三个主要工作阶段：正式工作前的准备阶段，主要工作阶段（这里常有复杂的循环等），完成前的结束处理。把程序分解为相应三部分，设计好它们之间的信息联系方式后，就可以用独立的函数分别实现了。显然，与整个程序相比，各部分的复杂性都更低一些。

很难说什么是一个程序的最佳分解。实际上，对一个程序可能有多种可行分解方案，寻找比较合理或有效的分解方式是需要学习的东西。熟悉程序设计的人们提出的一条经验准则是：*如果一段计算可以定义为函数，那么就应该把它定义为函数。*

5.4.2 对函数的两种观点

我们先看一个实例，从中发掘出与函数有关的两种角度或者观点。

一个实例：字符图形

例 5.4 打印字符图形和函数分解。假定现在要画一些字符拼出的几何图形，如图 5-4 中那样的菱形、六边形和矩形，应该怎样写程序呢？当然可以直接写许多输出语句打印菱形，另写许多输出语句打印六边形，等等。但如果要输出其他图形，或要改变图形的大小，原来写的程序几乎就没用了。在实际工作中，需求经常改变和扩充，因此，写程序时必须关心这些问题。函数在这里可能扮演重要的角色。另外，重复写许多类似的输出语句也很烦，既没有意思也容易出错。

```
     *              *
    * *            ***
   *   *          *****     ***********
  *     *        *******    *         *
 *       *       *******    *         *
*         *      *******    *         *
 *       *       *******    *         *
  *     *        *******    *         *
   *   *          *****     ***********
    * *            ***
     *              *
```

图 5-4 字符图形

现在考虑定义几个函数来实现画这类图形的基本功能，而后通过调用这些函数画出所需的具体图形。为了考虑这些函数，需要首先分析这类图形的性质。这里提出对问题的一种分析（完全可以有其他合理分析，见下面的讨论）：图形中每一行有两种情况，一种是从某个位置开始的一段连续字符；另一种是在两个特殊位置输出字符。可以把这两种情况看做基本操作，由此考虑定义两个函数，其头部分别为：

```
void line(int begin, int end)
void points(int first, int second)
```

第一个函数从位置 begin 到 end 输出一串星号，第二个函数在 first 和 second 两处各输出一个星号。考虑到字符图形未必总用星号，我们也可以引进一个字符参数：

```
void line(char c, int begin, int end)
void points(char c, int first, int second)
```

虽然这两个函数还没有定义，但由于其功能已经清楚，现在就可以试着用它们写几个画图形的函数（这种工作本身也很重要，可帮助检查准备定义的函数是否好用，不好用时考虑如何修改调整）。例如，下面语句能画出一个三角形（假定所用变量已有定义）：

```
for (i = 10, j = 10; i > 5; --i, ++j)
    points('*', i, j);
line('*', 5, 15);
```

画其他空心或者实心的规范图形也不困难，留给读者作为练习。由这些可以看出，作为函数的使用者，只需考虑函数的使用形式和功能，考虑如何基于这些函数完成自己的工作。有关功能的具体实现不是使用函数时需要考虑的问题（也不应该考虑）。

函数最终需要实现，现在考虑如何定义这两个函数。函数的定义不难，只需要输出一些空格并在适当位置输出字符 c。下面是两个函数的定义，按习惯把屏幕首列作为第 0 列。函数 points 里有一个检查，只在 first 小于 second 时才输出第二个字符：

```
void line(char c, int begin, int end) {
    int i;

    for (i = 0; i < begin; ++i) putchar(' ');
    for ( ; i <= end; ++i) putchar(c);
    putchar('\n');
}

void points(char c, int first, int second) {
    int i;

    for (i = 0; i < first; ++i) putchar(' ');
    putchar(c);
    for (++i ; i < second; ++i) putchar(' ');
    if (first < second) putchar(c);
    putchar('\n');
}
```

有了这两个基本函数，画各种几何图形就很容易了。如果已经做出一个图形，也不难修改其大小或形状。进一步说，可以基于它们定义出描绘基本几何图形的函数。设计这些函数时需要选定合适的参数。例如，可以定义两个画矩形的函数（这里只给出函数头）：

```
void rect(char c, int begin, int len, int high) { …… }
void rect_fill(char c, int begin, int len, int high) { …… }
```

也可以通过引入一个附加参数的方式，把这两个函数合而为一：

```
void rect(char c, int begin, int len, int high, int fill) { …… }
```

在参数 fill 为 0 值时画空心矩形，非 0 时画实心矩形。易见，这些函数又提供了另一层次的功能分解。定义好这样一组函数后，就可以在另一个层次上写绘制字符图形的程序了。

显然，上述分解只是一种可行设计，它有优点也有缺点。我们完全可以考虑其他函数分解。例如，把基本作图函数定义为：

```
void symbs(char c, int n) { …… }
```

其基本功能是连续输出 n 个字符 c。基于这一简单函数同样可以实现各种图形绘制函数，或直接通过它画出所需的各种图形。还可以考虑扩充函数功能，例如增加一对参数，设定图形的定位，可以考虑用图形的左上角（或左下角）作为基准位置。还可以考虑其他可能扩充。继续做下去，把这种函数与基础运行平台的图形显示功能联系起来，就可以逐步构造出一个图形系统。这些情况和扩充都请读者考虑。

函数封装和两种观点

函数是封装起来并予以命名的一段代码，是程序中具有逻辑独立性的动作性实体。函数需要定义，又能作为整体在程序中调用，完成其代码描述的工作。这些情况引出了对于函数的两种观点（两种观察角度）：在函数之外（从函数使用者的角度）看函数，以及在函数内部（从定义者的角度）看函数。看到两者的差异，对于认识函数及思考与函数相关的问题，是非常重要的。图 5-5 列出了其中的重要问题。函数封装把函数内部和外部分开，形成两个相互分离的世界，站在这两个不同的世界看问题，就形成了对函数的*内部观点*和*外部观点*。函数头部规定了函数内部和外部之间的交流方式和通道，定义了函数内部和外部都需要遵守的共同规范。

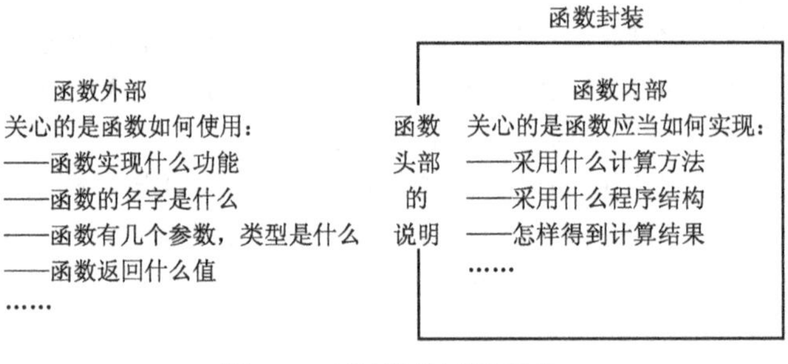

图 5-5 对函数的两种观点

从外部看，一个函数实现了某种功能。只需知道名字和类型特征就可以使用它。调用函数时提供了数目和类型适当的实参，正确接受返回值，就能得到预期的计算结果。

在函数之外不应该关心函数功能的实现。这种超脱很重要，不掌握这种思想方法，就无法摆脱琐碎细节的干扰，不能学会处理复杂问题。初学者常犯的一个毛病是事事都想弄清楚。这种考虑不但常常不必要，有时甚至不可能。例如，对于标准库函数，我们不知道它们是用什么语言写的，但这并不妨碍在程序中正确使用它们。

内部观点所关心的问题当然不同。这时的重要问题包括：函数调用时外部将提供哪些数据，各为什么类型（由参数表规定）；如何从这些参数出发完成所需计算，得到所需结果（算法问题）；函数应在什么情况下结束，如何产生返回值等。在考虑函数实现时，不应去关心程序在哪里将调用这个函数，提供的具体实参值是什么等。

函数头部的重要性就在于它描述了函数内部和外部之间的联系，函数外部和内部通过这个接口交换信息，达到函数的定义和使用之间的沟通。在定义函数之前应该首先有一个全面考虑，据此定义好函数的头部，规定好公共规范。此后开发者的角色就分裂了，要根据是定义函数还是使用函数去观察和思考。实际上，一旦弄清了函数功能，描述好函数头部之后，函数的定义和使用完全可以由两个人或两批人做。只要他们遵循共同规范，对函数的功能有共同理解，就不会有问题。大型软件的开发中常需要做这类分解。注意，上面两句话很重要："遵循共同规范"，"对于函数的功能有共同理解"，人们经常在这里出现偏差。我们自己写程序时也必须注意，应设法保证同一函数的两种观点之间的一致性。

函数定义

C 函数的形式参数也是函数的局部变量，它们在其他局部变量定义之前就有了定义，其初值由函数调用时的实参（表达式）得到。形参在函数体内的使用方式与其他局部变量一样，完全可以给它们赋值。函数被调用执行后，函数体内的语句序列顺序执行，直至执行到一个 return 语句导致函数的本次执行结束。如果该函数由另一函数调用，执行就返回那个函数里的调用点后继续下去。如果结束的是主函数，整个程序就结束。

return 语句有两种不同形式：

```
return;
return 表达式;
```

分别用在无返回值和有返回值的函数里。无表达式部分的 return 语句简单导致函数结束。有返回值的函数必须用带表达式的 return 语句，执行到这里时先求表达式的值，把这个值转换成函数的返回值类型后作为函数返回值。显然，这要求表达式的类型能转换成函数定义的返回值类型。一个函数里可以有多个 return 语句，所有 return 语句在带不带表达式、所带表达式的类型方面都应该与函数头部一致。函数结束的另一情况是执行到达函数体最后。以这种方式结束时函数的返回值无定义，只有无返回值的函数才允许这样结束。

函数调用

函数调用的形式是函数名后面跟一对圆括号括起的、逗号分隔的若干表达式，这些表达式称为实际参数，简称实参。调用函数时必须提供一组数目正确、类型合适的实参。调用无参函数时需要写一对空括号。无返回值的函数通常用在单独的调用语句里，如：

```
pc_area(x + 3);
```

有返回值的函数一般出现在表达式里。C 语言也允许不使用函数的返回值（即使有返回值）。例如，前面一直用的 printf 实际有一个 int 返回值，工作正常完成时其返回值是执行中实际输出的字符个数；执行中出错时返回负值。前面例子从来没有用过这个返回值，这时返回值被简单丢掉。

C 语言的参数机制称为值参数（简称值参）。函数调用时先算出实参表达式的值并分别送给对应形参，再执行函数体。函数内对形参的赋值与实参无关。即使实参是变量，对形参的赋值也不会改变实参的值。图 5-6 显示了实参与形参的关系，f(m,n) 执行时实参 m 和 n 的值分别送给形参 a 和 b，此后 f 内部对 a 和 b 的操作与 m、n 没有任何关系。

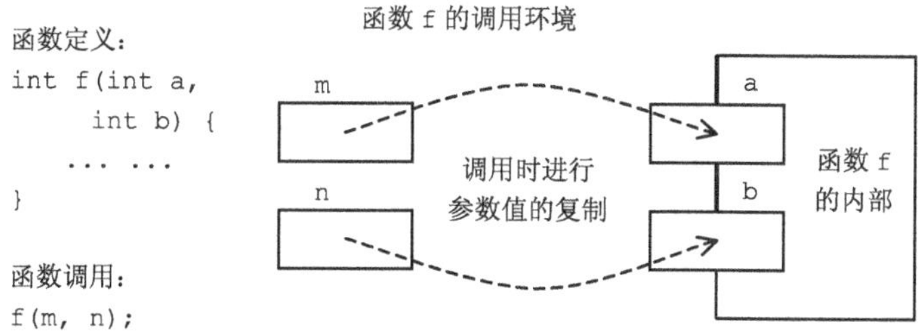

图 5-6 函数调用与参数值的传递

在函数调用中，还有一个重要问题必须引起重视。对于多个参数的函数，C 语言没规定调用时实参的求值顺序，任何依赖于实参求值顺序的调用都得不到任何保证（与二元算术运算符运算对象的情况一样）。例如，下面是一个错误的函数调用：

```
n = ...;
m = gcd(n += 15, n);
```

因为在这个调用里第一个参数的求值将影响第二个参数的值。下面是另一个错误调用：

```
printf("%d, %d", n++, n);
```

不要在程序里写这种语句，其结果完全没有保证。

另外，实参求值后传给函数的形参，这时可能产生隐含的类型转换。为了调用成功，就要求这里所需要的转换是合法的，否则编译时会报告类型错误。

5.4.3 函数定义与调用之间的配合

函数的定义与调用需要相互协调，相互配合。

我们最希望使用的函数是“全函数”，也就是说，给它任意一个或一组类型合适的实参，它总能给出正确的函数值，总能完成所需工作（对无返回值的函数）。例如，

```
int div2 (int n) { return n/2; }
```

在这种理想情况下，调用得到的结果总能直接使用，不需要任何额外的考虑和处理。但实际情况通常不会这么简单。

第 4 章讨论的求最大公约数函数就是一个典型例子。如果两个整数都是 0，那么它们的最大公约数（在数学上）没有定义。前面函数在这种情况下返回 0，是一种权宜之计。这样做有两个考虑：(1) 使函数对实参的所有可能情况都有返回值（把函数“补全”），可以方便函数使用；(2) 任何一对整数的最大公约数都不是 0，因此 0（相对于最大公约数的计算结果而言）是个“闲置值”，因此不会被“误解”。这样，调用这个函数之后，可以通过检查得到的结果是不是 0 来判断是否得到了真正的最大公约数。

应该看到，这样定义函数，实际上也对函数调用提出了要求。由于这时的函数并不是“全函数”，因此对类型合适的实参不一定能得到正确结果。函数调用处有两种可能做法：

1. 保证只用能得到正确结果的实参去调用函数。在函数调用前检查实参，确定它们满足函数需要后再送给函数。可以用 if 语句来检查，没有通过检查的情况另行处理。
2. 调用函数后检查结果，确定返回值正确后再使用，不正确的情况另行处理。

也存在一些情况，其中对某些实参值无法给出合适的定义。举个简单例子。假定现在要定义一个求平面上两点确定的直线的斜率的函数。点用坐标给出，函数定义应该是：

```
double slope (double sx, double sy, double tx, double ty) {
    return (sy - ty) / (sx - tx);
}
```

函数很简单，但它对有些参数情况无意义：当两个点的 x 坐标相同时，计算斜率的表达式出现除以 0 的情况（表示相应直线是垂线，斜率是无穷大）。这个情况很难办，因为我们无法给这种情况“找”一个返回值（像最大公约数函数那样），因为不存在任何可以用于分辨函数是否出错的“闲置”的 double 值。在这种情况下，要保证计算正确，就只能采用上面第一种办法，在调用函数之前检查参数，对于不满足函数要求的数据另外处理。

这些情况说明，一般而言，在函数的定义和调用之间往往存在一些必要的照应和配合。定义一个函数，是把完成一种计算（如求最大公约数，或求斜率）的代码包装为一个逻辑体，使之可以方便地调用。与此同时也要注意，得到的函数可能不是完全的，可能对一些参数值不能给出结果。有些是本质性的（例如两个 0 没有最大公约数，垂线的斜率无法用数表示），有些可能是由函数的实现方式造成的。在定义函数时要考虑这些情况，尽可能把函数定义完全，对特殊情况需

要给以说明（例如给函数定义加注释）。使用函数时，也必须关注函数对各种特殊情况的处理，采取相应措施：或者是在调用前检查参数值，保证函数执行中不会出错；或者是在调用函数后检查返回值，保证使用得到的结果继续计算还有意义。

5.4.4 函数原型

程序里每个有名字的对象（如变量、函数）都有定义点和使用点。一般说，一个对象应该只有一个定义点，但可以在多处使用。为保证使用与定义一致，通行规则是“先定义后使用”。例如，复合语句就要求所有变量定义出现在语句之前。规定“先定义后使用”，是因为对象的使用方式依赖于它们的定义（定义确定对象的性质）。如果没有定义在先，就无法判断其使用是否正确。为保证语言系统能正确处理，这里的基本原则是：*保证从每个对象的每个使用点向前看，都能得到与正确使用该对象有关的完备信息。*

在函数的使用点，需要的信息就是函数的类型特征，包括函数名、参数个数和类型，以及返回值类型。在调用处要检查参数的个数是否正确，各参数的类型是否与函数定义一致，如果不一致能否转换（必要时插入转换动作）等。由于返回值可能参与进一步计算，因此也要做类似处理。看不到函数的类型特征，就不可能正确完成这些检查和处理。

函数定义顺序和函数原型

前面许多程序实例里都定义了函数。我们一直把主函数写在最后，就是为保证调用点与使用点之间有合适的相对位置。在函数递归定义中，这一要求也能满足。例如：

```
long fact(long n) {
    return n <= 0 ? 1 : n * fact(n - 1);
}
```

在函数体里的递归调用点，可以看到函数头部描述的类型特征。

也存在一些情况，无法通过安排函数定义位置的方法解决调用点与使用点之间的信息交流问题。典型例子是两个互相调用的函数定义。例如需要写下面两个定义：

```
double h(double x) {                double g(double y) {
    ......                              ......
    ... g(...) ...                      ... h(...) ...
    ......                              ......
}                                   }
```

无论怎样安排两个定义的顺序，都无法保证函数的每个使用点都能出现在相应函数的定义点之后。这类情况是 C 语言引进*函数原型*的一个重要原因。另外的原因是人们希望能自由安排函数定义的位置，支持大规模程序开发，有关情况将在后面章节介绍。

函数原型（也称*原型*或*原型声明*）形式上与函数头部类似，最后加一个分号，但参数表里的参数名可缺（可以只写类型）。即使写了参数名，所用名字也不必与函数定义里用的名字一致。原型里的参数名只起提示作用，也提倡用有意义的名字，以利于函数的正确使用。另外，如果希望写注释说明函数作用，那么有参数名时更容易描述。函数原型的示例如下所示：

```
void line(char c, int begin, int end);
void points(char c, int first, int second);
```

函数原型可以出现在任何可以写变量定义的地方。目前人们认为最合理的方式是把它们都放在源程序文件的最前面。这样，本程序文件中的所有函数使用点都可以看到这些原型。更重要的是，这样做能保证文件里各处看到的是同一个原型，有利于保证同一函数的所有调用之间的一致性。另一方面，这种方式也使函数的定义点能看到这个函数原型，编译器将会检查两者之间的一致性，出现不一致时能产生明确的编译错误。这正是我们所希望的：以函数原型作为媒介，保证函数定义和使用之间的一致性。

现在可以处理上面互相递归定义的例子了。例如可以如下安排（反过来也行）：

```
double h(double);
……
double g(double y) {
    ... h(...) ...
}
double h(double x) {
    ... g(...) ...
}
```

应特别强调：要保证函数原型真正起作用，书写时必须给出完整的类型特征描述。不注意这一点可能吃大亏，使错误遗留在程序里，给调试和试验运行带来大麻烦。

过时的函数定义形式与原型形式

C语言是发展的产物，ANSI C标准文本里保留了一些过时的东西，以保证已有的老程序仍能使用。虽然如此，今天学习C语言和C程序设计，应该完全避免使用过时的描述方式。这样说有两个根据。一方面，ANSI C标准指出，过时方法将逐步被淘汰（C99已淘汰了其中一些）。另一方面，过时的东西都已被程序设计实践证明是不好的，我们完全没理由去用它们，这也是本书始终强调的。这里介绍函数定义的过时形式只是为了完整，因为读者在参考其他材料时难免会遇到。但请读者绝不要去使用这些过时形式[⊖]。

过时的函数定义形式是在参数表里不写类型，在参数表后面另行描述。如

```
double f1(x, y, n)
double x, y;
int n;
{   ......   } /* 函数体 */
```

等价于今天的：

```
double f1 (double x, double y, int n) { …… }
```

这种方式的主要缺点是参数表和类型描述分离，增加了维护一致性的负担。这种方式在一些早期程序语言中采用，各种新的程序语言都已抛弃了这种过时形式。

过时函数原型形式的危害更大，其形式就是不写参数类型，只写函数名和一对括号。有人常把这种声明与变量定义等写在一起。实际上，这种“简写”的声明是许多C程序错误的根源。请读者千万不要用这种形式，不要等到吃了大亏，有了切身体会后才翻然醒悟。

下面是一个例子。假设现在有两个函数，其完整原型分别是：

```
double f(double, int);
int g(double);
```

假设函数在其他地方定义，如果调用它们的片段（注意其中的过时形式）是：

```
int main() {
    int g(), n;
    double f(), x;
    ……
    x = g(3);
    n = f(n);
    ……
}
```

编译器不会发现这个片段有错，而实际计算根本不可能正确。这里的错误很多：首先，过时形式的 `f` 和 `g` 原型告诉编译器不检查函数参数，因此 `f(3)` 中的实参3将直接送给要求 `double` 的 `g`（不转换），显然 `g` 不可能正确工作。调用 `f(n)` 的情况更可怕，编译器甚至没发现参数个数不对，当然也不考虑参数类型。这样怎么能得到有意义的结果呢？

人很容易犯错误，写复杂程序时不可能不出错，因此需要编译器的帮助。上述不良书写方式

⊖ 一些老的C语言参考书和教科书有许多以过时形式给出的程序实例和解释，其中许多东西早已被ANSI C标准否定，请读者阅读参考时注意。

会阻挠编译器对程序里错误的检查，最终吃亏的当然是我们自己。

还有一点值得提出：为了保证编译器的正确检查，写无参函数的原型时，参数表必须写成 (void)，不能简单写成 ()。因为后一形式将被看做是过时原型形式。

不写函数原型

为了宽容老程序，ANSI C 也容许不写原型，并为此提供了默认处理方式。但是，不写原型比写过时原型更危险，绝不要偷这种懒（C99 已规定不写函数原型为过时写法）。当编译器遇到调用 f(...) 时，如果此前没看到 f 的定义或原型，它就假定有原型

```
int f();
```

出现在包含这个调用的最内层复合语句的前部，并按这个假设处理函数调用。不难看出，只有当 f 确实返回 int 值，而且调用的参数个数和所有实参类型都与 f 的要求完全一样（不需要任何转换）时，这种处理方式才能产生正确结果。

举一个使用标准库函数的错误例子。下面程序在多数系统里编译连接都不会报错，但运行结果肯定不对，第一个结果不会是 1 的正弦值，第二个结果可能更奇怪：

```
#include <stdio.h>

int main() {
    double x, y;
    float u = 1.57;

    x = sin(1);
    y = sin(u);
    printf("Error output: %f, %f\n", x, y);

    return 0;
}
```

因为没有 include <math.h> 命令行。编译器看不到 sin 的原型就不做转换。这个例子也说明了在一般情况下应该用 double。

假设在前节例子的 main 开始处没给出两个函数的原型，编译器会怎样处理，可能出现什么错误？不写函数 f 的原型可能引起各种问题，如：

1. 如果编译器后来遇到了 f 的定义，其返回值类型与它所做的假设不一致，编译器有可能给出“函数重新定义”的错误信息。
2. 假设 f 在其他源文件中定义，或为库函数，而且 f 的返回类型与默认假设不符，那么编译不会发现错误，连接时也不检查，就可能生成错误的可执行程序。
3. 如果函数调用的实参（个数或类型）与函数定义不一致，编译时不会发现错误，也不会自动生成类型转换，连接时也不检查，将生成错误的可执行程序。

要避免这类错误，应坚持的正确原则是：（1）如果使用库函数，就必须在源文件前部用 #include 命令包含必要的头文件（xxx.h 文件）。（2）对所有未能在使用前给出定义的函数（无论是在本文件后面定义，还是在其他源文件中定义），都必须给出正确完整的原型。（3）把原型写在源文件最前面（不要写在函数内部），使函数定义点和所有使用点都能“看到”同一个原型。坚持了这些原则，就能避免函数调用与定义不一致的错误。

C99 禁止默认类型声明。每个函数定义必须有返回值类型声明，其他声明和定义也必须包含类型描述，缺少类型声明属于程序错误（ANSI C 和老 C 语言在缺少类型时作为 int 处理）。

5.4.5 求函数的根

例 5.5 弦线法求函数的根。求函数根是数值计算中常做的事，本节介绍一种求根方法——弦线法，并以实现这一方法的程序作为函数定义和使用的实例。

首先介绍弦线法。设被求根的函数是 $f(x)$，而且给定了一个区间 $[x_1,x_2]$。给定区间的两端点 x_1 和 x_2，我们可以做一条弦使之通过函数图形上的两个端点 $(x_1,f(x_1))$ 和 $(x_2,f(x_2))$，见图 5-7。如果值 $f(x_1)$ 和 $f(x_2)$ 异号（一正一负），上述弦必定与 x 轴有一个交点，交点的 x 坐标可用下面公式求出：

$$x=\frac{x_1\cdot f(x_2)-x_2\cdot f(x_1)}{f(x_2)-f(x_1)}$$

根据 $f(x)$ 的正负，可以把区间缩小为 $[x_1,x]$ 或 $[x,x_2]$，并保证函数值在缩小后区间的两个端点上异号。这样就可以进一步用弦线法逼近函数的根。这一过程的特殊情况是某次的分界点恰好是根。即使没那么幸运，由于区间不断缩小，也能得到任意接近根的结果。

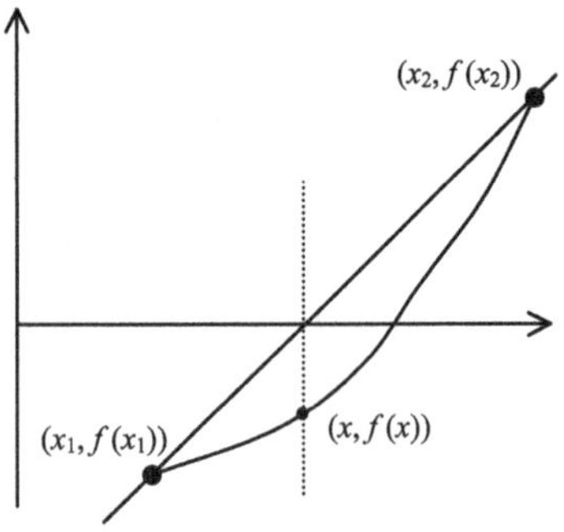

图 5-7　函数图形与弦线

写解决这个问题的程序时，我们考虑定义几个函数：被求根的数学函数是独立逻辑实体，其定义依赖于具体问题，但它应该是有一个双精度参数并给出双精度结果的函数。我们在程序前部给出其声明，这个函数定义可以写在程序里的任何地方，下面没有具体给出。

求数学函数形成的弦线与 x 轴的交点可看做独立工作，我们定义函数 crossp，它以区间两端点的坐标为参数，算出弦线与坐标轴的交点。

把求根过程也定义为一个函数，这样，这一函数就可以用在任何程序里，只要提供了具体的需要求根的函数，以所希望的值调用求根函数，就可得到所需结果。作为试验，读者可以写出适当的主函数，看一看函数求根的实际情况。下面是有关定义：

```
#include <stdio.h>
#include <math.h>
double f (double); /* f 的原型，函数定义可以写在任何地方 */

double crossp (double x1, double x2) {
    double y1 = f(x1), y2 = f(x2);
    return (x1 * y2 - x2 * y1) / (y2 - y1);
}

double root (double x1, double x2) {
    double x, y, y1 = f(x1);
    do {
       x = crossp(x1, x2);
       y = f(x);
       if (y * y1 > 0) { /* y 与 y1 符号相同，新区间为 [x,x2] */
           x1 = x; y1 = y;
       }
       else x2 = x;      /* y 与 y1 符号不同，新区间为 [x1,x] */
    } while (fabs(y) >= 1E-6); /* y 值不够小，继续 */
    return x;
}

int main() {    /* 定义从略 */  }
```

假设我们需要对函数 $f(x)=x\sin x-2x^2$ 求根，只要在程序里加上函数定义：

```
double f (double x) {
   return x * sin(x) - 2 * x * x;
}
```

并给出适当的主函数即可。

这个例子牵涉到前面提出的许多问题：函数原型，程序的函数分解等。函数 root 能解决所提出的问题，请读者自己进一步分析。

5.4.6 一个简单猜数游戏

例 5.6 简单猜数程序。写一个简单的交互式游戏，它不断生成某范围里的随机数，要求用户猜。用户输入一个数，程序根据情况输出三种应答：too big，too small，you win。

应考虑用随机数生成器产生随机数。为提供一些灵活性，程序可以在开始时要求用户提供一个范围（例如，输入 300 表示猜 0 到 300 之间的整数），而后进入游戏循环。每次用户猜出一个数后询问是否继续。程序的主要部分是一系列交互式的输入和输出。

先考虑整个程序的工作流程，我们可以给出如下的基本设计：

```
从用户得到数的生成范围
do {
     生成指定范围里一个数
     交互式地要求用户猜数，直至用户猜到
} while(用户希望继续);
结束处理
```

生成随机数的工作可以直接调用标准库函数 `rand`。假设希望范围为 0 到 m–1 的随机数，那么就可以采用如下语句：

```
unknown = rand() % m;
```

可以考虑把判断用户希望继续的工作定义为函数：

```
int next(void);
```

它应该是一个返回 0/1 值的函数，用于控制程序大循环的继续或者结束。另外，也可以把取得工作范围和取得下一猜测值的工作分别定义为函数：

```
int getrange(void);
int getnumber(int limit);
```

`getrange` 要求用户提供一个 2 到 32 767 的值，如果用户提供的值超出范围，就要求重新输入。`getnumber` 取得的猜测值也应该在给定范围内，否则也应提示用户重新输入。这里我们想给用户几次重新输入的机会，如果超过限制的次数仍然不对，函数就返回一个负值，通知调用处出现了异常情况，使那里的程序段可以处理这种情况。

有了这些考虑，程序的主函数部分已经不难写出来了：

```
#include <stdio.h>

int next(void);
int getrange(void);
int getnumber(int limit);

int main() {
    int m, unknown, guess;

    if ((m = getrange()) < 0) return 1; /* 给范围时出错次数太多 */
    ++m; /* m 作为取模的数，应该比最大的数大 1 */
    do {
        unknown = rand()%m;

        while (1) {
            if ((guess = getnumber(m)) < 0) {
                printf("Too many errors. Stop!");
                return 2; /* 猜数时出错次数太多 */
            }
            if (guess > unknown) printf("Too big!\n");
            else if (guess < unknown) printf("Too small!\n");
            else {
                printf("Congratulation! You win!");
                break;
            }
        }
```

```
    } while (next());

    printf("Game over.\n");
    return 0;
}
```

有了最前面的函数原型，虽然 main 里调用的几个函数都还没有定义，但我们已经可以编写出这段程序，还可以把它送给编译器去检查语法错误了。当然，由于这里调用的一些函数还没有定义，现在还不能生成可执行程序，更无法实际运行它。

做好了程序的最高层控制，现在可以考虑细节部分了。先考虑读入猜数上界的函数。我们用一个常量限定用户出错的次数，用它控制函数里的读入循环的重复次数，以免无穷无尽地在这里打转。对每个输入都应该检查其合法性：是不是数，是否位于合法范围之内，是否得到合适的数就返回，有问题是否就要求用户重新输入。当重复次数超过 ERRORNUM 时返回一个负数。下面函数里还加入了适当的输出提示语句：

```
enum { ERRORNUM = 5 };

int getrange(void) {
    int i, n;

    for (i = 0; i < ERRORNUM; ++i) {
        printf("Choose a range [0, n]. Input n: ");
        if (scanf("%d", &n) != 1 || n < 2 || n > 32767) {
            printf("Wrong number. Need a number in 2~32767.\n");
            while (getchar() != '\n')
                ;
        }
        else return n;
    }

    return -1;
}
```

再考虑读入猜测数的函数。这个函数与上面的类似，只是这里需要有一个数值范围参数，函数里的检查也有所不同，但两个函数的结构是一样的：

```
int getnumber(int m) {
    int i, n;

    for (i = 0; i < ERRORNUM; ++i) {
        printf("Your guess: ");
        if (scanf("%d", &n) != 1 || n < 0 || n >= m) {
            printf("Wrong number. Need a number in 0~%d.\n", m-1);
            while (getchar() != '\n')
                ;
        }
        else return n;
    }

    return -1;
}
```

完全可以把上面两个函数的共同点抽取出来，定义为一个带检查并允许用户出错的整数输入函数。但这两个函数的输出信息串不同，要把它们统一起来，就需要通过函数参数传递所需信息串。这种参数描述方式要到下一章才能说清楚，我们暂时把它放一下。

写出下述简单函数后，这一程序就完成了：

```
int next(void) {
    int c;

    printf("Next game? (y/n): ");
    while (isspace(c = getchar()))
        ;
```

```
        if (c == 'y') return 1;
        else return 0;
    }
```

这里的 while 循环是为了跳过用户输入中位于前面的空格。这一函数只考虑用户输入是否为 y 的情况。如果需要，也可以在这里处理用户输入出错等问题。

在这个程序里，我们考虑了输入数据检查方面的一些情况。请读者试验这个程序，考虑它在输入处理方面还有什么缺陷：有没有不合理要求，是否对用户使用提出了不合理限制，还有哪些值得改进的地方？

5.5 C 程序结构与变量

一个 C 源程序文件由一系列外部定义和外部声明构成。*外部定义*、*外部声明*指写在源文件表层的定义和声明，函数定义是一种外部定义，写在源文件表层的函数原型是一种外部声明。外部定义或声明总从其出现位置开始起作用，作用范围一直延续到文件结束。函数只能在外部定义（不允许在函数里定义函数），这使程序结构比较简单。

在 C 语言里，*定义*和*声明*两个术语的意思不同。一个*定义*总是建立被定义的对象，而一个*声明*仅说明有某个东西存在，被声明的东西必须在其他地方定义，否则这个声明就是无效的、无意义的。举例说，函数定义建立起一个函数，其复合语句描述了函数执行时的动作。而函数原型声明仅说明了存在具有这个名字和类型特征的函数，它应该在别的地方定义。如果只有函数原型声明而没有对应的定义，连接时就会报告缺少函数定义的错误。

本节讨论由各种定义（或声明）的出现位置引起的语义问题，这里以变量定义作为讨论对象。其他定义或声明，只要是既允许出现在外部也允许出现在函数内，在起作用的范围方面就与变量定义一样。这里将涉及一些重要概念，其中最重要的是*作用域*和*存在期*。#include 行及其他类似代码行的地位比较特殊，有关问题将在下节讨论。

5.5.1 外部定义的变量

以外部定义形式定义的变量称为*外部变量*（*全局变量*），其性质与函数内部定义的变量（局部变量）不同。外部变量在可使用性方面与函数类似，原则上可以在整个程序的任何地方使用。由于变量定义从其出现位置开始起作用，因此人们常把外部变量定义写在源文件中所有的函数定义之前。这样，文件里任何函数就都可以访问这些外部变量了。

与函数类似，外部变量也允许后定义先使用，或在一个源文件里定义而在其他文件里使用。如果有这种需要，那么就必须在使用这些变量之前给出有关的*外部变量声明*。这种声明在形式上与变量定义类似，但需要在前面加关键词 extern。例如：

```
extern int number, length;
```

这说明有两个整型外部变量 number 和 length 在其他地方定义，下面可以用了。当然，程序里必须有其他地方真正定义了这两个变量。外部变量声明一般也放在源文件最前面[⊖]，使整个源文件里都可以使用这些变量。这种做法的另一优点是保证整个源文件参照着同一个外部变量声明，保证使用的一致性。对于变量，*定义*与*声明*的差异也很明显。程序执行到变量定义时将建立被定义变量，为其分配存储单元。而变量外部声明只是通告“有这样一个变量存在，其性质是……”，并不实际建立变量，也没有存储安排问题。

⊖ 另一常用方式是把外部变量声明和函数原型等写在独立的头文件里，这种文件通常以 h 为扩展名。需要用这些声明的源程序文件通过 #include 命令包含有关头文件。这种方式将在后面讨论。

例如，下面程序段里定义了一个外部变量 num。还有一个外部变量声明，表示要使用其他地方定义的一个整型变量 exnumber。随后的函数里使用了它们：

```
......
int num;
extern int exnumber;

int f(int n) {
    int n;
    ... n ... num ... exnumber ...
    ......
}

int main() {
... f(...) ...
... num ... exnumber ...
    ......
}
```

外部变量引出另一种情况。如果一个函数的定义里用到外部变量，那么该函数就对这个变量有了依赖性。如上面的 f，它已不是独立的函数了，不能直接把它的定义复制到另一个程序里用。要在其他地方用这个函数，函数的定义环境里就必须有同样的外部变量。

还要注意：由于外部变量可以在整个程序里使用，这意味着在整个程序里不能出现重名的外部变量，否则连接会出问题。由于连接时还要用到 C 语言的标准程序库，因此在编写程序时还要注意，所定义的外部对象的名字不能与程序库里的名字冲突。

5.5.2 作用域、存在期和变量类

一个变量定义实际上说了几件事：(1) 定义了一个具有特定类型的变量，它可保存这种类型的值；(2) 给变量命名。实际上，这个定义还说明了另外两个问题：

1. 在程序中哪个范围内这个变量定义是有效的，也就是说，在哪个范围里可以用这个变量名去说这个变量，对它进行取值和赋值。每个变量定义都有一个确定的作用范围，这个范围称为该变量定义的*作用域*。作用域由变量定义的位置确定。
2. 变量的实现基础是内存单元。变量在程序运行中建立（程序结束时，其中定义的所有变量都撤销了，下次再执行这个程序时不能再用上次执行结束时各变量的值），实际上，各种变量存在的时间也可能不同。一个变量在程序执行中存在的那段时期称为这个变量的*存在期*。有关变量存在期的规定更复杂一些。

作用域和存在期是程序语言里的两个重要概念，把它们弄清楚，许多问题就容易理解了。作用域和存在期之间有联系但又不同。作用域关注的是变量定义的作用范围，说的是源程序里的一段，可以在代码中看清楚，是一个静态概念。存在期则完全是动态概念，讲的是程序执行过程中的一段时间。变量在其存在期里一直保持着自己的存储单元，只要不赋值，存在这些单元里的值就保持不变。在作用域和存在期这两方面，外部变量和函数里的普通变量（C 语言称为*自动变量*）的性质截然不同。

外部变量和自动变量

一个外部变量定义的作用域是从其定义位置开始的整个源文件，通过外部变量声明可以在程序中任何地方都能通过变量名使用这个变量。函数里的一个局部变量定义的作用域是这个定义所在的最小复合语句，在此复合语句之外该定义无效。因此外部变量是*全局的*，函数里的变量是*局部的*。函数形参也看做是局部变量，作用域是函数体。

这方面的一个常见错误认识与 main 函数有关。初学者知道 main 的地位特殊，常误认为 main 就是全局，其中定义的变量可以在其他函数里用。其实，从作用域角度看，main 只是一个普通

函数，其内部定义同样是局部的，只能在它的函数体内使用。

另一方面，外部变量的存在期是程序的整个执行期。也就是说，程序开始执行时所有外部变量都已定义，有了确定存储位置。外部变量的这种有定义状态一直延续到程序结束，它们与相应存储位置的关联也始终保持不变。由于全局变量的作用域具有全局性，多个函数都可能访问它们。如果一个函数把数据存入这种变量，另一个函数就可以通过同一变量使用保存的数据。因此，全局变量也可以看做是函数间交换数据的一种通道，利用它们交换数据，程序写起来直截了当。后面章节里有这方面的例子。

自动变量的情况完全不同。一个复合语句里定义的自动变量的存在期就是这个复合语句的执行期。也就是说，复合语句开始执行时创建其中定义的变量，执行结束时撤销它们。如果执行再次进入这一复合语句，就再次建立这些变量，新建变量与上次执行时建立的变量无关，可以看做另一组变量。正是由于自动建立和撤销，C 语言称其为*自动变量*。

看下面的函数定义：

```
int fun (int n) {
    int m, i;

    for (m = i = 0; i < n; ++i) {
        int k = m + 1;
        m = k + i * i;
    }

    return m;
}
```

在函数 fun 被调用时，首先建立 n 并用实参给予它初值，而后建立变量 m 和 i。函数执行中每次进入循环体时建立变量 k 并给它初值，循环体结束时撤销 k。函数 fun 的局部变量 n、m 和 i 生存到函数返回为止。如果下次再调用 fun，就会重新建立名字为 n、m 和 i 的另一组变量，在函数 fun 的一次新的执行中使用。

假设有下面程序段：

```
for (n = 0; n < 10; n++) {
    int m;
    if (n == 0) m = 2;
    /* 循环执行第二次到达这里时 m 的值无法确定 */
    ......
}
```

按上面解释，每次循环体开始时建立名为 m 的新变量。第一次循环时 n 值为 0，所以 m 被赋值 2。但在第二次及其后的循环执行中 if 的条件不成立，相应赋值不执行，到写注释的位置 m 的值仍不能确定。请注意这里所说“值无法确定”的含义，由于新建立的 m 没赋过值，这时我们对它的值没有任何保证。

上面的讨论实际上说明了 C 程序里的两种作用域：一种作用域是整个程序，称为全局作用域；另一种作用域由复合语句确定，每个复合语句确定了一个作用域，是局部作用域。全局作用域是所有外部定义（外部变量定义、外部函数定义等）的作用域，而局部定义的作用域是局部的。C 语言还有一种以源文件为单位的作用域，下面讨论。

此外，一个变量“在不在作用域里”与“能不能使用”，有时不是同一件事。假设某外部变量的定义出现在源文件的后面，此前代码就无法直接使用这个变量（看不到它的定义或声明），如果要用这种变量，就必须把变量定义前移，或在前面加入相应的外部变量声明。

变量定义的嵌套

多种作用域的存在会造成作用域嵌套。作为函数体的复合语句嵌套在全局作用域里，形成了作用域嵌套。复合语句里还可以有嵌套的复合语句，形成作用域的进一步嵌套。函数定义只能出现在全局作用域里，不会出现嵌套定义的问题。变量的情况就不同了，变量定义可以出现在任何复合语句里，不同变量的作用域有出现嵌套的可能性。

这方面的基本规定是：在同一作用域里，不允许定义两个以上的同名变量。也就是说，作用域相同的变量不能同名，否则使用哪个变量就没法确定了。

另一方面，在不同的作用域里则容许定义同名变量，人们也经常这样做。例如下面程序段的主函数和函数 f 里都定义了名字为 x 和 n 的变量：

```
int f(...) {
    double x, n;
    ......
}

int main (void) {
    double x, z;
    int n, m;
    ......
}
```

这样做毫无问题，无论是同类型的 x，还是不同类型的 n，两个变量虽然同名但是互不相干（它们的作用域不同），只是它们恰好具有同样的名字。

另一种情况需要特别提出，这就是在两个嵌套的作用域里出现了同名变量定义，这时两个变量之间有什么关系呢？例如，下面程序段里有变量 x 的两个定义：

```
{
    int x, y;
    ......
    while (...) {
        double x;
        ...x...
    }
    ......
}
```

首先，前面的规定仍然有效：在不同作用域里定义的变量，即使同名，无论类型相同还是不同，它们总是两个不同的变量，互相之间没有任何关系。

但是这里出现了一个新情况：代码段的外层复合语句是外层变量定义的作用域，而作为循环体的复合语句是内层变量定义的作用域。显然，循环体之外不在内层 x 定义的作用域里，在那里内层的变量定义无效。但内层的复合语句出现在外层变量定义的作用域内部，按规定，外层变量定义在这里有效。这样，循环里出现的变量 x 究竟应该算哪个 x？是外层的还是内层的？C 语言规定：如果内层的复合语句里出现同名变量定义，外层定义将被内层的同名定义遮蔽。对上面例子，外层 x 的定义被位于循环体里的同名变量定义遮蔽了，因此，循环体里的 x 总表示在内层定义的那个名字为 x 的双精度变量。

与此类似，也可能出现全局变量被函数里的同名局部变量定义所遮蔽的情况。

静态局部变量

本节从一个小问题出发，看另一种变量的意义。

例 5.7 静态局部变量的定义和使用。设现在需要一个函数，调用一次它输出一个空格，调用到第 10 次时它输出一个换行。把这个函数命名为 format，它没有参数。这种函数有时也有用处，例如，可以用它改造前面打印完全平方数的程序，使每行输出 10 个数：

```
for (n = 1; n * n <= 200; n++) {
    printf("%d", n * n);
    format();
}
```

现在考虑如何定义这个函数。显然这里需要一个计数变量，每次调用把它加 1，发现变量值达到 10 时就输出换行符并将计数器归 0。第一个想法可能是写出下面定义：

```
void format(void) {
    int m = 0;

    if (++m == 10) {
        putchar('\n');
        m = 0;
    }
    else putchar(' ');
}
```

可惜这个定义不行，无论调用多少次都不输出换行符。根据前面关于变量性质的讨论，不难发现个中缘由（如果读者还没明白，请重读前节内容）：m 是局部自动变量，每次函数调用建立新的 m 并初始化为 0，所以，无论调用 format 多少次 m 也不可能达到 10。

不难看到，为了完成这里所需要的工作，这个函数必须在自己的两次调用之间传递信息，因为每次都需要知道此前本函数已调用的次数（上次输出换行之后调用的次数）。由于存在期的限制，自动变量无法胜任这种信息传递工作。

一个解决办法是把 m 定义为外部变量。这样，m 的存在期不依赖于函数调用，其值也能在函数调用之间保持不变（只要在此期间没给它赋值），从而可以完成传递信息的任务。外部变量可以用在任何函数里，format 里当然可以用它。下面是修改后的定义：

```
int m = 0;

void format(void) {
    if (++m == 10) {
        putchar('\n');
        m = 0;
    }
    else putchar(' ');
}
```

这一函数已经能正常工作了。

然而这个函数定义有一个重要缺陷。按照设想，m 保存的是 format 的私用数据，但是为了完成所需工作，这里不得不把它定义为外部变量。而一旦被定义为外部变量，任何函数就都可以使用它了。这样，程序的其他部分就有可能不恰当地使用 m（例如由于不慎把局部变量 n 写成了 m），可能导致 format 计数错误，而且还可能掩盖了程序里的其他错误。当然，这里的计数正确与否无关紧要，因为只是一个小例子。但是，如果变量里保存的是重要数据呢？信息的隐蔽与保护就是非常重要的问题，小到简单程序的组织，大到关系国家安全的重要计算机系统，都必须关注这个问题。

这个小问题实际提出了对另一种变量的需求，这种变量的作用域应该是局部的，定义在函数体里面，从而保证信息的私密性，避免其他函数有意无意的越权访问；而其存在期应是全局的，因此可以跨越函数的不同调用，在两次调用之间传递信息。此外，这种变量的初始化应只进行一次。C 语言的**静态局部变量**就是这样的变量。静态局部变量的定义位置与其他局部变量一样，另加关键字 static 指明其特殊性。静态局部变量的性质就是上面三条：局部作用域、全程存在期、一次初始化。

完成上面工作的更合理函数定义是第一个 format 定义的简单修改：

```
void format(void) {
    static int m = 0;

    if (++m == 10) {
        putchar('\n');
        m = 0;
    }
    else putchar(' ');
}
```

这样既保证了功能正确，又保证了局部数据的安全性，这也体现了静态局部变量的价值。

例 5.8 随机数生成器。静态局部变量的典型应用是实现随机数生成函数，每次调用时产生一个随机数。前面介绍过标准库的随机数功能，现在考虑如何定义一个自己的随机数生成函数。由于每次调用都需要用前次得到的递推值（种子值），必须用一个变量保存它。显然该值不能用自动变量保存，静态局部变量是一种合理选择。下面是个例子。请读者考察这个定义，看看它产生的序列是否具有较好随机性。如果发现缺陷，请设法改进。

```
int random () {
    static unsigned long seed = 1;
    return seed = (seed * 1103515245 + 12345) % 32768;
}
```

外部静态变量

全局变量的一个缺陷是作用域太大，是整个程序。当程序很大时，这种情况就可能变成问题。例如，一个大型程序可能由几个人或几个小组共同开发。要防止全局名字冲突，就必须事先商定所有的外部变量名，外部变量很多时就非常麻烦。为了缓解这一问题，C 语言提供了一种作用域局限为一个源程序文件的外部变量，称为*静态外部变量*（这个静态与局部变量的静态毫无关系）。这种变量也是外部变量，定义时加上关键字 static。静态外部变量能（且只能）在其定义所在的源程序文件里使用。

C 语言还允许把函数定义为静态，方式是在返回类型前面加 static。这样定义的函数也只能在一个源文件内部使用，也是为帮助避免函数名冲突，支持大系统的开发。在不同源程序文件里定义的静态函数，即使名字相同，也不认为是同一函数。

5.5.3 变量的其他问题

本节介绍与变量有关的另一些情况。

变量的初始化

前面讲过，变量定义时可以直接初始化，方式是加一个初始化部分。例如：

```
int n = 5, k, m = n;
```

这不仅定义了三个整型变量，还为其中的两个指定了初始值。

外部变量（包括外部静态变量）和局部静态变量在程序开始执行前定义，初始化也在程序执行前完成且只做一次。这种性质也是保证例 5.7 最后一个 format 函数能正常工作的重要因素。由于要在程序执行前完成，所以初始化表达式有严格限制，只能用无须执行程序就可以求出值的表达式。最常见的是文字量或枚举常量，也允许用文字量、常量及基本运算符构造的表达式，但不能包含涉及赋值的运算，如增量/减量运算等。

复合语句里的自动变量将按定义顺序逐个建立，如果变量定义包含初始化（是表达式），就用该部分求出的值设置变量值。基本类型的自动变量对初始化表达式的形式没有限制，其中可以引用当时有值的任何变量，甚至可以包含函数调用。只是表达式的类型必须符合变量类型的需要（可转换）。函数参数的初始化由函数调用确定，在执行进入函数体前完成。由于自动变量在每次执行进入其定义域时重新定义，因此每次都重新初始化。

定义变量时可以不写初始化部分，它们有默认的初始化方式。如果定义外部变量和局部静态变量时未写初始化部分，系统自动将其初始化为 0 值。如果定义自动变量时不提供初始值，系统不自动做初始化，定义后变量处在未初始化状态。直接使用未初始化自动变量的值显然没道理，是一种常见程序错误，一些编译器能对此提出警告。

常变量

常变量指加前缀关键字 const 定义的变量。这种变量的特点是其值只能通过初始化给定，在其存在期里总代表同一个值，不允许再赋值。下面是一个常变量定义：

```
const int num = 10;
```

读者可能要问，常变量有什么用呢？直接用字面量不够吗？首先，常变量有名字，有名字的东西可以共享，可以在不同地方用。人们经常在程序里定义一批常变量，例如：

```
const double Pi = 3.14159265;
const double E = 2.71828;
```

我们可以定义任何类型的常变量，这是常变量与 enum 定义的枚举常量不同的地方。下面有一节专门对 C 语言里定义“常量”的不同方式进行讨论和比较。

另外，如果常变量定义出现在局部作用域里，那么它也是在执行中动态建立和初始化的，每次初始化的值完全可以不同。也就是说，虽然常变量在存在期间始终保持一个固定值，但由同一局部定义两次建立的常变量却可能保存着不同值。看下面例子：

```
for (i = 2; i <= 200; i+= 2) {
    const int n = i * i;
    ……
}
```

每次进入循环体将建立一个新的常变量 n，它的值在循环体的不同执行中是不同的。

与常变量类似，函数也可以有常参数。这种参数同样由实参提供初值，但不允许在函数体里对它们重新赋值。常参数的定义形式也是在类型描述前加 const 关键字：

```
int f(const int n, int m) { ……}
```

实际上，C 程序里使用更多的常参数是常指针参数，有关情况见讨论指针的第 7 章。

寄存器变量

局部自动变量可加关键字 register 定义为*寄存器变量*。寄存器是 CPU 里的临时数据存储单元，其特点是速度最快而数量最少，是最紧缺的存储资源。定义寄存器变量是想告诉编译器：这个变量对程序效率的影响较大，最好把它安排在寄存器里。这种描述符只是优化提示，实际安排还是由编译器决定。寄存器的一个特点是没有地址，因此不能做第 7 章介绍的与地址有关的操作，即指针操作。下面函数里的 i 和 n 都被定义为寄存器变量：

```
int fun (register int n) {
    register int i;
    ……
}
```

由于现代计算机系统越来越复杂，而且各种成熟的编译器都能针对具体系统和具体程序的情况做许多有价值的优化，而编程者认为重要的优化则未必真正有效。因此，最好还是将优化的考虑留给编译器处理，不必过多考虑使用 register 描述。

5.6 预处理

用 C 语言处理系统（包括编译器等）把源程序转变为可执行程序的过程称为“C 源程序的加工”。这一加工过程分为三步：预处理、编译和连接，图 5-8 描绘了这个过程的完整情况。其中预处理和编译都可能是处理（属于同一程序的）一组文件而生成另一组文件，连接是把一组目标文件和取自函数库的代码连接成一个完整的可执行程序。

前面介绍过编译和连接两个加工步骤，本节介绍预处理，这一工作由一个预处理程序完成。任何 C 系统都有一个预处理程序，它负责处理源程序里所有的预处理命令，生成出不含预处理命令的源程序。C 语言提供预处理命令的目的就是为了方便编程。

预处理命令以独立的预处理命令行的形式出现在源程序里，# 是其特殊的引导符号。如果源程序里某行的第一个非空格符号是 #，这就是一个预处理命令行。预处理命令的作用是要求预处理程序完成一些操作，下面分别介绍各种预处理命令的情况。

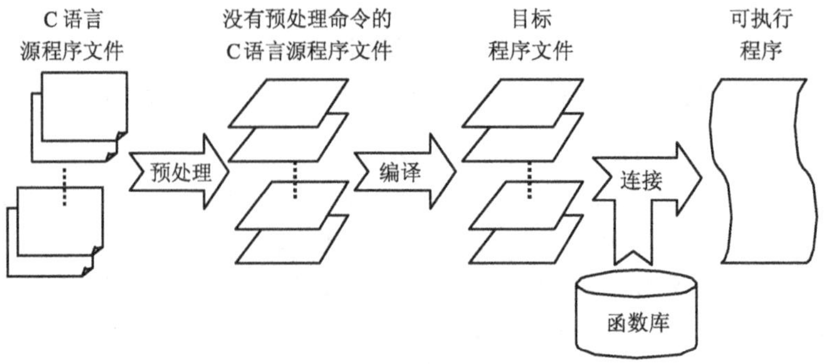

图 5-8　C 语言程序的加工过程

5.6.1　文件包含命令

前面例子程序里反复出现以 #include 开始的行，这就是文件包含命令行，其作用是把指定文件的内容复制到当前源文件里。文件包含命令有两种形式：

```
#include <文件名>
#include "文件名"
```

两者的差异在于查找文件的方式。对第一种形式，预处理程序直接到系统指定的某些目录中去查找所需文件，目录指定方式由具体系统确定，通常指定几个系统目录。对第二种形式，预处理程序先在源文件所在的目录里查找，如果没找到再到系统指定的目录去查找。这样，包含系统文件（如标准库文件）时应该用第一种形式；而如果要包含自己的文件，该文件保存在与被处理源程序相同的目录下，就应该用第二种形式。

文件包含命令的处理过程是：首先查找所需文件，找到后就用该文件的内容取代这个包含命令行。替换进来的文件里如有预处理命令，也将被处理。

在前面的例子程序里，我们都包含了一个或几个标准头文件（这种文件以 .h 作为扩展名，也称 .h 文件）。标准头文件通常以文本文件形式保存在 C 语言系统目录的子目录里（子目录名通常为 include 或 h），文件内容主要是标准库函数的原型声明、标准符号常量的定义等。用 #include 命令包含这种文件，相当于在源程序文件前部写出这些函数的原型等，这些信息对于保证编译器正确处理标准库函数的调用是至关重要的。

文件包含命令的最重要用途是组织程序的物理结构，使我们能以多个源程序文件的方式开发较大的程序，直至非常复杂的软件。这方面的讨论见第 10 章。

5.6.2　宏定义与宏替换

以 #define 开始的行称为宏定义命令行。宏定义有两种形式，下面分别介绍。

简单宏定义

简单宏定义的形式是：

```
#define  宏名字  替代正文
```

*宏名字*是任一标识符，至少一个空格后的*替代正文*可以是任意一段正文，其中可以包含程序中能出现的任何字符（也包括空格等），一直延续到本行结束。如果需要写多行的替代正文，可在行末写一个反斜线符“\”（注意，反斜线后应紧跟换行符），这将使下一行继续被当做*替代正文*（反斜线符和换行都丢掉）。宏定义的作用就是为*宏名字*定义替代。

在处理一个源文件的过程中，预处理程序记录遇到的所有*宏名字*及其替代。如果遇到已有定义的宏名字，它就用相应替代正文替换它，这种操作称为*宏替换*或*宏展开*。替代正文里也允许出现宏名字，它们将被继续展开，直到不需要展开为止。注意，在宏展开过程中只检查完整的标识符，字符串里的同样字符序列并不被看做宏名字。

如果一个宏名字的替代正文是数值或可以静态求值的表达式，这个宏名字在程序某处出现，就相当于在那里写了这个数值或表达式，这也被看做一种定义符号常量的方式。在许多书籍和材料中可以看到程序前面有如下形式的宏定义：

```
#define START 0
#define END 300
#define STEP 20
```

这几个定义产生的效果与前面用 enum 定义枚举常量类似，不过是通过预处理的宏替换实现的。对这两种方式的比较见下一节。此外，由于宏替换里的替代正文可以是任何正文段，我们完全可以用这种方式定义代表任何东西的宏名字，下面是两个简单例子。

例如，如果定义了：

```
#define SLD static long double
```

此后，宏名字 SLD 就代表 static long double。假如程序里出现：

```
SLD x = 2.4, y = 9.16;
```

经过替换后，这一行就会变成：

```
static long double x = 2.4, y = 9.16;
```

和直接写类型一样。这里的替代正文是几个标识符的序列。

例如，如果定义了：

```
#define NOSTOP while(1)
```

程序中出现的所有

```
NOSTOP { …… }
```

宏展开后这段代码成为一个条件为真的循环（条件部分是整数 1，对它求值永远不是 0，因此这个循环的条件始终成立）。这里的替代正文根本不是完整的 C 程序结构。

预处理程序并不检查宏定义中的替代正文是否为合法的 C 语言结构，也不检查替换之后的结果是否为正确的 C 语言程序段，它只是简单地完成文本替换工作。给出适当的替换正文，正确使用已经定义好的宏，都是编程者的事情。

带参宏定义

带参数宏定义的形式是：

```
#define  宏名字(参数列表)  替代正文
```

与前一形式的不同在于宏名字后紧跟一个左括号（之间不能有空格），括号里可以写逗号分隔的若干标识符作为宏参数名。右括号之后是替代正文，可为任意字符序列。

使用带参宏时，不但要给出宏名字，还要用类似函数实参的形式给出各宏参数的替代段，多个替代段之间也用逗号分隔，这种形式也称为一个宏调用。对宏调用的替换分两步进行：首先用实际替代段去替换宏定义的替代正文里出现的各个宏参数，然后把替换的结果（展开后的替代正文）代入程序里出现宏调用的位置，形成宏替换的最后结果。

例如，定义求两个数据之中较小的一个的宏。这个宏可以如下定义：

```
#define min(A, B) ((A) < (B) ? (A) : (B))
```

如果程序中某处出现语句：

```
z = min(x + y, x * y);
```

在预处理时，先把替代正文段里的 A 都替换为 x + y，B 替换为 x * y，而后再把替换结果带入程序代码中。上面语句展开后是：

```
z = ((x + y) < (x * y) ? (x + y) : (x * y));
```

带参宏的使用形式与函数调用类似，其作用似乎也类似，但实际上两者是不一样的。首先，宏定义和调用中不考虑类型问题。例如上面宏定义可以对任何合理的（数值）类型使用。在执行方面，宏调用将在预处理时被现场展开，不像函数那样在运行中调用。一个宏在程序里某个地方能否使用、使用后会发生什么情况（例如会不会产生类型转换）、能否得到预期效果等，完全看宏展开之后的情况。

带参宏有几个值得特别注意的问题。首先，宏展开有可能引起对参数的多次计算，而从宏调用的形式上完全看不到这种情况。例如上面定义的 min，展开之后总会有一个参数表达式被计算两次，这种情况有时会带来奇怪后果。请看下面调用：

```
z = min(n++, m++);
```

展开的结果是：

```
z = ((n++) < (m++) ? (n++) : (m++))
```

无论变量 n 和 m 在语句执行前的情况如何，总会有一个变量做了两次增量操作。这个情况在程序正文中完全看不到，很可能成为程序里难以发现的错误。

此外，人们通常都在带参宏的替代正文里写许多括号，原则是把参数在替代正文里的各个出现都用括号括起来，把整个替代段也括起来。这样做是为了防止展开后由于运算符的优先级而引起问题。假设我们不这样做，定义了下面的求平方宏：

```
#define square(x) x * x
```

从表面上看它完全没有问题，但在特定环境下却可能出事故。考虑下面的调用：

```
z = square(x + y);
```

宏展开后得到的是：

```
z = x + y * x + y;
```

这个结果显然不可能是写程序的人所希望的（请考虑它怎样求值）。

宏定义从定义处开始起作用，直到本源程序文件结束。不允许对一个宏名字重复定义。C 语言提供了另一个预处理命令 #undef，用于取消已有的宏定义。用

```
#undef 宏名字
```

可以从这个命令出现的位置开始取消对宏名字已有的定义。

标准库的一些常用“函数”实际上是用宏定义实现的。例如前面程序里反复用过的 getchar、putchar 等，以及头文件 ctype.h 中定义的各种字符分类操作。在使用这些东西时需要特别注意，给它们的参数应尽量简单，避免多次求值而造成的程序错误。

有时人们也借助于宏定义来简化程序书写。带参宏在这方面的效果类似于函数，但也有不同之处。采用宏定义的方式，由于相应的宏调用在调用处展开，可以避免执行中的函数调用带来的额外开销，因此可以提高执行效率。另一方面，宏展开会导致程序代码膨胀，使最后的可执行程序变大。此外，复杂的宏定义展开后的情况可能很复杂，从而导致程序里的错误难以定位和排除。因此，我们应特别注意宏定义的“正确性”。

初学者写宏定义时，一个常见错误是在替代正文后面不适当地多写了一个分号。按照宏定义的展开规则，宏名字之后的所有东西都被当做替代正文，这样，在替代正文中的分号也会被代入程序里，从而造成程序错误。例如，下面是一个有问题的宏定义：

```
#define NUM 10;
```

在这样定义之后，程序里的

```
for (i = 0; i < NUM; ++i) { …… }
```

就会被展开为：

```
for (i = 0; i < 10;; ++i) { …… }
```

造成编译出错。这种情况显然不是我们所希望的。

C 语言里的宏是一种简单的正文替换机制。预处理做的宏替换就是简单的正文替换。这里不检查程序的语法形式，更不会处理类型等问题，只是用一段正文去代替另一段正文。一般说，在

写程序时如果有其他机制能解决问题，最好用其他机制，如枚举定义、常变量、函数等。它们的意义更清晰，更不容易用错，编译器也能帮助我们做更多的检查。

5.6.3 条件编译命令

另一组重要预处理命令在简单程序里不常见，它们实现条件编译，其作用是在源程序里划出一些片段，使预处理程序可根据条件保留或丢掉一段，或从几段中选择一段保留。实现条件编译的预处理命令有四个，分别是：

```
#if     #else     #elif     #endif
```

其中 #if 和 #elif 命令以一个能静态求出整型值的表达式作为参数。另外两个没有参数。条件编译命令的常见使用形式有如下三种：

```
形式一：
#if  整型表达式
  …… /* 代码片段，条件成立时保留 */
#endif

形式二：
#if  整型表达式
  …… /* 代码片段，条件成立时保留 */
#else
  …… /* 代码片段，条件不成立时保留 */
#endif
形式三：
#if  整型表达式
  …… /* 代码片段，条件成立时保留 */
#elif  整型表达式
  …… /* elif 部分，可有多个 */
#elif  整型表达式
……
#else
  …… /* 代码片段，条件都不成立时保留 */
#endif
```

其中整型表达式是预处理条件，值为 0 表示条件不成立，否则就是条件成立。这里常用 ==、!= 等做判断，例如判断宏定义的符号是不是等于某个值等。形式一描述在一定条件下保留或丢掉一段代码；形式二用于在两段代码中选择一段；形式三与形式二类似，但根据多个表达式从若干代码段里选一段。注意，选取都在预处理阶段完成，得到的程序是选择后的结果，选取命令行和应丢掉的片段都没有。条件编译命令也允许嵌套。

为了方便，C 语言提供了一个特殊谓词 defined，其使用形式有两种：

```
defined 标识符      或   defined(标识符)
```

当标识符是有定义的宏名字时，defined(标识符) 将得到 1，否则就得 0。这种表达式常被作为条件编译的条件。此外还有两个预处理命令 #ifdef 和 #ifndef，它们相当于 #if 和 defined 组合的简写形式：

```
#ifdef 标识符       相当于   #if defined(标识符)
#ifndef 标识符      相当于   #if !defined(标识符)
```

5.6.4 定义常量

根据前面的讨论，如果 C 程序里需要“常量”，我们有了三种不同定义方式：可以用 enum 定义枚举常量，可以用 const 修饰符定义常值变量，还可以用宏定义方式“定义常量”。如果程序里确实需要一些“常量”，应该如何选择定义方式呢？下面谈谈目前人们的一般看法及其道理，供希望进一步了解详情的读者参考。这里并不想分析什么是常量，哪里需要常量或需要什么常量，只是希望从实践角度看一些典型情况的选择。

首先，人们认为宏定义是一种完全没有约束的最鲁莽的正文代换。代换方式和结果不受任何限制，完全不顾程序的语法和语义。利用它可以把程序里的标识符代换为任何东西，可能导致源程序的意义变得难以理解。因此，正确的原则是：尽可能少用宏定义，在能用其他方式的地方总采用其他更容易把握的方式，尽量用 enum 和 const。

在变量定义前加 const 定义的是 const 变量。这种变量在其他方面与非 const 变量一样，但其值只能通过初始化给定，不能再重新赋值。可以定义各种类型的 const 变量，定义位置决定它们的作用域和存在期，何时建立和初始化等。但是，const 变量也是变量，因此不能用在常量表达式里。例如，不能用在 case 标号里，不能用于描述枚举常量的值，不能用于初始化外部变量。（后面还会看到，const 变量不能用在数组定义里描述元素的个数，也不能用于初始化数组和结构、联合变量等。）

枚举常量的值为 int 类型，只能用于定义 int 常量。这种常量可以用在上面说的各种不能用 const 的地方，包括用于 case 标号，初始化其他枚举常量，初始化全局变量等。只要可能，应尽量用枚举常量。这种方式简单，且可以方便地定义一批常量。

当然，如果需要非整数的常量，那么就只能考虑用 const 了，例如：

```
const double Pi = 3.14159265;
const double E = 2.71828;
```

只有在其他两种方式都不合适，而用宏定义又能带来特别方便时，才应考虑宏定义。

5.6.5 单词计数问题

现在举一个有意思的例子，在解决这一问题时，我们用了一种很有效的分析和描述问题的方法。读者不仅应该注意这个例子本身，还应当注意其中的方法。这种方法可能帮助把问题分析清楚，使程序写得更简洁，也更容易写正确。

例 5.9 单词计数和有穷自动机的使用。一个正文文件可以看成一个字符序列。在这个序列里，有效字符被各种空白字符（包括空格' '、制表符'\t'、换行字符'\n'等）分隔为一个个单词。现在要求写一个程序，统计正文文件里单词的个数，最后给出统计结果。

显然程序里需要用一个计数器变量，处理中遇到一个单词就把计数器加 1。由于不知道被处理文件的内容，我们考虑用 getchar 读入。主要部分的框架可写为：

```
while (文件未结束)
    遇到一个词时计数器加 1;
打印统计信息;
```

用 getchar 输入，文件结束的判断很简单。剩下的问题就是如何确定“遇到一个词”，只要能完成这一工作，整个问题就迎刃而解了。

按题目要求，在逐个读入检查字符时只需区分是否为空格。不是空格的字符总是某单词的一部分，空格仅起分隔不同单词的作用。易见，在顺序输入中，只要能确定当前字符是单词的首字符，就知道又遇到了一个新单词，应该把词计数器加 1。问题是：即使当前字符不是空格，它也未必是新词开始，还依赖于前一字符是否为空格。可见这里的处理不能孤立进行，要参考前面的历史。或者说，处理中需要记录遇到的情况以便后面工作中参考。

通过分析，可以总结出读入过程中的前后关系：（1）当前字符是空格，这时应通告后面步骤——如果遇到了非空格字符，那就是遇到了新词；（2）当前字符不是空格，说明正处在处理一个单词的过程中，无论遇到什么字符都不是新词的开始。

在计算机领域，人们常把这类情况看做处理过程的不同状态，说这个读入过程有两种状态。状态 1：过程处在单词之外（如果遇到非空格字符就是新词）；状态 2：处在单词内部（不会遇到新词）。在读字符的过程中，程序的状态也将随情况不断转换。这种过程在计算中很典型，人们提出了一种模型来描述这种动态过程，它可以清楚地反映一个系统的状态、状态转换、转换条件、转换时的动作等。这种抽象模型称为自动机。

如果用 IN 和 OUT 作为读入过程中当时处在词内部或外部的状态标志，程序读入字符的动态过程可以用图 5-9（自动机的图形表示方式）形象地描述。

现在可以用状态和状态转换的方式描述问题了：（1）读入处在 IN 状态读到非空格时状态不转换，读到空格转到 OUT 状态。（2）读入处在 OUT 状态时读到空格不转换，读到非空格字符转到 IN 状态。不难看到，出现最后一种情况时遇到了新单词。

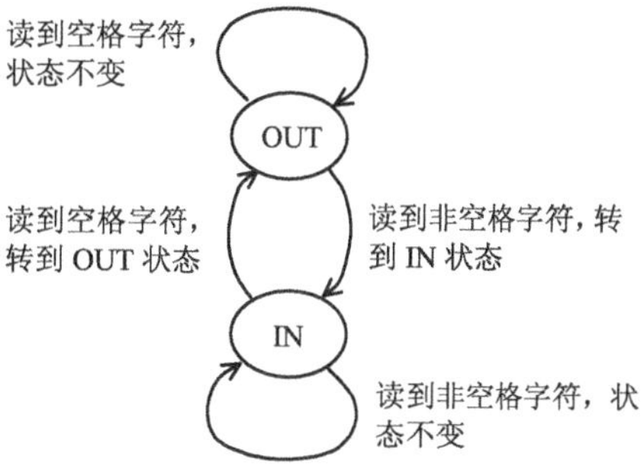

图 5-9　描述读入状态转换的自动机

下面要做的就是把分析清楚的过程用程序语言写出来。实现上述过程需要记录工作状态，为此我们引入一个状态变量 state，其值可取 IN 或 OUT，表示当时的读入状态。IN 和 OUT 用符号常量表示，只要求这两个值不同（程序不能同时处在两种状态）。这样，对当前字符（假设它存放在变量 c 里）的处理可以用下面程序片段描述：

```
if (isspace(c)) /* 遇到空格等 */
    if (state == IN)
        state = OUT;
    else            /* state 为 OUT */
        state = OUT;
else                 /* 不是空格 */
    if (state == IN)
        state = IN;
    else {          /* state 为 OUT */
        state = IN;
        ++count;
    }
```

这里的 count 是计数器变量，这一程序片段与上面自动机直接对应。不难看出，这种直接翻译引进了一些冗余动作，下面是一个完整程序，处理读入字符的代码做了简化：

```
#include <stdio.h>

enum { OUT = 0, IN = 1 };

int main () {
    int c, count = 0, state = OUT;

    while ((c = getchar()) != EOF)
        if (isspace(c))
            state = OUT;
        else if (state == OUT) {
            state = IN;
            ++count;
        }
    printf("word count: %d\n", count);

    return 0;
}
```

当然，完全可能用其他方式实现这一自动机模型。例如，下面程序采用了另一种实现方式，请读者自己分析和理解：

```
#include <stdio.h>

int main () {
    int c = ' ', count = 0;
```

```
    while (c != EOF) {
        while ((c=getchar()) != EOF && isspace(c))
            ;
        if (c == EOF) break;
        ++count;
        while ((c=getchar()) != EOF && !isspace(c))
            ;
    }
    printf("word count: %d\n", count);

    return 0;
}
```

用空格字符给 c 赋初值，只是为了保证循环开始时不会出问题。

这个例子里用的分析和描述方法都很重要。本章的一些练习也可采用类似技术描述和处理。自动机是一类抽象计算模型，这里用的是最简单的有穷状态自动机。自动机理论是计算机科学的一个重要领域，既有理论价值也有实用价值。这方面的进一步情况可以参考其他书籍。人们在计算机应用和程序设计实践中提出了许多模型，这些模型能应用于实践，作为分析和描述问题的工具。许多模型还有深刻的理论价值，帮助我们进一步认识计算过程、程序、程序设计的规律性。在对计算机领域知识的进一步学习中，希望读者能有意识地关注这些模型和理论的作用及其重要性。

5.7 字位运算符[⊖]

计算机里的数据都用二进制编码形式表示，位（二进制位，bit）是最基本的编码单位，也是最小的数据表示单位。在实际问题中，有些对象的变化情况很简单，只用一个或几个位就能表示。例如前面单词统计程序，其中的读入状态（state）只有两种不同情况，用一个二进制位就够了。如果在程序里这种数据对象很多，把它们都表示为某种现成类型的对象，就可能造成很大的存储浪费。一种可能解决办法是把多个这类数据对象存入一个基本数据类型的变量或常量里。此外，系统程序也常常需要直接操作二进制位数据。例如，硬件的工作状态信息通常用二进制位串的形式表示，操作硬件时常需要用位串形式发命令。为了面向复杂的系统程序设计，C 语言特别提供了对二进制位的操作。这里介绍有关的运算符：字位运算符，也称为按位运算符。

先介绍基本位运算，它们是 C 语言的字位运算符的基础。一个二进制位只能取值 0 或 1，位运算就是对二进制位的运算，从一个或两个 0/1 值出发，算出 0/1 结果。常用位运算共有四个，其中“否定”为一元运算，其他都是二元运算，运算规则很简单：

		位“否定”	位“与”	位“或”	位“异或”
0	0	1	0	0	0
0	1	0	0	1	1
1	0		0	1	1
1	`1		1	1	0

这样，1 和 1“与”的结果是 1，1 和 0“或”结果也是 1，1 和 1“异或”结果是 0。

基于上面位运算，C 语言定义了四个字位运算符，它们可用于各种整数类型对象，得到整型结果。字位运算符把整型数据看成二进制位序列，对每个位分别做位运算。一元字位运算符作用于一个运算对象，二元运算符分别处理两个运算对象的各个对应位得到结果的各个位。这些运算符是：

⊖ 这一节的内容与本章其他部分不同，讨论的是 C 语言一个具体方面。这部分内容比较特殊，与其他部分关系不密切，简单程序里也很少用。读者可根据需要在任何时候学习这一部分，或暂时跳过去。

字位“否定”	~	字位“或”	|
字位“与”	&	字位“异或”	^

看一个例子，假设变量 x 和 y 都是 16 位整数，它们的值分别是：

```
x:  0010,1001,0101,0111
y:  1001,1100,1111,1010
```

对 x 和 y 做各种字位运算，得到的结果如下：

```
~x       1101,0110,1010,1000
x & y    0000,1000,0101,0010
x | y    1011,1101,1111,1111
x ^ y    1011,0101,1010,1101
```

请读者根据这个例子，对照上面说明，设法进一步弄清各字位运算符的意义。

为讨论字位运算符的使用，需要了解掩码的概念。掩码（mask）是程序中专门写出或设法构造出的二进制串，其用途就是为了与其他变量做字位运算。在字位运算中需要构造各种掩码，或直接用字面量的方式写出来，或利用已有数据通过字位运算做出来。人们写掩码时常用十六进制或八进制写法，因为它们与二进制有直接对应关系，这是 C 语言里十六进制和八进制表示的主要用途。下面例子展示了一些构造掩码的方法。

例 5.10 字位运算符和掩码。设 x 是一个 16 位的整型变量（16 位的二进制序列），现在要求写出一个表达式，判断 x 的第 5 位和第 8 位是否都为 0。

表示整数 x 的 16 位二进制序列从低位向高位（从右向左）顺序编号为第 0～15 位，下面是一个例子，其中给出了变量 x 的一个假设值，以便于理解：

	15 0
x	1 0 1 1 0 1 1 0 1 0 1 0 1 1 0 1
掩码m	0 0 0 0 0 0 0 1 0 0 1 0 0 0 0 0

用这里给出的掩码 m 与 x 进行“字位与运算”，就可以把除了第 5 位和第 8 位外的各个位都变成 0，保留下第 5 位和第 8 位的信息。这样，如果用 m 与 x 的运算结果是 0，那就表示 x 的第 5 位和第 8 位都是 0。所以，题目所要求的判断表达式可以写为：

```
(x & 0x0120) == 0
```

如果 x 的这两个位不全为 0，上式里字位运算的结果必然不是 0，所以 0x0120 是我们需要的掩码。用十六进制的形式写掩码，是因为这样写比较方便。

下面说明一些几个常用操作，在使用字位运算的程序里常常用到它们。这里还说明了实现它们应该使用的掩码和运算：

1. 取出被处理数据的某些位：用 & 运算及这些位为 1 其他位都是 0 的掩码；
2. 把被处理数据的某些位设置为 0，其他各位不变（此运算一般称为“复位”或“清 0”）：用 & 运算以及在需要设置的那几个位为 0，其他位都是 1 的掩码；
3. 把被处理数据的某些位设置为 1，其他各位不变（此运算一般称为“置位”或“置 1”）：用 | 运算，以及在要设置的那几个位为 1，其他位都是 0 的掩码；
4. 使被处理数据的某些位翻转（0 变 1，1 变 0），其他位都不变（此运算一般称为“翻转”）：用 ^ 运算，以及在要翻转的那几个位为 1，其他位都是 0 的掩码。

上面的例子用的就是第一种技术。请读者注意，虽然这里写了“设置”、“改变”等词语，实际上只是为了说起来方便。字位运算也像算术运算一样，总是从一个或两个已有整数求出另一个表示结果的整数，它们都不会改变原有的计算对象。

与这三个二元字位运算相对应，C 语言也提供了三个赋值运算符 &=、|= 和 ^=。用它们可以实现改变左边运算对象的操作（把掩码放在运算符的右边）。例如写：

```
n &= 0xfe
```

将把 n 的最低位置 0，其余位不变。

C 语言还提供了另外两个字位运算，它们分别是字位左移和字位右移。这两个运算也把整数看做二进制位序列，分别求出把这个序列左移若干位，或者右移若干位之后得到的序列（整数）。这两个运算符是：左移<<，右移>>。左右移都是二元运算符，左边是被移位数据（看做二进制串），右边的整数指明操作中移多少位。移位可能导致二进制序列一端出现空位。左移后的空出位置补 0。右移导致最高几位空，如果原整数最高位是 0，则这些空位补 0；原数最高位是 1 的填补方式由系统确定。左右移运算也是求出新整数值，相应赋值运算符是“<<=”和“>>=”。下面是例子。

	15															0
x	0	0	1	1	0	1	1	0	1	0	1	0	1	1	0	1
x << 3	1	0	1	1	0	1	0	1	0	1	1	0	1	0	0	0
x >> 2	0	0	0	0	1	1	0	1	1	0	1	0	1	0	1	1

例如：

```
x = 23 << 4;
```

x 得到的移位后的值是 368，因为 23 的二进制编码为 10111，如果整数用 16 位二进制表示，这就是 0000000000010111，左移 4 位得到 0000000101110000，也就是 368。左移的一个特殊用途是实现整数值乘以 2 的幂，1 << 4 的结果是 16。相应地，利用右移可以实现除以 2 的幂的计算。

例 5.11　使用移位和其他位运算。写函数 getbits，它以一个无符号数为参数，返回这个数从第 p 位开始的 n 个位。函数可以写为：

```
unsigned getbits(unsigned x, int p, int n) {
    return (x >> (p + 1 - n)) & ~(~0 << n);
}
```

位编号自右向左从第 0 位开始。右移把需要的 n 个位移到最右边（最低位）。注意掩码构造：对 0 的字位否定得到全 1 的数，把它左移 n 位使该数的低 n 位变 0，高位都是 1。对结果再求否定，就得到了低 n 位都是 1，而高位都是 0 的掩码。正是所需要的。

加密与解密

加密和解密是许多人非常感兴趣，而且又觉得有些神秘的事情，这里把它作为一个程序设计实例。今天实际应用中的各种加密和解密工作都是借助于程序完成的。

假设我们有一个文本文件（当然也可以是其他形式的文件），希望保存它或者传输它，但是不希望别人了解和使用这一文本的内容。做到这一点的一种基本方式就是通过加密改变文件内容的表现形式。为使文件的接收者或者我们自己将来还能看到这一文件的真实内容，还需要有办法恢复文件的本来面目，这就是解密。加密和解密的历史悠久，有关工作可以通过任何一对互逆的动作完成，可以借助于任何辅助信息或手段。从用计算机完成加密/解密工作的角度看，需要做的就是定义出一套系统的改变文件内容的编码方案。当然，还要求这一修改是可逆的，以便能完成解密工作。

例 5.12　简单加密解密函数。考虑一个简单文本加密程序，其工作是读入一些字符，用一个函数对一个个字符做变换，把变换后的字符写出去。这一程序很简单：

```
#include <stdio.h>

int code(int c) { return c + 13; }

int main() {
    int c;

    while ((c = getchar()) != EOF)
        putchar(code(c));

    return 0;
}
```

其中的 code 函数（加密函数）完成对单个字符的加密。作为例子，我们可以用这一加密程序加密其自身的源程序文本（假定程序名是 code），在 DOS 交互状态下可输入：

```
code <code.c >magic
```

这一命令把文件 code.c 送给程序 code 作为输入，并把由标准输出得到的加密结果存入文件 magic。程序完成后就可以在文件 magic 里看到下面这个长长的字符串（为了放在这里显示，我们把它截为 3 行。其中有些奇怪的东西是不可打印的字符）：

```
0v{pyéqr-IÇüqv|;uK↕↕v{ü-p|qr5v{ü-p6-ê-⌂rüé⌂{-p-8->@H-è↕↕v
{ü-znv{56-ê↕----v{ü-pH↕↕----äuvyr-55p-J-trüpun⌂566-.J-R\S
6↕--------}éüpun⌂5p|qr5p66H↕↕----⌂rüé⌂{-=H↕è↕↕↕
```

再写一个对应的解密程序（decode.c）：

```c
#include <stdio.h>

int code(int c) { return c - 13; }

int main() {
    int c;

    while ((c = getchar()) != EOF)
        putchar(code(c));

    return 0;
}
```

用命令

```
decode <magic >original
```

之后，我们又可以在文件 original 里看到原来的信息了（原来的 C 源程序代码）。

用按位异或运算可以写出另一个加密程序，其特点是它自身又是自己的解密函数：

```c
#include <stdio.h>

enum { cd = 0xFF };
int code(int c) { return c^cd; }

int main() {
    int c;

    while ((c = getchar()) != EOF)
        putchar(code(c));

    return 0;
}
```

请读者自己分析其中的情况。

有关加密的研究已有丰富的成果，读者可以找到很多相关文献深入了解。

本章讨论的重要概念

无符号和有符号类型，整数提升，类型选择，do-while 循环，continue 语句，goto 语句，标号，开关语句，标准库函数，扩充函数库，字符分类，随机数生成，抽象，函数分解，程序执行入口，对函数的两种观点，函数封装与接口，形式参数（形参）与实际参数（实参），赋值参数（值参数，值参），函数原型，过时形式，外部定义，外部声明，外部变量（全局变量），外部变量定义，变量声明，定义与声明，作用域，存在期，自动变量，全局作用域，局部作用域，作用域的嵌套，静态局部变量，外部静态变量，变量的初始化，常变量，常参数，寄存器变量，预处理，文件包含命令，宏定义与宏替换（宏展开），带参数的宏，条件命令，状态与转换，自动机，有穷自动机，位运算，字位运算符，加密和解密。

练习

1. 检查你所用的 C 语言系统，弄清其中各数值类型的表示范围。

2. 利用字符分类函数写一个程序，统计文件里出现的十进制整数个数。另写一个程序，统计文件中出现的十六进制整数个数。
3. 一对实数可表示平面上一个点的坐标。一系列实数对，当每个的第一个数为递增时，把它们表示的平面点连起来，可得到一条与 x 轴同方向的折线。由一条这种折线、该折线两端引向 x 轴的垂线及 x 轴本身，形成一个封闭区域的边界。请写一个程序，它接受一系列由标准输入得到的数对，计算这些数对所确定的区域的面积。规定用一对零（两个 0.0）表示输入结束。假定输入数对中的 x 总是递增的，y 的值均不为负。更进一步，如果 y 值可以为负，你能修改自己的程序，使它在这种情况下也能计算正确吗？
4. 定义函数判断一个点与原点的距离是否小于 1，即是否在单位圆内。利用这一函数写一个通过蒙特卡罗方法计算圆周率值的程序：每次计算随机生成两个 0 与 1 间的实数（用标准库随机数生成函数），看它们表示的点是否在单位圆内。生成一系列随机点，统计位于单位圆内的点数与总点数，看它们之比的 4 倍是否趋向 π 值。请生成 100、200、…、1000 个数据点做试验。
5. （1）利用本章讨论的字符图形基本函数，写出打印实心和空心三角形、正方形、六边形的通用函数（设计适当的参数）；写出能打印空心和实心圆形（或椭圆形）的函数。（2）利用本章有关字符图形的基本函数，定义一些画字符图形的有用功能函数，利用它们画一些你感兴趣的图形。（3）改写上述函数，使它能用由参数给定的符号产生输出。改造上述函数，使它能用字符 `A` 拼出一个大 A。对其他几个字母、数字做同样的事。
6. 修改正文中的函数 `format`，让它带一个参数 `n`，并能以 `n` 次调用形成一个周期，前 `n-1` 次调用各输出一个空格，第 `n` 次调用输出一个换行符。
7. 请设计一些程序，检查例 5.8 定义的 `random` 的随机性是否令人满意。
8. 请写出一些数学函数的定义，并用它们和你确定的一些区间，试验例 5.5 中定义的求根函数。检查所得到的根是否令人满意。
9. 请实现一个积分函数，它能求出一个定义好的数学函数在某区间的数值积分。试用矩形方法、梯形方法完成计算，考察它们在不同分割情况下的表现，以及加细分割对积分值的影响。用不同的数学函数试验这一程序。如果函数在积分区间出现奇点，程序将出现什么问题？考虑有什么处理办法。
10. 用牛顿迭代法求方程 $f(x) = 0$ 根的迭代公式是：$x_{n+1} = x_n - \dfrac{f(x_n)}{f'(x_n)}$，其中 $f'(x)$是$f(x)$ 的微商。从给定初值 x 出发反复使用上述迭代公式，可求出方程根的近似值。

    二分法求根的初始情况与弦线法类似，也是从某个两端点函数值异号的区间开始工作。具体方法是每次求出区间中点，根据中点的函数值的符号决定取左半区间还是右半区间作为缩短的区间。不断重复这个操作，直到得到满意的结果。

    请分别写出用牛顿迭代法和二分法求函数根的函数。用它们求一些方程（多项式方程或包含超越函数的方程）在某点附近或某对点之间的根。考察方程的情况与循环次数的关系（这就需要统计程序循环执行的次数）。
11. 请写出如下程序：

    （1）统计输入文件（由标准输入得到）的行数和空格数。

    （2）分别统计输入文件里的元音字母和辅音字母。

    （3）分别统计输入文件里的非空白字符个数和非空的行数。
12. 请写出如下几个程序，完成从标准输入到标准输出的复制：

    （1）在遇到连续的空格字符时只输出一个空格字符。

    （2）每个词放在一行。

    （3）把输入中的每个 tab 字符换成 4 个空格字符。

    （4）把输入中的连续 4 个空格字符换成一个 tab 字符。
13. 写出下面处理 C 源程序的程序，它们由标准输入读，结果送至标准输出。注意，被处理程序里可能有注释、字符串常量（如`"/*"`）或字符常量（如`'"'`），字符和串里可能有换义字符（例如 `"Here the \" is not the end of a string"`）。请检查转换结果，以检查程序的正确性。

（1）一个程序，它读入 C 源程序，向标准输出写删除该源程序中所有注释后的结果。

（2）一个程序，它删除 C 源程序里所有无用字符，使其达到最短并保持程序意义不变。

14. 修改前面完成的统计 C 源程序中的标识符总数的程序，考虑程序中的注释、字符串、字符常量等的影响，保证函数统计结果的正确性。

15. 要取得 0 到 *n*–1 的随机数，一个可能办法是用 `rand() % n`。这样得到的数足够随机吗？取 *n* 值为 2、3、4 等做试验。请找出利用 `rand()` 得到令人满意的随机数的方法。

16. 写函数 `int setbits(int x, int p, int n, int y)`，它求出把整数 `x` 从左端数第 `p` 位开始的 `n` 个位用 `y` 的最右边 `n` 个位替换，其他位都不变的那个整数。

17. 写函数 `int rightrotate(int x, int n)`，它求出将 `x` 向右循环移 `n` 位得到的数（右循环移位：总把从右端移出的位值填补到左边空出的位）。

18. 设计若干加密和解密方法，定义出相应加密和解密程序。注意：由于加密和解密产生出变换后的字节编码，有时会看到一些奇怪现象。例如，加密程序可能将某字符转换为换行符号或制表符，另一更特殊情况是某个字符被转换成文件结束符。这些会影响解密程序的正常运行，可能导致程序无法正常处理该文件。要克服文件结束符带来的问题，请用 `feof` 函数判断文件结束（如想这样做，请参阅本书有关文件处理的讨论）。

19. 写一对处理字母数据的加密和解密函数，它们采用循环变换的方式。例如右移 4 个位置把 a 变成 e，把 x 变成 b。把移位数也作为函数的一个参数。

第 6 章　顺序数据组织：数组

程序工作都与数据有关，如输入数据、输出数据、存储数据、对数据进行各种计算。来自真实世界的信息千姿百态，为了处理它们，程序语言需要提供一套手段，使人能在写程序时方便地描述与数据有关的各种问题，这就是语言的数据机制。

需要处理的数据可能就是简单的数值或字符，也可能很复杂。数据间可能有各种错综复杂的关系。为描述这些情况，语言的数据机制必须足够丰富和强大，但又不能无限制地庞大，过分臃肿难以使用；也不应过于低级，以至于描述一点东西都非常烦琐。后一情况是机器语言和汇编语言的一个重要弱点。这里需要简洁与方便。

经过几十年研究和实践，高级语言领域在这方面已经形成了一套公认的有效方式，语言里的数据机制基本框架通常包括如下几个互相联系的方面：

1. 把被处理的数据对象划分为一些类型，每个类型是数据值的一个集合。例如 C 语言里的 `int` 类型就是该类型能表示的所有整数值的集合。
2. 提供一组基本类型（内部类型），有确定的书写方式（文字量），为每个基本类型提供一组操作，以支持基本数据对象的表示和使用。如 C 语言的 `int`、`double` 等。
3. 提供由简单类型或数据对象构造更复杂类型或数据对象的机制。利用它们能构造出任意复杂的数据结构，满足复杂数据处理的需要。这里提到的*数据结构*是计算机科学中的一个重要概念，也是计算机教育中的一门重要课程。

最常见的数据构造机制是*数组*和*结构*（structure，或称*记录*，record），另一种用于数据构造的重要机制是*指针*。用这些机制把多个（基本或非基本）数据对象组合起来，就作为整体在程序里使用，这样的对象称为*复合数据对象*，由所有同类复合对象形成的类型称为*复合数据类型*。复合数据对象的组成部分称为它的*成分*、*成员*或*元素*。程序里可以定义存放复合类型数据的变量，使复合数据对象也能命名。这种变量可以作为整体通过变量名访问，语言还提供了访问它们的成分的操作，以便使用其成分的值或给它们赋值。

C 语言采用通行的方法，其基本类型已经介绍，下面几章介绍其数据构造机制，包括数组和后面介绍的指针、结构、联合等。本章介绍数组的意义、描述方式和相关技术。C99 在数组方面对 ANSI C 有较大改变，有关情况见第 12 章。

6.1　数组的定义和使用

数组（array），顾名思义是一组数。C 语言推广了这一概念，允许任意类型的数组。数组的组成成分称为该数组的*元素*。下面是两个*数组变量定义*：

```
int a[10];
double b[100];
```

这定义了一个包含 10 个 `int` 元素的数组变量 `a` 和一个包含 100 个 `double` 元素的数组变量 `b`。人们常把数组变量简称为数组，说数组时经常指明数组元素的类型，如把元素类型为整型的数组说成*整型数组*，类似地说*双精度数组*等。本书也采用这些说法。数组变量中元素的个数也称为数组的大小，这个大小在定义时给定，在变量的存在期内不变。

上面定义的数组 `a` 相当于定义了 10 个整型变量，程序里可以从 `a` 出发使用其中的一个个元素。更重要的是能以统一方式处理其中的一批元素或所有元素。这是由一批成员构成的数组与一批独立命名的变量之间的最主要区别。

如下变量定义

```
int a0, a1, a2, a3, a4, a5, a6, a7, a8, a9;
```

定义了 10 个独立的 int 变量。如果要将它们的值加到变量 sum 中，需要写：

```
sum += a0 + a1 + a2 + a3 + a4 + a5 + a6 + a7 + a8 + a9;
```

而如果要将数组 a 所有元素的值加到 sum 中，就可以用循环描述：

```
for (i = 0; i < 10; ++i) sum += a[i];
```

这段代码通过一个循环，将这个数组的元素值一个个地加到 sum 中。

在元素不多的情况下，两者的差异还不太明显。设想一下需要保存和处理的不是 10 个整数，而是 1000 个或者 1 000 000 个整数，就可以明显看到用数组的优势了：对这些数组完成同样的工作，只需将数组定义和上述循环控制中的 10 改为相应的 1000 或 1 000 000。而要用独立 int 变量来处理就太麻烦了，没人愿意去写那样的程序。

6.1.1 数组变量的定义和声明

定义数组变量时只需说明元素的类型和个数。数组变量定义可以出现在任何能定义简单变量的地方，可以与其他变量一起定义（单独定义更清晰）：

```
int a2[16], n, a3[25], m;
```

数组变量也是变量，根据定义位置和方式不同也分为外部数组、函数内的局部数组和函数内的静态局部数组（用关键字 static），具有与简单变量一样的作用域与存在期。C 语言规定写数组变量外部声明时不必写出大小，只在变量名后写一对方括号。如：

```
extern int a[];
extern double a1[];
```

这说明有数组 a 和 a1 在其他地方定义，元素类型分别是整型和双精度类型，声明后就可以用了。当然，这些数组在程序的其他地方应有定义，否则连接时会出错。

ANSI C 要求元素个数只能用静态可确定值的表达式描述，可以直接写整数，还可以用枚举常量或字面量、枚举常量构成的算术表达式。不能在定义数组大小的表达式里用 const 常量或者变量。例如，下面函数里的数组定义不合法：

```
void f(int m, int n) {
    int b[n];
    ......
}
```

这里局部数组 b 的大小依赖于函数的参数值，这个值在编译时无法确定。

6.1.2 数组的使用

使用数组的最基本方式是访问其元素，对数组的使用最终都是通过元素的使用来实现。元素在数组里顺序编号，首元素编号为 0，n 元素数组的元素编号范围是 0 到 $n-1$。例如，6.1 节开始定义的数组 a 的元素编号为 0 到 9，相应的循环中顺序使用了 a 的所有元素的值。数组元素的编号也称为元素的下标或者指标。

前面示例展示了数组元素的访问方法，其中 [] 是下标运算符，a[3] 表示访问数组 a 的下标为 3 的元素。下标运算符是 C 语言里优先级最高的运算符之一，其书写方式特殊：方括号前的运算对象应表示一个数组（简单情况是数组名）；另一个表达式（称为下标表达式）应为整型，写在括号里。这种数组元素访问表达式也是基本表达式，可写在更复杂的表达式里。对整型数组 a，元素访问表达式 a[3] 就像一个整型的简单变量，可用于取值或赋值（根据它的出现位置）。

举例说，有了上面定义后可以写下面的语句：

```
a[0] = 1; a[1] = 1;
a[2] = a[0] + a[1];
a[3] = a[1] + a[2];
```

数组的最重要意义在于使我们可能以统一方式描述对一组数据的处理。下标表达式可以是任何整型表达式，其中允许包含变量。假设写了：

```
a[i] = a[i-1] + a[i-2];
```

执行时这个语句访问的数组元素由 i 的值确定。如果把这个语句放在循环里，循环中修改了下标表达式里的变量，同一语句的不同执行就会访问数组的不同元素。整个循环就可以访问数组里的一批元素，甚至全部元素。

例 6.1 建立并打印包含 Fibonacci 数的数组。写程序建立包含前 30 个 Fibonacci 数的数组，然后从大到小打印数组里的数。

根据题目要求，程序里先定义一个 30 个元素的整型数组 fib，而后给其元素赋值，最后打印它们的值。我们完全可以先给 fib[0]和 fib[1]赋 1（相应的 Fibonacci 数），而后写 28 个语句算出其余元素的值，再写 30 个输出语句打印它们。由于是用数组，后 28 个元素的计算方法一样，只是所用元素下标不同。因此程序可以写成：

```
#include <stdio.h>
enum { NUM = 30 };

int main () {
    long fib[NUM];
    int i;

    fib[0] = 1;
    fib[1] = 1;
    for (i = 2; i < NUM; ++i)
        fib[i] = fib[i-1] + fib[i-2];

    for (i = NUM-1; i >= 0; --i) {
        printf("%d", fib[i]);
        putchar(i % 6 == 5 ? '\n' : ' ');
    }

    return 0;
}
```

两个 for 循环语句完成了大部分工作，用一组简单变量不可能这样做。显然，用数组带来了许多方便，程序也更清晰简洁。

这里用 long 类型的数组是考虑到元素可能变得很大。最后输出循环里用了一点小技巧，通过一个条件表达式，使程序能每输出 6 个元素换一行。

如需操作数组里连续的许多元素或全部元素，人们通常用 for 语句和一个循环变量。最常见的结构是令循环变量遍历数组的全部下标，其书写形式是：

```
for (n = 0; i < 数组长度; ++i) ……
```

这是使用数组的基本框架，今后我们常会看到这种形式的循环。

这里有一个问题。假设我们不当心把程序里的第一个循环写成了：

```
for(n = 2; n <= 30; ++n)
    fib[n] = fib[n-1] + fib[n-2];
```

编译器不会报告错误，但执行中会出现访问 fib[30]的情况。这个元素并不存在，因为 fib 的下标范围是 0 到 29，访问不存在的东西明显是错误的。超出数组下标范围访问的情况称为数组**越界访问**，这是使用数组的程序里最常见的一种严重错误。由于越界是下标表达式的值超出合法范围，表达式的值是在运行中确定的，通过查看代码无法判断。

人们常说 C 语言对程序错误的检查不够严格，其中一个重要问题就是它不检查数组元素访问的合法性。用 C 语言开发的程序在运行中不检查数组越界，实际出现越界也不报错。但程序不报错不说明没有错。数组的合法下标是确定的，超范围访问引起的后果无法预料。C 语言不检查越界是为了程序的执行效率，也是要求写程序的人关注数组下标的合法性问题。在写处理数组的程序时一定要特别注意这个问题，保证不出现非法访问。

读者一定听说过各种软件的安全性漏洞，听说过一些恶意攻击者或恶意程序利用这些漏洞干各种坏事的故事。大部分安全漏洞都与数组越界访问有关。理解数组越界访问的危害，在编程中时时关注是否有可能出现越界访问，不仅是学习程序设计的需要，而且对于未来开发更安全强健的计算机系统也是极为关键的。下面还会讨论这一问题。

6.1.3 数组的初始化

C 语言允许在定义数组时直接初始化，提供了专门描述形式。无论外部数组、函数内的静态数组或自动数组，都可以这样初始化[⊖]。外部数组和局部静态数组在程序执行前建立并初始化；局部自动数组在执行进入相应函数（或复合语句）时建立并初始化。

给数组指定初值的方式也是在定义数组变量时写出附加描述，把给各元素提供值的表达式顺序列在一对花括号里，表达式之间用逗号分隔。例如：

```
int b[4] = {1, 1, 2, 3};
double ax[6] = {1.3, 2.24, 5.11, 8.37, 6.5};
```

这给 b 的元素分别确定初始值 1、1、2 和 3，也给 ax 的各元素确定了初值。

数组元素的初值表达式必须是常量表达式，对自动数组也一样。还应指出，这种为数组元素指定值的写法只能用于初始化，不能用在语句里。如果定义时没有初始化，外部数组和局部静态数组的元素都自动初始化为 0，自动数组的元素不初始化。

允许只给数组前面部分元素指定初值，这时所有未指定值的元素都自动初始化为 0（包括自动数组）。初始化元素的个数不能超过数组大小，否则就是错误。看下面定义：

```
int b1[4] = {1, 2};
int b2[4] = {1, 2, 0, 0};
```

给 b1 元素的初值不够多，后两个元素自动初始化为 0，所以 b1 和 b2 的元素值一样。

C 语言还规定，如果有初始化部分，定义数组时可以不明确给出数组大小，编译器将根据初始化表达式的个数自动确定数组大小。例如：

```
int fib1[] = {1, 1, 2, 3, 5, 8, 13, 21, 34, 55};
int fib2[10] = {1, 1, 2, 3, 5, 8, 13, 21, 34, 55};
```

这两种写法等价，fib1 和 fib2 都是 10 个元素的整数数组。前一写法能带来一点方便，因为能减少维护两部分描述之间一致性的麻烦，有利于程序修改。

6.1.4 数组程序实例

现在看几个处理数组的程序实例。这些实例都比较简单，但它们表现出在程序里使用数组的许多问题和技术，还展示了一些写各种 C 程序都可能有用的程序设计方法和技巧，其中的一些技术和方法具有比较广泛的意义。

从字符到下标

例 6.2 统计文件里各数字字符出现的次数。

一个显然办法是定义 10 个计数器变量，用 if 语句（需要许多）或 switch 语句区分各种情况，遇到一个数字字符就将对应的计数器加 1。前面给出过许多包含读字符循环的程序，按这一

⊖ 一些 C 语言书籍说自动数组不能在定义时初始化。这是 ANSI C 标准之前的情况，已经过时。C99 进一步放松了对局部数组初始化的限制，有关情况参见第 12 章。

方式写出的程序请读者作为练习，其中不需要数组。

由于 C 语言把字符看做一种小整数，由此可以得到本问题的一种便利解法，这种技术被许多 C 程序使用。已知常见编码字符集里的数字字符都是顺序排列的，例如在 ASCII 字符集里字符 0 的编码是 48（十进制），其他数字字符顺序往下排，9 的编码是 57。下面两个表达式都可以判断变量 c 保存的是否是数字字符（的编码）：

```
'0' <= c && c <= '9'
isdigit(c)
```

用标准库函数判断更好。利用这一情况，我们可以在程序里用一个 10 个元素的计数器数组，以更简洁的形式完成对数字出现次数的统计工作。首先定义：

```
int cs[10];
```

我们计划用数组元素 cs[0]记录 '0' 的出现次数，用 cs[1]记录 '1' 的出现次数，其余类推。如果变量 c 的值是数字字符，表达式 c - '0' 就是与 c 中数字对应的计数器的下标，下面语句实现把相应计数器加 1（无须判断是哪个字符）：

```
cs[c - '0']++;
```

这样，下面程序就可以解决这里的问题：

```
#include <stdio.h>

int main () {
    int c, i, cs[10] = {0, 0, 0, 0, 0, 0, 0, 0, 0, 0};

    while ((c = getchar()) != EOF)
        if (isdigit(c))
            ++cs[c - '0'];

    for (i = 0; i < 10; ++i)
        printf("Number of %d: %d\n", i, cs[i]);

    return 0;
}
```

筛法求素数

例 6.3 用筛法求素数。求素数的一种著名方法叫做“筛法”，其方法是取一个从 2 开始的整数序列，通过不断划掉序列中非素数的整数（合数）逐步确定序列里的素数。具体做法是：

1. 令 n 等于 2，它是素数；
2. 划掉序列中 n 的所有倍数（第一轮是所有 2*n，而后是所有 3*n，等等）；
3. 找到 n 之后下一个未划掉的元素，它是素数，令 n 等于它并回到步骤 2 继续。

现在要求写一个程序，输出从 2 到某个数之间的所有素数。

我们可以用整数数组表示整数序列。下面方法是用数组元素的下标代表对应整数（在数组里存整数是另一种做法。有兴趣的读者可以自己做一下，并把它与这里的做法相比较）。假设这里用数组 an，我们计划用 an[0]代表整数 0，用 an[1]代表整数 1，一般说，用 an[i]代表整数 i。对每个整数只需表示两种情况：它尚未被划掉（还在序列里），或是已被划掉。下面用 1 表示对应的数还在序列里，用 0 表示它已被划掉。开始时所有数组元素都置 1，工作中不断把一些元素置 0，直到确定了考虑范围里的所有素数。

思路已经清楚了，程序的工作过程可以描述为（假设 NUM 是给定的范围）：

```
/* 建数组 an，元素都初始化为 1，但 an[0]和 an[1]置 0（它们不是素数），而后做：*/
for (int i = 2; i 值不大于某个数; ++i)
    if (an[i] == 1)  /* i 是素数 */
        for (int j = i*2; j < NUM; j += i)
            an[j] = 0;  /* 这些数都是 i 的倍数，因此不是素数 */
```

遗留问题是什么时候外层循环可以结束。可以用 NUM 作为界限，但仔细分析不难发现，只要 i

超过 NUM 的平方根，就已经划掉了小于等于 NUM 的所有合数了。

最终写出的程序如下：

```
#include <stdio.h>
enum { NUM = 200 };
int an[NUM+1];

int main () {
    int i, j;
    an[0] = an[1] = 0; /* 建立起初始向量 */
    for (i = 2; i <= NUM; ++i) an[i] = 1;

    for (i = 2; i*i <= NUM; ++i)
        if (an[i] == 1)
            for (j = i*2; j <= NUM; j += i)
                an[j] = 0;

    for (i = 2, j = 0; i <= NUM; ++i)
        if (an[i] != 0)
            printf ("%d%c", i, ((++j)%10 == 0 ? '\n' : ' '));
    putchar('\n');
    return 0;
}
```

让数组 an 包含 NUM+1 个元素，是因为考察范围直至 NUM。而 i*i 大于 NUM 时循环就可以结束。另外，在这个程序里确定需要把数组元素置 0 时没考察它原来是否为 0，因为即使元素已经是 0，这样直接赋值也是正确的。

这个程序用一个循环确定所有素数，用另一个循环输出。我们也可以把这两个循环合而为一，实现这种修改的工作留给读者作为练习。

成绩分类

例 6.4 输入学生成绩并分段输出成绩，再输出统计值。现在想写一个程序，它输入一批表示学生成绩的双精度数（不超过 200 个）。先输出不及格的成绩，而后再输出及格的成绩，最后输出不及格和及格人数的统计。

这个工作无法在成绩输入中完成（因为输入的成绩序列未必是按所需顺序排列的，除非输入两遍。如果是从实际文件输入，也可以采用这种方式），因此需要把输入的成绩记录到一个数组里，输入完所有数据后再输出和统计。

输入后的工作有许多可能做法。最简单的方法是扫描数组两遍，第一遍输出不及格成绩，第二遍输出及格成绩。统计人数的工作可以在某次扫描中完成（也可以在输入中做），因为两部分人数之和就是总人数，统计一部分就够了。下面程序采用这种方法：

```
#include <stdio.h>
enum { NUM = 200 };
const double PASS = 60.0;
double scores[NUM];

int main () {
    int i, n = 0, fail;
    while (n < NUM && scanf("%lf", &scores[n]) == 1)
        ++n;

    for (fail = 0, i = 0; i < n; ++i)
        if (scores[i] < PASS) {
            printf("%f\n", scores[i]);
            ++fail;
        }
    for (i = 0; i < n; ++i)
        if (scores[i] >= PASS)
            printf("%f\n", scores[i]);
```

```
    printf("Fail: %d\n", fail);
    printf("Pass: %d\n", n - fail);
    return 0;
}
```

程序里有一个地方需要特别说明：这里的输入循环用两个条件控制结束，加条件 n < NUM 是为了防止输入数据过多而导致数组越界，任何向数组里装填数据的循环都必须考虑越界问题。实际中许多用 C 开发的系统有这方面的缺陷，如一些广泛使用的网络程序被黑客攻破，最后查明原因就是黑客送入大量数据导致数组越界（称为缓冲区溢出），从而打入了系统。还请注意两个条件的顺序，调换位置程序就不对了。这里利用了二元逻辑运算符的短路求值，保证不会出现数组越界访问。这一写法值得参考，请读者记住。

程序最前面定义了两个符号常量，今后我们要把这种方式作为编写程序的常规形式。有了这些符号常量，就很容易把程序修改为能处理 400 个数据，或者以 55.0 分作为划分及格与不及格的界限了。

多项式求值

例 6.5 多项式求值。设数组 p 中保存着多项式 $a_0+a_1x+a_2x^2+\cdots+a_kx^k$ 的系数，元素 p[i] 存着系数 a_i。现在要写一个程序求出数组 p 表示的多项式在某个指定点的值。

假定指定的点存放于变量 x 中，TERMS 是表示多项式项数的常量（或变量）。先考虑如何实现基本的多项式求值。这一计算过程有多种不同的实现方法，下面介绍两种。

方法一：分别求出多项式各项的值并累加。设 sum 是存放累加和的变量，t 是存放项值的临时变量。再用两个辅助循环变量，计算工作可以通过下面两重循环实现：

```
for (sum = 0.0, n = 0; n < TERMS; ++n) {
    for (t = p[n], i = 1; i <= n; ++i)
        t *= x;
    sum += t;
}
```

大循环体内部的程序段也可以改造为：

```
for (t = 1.0, i = 1; i <= n; ++i)
    t *= x;
sum += t * p[n];
```

这两段程序的效果相同。分析这两段程序，不难发现其中有许多重复计算，在后一写法里问题表现得更清楚，其中每个项的计算都是从头开始做。基于后一循环的形式，可以得到项的递推公式 $t_{i+1} = t_i * x$。这样，整个大循环就可以简化为：

```
for (sum = 0.0, t = 1.0, n = 0; n < TERMS; ++n) {
    sum += t * p[n];
    t *= x;
}
```

方法二：根据数学知识，任何多项式都可以变换为下面的规范形式（称为 Horner 范式）：

$$((\cdots((a_kx+a_{k-1})\cdot x+a_{k-2})\cdots+a_2)\cdot x+a_1)\cdot x+a_0$$

按照这个公式，求值的循环可以写为：

```
for (sum = 0.0, n = TERMS - 1; n >= 0; --n)
    sum = sum * x + p[n];
```

下面程序采用第二种方法，采用其他方式的程序请读者作为练习自行写出。

```
#include <stdio.h>
enum { NUM = 5 };
double p[] = {2.38, 3.142, 5.674, 8.257, 6.44};

int main() {
    double sum, x;
    int n;
```

```
    while (1) {
        printf("Please enter next value for x: ");
        if (scanf("%lf", &x) != 1) break;
        for (sum = 0.0, n = NUM(p)-1; n >= 0; --n)
            sum = sum * x + p[n];
        printf("Value: %f\n", sum);
    }

    return 0;
}
```

请读者分析一下，对一个 *n* 次多项式采用上述几种算法，求值过程中各需要做多少次加法，多少次乘法。据此判断各种方法的优劣。

6.1.5 定义数组的问题

现在讨论一个问题：什么时候需要在程序里使用数组？在上面的有些实例里，使用数组是因为需要保存一批数据，以便在计算中不断修改它们。许多应用问题里有这种情况，这时就必须采用数组。另一种情况是需要多次检查一批数据。即使这些数据来自文件，多次重复读入既不方便，效率也低（外存访问速度比内存慢 10^6 倍或更多）。如果情况允许（只要内存足够大），把数据存入数组在内存处理，可以大大提高效率。

可以看到，前面程序里的数组都定义为外部数组（定义在所有函数之外）。究竟什么时候应该把数组定义为函数的局部数组，什么时候应该定义为外部数组呢？在许多情况下，两者都是可能的选择。下面是一些常见考虑：

1. 如果一个数组需要在多个函数里使用，这表示需要程序里许多地方使用全局性数据集，那么就应该把它定义为外部数组。
2. 如果一个数组特别大，应该考虑将它定义为外部数组，以免占用运行栈上的大量空间。许多 C 系统不允许在函数内部定义特别大的数组。
3. 如果数组里保存的是递归定义的函数使用的局部数据，那么就必须定义为函数内部的自动数组。因为在递归调用时可能需要有这个数组的多份拷贝。
4. 如果一个数组不大，而且保存的是某函数的局部数据，应该定义为局部数组。

另请读者参考下一节有关函数的数组参数的讨论。

6.2 以数组为参数的函数

函数是 C 语言里处理复杂问题的最重要机制。现在有了数组，就需要考虑如何定义处理数组的函数。本节介绍这方面的情况，并通过例子介绍用函数处理数组的技术。

如果某数组的元素是基本类型，这个数组的元素就可以直接当做基本类型的变量使用，当然可以作为实参送给函数。这种用法与处理简单变量没什么差别。另外，根据作用域规则，外部数组可以在任何函数里直接访问，这也是定义处理数组的函数的一种方式。前面一些处理数组的程序实例里已经采用了这种方式。

但是这两种方式还不够。第一种方法只能处理数组的个别元素，实际中常需要处理整个数组或数组里的一批元素。第二种方式只能处理某个（某几个）固定的外部数组，因为数组名写在语句里。假设程序里有 10 个双精度数组，需要多次对不同数组求元素平均值，第二种方法显然也不合适（请读者按这个假设写一个程序试试看）。

要想方便地解决问题，就需要定义以数组为参数的函数。作为函数参数后，通过函数处理整个数组就不成问题了。不同调用中提供不同实参，就可以处理不同数组。如定义好一个以数组为参数求元素平均值的函数，就可能解决程序里所有的求平均值问题。

6.2.1 一个例子

C 语言允许函数有数组形参，描述方式是在参数名后面写一对方括号，其中不必写数组的大小（即使在这里给出数组大小，编译器也不会使用这个信息）。

例 6.6 求数组元素平均值。考虑定义平均值函数，遇到的第一个问题是不知道实参数组的长度（因为不知道函数要应用于哪些数组）。设符号常量 LEN 是被处理数组的长度。函数可以定义为：

```
double avrg0(double a[]) {
    double x = 0.0;
    int i;

    for (i = 0; i < LEN; ++i)
        x += a[i];

    return x / LEN;
}
```

请注意参数描述方式，参数表写成(double a[])，表示这个函数有一个名字为 a 的形式参数，调用时的实际参数应是一个 double 数组。

有了上面定义，如果数组 a1 长度是 LEN，下面语句求出其元素平均值赋给 x：

```
x = avrg0(a1);
```

本函数有一定通用性，如果数组 a2 的长度也是 LEN，avrg0 也能求出它的平均值：

```
y = avrg0(a2);
```

在函数定义里用符号常量表示数组大小能解决一些问题，但也把函数能处理的数组的长度固定了，限制了它的通用性。虽然 avrg0 能用于任何双精度数组（只要把数组作为实参，对实参数组大小没限制），但只能正确处理长度为 LEN 的数组，其他数组都不能正确处理，甚至可能出现严重错误（请读者考虑什么情况下会出严重错误）。

要推广一个函数，使之能处理更广泛的一类问题，只有唯一的一种方法，就是为函数引进新参数。在定义处理数组的函数时，为使它更通用，就需要引进描述长度的参数。下面是引进长度参数后实现同样功能的函数：

```
double avrg(int n, double a[]) {
    double x = 0.0;
    int i;

    for (i = 0; i < n; ++i)
        x += a[i];

    return x / n;
}
```

有了这个函数定义，我们可以对不同长度的数组使用它：

```
int main () {
    double b1[3] = {1.2, 2.43, 1.074},
           b2[5] = {6.54, 9.23, 8.463, 4.25, 0.386};

    printf("%f, %f\n", avrg(3, b1), avrg(5, b2));
    printf("%f\n", avrg(3, b2));
    return 0;
}
```

引进长度参数提高了数组处理函数的通用性，但也对函数调用提出了新要求，给使用带来一些麻烦：函数调用时必须正确提供长度实参，否则不仅不能得到正确结果，还可能导致越界访问。例如 avrg(5, b1)就是错的，因为 b1 只有 3 个元素，函数执行中会出现越界。编译器不能发现这种错误，程序执行时也不检查，后果无法预料。另一方面，长度参数小于数组实际大小是允许的，avrg(3, b2)求出 b2 前 3 个元素的平均值。这也是长度参数使得函数更通用的一种情况：

使函数可以把数组的前一段元素当做数组处理。

6.2.2 修改实参数组的元素

前面说过 C 语言函数的参数都是值参数。也就是说，函数调用时先求实参的值并用它去设置函数的形参。函数执行中形参就像函数里的自动变量，与调用时的实参再没有任何联系。这样，在函数体里对形参的任何操作都不会对实参产生影响。

但数组参数表现出的性质却有所不同。假设有下面的函数定义与调用：

```
int ff(int a[], ...) {
    ……
    a[3] = a[3] + a[1];
    ……
}
……
    ... ff(b) ...;
……
```

在 ff(b)执行时，形参 a 将与实参数组 b 建立联系，使函数体里所有对 a 的元素的操作都直接表现为对实参 b 的元素的操作。在 ff(b)执行时，函数体里对 a[3] 的取值直接取出元素 b[3]，对 a[3]的赋值就直接去修改 b[3]。

也就是说，以数组为参数的函数可以改变实参数组元素的值。有关情况牵涉到指针的概念，在下一章讨论。目前请读者暂且接受这个事实：*以数组为参数的函数执行时，对形参数组元素的操作，就是直接对函数调用时的实参数组元素的操作*。

例 6.7 反转数组里的元素。现在看一个能反映数组参数特点的例子。函数 rev 把参数数组中的元素颠倒位置：末元素与首元素交换，次后元素与次前元素交换，其余类推。函数定义是：

```
void rev(int n, int a[]) {
    int x, i, j;

    for (i = 0, j = n-1; i < j; ++i, --j) {
        x = a[i];
        a[i] = a[j];
        a[j] = x;
    }
}
```

这个函数不需要返回值，其作用就是修改作为实参的数组。循环里用了两个下标，从两端向中间夹击。交换两个元素的值需要一个辅助变量，而且要注意三个赋值的顺序。我们可以用下面主程序测试函数 rev，确认它确实修改了被操作数组的内容：

```
int main () {
    int i, b[] = {1, 2, 3, 4, 5, 6, 7};

    for (i = 0; i < 7; i++)
        printf("b[%d] = %d\n", i, b[i]);

    rev(7, b);

    printf("After reversion:\n");
    for (i = 0; i < 7; ++i)
        printf("b[%d] = %d\n", i, b[i]);

    return 0;
}
```

6.3 二维和多维数组

前面讨论的数组也称为一维数组，因其元素呈一维线性排列，只需一个下标。这种结构可表示数学中的向量、数据的有限序列、成组的被处理数据等。实际应用有时需要更复杂的结构。如在数值计算应用中经常要表示和处理矩阵，矩阵有两个维，不是线性结构，其中的元素需要通过两个下标指定，程序里怎样表示这种数据呢？

C语言支持定义二维和更多维的数组，这里把二维数组看做一维数组的数组，三维数组看成二维数组的数组，如此等等。也就是说，二维数组里的元素都是（成员类型相同，成员个数也相同的）一维数组。下面描述定义了两个二维数组：

```
double a[3][2];
int b[4][4];
```

其中数组 a 包含 3 个成员数组（元素），它们都是双精度数组，各包含两个 double 类型的元素。人们常说 a 是 3×2 的双精度数组，有时也说 a 是 3 行 2 列的数组，这是从矩阵那里借用的说法。类似地，b 也被说成是一个 4×4 的整型数组。

更多维数组的定义也与此类似。下面定义了三维数组 a1：

```
int a1[3][2][4];
```

如果需要，也可以用类似形式定义更高维的数组。

6.3.1 多维数组的初始化

多维数组同样可以在定义时直接初始化。下面是一个例子：

```
int a[3][2] = {{1, 2}, {3, 4}, {5, 6}};
```

内嵌的各括号里的整数（一般而言，可以用类型合适的常量表达式）用于初始化各成员数组。要求各括号里的表达式个数都不超过成员数组的长度，数据的组数不超过成员数组的个数。如果给的表达式不够，相应成员数组的其他成分也自动置 0。

多维数组的初始化表示中也可以不写内嵌的括号，采用平铺形式。例如，上面定义也可以用下面的形式给出，其效果完全相同：

```
int a[3][2] = {1, 2, 3, 4, 5, 6};
```

在采用这种形式时，括号里列出的初始值按顺序依次设置各成员数组的各成分。如果初值个数不够，最后剩下的成分也置 0。第二种形式写起来简单，但不如前一种形式清晰。

如果定义时提供了数组初始化部分，并实际给出了全部元素的初值，那么就可以不写被定义数组第一个下标的元素个数，因为这个数可以根据初始化表示和数组其余各维的长度计算出来。这样，下面两个定义的效果与上面两个定义一样：

```
int a[][2] = {{1, 2}, {3, 4}, {5, 6}};
```

和

```
int a[][2] = {1, 2, 3, 4, 5, 6};
```

6.3.2 多维数组的使用

设有了下面两个数组定义：

```
double a[3][2];
int b[4][4];
```

在程序里，a 代表定义的第一个数组的整体，a[0]、a[1]和 a[2]是 a 的 3 个元素，即 a 的 3 个成员数组，它们可以像普通一维数组一样使用，特别是可以访问它们的成员。这样，a[0][1] 就表示 a 中下标为 0 的成员数组里下标为 1 的元素，可以像其他 double 变量一样取值和赋值。下面是使用二维数组的例子：

```
a[2][1] = a[0][1] + a[1][1];

for (i = 0; i < 4; ++i)
    for (j = 0; j < 4; ++j)
        b[i][j] = i + j;
```

程序示例

例 6.8 矩阵乘法。假设二维数组 A 和 B 表示两个 4×4 矩阵，下面程序求出它们的乘积存入另一数组，最后输出计算结果。如果读者要试验这个程序，请为被乘数组填入适当数据。

乘积矩阵的元素公式是 $c_{ij} = \sum_{k=1}^{n} a_{ik} b_{kj}$ ，其中 a_{ik} 和 b_{kj} 分别是被乘矩阵的元素。求一个元素需要用一个循环，因此完成矩阵乘法需要用一个三重循环。

```
#include <stdio.h>

enum { N = 4 };

double A[N][N] = { ……}, /* 数组 A 和 B 的实际数据需要填充 */
       B[N][N] = { ……},
       C[N][N];

int main () {
    int i, j, k;
    double x;

    for (i = 0; i < N; ++i)
        for (j = 0; j < N; ++j) {
            for (x = 0.0, k = 0; k < N; ++k)
                x += A[i][k] * B[k][j];
            C[i][j] = x;
        }
    for (i = 0; i < N; ++i)
        for (j = 0; j < N; ++j)
            printf("%f%c", C[i][j], j == N-1 ? '\n' :' ');

    return 0;
}
```

这里用一个局部变量 x 累积计算的中间值，计算完成后赋给结果数组的相应元素。程序最后的循环输出结果矩阵，矩阵里的一行元素输出为一行。

6.3.3 多维数组作为函数的参数

前面介绍了用函数处理一维数组的技术，现在考虑如何将二维或多维数组作为参数定义函数。实际应用里可能需要能完成矩阵乘法的函数，求行列式值的函数等。下面讨论中以二维数组为例，更高维数组的情况与此类似。

例 6.9 以多维数组作为数组参数的函数。以多维数组作为数组参数时不必给出最高（最左）维的长度，系统也不检查它（这一规定实际上与一维数组参数一致），但必须给出其余各维的长度。下面是个例子，函数 aaverage 可求出任何 n×5 的数组中所有数据的平均值（n 由参数描述）。

```
double aaverage(int n, double a[][5]) {
    int i, j;
    double sum = 0.0;

    for (i = 0; i < n; ++i)
        for (j = 0; j < 5; ++j)
            sum += a[i][j];
    return sum / (5 * n);
}
```

要求给出除最高一维外的各维长度，是为了确定数组参数的元素的位置。但这一要求也使我们没办法定义操作多维数组的通用函数了。上例中的 5 就是个固定的数，aaverage 能处理 3×5 或 8×5 的矩阵，但不能处理 4×7 的矩阵。按我们的认识，定义函数是为了把一类问题的计算包装起来。例如，我们可能希望定义一个函数，它能完成所有用二维数组表示的方矩阵的乘法或求其行列式值，而不希望针对每种大小定义一个乘法函数。由于上述限制，这种通用函数就无法定义了。这一情况显然不能令人满意。实际上，在 C 语言里可以实现通用的多维数组操作函数，但实现这种函数需要借助于指针，下一章讨论了指针的概念后将介绍一种方法。C99 设计了更方便的方法，参见第 12 章讨论。

6.4 字符数组与字符串

字符数组就是以字符为元素的一维数组，用于保存一系列字符，例如保存文本等。由于人们常用 C 语言写处理字符序列或各种文本的程序，因此 C 语言（的标准库）为处理字符数组提供了专门的支持。本节介绍这方面的一些情况。

6.4.1 字符数组

字符数组也是数组。下面定义的是一个包含 256 个字符元素的数组 `line`：

```
char line[256];
```

这样定义后 `line` 就可以像其他数组一样使用了。例如写：

```
for (i = 0; i < 256 && (line[i] = getchar()) != '\n'; ++i)
    ;
```

这个循环把一行字符读入数组 `line`（直至遇到换行符），读入完毕后 `i` 记录着读入字符的个数。这里用条件 `i < 256` 保证对数组 `line` 的访问不会越界。如果没有这个条件，这段程序就是不安全的，超长的输入行会导致越界访问。前面提过的被黑客和恶意攻击者反复使用的缓冲区溢出缺陷，就是因为程序开发者没有注意这类越界可能性。

定义字符数组时也可以像其他数组一样描述初始化，例如：

```
char city[15] = {'B', 'e', 'i', 'j', 'i', 'n', 'g'};
```

定义了一个 15 个元素的字符数组，并给前 7 个元素赋初值，也使 `city` 中其他元素自动置 0，就是用编码为 0 的特殊字符值设置那些元素。编码为 0 的字符称为“0 字符”或空字符。请注意，空字符既不是表示数字 0 的字符（数字 0 的 ASCII 编码为 48），也不是表示空格的字符（空格的 ASCII 编码为 32），空字符字面量的表示形式是`'\0'`。空字符在 C 语言里有特殊意义，下面马上就会看到这方面情况。

6.4.2 字符串

本书第一个简单程序里就用到字符串文字量，形式是双引号括起的字符序列。对字符串的唯一限制是不能跨行，但规定：如果顺序的两个字符串之间仅由空白字符分隔，编译器会把它们连成一个长字符串。例如，下面语句输出一个长字符串：

```
printf("In 1983," " the American National Standards "
  "Institute (ANSI) established a committee whose "
  "goal was to produce \"an unambiguous and machine-"
  "independent definition of the language C,\" while "
  "still retaining its spirit." "The result is the "
  "ANSI standard for C.");
```

字符串里不能直接写双引号，因为它表示字符串结束。可用换意序列“`\"`”。

字符串与字符数组关系密切，字符串文字量就是用字符数组形式存储的：编译器会为它们分配一块连续内存，把字符串中字符顺序存入。还有一个特殊规定：保存了字符串文字量里的所有字符后，最后还存一个空字符`'\0'`作为字符串结束标志（结束符），也就是说，保存字符串文字量所需的单元比串里的字符多一个。例如，如果写

```
"Beijing"
```

保存这 7 个字符的串需要用 8 个字节，情况如图 6-1 所示，其中`\0`表示空字符。

这样表示是为了处理方便。与基本类型的数据不同，字符串有长有短。在这种情况下程序如何确定字符串到哪里结束呢？有了末尾的空字符，就可以据此确定串结束。虽然这个空字符不是字符串内容的一部分，但在字符串表示中不可或缺。标准库字符串函数都是基于这种表示定义的，自定义字符串处理程序时也需要这样。

B	e	i	j	i	n	g	\0

图 6-1　字符串"Beijing"的内部表示

下一问题是：能在程序里定义的字符数组里存放字符串吗？当然！只要在数组里顺序存入所需字符，最后放一个空字符，这个数组里的数据就具有字符串的形式，这个数组就可以当做字符串使用了。例如，可以对它使用标准库的字符串函数。这种情况下，我们也说这个数组里保存了一个字符串。设有如下定义：

```
char a[5] = {'i', 's', 'n', 'o', 't'},
     b[5] = {'g', 'o', 'o', 'd'},
     c[5] = {'f', 'i', 'n', 'e', '\0'},
     d[5] = {'o', 'k', '\0'};
     e[5] = {'o', 'k', '\0', '?', '?'};
```

数组 a 里存的不是字符串，因为缺少表示串结束的空字符。数组 b 和 c 里存的都是字符串。给数组 b 的初始化表达式个数不够，按规定剩余位置自动置空字符（值为 0 的字符就是空字符），正好是字符串结束符。c 初始化时在有效字符后加了一个空字符，自然存了一个字符串。d 最后两个字符未给，自动设为空字符，对 d 作为字符串没有影响。数组 e 的情况有些特殊，5 个元素都给了值，但在空字符后面有另外两个字符，这种情况该怎么看？作为字符数组，e 的 5 个元素分别给了值，这个意义很清楚。但如果把 e 中数据当做字符串处理，遇到空字符就认为这个串结束，后面的东西对于串处理已经没意义了。所以，如果把 e 里的数据看做字符串，那就是一个只包含两个字符的串。

为方便起见，C 语言为字符数组提供了特殊的初始化形式：允许用字符串文字量的形式为字符数组里的一系列元素指定初值。例如可以写：

```
char a1[20] = "Peking University";
```

这个定义给 a1 的前 18 个字符指定了值，不但有明确写出的 17 个字符，还有一个空字符。随后部分用空字符填充。这种初始化形式应看成一般形式的简写，使用时同样要注意数组的长度。例如下面定义就是不合法的，因为初始值串的字符过多：

```
char a2[15] = "Peking University";
```

下面定义也不合法，因为没有为存放作为字符串结束的空字符预留位置：

```
char a2[17] = "Peking University";
```

用字符串做字符数组初始化，也允许不明确写数组元素个数。这时的数组大小规定为初始化字符串的字符数加 1，因为需要在最后放一个空字符。例如下面定义

```
char a3[] = "Peking University";
```

实际定义了一个 18 个元素的数组，存放完串中所有字符后再存一个空字符。

如果字符数组里保存了一个字符串，就可以将它用在任何需要字符串的地方。设程序里的几个输出语句都用同样输出格式，可以考虑定义一个公用的格式描述数组：

```
char outform1[] = "Two reals: %f, %f\n";
…… /* 程序中到处都可以使用这个格式描述 */
    printf(outform1, x, y);
    ……
    printf(outform1, s, t);
……
```

这样可以减少重复定义。输入格式也可以采用同样的技术。

6.4.3　程序实例

例 6.10　字符串复制函数。该函数把一个字符串复制到一个字符数组里，做成字符串。这里有

个隐含条件，假定作为复制目标的数组足以存放被复制串里的所有字符和空字符。下面函数把字符串从 t 复制到 s，用 const 标记 t 是想说明函数中不修改它。

```
void str_copy (char s[], const char t[]) {
    int i = 0;
    while (t[i] != '\0') {
        s[i] = t[i];
        ++i;
    }
    s[i] = '\0';
}
```

利用 C 语言的特点可以简化定义。由于循环结束时 t[i] 值正好是空字符，最后需要赋给 s[i] 的也是空字符，且赋值运算本身也有值，所以函数可以写成：

```
void str_copy (char s[], const char t[]) {
    int i = 0;
    while ((s[i] = t[i]) != '\0')
        ++i;
}
```

函数还可以进一步简化为：

```
void str_copy (char s[], const char t[]) {
    int i = 0;
    while (s[i] = t[i]) ++i;
}
```

这里利用了赋值表达式的值就是被赋的值，而且最后一次循环复制的空字符的值就是 0，赋值后检查这个值正好导致循环结束。

例 6.11 二进制串到整数的转换函数。该函数对表示二进制数的 0/1 串计算出与之对应的整数值。

把函数命名为 bin2int，取 2 的英文 two（作为 to 的谐音，这种命名很常见），以字符数组为参数返回 int 值。参数串可以用空字符判断结束，无须长度参数。

求二进制串 $b_n b_{n-1} \ldots b_2 b_1 b_0$（0/1 序列）的值的公式是（类似前面多项式值计算公式）：$(((\ldots((b_n \times 2) + b_{n-1}) \times 2 + \ldots) \times 2 + b_2) \times 2 + b_1) \times 2 + b_0$，据此写循环，循环条件就是判断二进制串结束。由于二进制数的位只能是 0 或者 1，只要遇 1 加一就可以了：

```
int bin2int(const char s[]) {
    int i, n = 0;
    for (i = 0; s[i] != '\0' && (s[i] == '0' || s[i] == '1'); ++i) {
        n = n * 2;
        if (s[i] == '1') ++n;
    }
    return n;
}
```

由于各种字符集里的数字都是连续排列编码的，利用这种性质可以简化程序。人们常把上述函数写成下面的样子，其中不需要条件语句：

```
int bin2int(const char s[]) {
    int i, n = 0;
    for (i = 0; s[i] != '\0' && (s[i] == '0' || s[i] == '1'); ++i)
        n = n * 2 + (s[i] - '0');
    return n;
}
```

这种方式的另一优点是很容易推广到其他进制（例如八进制和十进制）的数值转换，本章后面有这类练习。下面是一个简单的测试用的主函数：

```
int main() {
    int n = bin2int("111111111");
    printf("%d\n", n);
    return 0;
}
```

例 6.12 字符串的前缀删除函数。假定需要一个函数，它处理保存着字符串的数组，删除字符串的前 *n* 个字符，留下删除后的字符串。

这个函数可以用如下原型：

```
void delPrefix(int dnum, char a[]);
```

删除前面字符得到剩下的字符串，实际上需要把未删除的后一段字符拷贝到前面，还要保证正确地放置串结束符。由于 dnum 的大小没有保证，它完全可能超出了原字符串的范围，处理时必须注意这种情况。下面函数采用的技术很清晰：先找到要保留的第一个字符位置，然后把从那里开始的有效字符逐个拷贝到前面来：

```
void delPrefix(int dnum, char a[]) {
    int i = 0, j = 0;
    while (i < dnum && a[i] != '\0') ++i;
    while (a[j] = a[i]) {
        ++i; ++j;
    }
}
```

如果 dnum 大于 a 中字符串的长度，第一个循环结束时 a[i]就是空字符，后一循环第一次判断中将空字符拷贝到 a[0]后结束，a 里留下空字符串（第一个字符就是串结束符）。其他情况是在拷贝了所有有效字符和空字符后结束。

不难把这一函数修改为删除从第 *n* 个字符开始的 *m* 个字符的函数。

6.4.4 标准库字符串处理函数

字符串是 C 程序处理的一类重要对象，标准库提供了许多相关函数，它们的原型在头文件 string.h 中描述。使用这些函数就要用 #include 包含这个文件。下面介绍几个最常用的函数，其他函数在有关标准库的第 11 章介绍。

1. 字符串长度函数 strlen(const char s[])。本函数求字符串里的字符个数，不计表示串结束的空字符。const 修饰符说明本函数执行中不修改参数。
2. 字符串复制函数 strcpy(char s[], const char t[])。本函数与上面定义的 str_copy 类似。第二个实参应是字符串。strcpy 把 t 复制到 s，s 应是足够大的字符数组，以保证字符串复制不越界。下面是使用 strcpy 的例子：

   ```
   char a1[20], a2[20];
   ......
   strcpy(a1, "programming");
   ......
   strcpy(a2, a1);
   ......
   ```

   限界复制函数 strncpy(char s[], const char t[], int n) 增加了参数 n 限制复制的最大长度。字符串复制完毕或达到限界长度时结束。例如

   ```
   strncpy(a1, s, 20);
   ```

   把串 s 里最多 20 个字符复制到 a1，如果 s 较短，a1 的多余部分补满\0 字符。
3. 字符串比较函数 int strcmp(const char s1[], const char s2[])。两个串 s1 和 s2 相同时返回 0；s1 大于 s2 时返回正值，否则返回负值。字符串的大小按字典序判断，简单说，字典序就是英语词典排列单词词条的顺序，严格定义见本章最后一节。标准库还提供了限界比较函数，在限定范围内判断字符串大小：

   ```
   int strncmp(const char s1[], const char s2[], int n);
   ```
4. 字符串连接函数 strcat(char s[], const char t[])。其中 t 应是字符串，s 应是存着字符串的字符数组。strcat 把 t 的内容复制到 s 里已有字符之后，形成相当于两个串连接的串。要求实参 s 足够大，保证复制合法完成。例子如下：

```
char b1[40] = "Programming", b2[10];
strcat(b1, " language");
strcpy(b2, " C");
strcat(b1, b2);
```

还有限界连接函数 strncat(char s[], const char t[], int n)。

6.4.5 输出文本里的最长行

例 6.13 找到文件中的最长行并输出。现在想写一个程序，它（通过标准输入）读入一个正文文件，最后输出其中最长的一行。如果同样长的最长行不止一个，则输出其中一行。

这个问题稍复杂，应先分析问题。不难看出，主函数基本部分的框架可写成：

```
while (还有新输入行)
    if (新行比以前记录的最长行更长)
        记录新行及其长度;
输出所记录的最长行;
```

这里的几个操作都可以考虑用函数实现。

先考虑在处理中需要记录哪些数据。显然要记录已经遇到的最长行，因为最后需要输出它。记录这个行需要一个字符数组，命名为 maxline。为处理方便，这个数组里可以采用字符串的形式存储，在有效字符之后放空字符。读入的新行也要记录，因为如果这行更长，就需要转存入 maxline。记录新行需要用另一个数组，命名为 line。

数组取多大？因为无法知道文件里最长行的长度，因此说多大的数组都未必够大。这里需要做个假定，下面假定行长不超过 1023 个字符，定义一个符号常量。

读入一行的操作用函数 getline 实现，令它把读入的行存入参数数组，返回读入行的长度。为了防止越界，用另一个参数给出数组长度。函数原型是：

```
int getline(int limit, char line[]);
```

getline 读入一行按字符串形式存储。只要文件没读完，读入行里就有字符，空行也包含一个换行符，输入未完时 getline 的返回值必定大于 0。让它在输入结束时返回 0 来控制上面的基本循环。假设 MAXLEN 是数组 line 的长度，循环可以写为：

```
while (getline(MAXLEN, line) != 0) ……
```

一旦遇到了更长的行，就需要把 line 的内容转存到 maxline，为此要做一次行复制。由于采用字符串的形式，行复制可以用标准库函数 strcpy 完成。

还有一些要解决的细节，例如，读入一行后要记录其长度；完成最长行的复制后需要更新最长行的长度记录等。有了这些分析和考虑，最后的程序已经不难完成了。下面是这个程序中主函数的定义，最前面给出了所用辅助函数的原型：

```
#include <stdio.h>
#include <string.h>
enum { MAXLEN = 1024 };
int getline(int limit, char line[]);

int main () {
    int n, max = 0; /* 记录当前行和最长行的长度 */
    char line[MAXLEN], maxline[MAXLEN];

    while ((n = getline(MAXLEN, line)) > 0)
        if (n > max) {
            strcpy(maxline, line);
            max = n;
        }

    if (max > 0) printf("%s\n", maxline);
    return 0;
}
```

最后的 printf 里用到一个没介绍过的转换描述串：%s，它表示转换对象是字符串。有读者可能问，能直接用 maxline 作为函数 printf 的转换描述串吗（因为现在就是要输出它）？实际上，那样做有时会出问题，请读者自己思考，什么时候可能出问题？

函数 getline 并不复杂：

```
int getline(int limit, char line[]) {
    int c, i = 0;

    while (i < limit - 2 && (c = getchar()) != EOF && c != '\n') {
        line[i] = c;
        ++i;
    }

    if (c == '\n') {
        line[i] = '\n';
        ++i;
    }
    line[i] = '\0';

    return i;
}
```

请注意 getline 的定义。一个细节是避免数组越界，还要考虑换行的处理，正确安放空字符等。读字符循环能正确处理依赖于 && 的求值方式，请读者分析。

在上面实现里，函数之间的信息传递都通过参数完成，这种方式的优点是各函数相互独立。例如 getline 完成了一项独立功能，所需信息都由参数得到，这样的函数可以直接拿到其他程序里使用。这种方式也有缺点：如果一个函数需要从外部获得许多信息，那就需要为它定义很多参数，函数的定义和使用都比较麻烦。

也可以考虑另一种实现方式：把程序里的两个数组定义为外部变量，使各函数都能直接访问它们，因此就不必作为参数传递了。下面是按这种想法写出的程序：

```
#include <stdio.h>
#include <string.h>
enum { MAXLEN = 1024 };
int getline(void);

char line[MAXLEN], maxline[MAXLEN];

int main () {
    int n, max = 0; /* 记录当前行和最长行的长度 */

    while ((n = getline()) > 0)
        if (n > max) {
            max = n;
            strcpy(maxline, line);
        }

    if (max > 0) printf("%s\n", maxline);
    return 0;
}

int getline() {
    int c, i = 0;

    while (i < MAXLEN - 2 && (c = getchar()) != EOF && c != '\n') {
        line[i] = c;
        ++i;
    }

    if (c == '\n') {
        line[i] = '\n';
        ++i;
```

```
    }
    line[i] = '\0';

    return i;
}
```

请读者对这两个程序做些比较。

外部变量被所有函数共享，因此也能作为函数间传递信息的通道，一个函数存入的信息能传到使用同一外部变量的其他函数。通过外部变量传信息可以减少一些参数，被操作的变量固定也使函数的意义比较简单。但使用外部变量会使函数在一定意义上变成专用函数，总是对确定的外部变量工作，会造成程序不同部分间密切的依赖关系。

一般说，在复杂的程序里，人们倾向于把较大、唯一出现，而且被许多函数共用的数据对象（如很大的数组）定义为外部变量，一般对象则通过参数传递。对一个具体问题应当怎样处理，要考虑程序实现的方便、清晰，以及数据安全等许多因素。

回到前面程序，请读者考虑下面问题并对程序做些修改：首先可以考虑增加一个语句，输出最长行的长度，这种信息也很有用。进一步说，如果实际文件里存在超过 1023 个字符的行，上面程序会怎样工作？显然这时程序无法输出最长行（maxline 的容量不够），得到的行长信息也不对了。请读者设法修改程序，保证程序总能正确输出最长行的长度，还能输出最长的行或者最长行的前 1023 个字符（如果它太长）。

6.5 编程实例

本节考虑一些使用数组的编程实例，也讨论一些常见问题和常用技术。原则上说，由于编程工作的性质，对任何问题都可以写出许多不同程序。从问题到程序要经过一个较长的工作过程，在许多步骤中编程者都要做出选择。有些选择牵涉到对问题的不同考虑或认识，因此可能导致程序间的显著差异。有时只是在不同方式间做简单选择，如需要写循环，用 for 或 while 都可以。后面的讨论将使读者更多体会到这方面的情况。

这里的程序不应看做问题的标准答案，而只是合理或可能的答案，我们始终希望读者去考虑其他解法。在学习或读书时，要特别注意隐藏在程序实例后面的选择：作者考虑了哪些问题，怎样考虑和如何选择，合理或不合理，还可能怎样考虑和处理等。如果读者在读书和编程练习中能反复思考这些问题，必然能从中受益无穷。

6.5.1 成绩直方图

例 6.14　学生成绩直方图程序。设文件里存着一批学生成绩，现在要写程序读入文件，算出成绩 M 和标准差 S，其中 $M=\frac{1}{N}\sum_{i=1}^{N}x_i$， $S^2=\frac{1}{N-1}\sum_{i=1}^{N}(x_i-M)^2$，再输出分段成绩的直方图。

问题分解

由于程序工作中要反复使用有关数据，应考虑把它们存入数组。我们考虑用一个双精度数组保存所有成绩，作为程序的基本数据。考虑到程序的工作比较复杂，我们先在高层把它划分为若干函数。这一程序的工作可分为三个大步骤：输入，计算并输出统计量，计算并输出直方图。这样就可以做出程序的第一级分解：

```
#include <stdio.h>
#include <math.h>

/* 最大数据项数和直方图的最大高度 */
enum { NUM = 200, HISTOHIGH = 60 };
```

```
double scores[NUM];

int readscores(int lim, double tb[]);  /*输入不超过 lim 个数据到 tb，返回项数*/
void statistics(int num, double tb[]); /*统计 tb 里的 num 个数据项*/
void histogram(int num, double tb[], int high); /*生成最高为 high 的直方图*/

int main() {
    int n;
    n = readscores(NUM, scores);
    statistics(n, scores);
    histogram(n, scores, HISTOHIGH);
    return 0;
}
```

数组大小 200 是一个随意的选择，定义为符号常量以方便修改。我们把直方图的最大高度也定义为符号常量。输入函数的原型很自然，前面例 6.13 中研究过类似问题，虽然现在是输入一组数值，但那里的设计可以参考。其他函数的原型都很典型。

实现

简单的输入函数很容易实现，下面是输入函数的一个实现：

```
int readscores(int limit, double tb[]) {
    int i = 0;
    while (i < limit && scanf("%lf", &tb[i]) == 1) ++i;
    return i;
}
```

求出各种统计量并输出也没有特殊困难。因为这里需要用数据项数作为分母，项数小于 2 时会出现问题（参看计算公式）。因此程序里做了特别处理。

```
void statistics(int n, double tb[]) {
    int i;
    double s, sum, avr;

    if (n <= 1) {
        printf("Data too few."
               " Can't produce mean and standard-deviation.\n");
        return;
    }

    for (sum = 0.0, i = 0; i < n; ++i) sum += tb[i];
    avr = sum/n;
    for (sum = 0.0, i = 0; i < n; ++i)
        sum += (tb[i] - avr)*(tb[i] - avr);
    s = sqrt(sum/(n-1));

    printf("Total students: %d\n", n);
    printf("Average score: %f\n", avr);
    printf("Standard deviation: %f\n\n", s);
}
```

下面考虑直方图的生成。为简单起见，我们用字符形式输出水平方向的直方图。每个成绩段输出一串字符，用字母 H 作为基本字符。为描述方便，先定义一个简单的输出函数：

```
void prtHH(int n) {
    int i;
    for (i = 0; i < n; ++i) putchar('H');
}
```

分段长度可以用符号常量表示，根据它又可以算出分段数。为此最好是先定义两个常量，而且在定义中明确给出它们之间的关系（用静态表达式）：

```
enum { SEGLEN = 5,
       HISTONUM = (100/SEGLEN)+1 };
```

现在考虑各成绩段的人数统计。我们用计数器数组 segs 保存各分段的成绩人数，其中包含

HISTONUM 个计数器。由于考虑的是等长分段，有一种从成绩直接算出对应计数器下标的简便方法。对 scores 的任一元素，下面语句都能正确更新与之对应的计数器：

```
++segs[((int)scores[i])/SEGLEN];
```

将成绩值强制转换到 int，除以分段长度（整除）后就得到了计数器下标。

为使分段统计值中的最大项在直方图里正好输出 HISTOHIGH 个字符，还需要求出这个最大值，以便用它进行其他计数值的规范化。有了所有这些数据之后，剩下的就是为输出设计一种形式。下面的函数定义产生的每行输出都具有如下形式：

```
< 80:  23|HHHHHHHHHHHHHH
```

开头表示这是哪一段的成绩。这一行是小于 80 分（并大于上一分段最高成绩）的成绩，随后是位于这一分段里的人数。一个竖线符号之后是表示直方图的字符序列。下面是直方图生成函数 histogram 的定义：

```
void histogram(int n, double tb[], int high) {
    int i, mx;
    int segs[HISTONUM];

    if (n == 0) return;

    for (i = 0; i < HISTONUM; ++i) segs[i] = 0; /* 初始化 */
    for (i = 0; i < n; ++i) /* 统计各分段人数 */
        segs[(int)tb[i]/SEGLEN]++;

    for (mx = 1, i = 0; i < HISTONUM; ++i) /* 为规范化找出最大个数 */
        if (segs[i] > mx) mx = segs[i];

    for (i = 0; i < HISTONUM; ++i) { /* 输出 */
        printf("<%3d: %4d|", (i+1)*SEGLEN, segs[i]);
        prtHH(segs[i]*high/mx);
        putchar('\n');
    }
    putchar('\n');
}
```

还有些细节需要解释。语句“segs[(int)tb[i]/SEGLEN]++;”中的++写成后缀形式，只是为使人更容易看清加一的对象是数组元素，用前缀形式效果相同。printf 的转换描述中包含更多格式信息（详情见第 8 章）：格式转换描述符“%3d”除表示要求输出一个整数外，还要求这一输出占 3 个字符的宽度，“%4d”要求输出的整数共占 4 个字符的宽度。如果被输出的整数没有那么多位数字，就在其左边补空格。

分析和改进

如果文件中数据是一组 0 到 100 的数值，把它们送给这个程序（可以通过输入定向），能够得到所需要的统计显示。可是如果文件中混入了不符合要求的数据呢？例如，成绩中可能不小心写进了一个 178，此时上述程序又会怎么样？

一个程序除了应该能正确处理所有合法输入外，还应该能在输入有错的情况下做出合理处置。请想一想，如果我们用的编译器遇到不合法的程序就崩溃，而且还可能破坏操作系统或者计算机，还有人愿意用（敢用）它吗？程序（软件）抵御不合法数据的能力称为程序的强健性。现在的问题是，上面的程序强健吗？

不难看到，输入函数 readscores 不会受到错误数据的破坏。由于循环条件中考虑了对输入数据量的控制，这个函数不会出现“输入缓冲区溢出”错误。如果数据过多，它完成的是前面一部分数据的统计。但这里程序也有缺陷：在数据没有用完的情况下，它不声不响地产生了输出，却没有通知说“数据项过多，生成的结果可能不正确”。

统计函数很简单，它检查了输入的项数以防止除以零。直方图函数虽然检查了项数，但却隐含着一个危险情况：由于采用优化实现方法，如果成绩值不在 0 与 100 之间，“segs[(int)tb[i]/SEGLEN]++;”就可能造成数组越界而导致严重后果。问题还是在数据的入口，由于那里没对输入数据做检查，使非法数据侵入了系统。

上面提出的问题都与数据输入有关。由于这部分工作已经实现为函数，改进程序的工作只需要修改函数定义。首先，应该检查每个输入数据项，只把合法数据存入数组。循环结束后检查数据是否处理完。修改后的 readscores 如下：

```
int readscores(int limit, double tb[]) {
    int i = 0, line = 1;
    double x;

    for ( ; i < limit && scanf("%lf", &x) == 1; ++line) {
        if (0.0 <= x && x <= 100.0) {
            tb[i] = x;
            ++i;
        }
        else printf("Data error, line %d\n", line);
    }

    if (i == limit && scanf("%lf", &x) == 1) { /* 还有数据 */
        printf("Too many data. Output is not correct.\n");
        return 0;
    }

    return i;
}
```

这个函数里不但加入了对数据的检查，在遇到错误数据时还能输出错误数据所在的行（这里假定每项数据占一行。如果数组已填满，而且还能读到新的数据，就说明我们这个程序的存储区（数组）容量不够，无法完全地处理所有数据。

修改后的程序比原来更强健了，它能合理地处置更多客观情况，遇到错误还能提供有用信息。当然，这个程序也还有许多值得改进的地方。例如数据项过多的情况下 readscores 返回 0 值未必最好，可以考虑让程序的后面部分处理已读入的数据。另请读者考虑：如果文件里不慎混入了非数字字符，如某个成绩被输入为 8O（数字 8 和大写字母 O），修改后的程序将如何反应？应怎样修改？当然，需要首先想清楚对这一情况的合理处理是什么，而后再考虑应该怎样修改程序。你还能发现程序中值得改进的地方吗？请认真地想一想，如果发现了其他问题，请设法修改程序，解决你发现的问题。

6.5.2 一个通用的带检查的整数输入函数

例 6.15 带检查的通用整数输入函数。前一章的例 5.6 定义了两个整数输入函数，其中强调对错误输入的处理，包括格式错误和超数值范围。那里说这类函数具有统一模式，可以写一个通用函数。现在研究如何定义这一函数。这里以输入整数为例，针对其他类型的输入可以模仿这里的定义。

首先考虑函数原型。由于要检查输入数值的范围，需要两个整型参数表示上下界。不同调用可能需要不同提示串，为此加一个提示字符串参数。由于允许用户出错，可以允许任意次出错，也可以出错几次就强行停止，这个选择可以用一个 int 参数描述：小于等于 0 表示不限出错次数，正数表示次数限制。根据这些分析写出如下函数原型：

```
int getnumber(char prompt[], int imin, int imax, int repeat);
```

还有一个问题值得考虑：如果函数里出错，调用处如何得到出错信息？前章的例子里让函数返回特殊值（那里用 0 和-1）。现在要定义通用函数，这个问题就不容易处理了，因为不知道实际调用时可能返回的数值的范围。完全解决这一问题需要下一章的技术。现在假定存在着比 imin 更小的 int 值。这样就可以用 imin-1 表示输入出错：

```
int getnumber(char prompt[], int imin, int imax, int repeat) {
    int i, n;

    for (i = 0; repeat <= 0 || i < repeat; ++i) {
        printf("%s", prompt);
        if (scanf("%d", &n) != 1 || n < imin || n > imax) {
            printf("Wrong input. Correct range [%d, %d].\n",
                   imin, imax);
            while (getchar() != '\n')
                ;
        }
        else return n;
    }
    return imin - 1;
}
```

在参数 repeat 小于等于 0 时循环的条件成立，因此不会限制重复次数。有了这个函数，例 5.6 里的两个函数的调用可以分别用下面函数调用取代：

```
m = getnumber("Choose a range [0, n]. Input n: ", 2, 32767, 5);
guess = getnumber("Your guess: ", 0, m-1, 5);
```

当然，在这两个调用之后都应该检查函数返回值，看实际输入中是否出了问题（这里是用户连续 5 次输入错误数据）。很容易修改原程序，用这个函数替代原来的函数。

我们还可以把错误信息串参数化，为此需要再增加一个字符串参数。这里可以看到一种普遍现象：函数的通用性（使用范围）和使用方便性之间存在此消彼长的关系。要想函数更通用，就要为它引进更多参数，使得在调用时有更多办法去定制函数行为，但每次使用需要提供更多信息。在考虑函数定义时，要权衡各方面情况，适当取舍。

上面这类函数可能很有用，可以用在许多需要这类功能的程序里。如果我们积累起一批常用函数，编写各种应用程序就会更方便。这是一种最基本的软件重用形式，标准库的想法也源于此。随着对程序和软件研究及实践的发展，人们开发了更多重用的技术。

6.5.3 “计算”数组变量的大小

本小节以一个简单问题为例，讨论一种有趣的技术。

例 6.16 利用 sizeof 和宏定义“计算”数组的大小。假定现在要求一组数据的平均值，设给定了数据 2.38、3.142、5.674、8.257、6.44。现在考虑用一个数组来解决这个问题。这个例子要求完成的计算很简单，通过数组的定义时初始化方式等技术，立刻可以写出程序：

```
#include <stdio.h>

double a[5] = {2.38, 3.142, 5.674, 8.257, 6.44};

int main () {
    int n;
    double sum = 0.0;

    for (n = 0; n < 5; ++n) sum += a[n];

    printf("Average: %f\n", sum / 5);
    return 0;
}
```

这个程序正确，但有一个缺点：假如想修改它去计算另一组数据，如果数据项数不是 5，就需要在程序里找出 5 的所有出现并统一修改。数组定义写成 a[] 更合适，可以去掉一个需要维护的依赖关系。还可以定义一个符号常量，把程序里的两个 5 都换掉：

```
#include <stdio.h>

enum { NUM = 5 };
```

```
double a[] = {2.38, 3.142, 5.674, 8.257, 6.44};

int main () {
    int n;
    double sum = 0.0;

    for (n = 0; n < NUM; ++n) sum += a[n];
    printf("Average: %f\n", sum / NUM);
    return 0;
}
```

这样改动后，如果需要换一组数据，所有修改都在程序的最前面进行。唯一需要注意的是统计出改动后的数组元素个数，根据它定义 NUM 的值。

忘记修改符号常量的定义会带来问题。如果新数据较多，求和循环不能处理完所有数据，计算出的是一部分数据的平均值，是错误计算。新数据较少时问题更严重。因为循环仍会按 NUM 进行，造成数组越界访问，得到的结果没有意义。这里问题的实质是：数组大小和常量值定义之间存在依赖关系，上面给出了两个独立定义，这种关系没得到反映。

在 C 语言里这个问题可以用 sizeof 运算符处理。sizeof 是 C 语言唯一的用标识符表示的运算符，它能求出变量或类型的大小。变量的大小表示该变量所占内存单元数（C 规定以 char 类型大小的倍数计算。可以不关心计量单位，只关心相对值，因为编译器总按同样单位计算），类型的大小就是其变量的大小。对目前问题，用 sizeof(a) 可以求出数组 a 的大小，用 sizeof(a[0]) 求出 a 的元素大小，这样，sizeof(a)/sizeof(a[0]) 就是数组 a 的元素个数。可以利用宏定义机制把上面程序改成：

```
#include <stdio.h>

double a[] = {2.38, 3.142, 5.674, 8.257, 6.44};
#define NUM(ax) (sizeof(ax) / sizeof(ax[0]))

int main () {
    int n;
    double sum = 0.0;

    for (n = 0; n < NUM(a); ++n)
        sum += a[n];
    printf("Average: %f\n", sum / NUM(a));
    return 0;
}
```

现在要给程序换一组数据，只需用新数据初始化数组，重新编译后就可以运行了。无论数据项数如何改变，修改后的程序都不会出问题，总能算出正确结果。

运算符 sizeof 是一元运算符，其优先级和结合顺序同其他一元运算符。C 语言规定变量名或表达式可直接作为 sizeof 的运算对象（对表达式，得到其结果类型的大小），而类型名要写在括号里。因此，上面计算数组元素个数的表达式也可以写为：

```
(sizeof a / sizeof a[0])
```

在 sizeof 和变量名之间必须有空格。对类型的规定是考虑到类型描述可能由多个标识符构成，例如 sizeof(unsigned long)，没有括号就不行了。

6.5.4 数组的划分

例 6.17 数组元素划分。重新考虑 6.1.4 节的例 6.4，其中要求先输出保存在数组里的所有不及格成绩，再输出及格成绩。前面用两次循环解决这一问题。另一方法是设法调整数组内容，把所有小于 60 的分数调到其他分数之前。调整后数组里的成绩就分成了两段，前一段都是不及格成绩，后面都是及格的成绩。此后就可以直接地顺序输出所有成绩了。我们以此为例介绍一种复杂程序中可能用到的技术：元素划分（这一方法技术性较强，读者可以将来再读）。

为正确完成数组元素的位置调整，我们需要设计一个有效的算法。这里的想法是采用一种从两边向中间夹击的方法（这一方法也用在例 6.7 中反转数组元素的函数里），用两个整型变量 i 和 j 指向数组里的两个位置，调整中将它们从数组两端（初始状态）逐步向中间移动。移动过程中，始终保证位于 i 左边的数组元素都小于 60，而位于 j 右边的数组元素都不小于 60。请参考下面示意图：

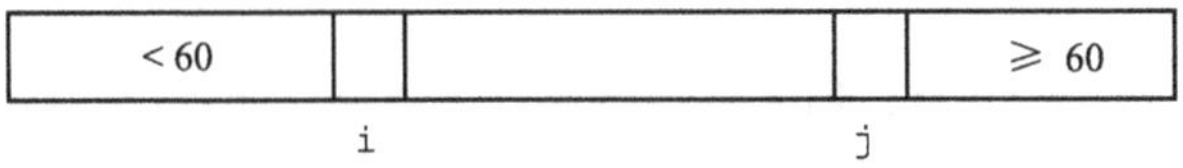

通过反复循环，i 向右移而 j 向左移。当 i 移至 j 的右边（j 到了 i 的左边）时，数组元素就都整理好了。这一图形表示了（完成调整的）循环中需要维持的不变关系。

循环开始时让 i 取值 0，j 取值 n-1，这时不变关系成立（参看上图）。下面考虑将 i 向右移并将 j 向左移。只要下标为 i（或 j）的元素满足条件，就可以直接增加 i 值（减小 j 值）而不破坏不变关系。这样直接移动下标，直到 i 和 j 所指的数组元素都不符合要求为止。这时交换 i 和 j 所指的数组元素，并把 i 和 j 分别右移/左移一个位置，上图描述的关系仍然成立。这些情况都考虑清楚了，写出程序也就不困难了。

下面程序段里的两个内部 while 循环结束时，i 移过的数组元素都小于 60，而 j 移过的数组元素都大于等于 60。如果这时 i<j 仍成立，就说明 i 所指元素不小于 60，而 j 所指元素小于 60。交换这两个元素后将 i 和 j 各向内移一步，循环不变关系仍成立。

```
for (i = 0, j = n - 1; i < j; ) {
    while (i <= j && scores[i] < PASS) ++i;
    while (i <= j && scores[j] >= PASS) --j;
    if (i < j) {
        x = scores[i];
        scores[i] = scores [j];
        scores [j] = x;
        ++i; --j;
    }
}
if (i == j && scores[i] < PASS) ++i;
```

这段程序结束时，scores 里下标 0 到 i-1 的一段都是小于 60 的成绩，下标 i 到 n-1 的一段都是不小于 60 的成绩，i 就是不及格学生人数。注意，划分后数组中的某一段可能为空。顺序输出数组元素就能满足题目要求，程序主要部分可以写为：

```
int main () {
    int i, j, n = 0;
    double x;

    while (n < NUM && scanf("%lf", &scores[n]) == 1) ++n;
    for (i = 0, j = n - 1; i <= j; ) {
        while (i <= j && scores[i] < PASS) ++i;
        while (i <= j && scores[j] >= PASS) --j;
        if (i < j) {
            x = scores[i];
            scores[i] = scores [j];
            scores [j] = x;
            ++i; --j;
        }
    }

    for (j = 0; j < n; ++j) printf("%f\n", scores[j]);
    printf("Fail: %d\n", i);
    printf("Pass: %d\n", n - i);

    return 0;
}
```

前面讨论了如何按某个值把数组元素划分为两部分，可以把完成划分的代码包装成一个函数。这也是一个修改实参数组的函数，给它一个数组和一个划分值，它将把小于该值的元素值移到数组前段，把大于等于该值的元素移到数组后段。我们让函数返回划分后的分界位置。有了前面的分析，不难给出下面定义：

```
int partition(int num, double a[], double cut) {
    double x;
    int i = 0, j = num - 1;
    while (i <= j) {
        while (i <= j && a[i] < cut) ++i;
        while (i <= j && a[j] >= cut) --j;
        if (i < j) {
            x = a[i];
            a[i] = a [j];
            a[j] = x;
            ++i;
            --j;
        }
    }

    return i;
}
```

有了这个函数，完成前面程序所要求的划分工作就非常简单了：

```
i = partition(n, scores, PASS);
```

6.5.5 数组的排序

例 6.18 数组元素排序。对一组数据经常要做的一个操作是把它们按照某种标准重新排列。例如对一组整数或双精度数，我们可能希望把它们按从小到大的顺序重排，这种操作被称为排序。排序是数据处理中使用最频繁的操作之一，人们对此做了许多研究，提出了许多有趣的排序方法。有关排序的详细讨论是后续 “数据结构”课程的一个重要内容。在这一小节里，我们只想把排序作为数组程序设计的一个例子。

要完成排序工作，先要设计一种排序方法。实现排序的方法很多，这里介绍一种简单方法，称为**直接插入排序**。我们先用一个日常生活的例子说明这个方法。假定手头有一年的杂志，现在想把它们从 1 月到 12 月排好。插入排序方法是：

1. 任意拿出一本杂志，作为排好序的一沓杂志的开始情况；
2. 从剩下的杂志中任取一本，根据它的月份，把它插入已排好序的那沓杂志里的正确位置，使插入后的这一沓杂志仍然是有序的；
3. 如果还有未排好的杂志，就回到 2，否则就结束。

不难看出，这个过程结束时所有杂志都排好序，排序工作完成了。

假定有 n 个数值存放在数组 a 里，现在希望把它们从小到大重新排列。怎样实现上面直观介绍的排序方法呢？为此需要考虑排序过程中数组的状态。由于排序中数组的元素不变，因此应设法直接在数组里面完成排序工作（当然，需要几个辅助变量临时存放有关数据）。我们考虑把排好序的数据集中在数组一边（例如标号小的一边，左边），未处理的数据位于它们的右边。这样，排序过程中数组的状态就可以用下面图示表示：

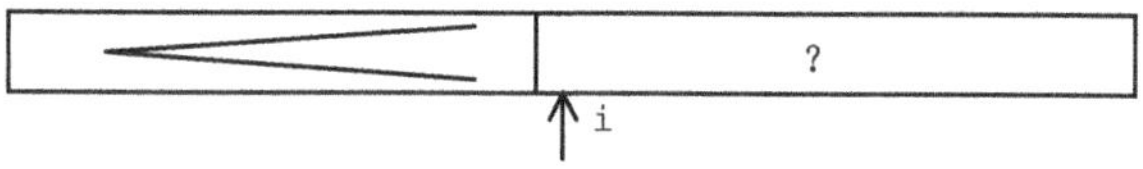

从下标 0 到 i-1 的一部分已经排好序，从 i 开始的部分还没有检查。程序的工作就是通过一个循环，反复处理位置 i 的数据，把它插入已排好序的部分中。随着 i 的增大，右边一段将越来越短，

最终所有数据就都排好序了。开始时，令左边一段只包含一个元素（一个元素的序列总是排好序的），这个排序过程可以用下面循环描述：

```
for (i = 1; i < n; ++i) {
    把 a[i]的值插入 a[0]到 a[i-1]一段里的正确位置，保持其他元素顺序不变
}
```

这样，循环体执行一遍，排好序的元素又多了一个（从 a[0] 到 a[i] 都排好了），i 的值加 1 后又回到了上图描述的状态，这个图描述了循环的不变关系。

现在考虑元素 a[i]的插入。如果把 a[i]的值取出存入临时变量 t 里，a 中下标 i 的位置就闲置了（成为空位），可以在工作中借用。我们可以用 t 从大到小逐个与元素 a[i-1]到 a[0]比较，一旦遇到某元素不比 t 大（已比过的元素都大于 t），就把 t 排在它的后面。由于 a[i]是空位，比较时可以把大元素依次后移，当遇到不大于 t 的元素时，正好可以把 t 放入空位，使 a 的前 i 个值排好序。过程中的情况如下图：

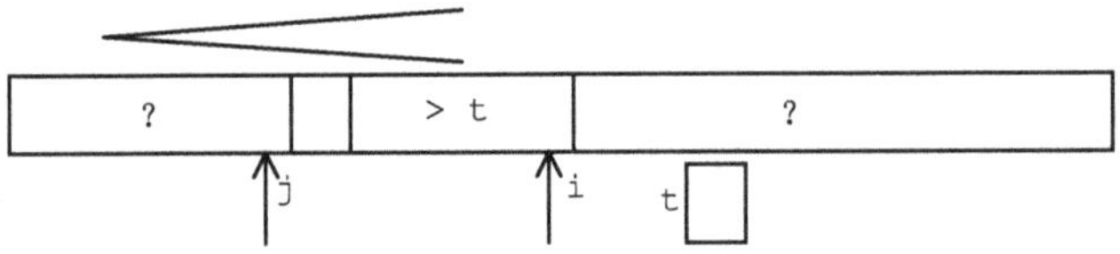

经过这些分析和考虑，已经不难写出一个用直接插入方法完成排序的函数了。下面是一个采用上述方法的函数定义，它完成 n 个元素的整数数组排序。函数里用了几个临时变量，其中两个用于保存数组下标，一个用于临时保存元素值。

```
void insertsort(int n, int a[]) { /* 递增序直接插入排序 */
    int i, j;
    int t;

    for( i = 1; i < n; ++i ) {
        for ( t = a[i], j = i-1; j >= 0 && t < a[j]; --j )
            a[j+1] = a[j];    /* 大元素依次后移 */
        if( j != i-1 ) a[j+1] = t;
    }
}
```

6.5.6 统计 C 程序里的关键字

考虑下面编程实例，完成它要用到前面学过的许多东西。这里不打算给出完整程序，而是把重点放在问题分析上，其余工作留给读者。最后还要提出一些供思考的问题。

例 6.19 统计 C 语言源程序文件中各 ANSI C 关键字出现的次数。

首先要确定程序如何得到输入。根据到目前为止的知识，一种合理安排是从标准输入读文件，实际文件可以通过输入定向的方式送给程序处理。C 程序也能处理命名文件，但我们还没讨论过（有关内容在第 8 章介绍），现在暂不考虑。

一个源程序文件的内容就是一个字符序列，其中换行符只是分隔符，不需要特殊处理。由于要处理字符序列，可以考虑用 getchar 完成基本输入。用函数 scanf 是另一种选择。读者不妨考虑一下如何以 scanf 作为基本输入函数实现这个程序，有什么困难等。为此需要先去读一下第 8 章有关 scanf 输入格式描述和转换的完整讨论。

要统计的是源程序里的关键字，关键字具有标识符的形式。根据有关标识符形式的定义，识别它们并不难。这提供了一条解决问题的线索：顺序识别源程序里的一个个标识符；得到一个标识符后判断它是否为关键字；遇到关键字时更新相关的统计数据。这套想法形成了一个解决方案。注意，这是一个大选择，采纳它就决定了后续工作中的许多东西。另一种可能方案是在读入字符的过程中直接统计关键字。例如，读到 f 后考查能否读到 or，成功时把 for 的计数值加 1。读

者不妨沿这条思路继续考虑下去，想想可以怎样去写程序，有什么困难，如何克服。

识别标识符是具有逻辑独立性的工作，应当考虑定义为函数。例如命名为 getident。为支持后续处理，getident 不但要识别标识符的开始和结束，还应把标识符保存起来。可以通过数组参数传递，也可以采用外部数组变量。下面考虑用数组参数。

getident 需要通告调用方是否真的读到了一个标识符，通过返回值是一种可行方式。我们让函数返回读到的标识符长度，返回 0 表示再也没有标识符了，也就是说，文件已处理完毕（有无其他方式向调用处传递信息？请考虑可用方式及其优缺点等）。再为 getident 引进一个读入长度的限制，就可以得到它的原型了：

```
int getident(int limit, char id[]);
```

至此，主函数中核心部分的框架已经可以写出来了：

```
while (getident(MAXLEN, s) > 0)
    if (s 是某个关键字)
        相应计数器加 1;
输出结果;
```

其中的 MAXLEN 是一个定义好的符号常量，表示保存标识符的字符数组的长度。

getident 的实现可以参考前面有关单词计数的例 5.9，先画一个状态转换图，弄清在什么情况下遇到了标识符开始，什么时候遇到标识符结束。读者应该记得 C 语言的规定：标识符是由字母开头的连续字母数字序列，下划线字符也作为字母看待。显然，前面介绍的字符分类标准库函数可以在这里发挥作用。

getident 还要把读到的字符存入参数数组，并记录存入的字符个数。为了使用方便，可以采用字符串形式（下面假定这样做）。完成了一个标识符的识别后，在数组已有字符后面放一个空字符。当然，也可以不用字符串形式。（此时应该怎样处理？）还要考虑一个麻烦问题：C 标识符没有长度限制。你的程序能正确处理极长的标识符吗？

函数 getident 还有许多细节：源程序里可能有注释、字符常量、字符串常量，还有数和标点符号等。这些都应在查寻下一标识符的过程中跳过。把识别标识符的工作定义为函数后，问题都孤立在 getident 里了，与函数外的程序无关，可以推后再考虑。

要判断标识符是不是关键字，必须记录所有关键字的信息。前面确定让 getident 把得到的标识符做成字符串，如果关键字也用字符串表示，相互比较就很方便。ANSI C 共有 32 个关键字，可考虑用数组表示。我们可以用一个二维字符数组，其元素是一维字符数组，存放对应于一个关键字的字符串。ANSI C 里最长的关键字有 8 个字符，我们可以定义一个 32×9 的二维字符数组。下面的定义还包含了初始化：

```
char keywords[32][9] = {
    "auto",     "break",    "case",     "char",
    "const",    "continue","default",  "do",
    "double",   "else",     "enum",     "extern",
    "float",    "for",      "goto",     "if",
    "int",      "long",     "register","return",
    "short",    "signed",   "sizeof",   "static",
    "struct",   "switch",   "typedef",  "union",
    "unsigned","void",      "volatile","while"
};
```

这样，keywords[n]就是表示某个关键字的字符串，可以用标准库函数 strcmp 完成字符串比较。把得到的标识符字符串顺序与 keywords 中的关键字字符串比较，就可以确定这个标识符是否是关键字，是哪一个关键字了。

要分别统计各个关键字的出现次数，可以用一个计数器数组，定义为：

```
int counters[32];
```

最方便的方式是用 counters[n]记录关键字 keywords[n]的出现次数。程序开始时应该把所有计数器置0。有了这些准备之后，程序的计数部分就可以写为：

```
for (n = 0; n < 32; ++n)
    if (strcmp(s, keywords[n]) == 0) {
        counters[n]++;
        break;
    }
```

这里假设字符数组变量 s 里面存放着读入的标识符。

这段程序做了一件许多程序都经常做的工作：设法确定某项数据是否存在于一组数据之中，这一工作称为*检索*或*查找*。当前被检索的是存在数组里的一组字符串，采用与数组里字符串顺序比较的方式。这是最简单的*顺序存储*和*顺序检索*。许多程序都要做检索，有时处理的数据集合非常大，顺序地一项项比较，一次检索可能需要很长时间。人们对检索问题做了很多研究，提出了许多数据组织方法和检索方法。采用不同数据组织方法和检索方法会做出大相径庭的程序。这方面情况"数据结构"课程和书籍里有专门讨论。

至此我们已对问题的许多方面做了深入分析，提出了一个完整解决方案，写出程序已不困难了。剩下的主要是 getident 的实现，留给读者完成。虽然可以在参考书中找到类似程序，但它们都不可能是完美无缺的。这里再提出一些值得考虑的问题。如果读者看到某些书上的程序，也不妨想想它们解决了（没解决）下面的哪些问题，解决时是怎么考虑的，其解决方案有哪些优点和不足，什么时候程序的统计会出问题，等等。自己实现程序时也应该仔细考虑这些问题。如果在分析中还能提出更多的问题，那就更好了。

1. 应该用多大的数组存标识符？C 语言对标识符长度没有限制，而考虑 getident 定义时却必须加进长度限制参数。请考虑这个参数的作用，如果遇到超长标识符，你的程序（或你看的书上的程序）能正确统计吗？什么时候会出问题？产生什么后果？
2. 遇到标识符超长时应该采取怎样的处理原则？怎样保证统计结果正确？你的程序（或你读到的程序）能正确处理这一问题吗？
3. 请注意 C 语言的关键字，你看到它们的长度都不超过 8 个字符这一重要特性了吗？你的程序利用了这个特性吗？利用它能否使统计工作更简单？能否及早发现某个标识符不可能是关键字？利用这一重要特征，能帮助你解决超长标识符的困扰吗？（提示：请考虑把 getident 实现为"取得下一长度不超过 8 的标识符"。）
4. 最后，要使程序更完善，还必须考虑 C 程序的各种成分。如注释、字符常量、字符串常量等。仔细分析这些问题，修改程序，使它在任何情况下都能立于不败之地。这绝不是容易的事，但是在努力做到这一点的过程中，一定能学到许多东西。

语言细节和问题

现在介绍与数组处理有关的一些 C 语言细节和相关问题。

数组的存储实现

为保证程序能有效处理成组的数据，C 语言实现要解决数组的表示问题，要为数组设计一种存储方式，按这种方式为数组变量安排存储。由于数组元素的类型相同，实现问题比较简单。C 编译器为每个数组变量分配一块连续存储区，其中足以存放数组的所有元素。各元素顺序排列，每个元素占相同空间，下标为 0 的元素排在最前面。例如，有定义：

```
int a[8];
```

为 a 分配的存储区将能存放 8 个整型数据，也就是说，它占的存储空间相当于 8 个整型变量所用的空间。具体安排情况如图 6-2 所示。

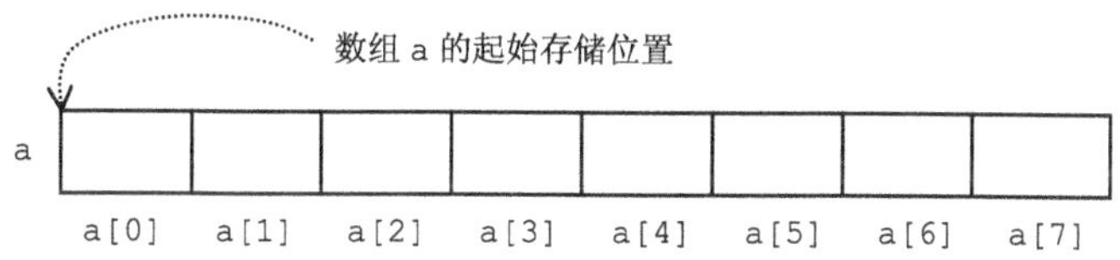

图 6-2　数组的存储实现

这样，数组 a 至少相当于 8 个整型变量。我们可以把 a[0]、…、a[7]看做是这些变量的“名字”。定义为数组能保证这些元素顺序排在一起，在程序里可以通过名字 a 和下标表达式统一地访问它们，从而有可能通过循环来处理这些元素。

越界访问的可能后果

前面讨论中反复提到，数组越界访问是非常危险的操作。那么，真正出现越界访问的话可能造成什么样的破坏呢？现在介绍这方面的一些情况。

一些操作系统为每个应用程序分配独立的数据空间，供程序执行中使用。不同程序的数据空间相互独立，操作系统严格监控每个程序所做的存储访问的合法性。如果某程序运行中所做数据访问超出本程序数据区的范围，就会被操作系统认定为非法访问。这将导致一个动态错误，操作系统将强行终止造成这种错误的程序。

另一些操作系统（如 DOS）不检查程序访问的范围，但越界访问操作可能破坏该程序本身的代码或数据，也可能破坏系统里正在运行的其他软件，甚至破坏操作系统的代码或数据结构。这通常会造成系统死机或者出现其他莫名其妙的现象。

即使对数组的越界访问未超出本程序合法数据区的范围，这种访问也无意义，而且可能是很危险的。越界取得的数据显然没有意义，使用这种数据可能导致程序给出莫名其妙的结果。越界赋值则更危险，即使没有被禁止，这种操作后果也是可怕的。越界赋值会破坏被赋值位置的原有数据，其后果难以预料，因为根本就无法知道被这个操作实际破坏的到底是什么。那里有可能安排了其他程序变量，也可能存放重要的内部控制信息。

媒体上经常有计算机系统受到攻击的报导。实际中恶意攻击者或恶意程序最常用一种攻击技术，就是设法造成程序执行中出现数组访问越界，并借机取得对被攻击计算机系统的控制，进而去做各种非法的勾当。

总而言之，保证对数组元素的访问绝不会超出合法范围，是非常重要的。

多维数组的实现

一维数组采用顺序地连续存储元素的方式实现。多维数组的内部表示方式也一样，同样是依次连续存放数组元素，即连续存放各个成员数组，而这些成员数组的元素也按同样方式存放。这样，3×2 的二维数组 a 的存储形式如图 6-3 所示，在它占据的内存区域里依次存放它的三个成员数组。按这种存放方式，一行（一个成员数组）的元素连续存放，这种形式又被称为按行存放，或行优先存放。二维以上的数组采用类似的存储模式，三维数组的成员数组（是二维数组）也是一个个顺序存放。这里还请注意：数组 a 的存储区的开始位置也是其首成员（数组）a[0]的开始位置，还是 a[0]的首成员 a[0][0]的开始存放位置。

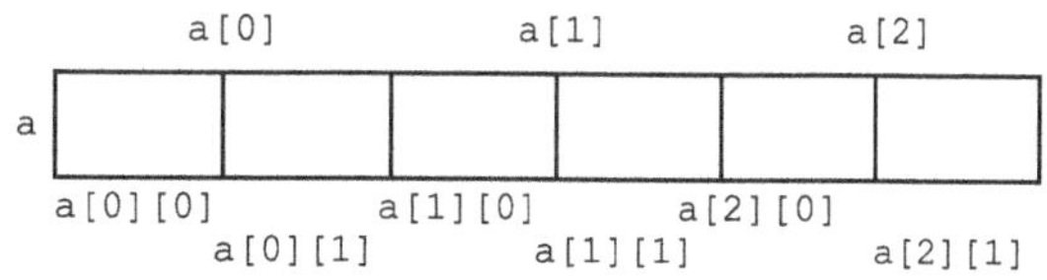

图 6-3　二维数组 a 的内部表示

函数参数与 sizeof 运算符

如果函数有数组参数，我们通常都增加一个描述数组大小的参数，使函数里的代码可以利用它来控制对数组参数的处理。聪明的读者看到 sizeof 运算符后可能会想，能利用 sizeof 运算符从形式参数计算出实际参数数组的大小吗？例如，能不能写：

```
int fun (int a[]) {
    int m = (sizeof a)/(sizeof a[0]);
    ……
```

```
}
```

这种做法实际上行不通。

sizeof 运算符能“计算”变量或类型的大小，但这是静态做的。变量的大小就是它的类型的大小，而 C 变量的类型是静态确定的。在函数里对形参 a 应用 sizeof，算出的是局部变量 a（形式参数就是局部变量）的大小，而不是每次具体调用时的实参数组的大小。sizeof 在编译时处理，编译后表达式 sizeof a 就被由它求出的整数值取代了，这个值与实参数组毫无关系。fun 可能用于不同的数组，静态求数组参数 a 的大小，怎么能求出与不同实参相关的值呢？有读者可能希望知道 sizeof a 到底求出什么值，这方面的细节牵涉到指针的概念和数组参数的实现方式，将在下一章详细讨论。但无论如何，这个值与实际调用的实参数组没关系。

应该强调：要定义包含数组参数的通用函数，最合理的方式就是增加一个数组长度参数。C99 标准在这里有些新规定，参看第 12 章的讨论。

字符串的字典序

现在给出字典序的严格定义。假设有两个字符串：

$$s_1 = a_1a_2\cdots a_n,\qquad s_2 = b_1b_2\cdots b_m$$

字符串字典序的定义是：从左至右逐个比较两个串中的对应字符，字符大小根据字符编码（作为整数）的大小确定。如果比较中遇到不同字符，所遇第一对不同字母的大小关系就确定了两个串的大小关系；如果未遇到不同字符而某个字符串先结束，那么这个字符串就是较小的；否则（如果两个串同时结束），这两个字符串相等。

几个常用程序模式

程序模式 6.1 处理数组元素的循环

```
for (i = 0; i < 数组a的长度; ++i) ... a[i] ...
```

程序模式 6.2 从标准输入为数组填充值的循环

```
n = 0;
while (n < NUM && scanf("%lf", &scores[n]) == 1) ++n;
```

程序模式 6.3 处理数组的函数头部（应该引进一个长度参数）

```
double fun(int n, double a[]) {
    ......
}
```

程序模式 6.4 静态“求”数组的元素个数的宏

```
#define NUM(ax) (sizeof(ax) / sizeof(ax[0]))
```

本章讨论的重要概念

数据构造，复合数据对象，复合数据类型，成员或成分，数组，数组元素，下标（指标），下标运算符，越界访问，数组初始化，数组参数，多维数组，字符数组，字符串，标准库字符串函数，字符串的字典序，字符串连接，划分，排序，sizeof 运算符。

练习

1. 写一个程序，它能计算并输出杨辉三角形（帕斯卡三角形）前面的 *n* 行。
2. 写程序统计输入文件中各字符出现的频率，并打印一个频率图，用形象方式显示。先写出用横向图显示的程序（参考例 6.14），然后考虑如何做出纵向的频率图。
3. 写一个程序，它从标准输入读入字符文件，输出所有字符数不超过 10 的行。
4. 修改正文中的筛法程序，使它在循环中确定了素数就直接输出。将这样写出的程序与正文中的程序做一些比较（从简单、清晰等各种角度）。

5.（1）写一个把数字字符串转换成整数的函数。
（2）为函数增加表示“基数”的参数。
（3）写一个把符合 C 语言实数文字量形式的字符串转换成双精度数的函数。
6. 写函数 `squeeze(char s1[], char s2[])`，它从字符串 s1 中删除所有出现在串 s2 里的字符（并保证剩下的字符仍按原顺序连续排列，还是个字符串）。
7. 写一个函数，它判断一个整数（或浮点数）是否在一个数组中出现。如果出现，给出第一次出现位置的下标；没出现时给出值-1。
8. 写一个函数，它统计一个整数在一个数组（都通过参数提供）里出现的次数。
9. 设有 n 个人围成一个圆圈，从编号为 m 的人开始由 1 开始报数，每次正好报到数 k 的人退出游戏，后面一个人重新由 1 开始报数。请求出最后剩下的那个人的编号。
10. 写程序读入正文文件，并统计其中各种长度的单词出现的次数。设法用比较形象的方式显示统计结果。这是一项很简单的文字材料统计工作。
11. 写程序读入文件，输出其中最长的词（参考前面“词”的定义，也可以自己定义，如规定词就是字母开头的字母数字序列）。用局部变量或外部变量实现两个版本。
12.（1）写一个求数值数组中最大值的函数；
（2）用上面的函数和正文中求多项式值的函数，求出一个多项式在一系列等距点的值，利用其中的最大值把前一步得到的所有值进行规格化（这样可以防止产生的图形太长或太宽），并设法用星号在屏幕上显示多项式的近似图形。
13. 回文是从前向后和从后向前读起来都一样的句子。例如英文中的

amanaplanacanalpanama

其原文是：A man, a plan, a canal, Panama。再比如中文的“落叶秋深秋叶落”等。请写一个函数，它能够判断一个字符串是否为回文。如果你的 C 系统能处理中文字符串，也为中文定义一个函数。
14. 设法写程序，对给定整数 n，它能输出 1 到 n 的数的所有不同排列。这是一个比较困难的问题，如果希望用数组解决，请考虑下面做法：（1）为 n 个数的排列确定一种序。对三个数的排列，一种序是 123, 132, 213, 231, 312, 321（完全可以用其他排序）。（2）找出这种排序的规律性，设计函数 `next(int a[])`，它把当时 a 中的排列调整为按所确定的序的下一个排列。如果这一排列存在就返回 1，不存在（a 里的排列已经是最后一个排列了）就返回 0。这些工作完成后，程序的高层控制结构就非常简单了：

```
初始化 a 使它保存的是第一个排列;
do {
    输出 a 里的排列;
} while (next(a));
```

15. 修改正文中有关求最长行的程序实例（例 6.13），使之“总能”正确输出最长行的长度，输出的总是最长的那一行或者那一行中前面一段（如果该行超过数组容量）。
16. 根据需要扩展文中定义的通用的带检查的输入函数。
17. 参考 6.5.6 节的讨论，实现一个 C 语言关键字的统计程序。回答讨论中所提出的问题。修改你的程序，使它能够正确处理任何 C 程序。
18. 请写出求 4×4 的矩阵和、数乘，求其行列式值的函数。
19. HTML 网页中有一部分是真正的网页信息内容，另外有大量由一对“<”和“>”括起的 HTML 标注。
（1）请写一个程序删除由输入得到的 HTML 网页里的所有标注，只留下基本信息。
（2）请设法留下原页面里的段落信息，使得到的结果更容易读。
20. 在 HTML 网页里常常有一些对其他网页的链接。请写一个程序，它能抽取出一个网页中所有的链接，并一行一个地显示出它们。
21. 认真检查本章的程序实例和你所做的练习，分析哪些程序可能由于特殊的输入而出现缓冲区溢出错误或其他异常行为（无穷循环、程序崩溃、数据输入错误等）。请设法修改这些程序，使之对任何输入都能表现出合理的行为。

第 7 章　指针的应用

计算机里 CPU 处理的数据保存在内存。内存由顺序排列的许多单元组成，每个单元有一个编号，称为内存地址，对内存数据的访问都通过地址进行。高级语言用变量等掩盖了内存单元、地址等低级概念，使我们写程序时不必关心实现细节。但内存与地址等概念仍有意义：建立变量就是为它分配内存；赋值是把值存入变量对应的内存单元里；使用变量的值则从相应单元提取。变量的存在期就是它占据所分配内存的期间。虽然不同种类的变量在性质上不同，但它们在存在期间都有一个固定的地址⊖。变量都有地址，地址也是硬件层的一类数据，因此高级语言也有可能把地址作为数据。问题是这样做有什么价值？

许多高级语言把对象（如变量）的地址作为数据，称为**地址值**或**指针值**。保存地址的变量被称为**指针变量**，简称**指针**（pointer）。指针变量里保存着对象的地址，我们就可以通过这种变量访问有关对象，更灵活方便地操作它们。指针还可以用于建立数据之间的任意复杂的联系。更有意思的是，可以用指针建立数据与程序（代码）之间的联系，使我们能根据数据的情况选择要执行的程序。最后这种情况已经发展出许多高级程序技术。由于本书是程序设计入门，这里将只讨论最基本的指针程序设计。读者在继续学习数据结构等课程时会看到更多指针程序技术，进一步领略指针的重要意义。

本章讨论指针及其在 C 程序中的作用，介绍指针的概念、定义和基本使用，指针和数组的关系，函数的指针参数，指向函数的指针，以及动态存储分配等问题。

指针是 C 语言里最重要的一种机制。用好指针常可以使写出的程序更简洁高效。也有些问题必须借助指针才能处理。指针在大型的复杂的程序里使用广泛。可以说，使用指针的能力是评价一个人 C 程序设计水平高低的一个最重要方面。此外，指针也是大部分高级语言都提供的重要机制，掌握了 C 语言的指针机制后可以触类旁通。还应指出，C 语言的指针比其他语言里的类似机制更灵活，功能更强，理解和掌握有一定难度，也比较容易用错。请读者在学习中特别注意思考，努力理解其本质和正确使用方法。下面讨论中也特别注意说明指针使用的常见错误，请读者留意。

7.1　指针的定义和使用

指针变量有两个操作：（1）把一个对象的地址（如变量地址，下面将一直以变量为例）存入指针变量，称为**指针赋值**。也可以把一个指针变量的值赋给另一指针变量。当一个指针里保存了某变量的地址时，我们说这个指针**指向**了那个变量，指针变量 p 指向变量 x 的情况用图 7-1 示意。（2）通过指针变量访问被指对象，称为**间接访问**。

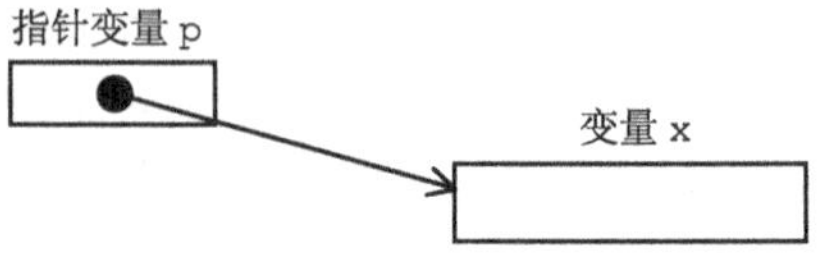

图 7-1　指针与被指的变量

由于指针变量可以赋值，指针的指向在程序执行时就可以改变。指针 p 在某个时刻指向变量 x（图 7-1 所示情况），另一时刻也可以指向 y（不应奇怪，就像一个整型变量现在的值为 0，后来可能是 2）。这样，一个通过 p 使用被它指向的对象的语句，前一时刻访问的就是 x，后一时刻访问的就是 y。这一性质带来了新的灵活性，下面将看到它的重要价值。

⊖ 唯一例外是寄存器变量，它们可能安排在寄存器里。本章所讨论的问题与寄存器变量无关。

7.1.1 指针的定义

C 语言指针有类型，也就是说，每个指针只能指向某特定类型的变量，只能保存该类型的变量的地址。例如，若 p 是指向 int 的指针，那么 p 就只能指向 int 变量。因此程序里就认为 p 指向的总是 int 变量，从 p 出发的间接访问可作为整型变量。指向整型变量的指针也称为整型指针。人们常说“int 指针 p1”、“double 指针 p2”等。

定义指针变量时需要描述其指向类型。在被定义的变量名前加一个星号，就说明这里定义的是一个指针变量。可以一次定义多个同类型的指针变量，例如，下面定义了两个可以指向整型变量的指针变量（int 指针）p 和 q：

```
int *p, *q;
```

注意，表示 p 和 q 是指针的星号需要分别写。指针变量也可以和其他变量一起定义：

```
int *p, n, a[10], *q, *p1, m;
```

整型指针的类型用（int*）表示，其他指针类型的表示形式与此类似。

对每个类型，都可以定义与之相关的指针。C 语言把指针类型也看做基本类型。所有指针占的存储一样大，因为它们的值都是地址，通常用一个机器字表示。

7.1.2 指针操作

一元运算符 & 是取地址运算符；一元运算符 * 表示间接访问，是间接运算符。这两个运算符与其他一元运算符的优先级相同，都是自右向左结合。

把&放在变量描述（最简单情况是变量名）前就得到变量的地址。这是一个相应类型的指针值，可以赋给类型合适的指针（变量）。假定有上面的定义，我们可以写：

```
p = &n;
q = p;
p1 = &a[1];
```

第一个语句把 n 的地址赋给指针 p。这个赋值合法，因为 n 的类型与 p 的指向类型相同。赋值后 p 指向变量 n，可以通过 p 间接访问 n。第二个语句把 p 的值赋给另一指针 q，这就使 q 也指向 n，这两个指针指向同一变量 n 的情况如图 7-2 所示。

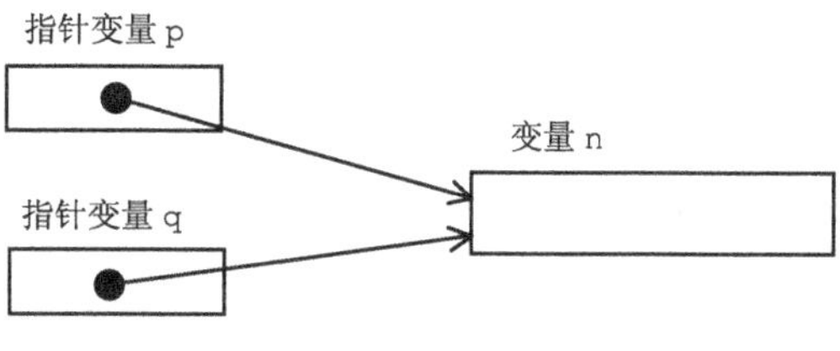

图 7-2 两个指针指向同一个变量的情况

指针变量可以判断相等或不等。变量相等就是它们的值相等，对指针变量而言，值相等就意味着两个指针指向同一位置。在图 7-2 的情况下，p 和 q 相等。

上面第三个语句右边的表达式取出数组 a 中下标为 1 的元素的地址。a 是整型数组，其元素相当于整型变量，因此这一地址也是 int 指针值，可以赋给 p1。数组成员访问运算符 [] 的优先级更高，所以赋值右边的表达式里不必写括号（不必写 &(a[1])）。

间接运算由指针得到被指变量，然后就可以像那个变量一样用：放在表达式里表示取值，或放在赋值符左边表示给被指变量赋值。下面是一个间接赋值：

```
*p = 17;
```

因为当时 p 指向变量 n，这种情况下给 *p 赋值就是给变量 n 赋值，因此这个操作把 17 赋给变量 n。下面是另一个赋值语句：

```
m = *p + *q * n;
```

在这个语句里，变量 n 实际上被访问了三次（两次间接访问和一次直接访问）。由于变量 n 当时的值是 17，变量 m 被赋的值是由右边表达式计算出的 306。

下面是指针使用的另一些例子及其解释（假定是上面的定义和语句的继续）：

```
++ *p;              /* 使变量 n 的值加 1，变成 18 */
(*p)++;             /* 使变量 n 的值再加 1，变成 19。
                       由于结合性的规定，*p++ 的意义与此不同 */
*p += *q + n;       /* 变量 n 被赋以新值 57 */
q = &a[0];          /* 指针 q 指向了数组 a 的首元素 */
*q = *p / 16;       /* a[0]被赋值 3 */
```

7.1.3 指针作为函数参数

从上面讨论中没有看到指针的价值，没有看出其必要性。现在介绍一个在 C 程序里必须借助指针解决的问题：函数的指针参数。借助这种参数能写出可以改变函数调用时环境的函数。所谓函数调用时的环境，指在函数调用处能访问的所有变量。

例 7.1 能交换两个变量的值的参数。设程序里经常需要交换两个整型变量的值，我们想为此写一个函数 swap，想用它完成交换变量值的工作。由于操作中要修改两个变量的值，靠返回值（只有一个）就不行了。粗粗一想可能写出下面的函数：

```
void swap0 (int x, int y) {
    int t = x;
    x = y;
    y = t;
}
```

写一段程序试验这个函数，例如：

```
int m = 1, n = 2;
swap0(m, n);
printf("m = %d, n = %d\n", m, n);
```

执行后会发现 m 和 n 的值没变。上面定义失败的原因在于 C 的参数机制：调用 swap0 时，m 和 n 的值分别送给形参 x 和 y，虽然函数里交换了 x 和 y 的值，但这不会影响实参 m 和 n。swap0 结束时局部变量 x 和 y 撤销，m 和 n 的值没变。

前面介绍的函数有个共同点：它们可以通过参数使用调用环境中变量的值，但却不能修改变量的值⊖。如果 m 是函数 f 的局部变量，在 f 里调用 g(m) 不会改变 m 的值。

要想使 g 能改变调用处可用的变量 m，就必须在 g 内部把握住 m。利用指针可以解决这个问题：只要在调用时把 m 的地址（是值，地址值）通过指针参数传进 g，在 g 里对相应指针参数做间接操作，就可以对 m 做任何事情，包括给它赋值。总结一下，这个解决方案包括三方面：在函数定义时用指针参数；函数里通过指针参数间接访问被指变量；函数调用时把变量地址传给函数。图 7-3 表示了这种调用中的现场情况。

按这种模式，swap 可以定义为：

```
void swap(int *p, int *q) {
    int t = *p;
    *p = *q;
    *q = t;
}
```

这里为 swap 定义了两个 int 指针参数。假设要交换值的变量是 m 和 n，调用形式应该是：

```
swap(&m, &n);
```

调用中把 m 和 n 的地址送给 swap 的指针参数 p 和 q。函数体里对 p 和 q 间接操作，实际交换的是 m 和 n 的值。函数调用时形参与实参的关系如图 7-4 所示。

⊖ 以数组作为函数的参数是个例外。关于数组参数的意义，本章也将给出一个严格的解释。实际上，在这种情况下能改变实参数组的元素，原因也与指针有关。

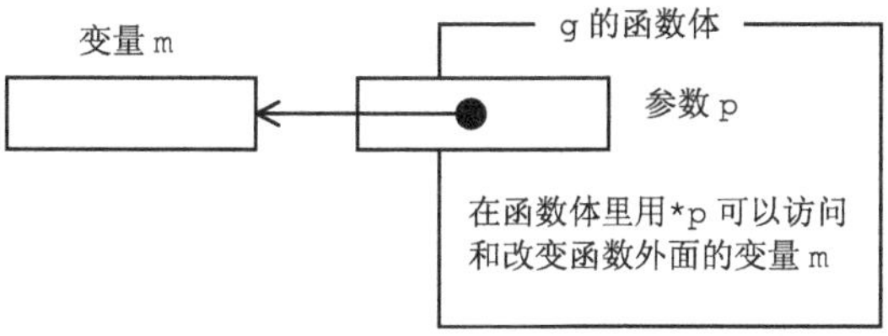

图 7-3　在函数里通过指针可以访问外面的变量

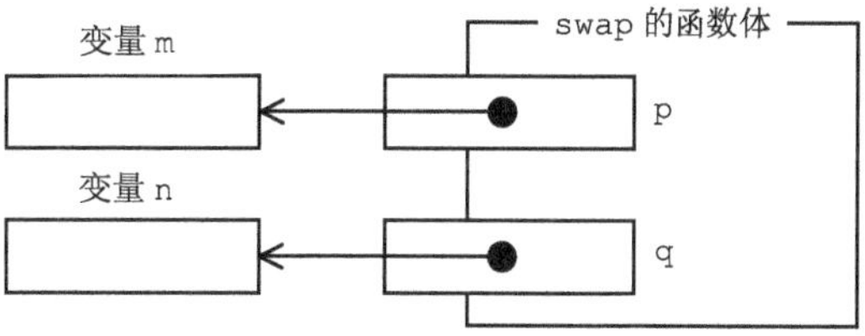

图 7-4　函数调用 swap(&m, &n)形成的现场

请注意，在 swap 的定义里，两个参数的类型都是(int *)，因此调用的实参必须是合法的整型变量地址。假设现在还有如下变量定义：

```
int a[10], k;
```

下面两个调用都合法：

```
swap(&a[0], &a[5]);
swap(&a[1], &k);
```

能完成交换值的工作。

敏感的读者应该想到标准库函数 scanf。前面介绍 scanf 时曾反复强调，接受输入值的变量前必须写 &，这实际上就是要把变量的地址传入函数。scanf 里用的就是上面定义 swap 时的技术：通过间接访问为变量赋值。

例 7.2　通过指针参数实现输入整数值并检查数值范围的函数。改造例 6.15 中输入整数值并检查数值范围的函数，引进一个指针参数，使之能更好地处理整数输入中出现错误的情况。前面的函数实现里要用一个特殊整数指明输入出错，遗留下一个需要改进的缺陷。指针参数提供了一种解决问题的新方法。

我们给函数增加一个指针参数，通过它送回实际读入的值。这样就可以把函数的返回值空出来，专用于传递函数的执行状态信息。下面函数里用 1 表示成功读入一个整数，用 0 表示输入遇到麻烦而没有正常完成。修改后的函数定义是：

```
int getnumber(char prompt[], int imin, int imax, int repeat, int *np) {
    int i;
    *np = 0; // 为了安全，保证函数里一定给 *np 赋了值。
    for (i = 0; repeat <= 0 || i < repeat; ++i) {
        printf("%s", prompt);
        if (scanf("%d", np) != 1 || *np < imin || *np > imax) {
            printf("Wrong input. Correct range [%d, %d].\n",
                   imin, imax);
            while (getchar() != '\n') ;
        }
        else return 1;
    }
    return 0;
}
```

前面的调用可以重写为：

```
getnumber("Choose a range [0, n]. Input n: ", 2, 32767, 5, &m);
getnumber("Your guess: ", 0, m-1, 5, &guess);
```

调用这一函数的更合适形式应该是，例如：

```
if (getnumber("Your guess: ", 0, m-1, 5, &guess) == 0) {
    /* 输入出错处理程序片段 */
}
```

注意，虽然这类函数的参数被定义为指针，作为实际参数的必须是某变量的地址。把这一函数换到原程序里是非常简单的，这一工作请读者完成。

从这个函数实例中可以清楚地看到标准库函数 scanf 的影子。scanf 也通过指针参数得到存放输入值的变量的地址，也用返回值通知执行情况，通告输入成功完成或遇到问题。调用它的程序通过检查返回值，就可以针对不同情况采取适当对策。不难看出，标准库的许多函数（尤其是输入输出函数）的设计都采用了这种模式。在实际的C程序设计中，采用函数返回值表示操作状态信息的技术得到普遍应用。

7.1.4 有关指针的几个问题

在讨论更多与指针有关的编程技术与应用前，先介绍一些与指针有关的情况。

空指针

空指针是一个特殊指针值，也是唯一对任何指针类型都合法的指针值。指针变量具有空指针值，表示它当时处于闲置状态，没指向有意义的东西。空指针值用 0 表示，给指针赋值 0 使它再不指向有意义的东西。C 语言保证这个值不是任何对象的地址。为了提高程序的可读性，标准库定义了一个与 0 等价的符号常量 NULL，程序里可以写：

```
p = NULL;
```

或者

```
p = 0;
```

两种写法都把 p 置为空指针值。前一写法使人容易意识到这是一个指针赋值，在采用这种写法时，程序必须用 #include 包含了某个标准头文件（任何一个都行）。

指针初始化

在定义指针变量时，可以用合法指针值对它进行初始化。例如：

```
int n, *p = &n, *q = NULL;
```

如果定义时没做初始化，外部变量和局部静态变量将自动初始化为空指针（0 值），局部自动变量和寄存器变量不自动初始化，建立后的值不确定。

指针使用中的常见错误

使用指针的最常见错误是非法的间接访问，也就是说，在一个指针并没有指向合法变量的情况下对它做间接访问。例如下面程序片段：

```
int f (...) {
    int *p, n = 3;
    *p = 2;
    ......
}
```

语句“*p = 2;”是错误的，因为在执行这个语句时 p 没指向合法变量。这时通过 p 间接赋值是个大错误，请不要去试验这种语句，它可能引起非常严重的后果。

当一个指针没指向合法变量时，称它为**悬空指针**或**野指针**。通过悬空指针间接访问是极其危险的，因为不知道是访问哪里，由此可能引起严重问题。通过悬空指针做间接赋值更危险，其后果无法预料。下面语句表现了这方面的常见错误写法：

```
int p, n = 3;
swap(p, &n);
scanf("...", p);
scanf("...", n);
```

第一个调用的两个参数类型都正确，但不知要把 n 的值与谁交换（因为 p 当时是悬空的）。第二个调用 scanf 把读入值送到不知何处。第三个调用没写&，scanf 会把 n 的值当做地址（指针值）去做间接赋值。编译器不能查出这些错误，如 scanf 的两个调用都查不出错。但这几个语句有严重语义错误，执行后果无法预料。

另外，指针取空指针值时也没指向合法变量，对其间接访问也是没道理和非法的。

通用指针

前面说C语言的指针有类型，实际上有一个例外：在这里有一种通用指针，它们可以指向任何类型的变量。通用指针的类型用(void *)表示，因此也称为 void 指针。下面第三行定义了两个通用指针：

```
int n = 3, *p;
double *q;
void *gp1, *gp2;
```

任何变量的地址都可以直接赋给通用指针。例如，有了上面定义后下面赋值合法：

```
gp1 = &n;
```

在把任何类型的指针值赋给通用指针时不必写类型转换。

也允许把通用指针的值赋给普通指针。C语言规定：如果通用指针 gpt 当时指向某变量 g，而 g 的类型正好是普通指针 pt 的指向类型，那么把 gpt 的值赋给 pt 后通过 pt 可以正确访问 g（如果被赋值指针与通用指针所指变量的类型不符，赋值后间接访问的效果没有任何保证）。做这种赋值时要写强制转换。有上面定义和赋值的情况下，可以写：

```
p = (int *)gp1;
```

由于 gp1 已指向整型变量 n，所以把 gp1 的值赋给 p 是合理的，赋值后通过 p 可以正确访问变量 n。在同样情况下，下面赋值就不合法了：

```
q = (double *)gp1;
```

因为当时通用指针 gp1 实际指向了一个整型变量，把这个指针值赋给双精度指针，显然没有意义。编译器不能识别这种语义错误，需要写程序的人注意。

通用指针的一个特点是不能做间接运算。对普通指针可以做间接运算，这是因为普通指针的指向类型明确，间接运算后可以作为被指类型的变量使用，得到哪个类型的值、如何参加运算、赋值该怎样做等情况都清楚。通用指针可以指向任何类型的变量，这些问题都没法确定。

7.2 指针与数组

C语言的指针和数组之间关系密切，我们可以以指针作为媒介，方便地完成对数组成员的各种操作。人们写C程序时常用这种方式，本节讨论这方面的问题。当然，通过指针访问数组元素时，同样必须防止数组越界访问的错误。

指针和数组的关系是C语言所特有的，除了由C语言派生出的一些语言（如C++）外，一般程序语言里不存在这种关系。值得提出的是，这种关系已经被借用到其他地方，人们参考这种想法开发出了一些访问数据集合的一般性技术。

7.2.1 指向数组元素的指针

数组元素可以看做是相应类型的变量。因此，只要类型匹配，我们完全可以让指针指向数组元素。前面有过这方面的例子。本节讨论将一直假设已有下面的变量定义：

```
int *p1, *p2, *p3, *p4;
int a[] = {1, 2, 3, 4, 5, 6, 7, 8, 9, 10};
```

此后可以写：

```
p1 = &a[0];
p2 = p1;
p3 = &a[5];
p4 = &a[10];
```

这些赋值后指针 p1 和 p2 都指向 a[0]，p3 指向 a[5]，p4 并不指向 a 的元素，而是指向 a 最后元素之后的下一位置。C语言保证这种“数组之后下一位置”的地址一定存在，因此可以把这个位置作为指针值。当然，此时 p4 并不指向合法数组元素（是悬空的），对 p4 间接访问是大错误。图 7-5 显示了当时各指针与数组 a 的关系以及它们的相对位置关系。此时对 p1 或 p2 间接访问，访问的都是 a[0]，对 p3 间接访问，访问的是 a[5]。不能对 p4 间接访问，但这种指针也有用，下面会看到这方面的情况。

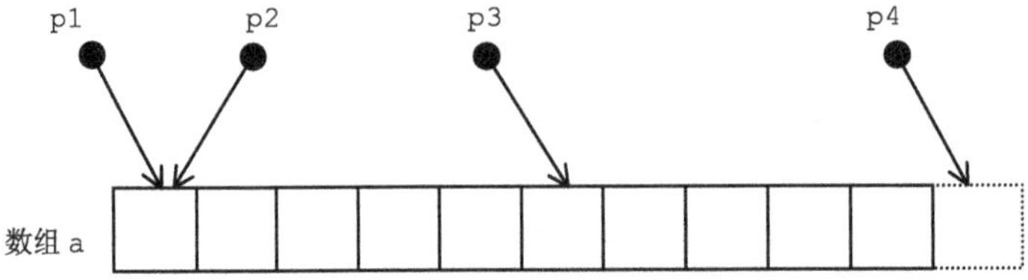

图 7-5 指向数组 a 的元素的 4 个指针

对于表达式&a[0]，由于数组元素访问运算符[]的优先级高，所以不必写括号。C 语言还规定：如果对数组名求值，得到的是该数组的首元素的地址，具有指向数组元素的指针类型。因此 p1 = &a[0] 可简写为 p1 = a，意义完全一样。

指针运算

当一个指针指向某数组的元素时，我们不但可以通过该指针访问被指元素，还可以通过它访问该数组里的其他元素。例如，图 7-5 的场景下 p1 指向 a[0]，可以通过它访问 a[0]，此时表达式 p1+1 也表示一个合法指针，其值是 a[1]的地址。也就是说，通过间接访问 *(p1+1) 可以访问 a[1]。与此类似，表达式 p1+2、p1+3、…、p1+9 也是合法的指针值，通过它们可以去间接访问数组 a 的其他元素。例如，程序里可以写：

```
*(p1 + 2) = 3;
p2 = p1 + 5;
```

第一个语句给数组元素 a[2]赋值 3；第二个语句给指针 p2 赋了由表达式 p1 + 5 算出的指针值，在这里就是数组元素 a[5]的地址。

即使指针指向的不是数组首元素，只要它指向数组里的一个元素，就可以通过它访问该数组里的其他元素。假如在上面一系列赋值语句后又有语句：

```
*(p3 + 2) = 5;
```

由于 p3 当时指向 a[5]，p3 + 2 表示再向后两个元素的位置，也就是 a[7]的地址，所以这个语句把 5 赋给 a[7]。进一步说，当一个指针指向数组中间的某元素时，还可以通过减去一个整数的方式访问该指针所指元素之前的元素，例如：

```
*(p3 - 2) = 4;
```

给 a[3]赋值（由于 p3 指向 a[5]，p3-2 是 a[3]的地址）。这类由指针值出发进行的运算称为**指针运算**。可以用指针运算得到的值去更新指针，例如可以写：

```
p2 = p2 - 2;
```

这使 p2 向下标小的方向移两个位置，此前它指向 a[5]，这个语句后指向 a[3]。

当指针指在数组里时，人们也经常用增量、减量操作更新指针。例如：

```
p3 = p2;
++p3;
--p2;
p3 += 2;
```

更新指针使之改为指向数组中的下一元素或前一元素，或者向后向前移几个元素位置。

如果两个指针指在同一数组里，就可以求它们的差，得到的值是位于这两个指针之间的数组元素个数（带符号整数）。例如，对于图 7-5 里的情况，表达式

```
n = p3 - p1;
```

得到 5，而 p1 - p3 的值是 -5。如果两个指针不指向同一数组，它们的差没意义。

如果两个指针指在同一个数组里，还可以比较它们的大小。例如可以写：

```
if (q1 > p1) ...
```

如果 q1 所指元素位于 p1 所指元素之后，条件成立（q1 > p1 求出值 1），否则就不成立。如果两个指针不指在同一个数组里，比较它们的大小也无意义。

相等和不等比较的使用范围更广。同类型指针可以比较相等或不等，任何指针都可以与通用指针比较相等或不等，任何指针都可以与空指针值（0 或 NULL）比较相等或不等。当两个指针指向同一数据元素或都具有空指针值时相等，否则就不相等。通用指针可以与任何指针比较大小（如果指在同一数组里），但不能做其他指针运算（如加减整数等）。

应特别注意，通过指到数组里的指针访问数组元素，必须保证所有间接访问都在数组的合法范围内，否则也是越界访问。此外，还要求通过指针运算取得的指针值（即使不做间接）不超出从数组的首元素起，到其末元素之后一个元素位置的范围，否则得到的指针值也没有保证。这种规定既有实际价值，也牵涉到计算机系统本身的限制。

数组写法与指针写法

如果一个指针指在某数组里，要通过它去访问数组元素，可以采用间接操作的形式，也可以用普通的数组元素访问形式，把这个指针用在写数组名的位置。假设 p1 指向 a[0]，p3 指向数组 a 下标为 5 的元素，我们可以写下面语句：

```
p1[3] = 5;
p3[2] = 8;
```

p1[3] 相当于 *(p1+3)，第一个语句给 a[3] 赋值。而 p3[2] 相当于 *(p3+2)，因此第二个语句给元素 a[7] 赋值 8。p1[3] 这样的写法称为**数组写法**，而 *(p1+3) 这类写法称为**指针写法**，这两类写法具有同等效力，可以根据自己的喜好自由选择。

另一方面，从数组名字出发访问数组元素时也可以用指针写法。实际上，这不过是前面讲过的一个情况的自然推论。前面说对数组名求值将得到指向数组首元素的指针值。例如，对数组 a，对 a 求值得到指向 a[0] 的指针值，自然可以参加指针运算，a+3 指向 a[3]，对 a+3 的间接访问就是访问 a[3]，所以写 *(a+3) 就相当于写 a[3]。

数组名还可以参加另外一些指针运算，包括与指针比较大小、相等或不等。但要注意，数组名不是指针变量，不能修改和赋值。下面所有操作都是错误的：

```
++a;
a += 3;
a = p;
```

因为这些操作试图修改 a 的值。有些运算虽然不对数组名赋值，但也可能没有意义。例如：a-3 得到的不是合法指针值，因为它超出了数组 a 的合法地址范围。

7.2.2 基于指针运算的数组程序设计

C 语言提供指针运算，既是另一种处理数组元素的方式，也是为了程序设计需要。有时这种写法很方便。假定有上面定义的 a 和指针，下面语句都能打印出 a 的全部元素：

```
for (p1 = a, p2 = a+10; p1 < p2; ++p1)
    printf("%d\n", *p1);

for (p1 = a; p1 < a+10; ++p1)
    printf("%d\n", *p1);

for (p1 = p2 = a; p1 - p2 < 10; ++p1)
    printf("%d\n", *p1);
```

```
for (p1 = a; p1 - a < 10; ++p1)
    printf("%d\n", *p1);
```

还能写出另一些功能相同的循环。在这些例子里都使用了数组末元素之后一个位置的指针。如第一个例子里 p2 的值就是这种指针值，而且在循环结束时，p1 的最终值也是这个指针值。可能有读者会提出把循环改为：

```
for (p1 = a, p2 = a+9; p1 <= p2; ++p1)
    printf("%d\n", *p1);
```

这样做可以避免用到“数组末元素之后一个位置”的指针值吗？请读者自己分析。

7.2.3 数组参数与指针

现在我们已经可以给函数的数组参数一个清楚的解释了。C 语言规定，函数的数组参数就是相应类型的指针参数。例如，下面两个函数头部

```
int f(int d[]) {... d[...] ...}
int f(int *d) {……}
```

完全等价，数组参数就是这样实现的。

调用 f 处理数组时，送给它的实参应是被处理数组的名字。按前面说法，对这个名字求值得到的是指针值，正好符合函数对实参的类型要求，这个指针值被传给形参。在函数里使用数组参数时，我们一直采用数组元素访问形式。根据本节前面的说明，对指针可以用这种写法。这样，函数 f 里通过指针 d 访问的就是调用时通过指针传来的数组的元素。C 语言就是通过这样一套方式实现了对数组的直接操作，使我们能在函数里修改实参数组。这一解释还说明，对于数组参数，函数里也可以用指针形式去写元素访问。

这一解释也澄清了前面提过的另一问题。如果在函数里用 sizeof 计算“数组参数”的大小，得到的是一个指针变量的大小，因为这种参数原本就是指针。C 语言里所有指针的大小都一样，因为它们保存的都是地址值，而地址值的表示方式都一样。

前面一直用下面的形式写处理数组的函数：

```
double sum(int n, double a[]) {
    int i;
    double s = 0.0;
    for (i = 0; i < n; ++i)
        s += a[i];
    return s;
}
```

n 是为了传被处理数组的长度而增加的参数。假设程序里有双精度数组：

```
double b[40];
```

如果数组 b 的元素已经有值，用函数 sum 就可以求出 b 中所有元素值的和：

```
x = sum(40, b);
```

前面说过，也可以用 sum 求 b 中前面一段元素的和，如求前 20 个元素之和：

```
y = sum(20, b);
```

实际上，函数 sum 并不知道 b 的大小，它只是由参数得到数组的起始地址，从这里开始求出连续 20 个元素的和，而这正是我们所需要的。进一步说，实际上可以用 sum 求数组中任意一段元素之和。例如，如果想求从下标 17 开始的 11 个元素之和，可以写：

```
y = sum(11, b+17);
```

请读者根据有关指针和数组关系的讨论，把这一问题解释清楚。

7.2.4 指针与数组操作的程序实例

本节用几个完成字符串操作的函数实例来说明通过指针处理数组的方法。

例 7.3 用指针方式实现计算字符串长度的函数。第一种实现是：

```
int strLength (const char *s) {
    int n = 0;
    while (*s != '\0') {
        ++s;
        ++n;
    }
    return n;
}
```

函数里不断更新局部指针扫描参数串里的字符，直至遇到空字符，得到的计数值就是字符串长度。参数加 const 限定词，说明函数不改变实参（被处理的字符数组）。

该函数的另一种实现方法是：

```
int strLength (const char *s) {
    const char *p = s;
    while (*p != '\0') ++p;
    return p - s;
}
```

当 p 指到空字符时，两指针之差就是字符串的长度。这个函数很有趣，其循环中只更新一个变量。应特别指出，虽然这两个函数的参数是指针类型(char*)，实参却应该用字符串常量，或保存着字符串的字符数组，或者实际指着字符串的字符指针。

例 7.4 用指针方式实现字符串复制。下面函数把由第二个参数确定的字符串的内容复制给由第一个参数确定的字符数组：

```
void strCopy (char *s, const char *t) {
    while ((*s = *t) != '\0') {
        s++;
        t++;
    }
}
```

复制空字符时循环条件失败，字符串复制正好完成。显然只有第二个参数可以加 const。由于赋值表达式也有值，空字符'\0'的值就是 0，上述程序可以简化为：

```
void strCopy (char *s, const char *t) {
    while (*s = *t) {
        s++;
        t++;
    }
}
```

熟悉 C 语言的人可能把指针更新操作也写在循环的测试条件里，修改后的程序是：

```
void strCopy (char *s, const char *t) {
    while (*s++ = *t++)
        ;
}
```

循环体是个空语句。要理解这个程序，必须注意运算符的优先级与结合顺序，增量运算的作用与算出的值，赋值表达式的值等。理解这个程序对于第一次见到它的人都是一个小测验，请读者自己设法把程序的意义弄明白。

上面两个函数的意义及使用方法与标准库函数中相应的字符串函数一样。

例 7.5 用指针方式实现的数组处理函数。

下面是一个利用指针输出整型数组元素里任一子序列的函数：

```
void prt_sequence(int *begin, int *end) {
    for (; begin < end; ++begin)
        printf("%d\n", *begin);
}
```

在调用本函数时要保证对应 begin 和 end 的实参指向同一数组。看一些调用实例：

```
prt_sequence(a, a+10);
prt_sequence(a+5, a+10);
prt_sequence(a, a+3);
prt_sequence(a+2, a+6);
prt_sequence(a+4, a+4);
prt_sequence(a+10, a+10);
```

最后两个调用处理的是空序列，循环在第一次检测条件时失败。注意，end 所指元素（可能不存在）不在打印之列，这是习惯写法。人们常说这样两个指针描述了一个“半闭半开”的序列，因为不包含结束指针 end 所指的东西（那里可能原本就没有元素）。

采用同样思想，可以写出许多通过指针操作数组中元素序列的函数。例如，下面定义的是一个“设置”函数，它把指定整型序列中的所有元素都设置为一个特定值：

```
void set_sequence(int *begin, int *end, int v) {
  for (; begin < end; ++begin) *begin = v;
}
```

下面函数把序列里的每个元素都用其平方根取代：

```
void sqrt_sequence(double *begin, double *end) {
  for (; begin < end; ++begin) *begin = sqrt(*begin);
}
```

也可以用这种方式定义求数组的子序列中元素平均值的函数：

```
double avrg(double *begin, double *end) {
    double *p, x = 0.0;
    if (begin >= end) return 0.0;
    for (p = begin; p < end; ++p) x += *p;
    return x / (end - begin);
}
```

例 7.6 用指针方式写出的数组元素划分函数。考虑用指针方式写出上一章例 6.17 的数组元素划分函数。

我们当然可以重复前面写法，只是把函数里的数组写法换成指针写法。现在考虑一种更符合指针精神的方式：为函数定义一对界定数组范围（数组中一段）的指针参数和一个划分值。函数返回划分后的分界位置，直接用指向数组元素的指针值表示，令它指向大于等于划分值的第一个元素。不存在这种元素时就返回（数组）序列之后的那个位置。

这里也采用半闭半开的序列，第一个指针参数指向序列的起始元素，第二个指针参数指向序列后面的下一个位置。根据这些考虑和分析，可以给出下面定义：

```
double* partition(double *begin, double *end, double cut) {
    while (begin < end) {
        while (begin < end && *begin < cut) ++begin;
        while (begin < end && *(--end) >= cut) ;
        if (begin < end) {
            double x = *begin;
            *begin = *end;
            *end = x;
            ++begin;
        }
    }
    return begin;
}
```

大循环里用了两个 while 循环，一个更新向右移的指针，另一个更新向左移的指针。条件语句里定义了一个用于交换元素的临时变量。第二个内部 while 的体是空语句，循环条件中包括对变量 end 的更新。可以用更常见的形式写这个循环，但上面写法更紧凑，熟悉 C 语言的人常用这类简洁写法，学习 C 语言程序设计时也应逐渐习惯这类写法。

图 7-6 展示了用 partition 处理数组的过程，假定以 5 作为数据分界值。图 7-6a 所示为函数开始时参数指针分别指向给定序列的两端（半闭半开）；图 7-6b 所示为两个内部循环第一次执行之

后，两个指针指向一对需要交换的元素；图 7-6c 所示为交换元素并更新指针之后的场景；图 7-6d 所示为两个内部循环执行之后指针 begin 没动，而指针 end 左移一个位置；图 7-6e 所示为交换一对数据并移动指针之后循环条件失败。返回的指针值指向划分后大于等于 5 的那段的第一个元素。

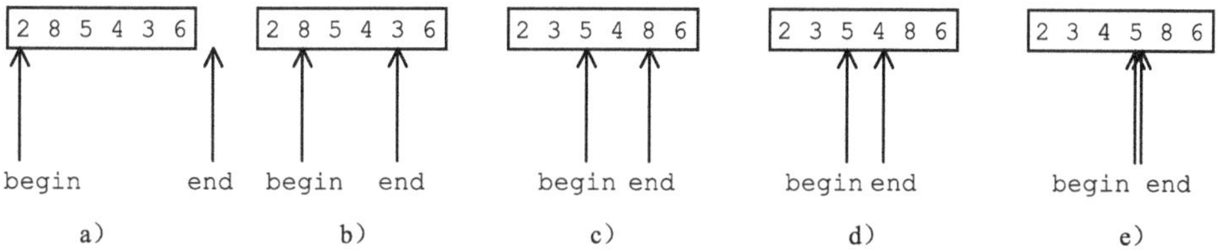

图 7-6　用 5 作为分界值划分数组

7.2.5　字符指针与字符数组

根据类型的意义，字符指针（char *）应该指向字符变量。但在实际应用中，人们常常用字符指针指向字符数组的元素，以便通过这种指针使用字符数组的内容。这件事并不奇怪：整型指针（int *）应该指向 int 变量，我们也常用它指向 int 数组的元素。字符指针最常见的一类用途是指向字符串，或者是指向一个常量字符串，或者是指向一个存储着字符串的字符数组。通常让字符指针指向字符串的开始⊖，如图 7-7a 的情况。

定义字符指针时可以用字符串常量对它做初始化，例如：

```
char *p = "Programming";
```

这个定义实际上完成了三件事：（1）定义了一个字符指针变量 p；（2）建立了一个字符串常量 "Programming"，它以字符数组的形式存在，有效字符后有个空字符；（3）p 被设置为指向刚建立的字符串常量。结果如图 7-7a 所示，其中的\0 表示空字符。

显然，上述定义的意义与定义字符数组 a 并用同一个字符串初始化不同：

```
char a[] = "Programming";
```

这个定义产生一个经过初始化的字符数组，如图 7-7b 所示。这里没建立字符串常量，只是在初始化的描述中借用了字符串常量的写法；这里也没有指针，a 是数组名。这两个定义有相近之处，也有许多差异。相近之处请读者考虑，两者之间差异至少有如下几方面：

1. p 是指针变量，虽然定义时令它指向刚创建的字符串常量，但此后完全可以给它赋值，使之指向别处，或给它赋空指针值。而 a 总表示被分配的那块存储区，也不能给它赋值（只能给它的元素赋值）。例如，有了上面定义后可以写：

   ```
   p = "Programming Language C";
   ```

   这个语句建立另一个字符串常量，并让 p 指向它。如果把语句里的 p 换成 a，得到的语句就是非法的（数组不能赋值）。
2. p 和 a 类型不同，大小也不同。p 占一个指针的空间，a 占 12 个字符的空间。
3. 数组 a 的元素可以重新赋值。例如可以做：

   ```
   a[8] = 'e';
   a[9] = 'r';
   a[10] = '\0';
   ```

   这就使 a 里的串变成了"Programmer"，有效字符之后有两个空字符。C 语言不允许修改字符串常量，所以把上面的 a 换成 p 是语义错误，其后果无法预料。

   仔细分析，还可能找出另一些不同点。

⊖　实际上，当一个指针指在字符串中间时，我们仍可把被它指向的东西当做字符串用。当然，这时实际使用的只是整个字符串的后面一部分而已。

可以定义字符指针变量并让它指向已有的字符数组。人们常用这种方式操作字符数组。例如，下面程序段统计（保存在一个字符数组里的）字符串里字符 e 的个数：

```
char uname[] = "What is done can't be undone.";
char *p;
int count;
for (count = 0, p = uname; *p != '\0'; ++p)
    if (*p == 'e') ++count;
```

图 7-7 指针指向的字符串和存储在数组里的字符串

7.2.6 多维数组作为参数的通用函数

前一章讨论了实现处理多维数组的通用函数的问题。对一维数组，引进长度参数可以定义出具有通用性的函数，它们可以正确处理特定元素类型的各种长度的一维数组。多维数组的情况不这么简单。语言规定，当参数是二维或更多维的数组时，形参必须给出除第一维之外其他各维的大小。这也使定义的函数失去了大部分通用性。例如写：

```
int fun1(int n, int mat[][10]) {
    ......
    ... mat[i][j] ...
}
```

这个函数只能用于第二维的长度为 10 的各种数组，并不通用。如果把函数头改成：

```
int fun2(int n, int m, int mat[][]) {
    ......
    ... mat[i][j] ...
}
```

编译时将无法通过。这是为什么呢？

请注意，mat 是指针参数（数组参数就是指针参数），其指向类型应是一维整型数组（二维数组的元素是一维数组）。但上面的第二个定义里没给出 mat 所指的整型数组的大小，这就造成了指针的类型描述不完全。这样，虽然可以根据参数确定 mat[0]（是一个整型数组）的位置，因为它也就是数组 mat 的开始位置，但却无法计算 mat[1] 和其他子数组的位置（因为不知道子数组的长度），因此就无法一般地计算基本元素 mat[i][j] 的位置。正因为这种情况，上述函数的编译无法完成。

然而实际中确实需要定义处理多维数组的通用函数。例如，科学计算中最常用的一种数据形式是矩阵，矩阵可以直接用二维数组表示。需要实现各种标准的矩阵操作，如求矩阵的和、乘积，求矩阵行列式的值，求矩阵的特征值等。我们当然不希望为每种不同大小的矩阵各定义一套函数，最好是能定义一套通用的矩阵操作函数。

ANSI C 没提供定义这类函数的标准方法[1]，但人们为此提出了一些实用技术。这里介绍一种可行方法。下面的讨论以二维数组为例，多维数组的情况可以类似处理。

先分析一下处理二维数组需要哪些信息。显然需要知道数组基本元素的类型，需要两个维的长度，还需要数组的开始位置。函数由数组参数可知其基本元素的类型和数组首元素的位置（数

[1] C99 为解决这一问题提供了标准机制。但下面讨论仍然有意思，它能帮助我们看清一些问题。

组开始位置）。由于数组元素按行排列，如果知道了数组元素类型和每行的长度，就可以确定各行首元素的位置，进而可以算出其他元素的位置。

举个例子，假设要处理的数组是：

```
int a[10][8];
```

a 的首元素位置是&a[0][0]，这是一个整型的指针值。由于数组 a 每行有 8 个元素，所以下标为 1 的行的首元素位置应该是：

```
&a[0][0] + 8
```

通过下面表达式可以访问数组 a 里下标为 1 的那一行的首元素：

```
*(&a[0][0] + 8)
```

一般说，表达式

```
*(&a[0][0] + i * 8)
```

访问的是数组 a 里下标为 i 的行的首元素。所以，表达式

```
*(&a[0][0] + i * 8 + j)
```

访问的是 a 里下标为 i 的行中下标为 j 的元素，即 a[i][j]。这就是说，有了上面提到的信息，就能找到数组 a 里的各个元素，因此就可以写出处理数组的通用函数了。

下面是采用这种方法写通用函数的一个例子。

例 7.7 输出任意二维整型数组内容的函数。写一个输出函数，把数组中每一行的元素打印为一个输出行。

按上面讨论可以写出下面函数定义，函数由两个整型参数得到数组两个维的大小：

```
void prtMatrix (int m, int n, int *mp) {
    int i, j;
    for (i = 0; i < m; ++i) {
        for (j = 0; j < n; ++j)
            printf("%d ", *(mp + i * n + j));
        putchar('\n');
    }
}
```

请注意，最后是一个 int 指针参数，是指向二维数组的基本元素类型的指针。这样定义是因为函数里需要基本元素的类型。实际上，因为没办法写出一般性的二维数组类型，我们不得不考虑自己来计算元素的位置。在调用这个函数时，应该把实参（应是二维数组）的第一个基本元素的地址送给函数。当然，还必须正确提供两个维的长度。

如果要打印上面定义的数组 a，正确的函数调用是：

```
prtMatrix(10, 8, &a[0][0]);
```

&a[0][0] 是一个 int 类型的指针，符合函数对参数 mp 的类型要求。注意，上述调用完全可以写成更简单的形式：

```
prtMatrix(10, 8, a[0]);
```

请读者仔细想想为什么这样写是正确的（考虑 a 是什么类型，a[0] 是什么类型）。如果要打印另一个 20×36 的整型数组 mat，函数的正确调用形式是：

```
prtMatrix(20, 36, &mat[0][0]);
```

请读者根据这些函数调用实例，分析各实际参数的写法以及函数里的计算过程。

7.3 指针数组

C 语言允许定义各种类型的数组，自然也可以定义指针的数组。这种数组在复杂的程序里使用广泛，本节讨论与之相关的一些问题。下面讨论主要以字符指针数组为例，对其他类型的指针数组，这里的讨论也可以参考。

7.3.1 字符指针数组

字符指针数组是程序里很常用的结构。假如程序里需要一组字符串，一种常见做法就是用一个字符指针数组表示它们。一个典型实例是软件系统需要显示的信息。软件在运行中可能需要显示某些信息，把一些情况通报给用户，这种信息需要用字符串表示。程序里许多地方可能要显示同样信息，如果把串分散写在各处，会给信息的管理带来困难，需要统一修改时很不方便，重复的信息串也会占据大量不必要的存储。一种好办法是定义一个全局指针数组，用其中的指针指向信息字符串常量。任何地方需要这些串，都通过这个指针数组去使用。统一管理所有输出信息，可以给复杂程序的开发和维护带来很大方便。

下面是一个字符指针数组的定义：

```
char *pa[10];
```

运算符优先级也适用于定义和声明。对上面定义，由于运算符 [] 优先级高，所以这里定义的是一个数组 pa，元素类型是(char *)。也就是说，pa 是字符指针的数组。

字符指针数组也可以在定义时初始化。人们常让字符指针指向字符串，也常用字符串常量为数组中指针提供初始值。下面是这种用法的一个例子：

```
char *days[] = {
    "Sunday", "Monday", "Tuesday", "Wednesday",
    "Thursday", "Friday", "Saturday"
};
```

这定义了一个包含 7 个字符指针的数组，同时建立了 7 个字符串常量，让数组里的指针分别指向各个字符串。有了这个定义后，通过数组元素 days[0]、days[1]等就可以访问这些字符串了。例如可以写下面语句：

```
printf("Work days: ");
for (i = 1; i < 6; ++i)
    printf("%s ", days[i]);
printf("\nWeekend: ");
printf("%s %s\n", days[6], days[0]);
```

这个程序片段将打印出：

```
Work days: Monday Tuesday Wednesday Thursday Friday
Weekend: Saturday Sunday
```

作为字符指针数组的应用实例，我们可以改写例 6.19 的 C 语言关键字统计程序，把原程序里的两维字符数组改为字符指针数组，用关键字字符串初始化。定义如下：

```
char *keywords[] = {
    "auto",   "break",   ....
    ....     "volatile", "while"
};
```

整个程序的其他部分完全不需要修改，仍能正常工作。

7.3.2 指针数组与二维数组

读者可能会问：前面的一些程序里用二维字符数组，现在改用字符指针数组，它们之间有什么不同呢？现在用一个小例子说明这个问题。假设有下面两个定义：

```
char color1[][6] = {"RED", "GREEN", "BLUE"};
char *color[] = {"RED", "GREEN", "BLUE"};
```

第一个定义建立了一个二维（3×6）的字符数组，它占用一片连续存储区。数组元素通过三个字符串分别给定初值，数组的情况如图 7-8a 所示。三个成员数组里各存一个字符串，包括字符串的结束符“\0”，所有未指定值的元素都填入了空字符。第二行定义一个包含三个指针的数组，另建立了三个字符串常量，并让数组里的指针分别指向这些字符串常量。定义后的情况如图 7-8b

所示。从这两个图可以清晰地看到两个定义的不同。

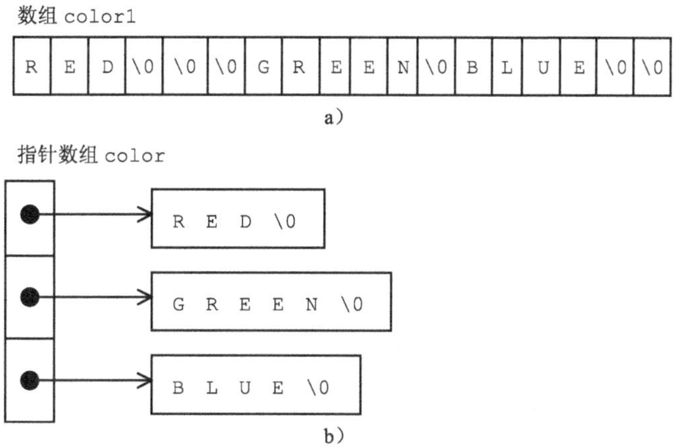

图 7-8 二维数组和指针数组

指针可看成数据间的一种联系机制。通过指针连接，第二个定义建立的结构具有一种分散性：指针数组建立在某处，三个字符串常量可以与它在一起或不在一起（系统一般把字符串常量放在另外的存储区）。同样，这几个字符串可以连续存放或分散存放。采用这种定义方式，系统更容易安排数据的存储。而第一个定义建立的是一个“大”数组，数组元素必须连续存放，这样就需要一块较大的连续存储区。如果数组很大（例如包含数以十万计或百万计的元素），连续分配空间产生的影响就更大了。后面还会再次提起这些问题。

还有些情况：第二个定义建立起一组字符串常量，按规定这些常量是不能修改的。对第一个定义显然没有这一限制，数组元素总可以根据需要重新赋值。另一方面，字符指针数组的成员是指针，这些指针都可以重新赋值，指向其他类型合适的数据对象。

虽然这里用字符指针数组和二维字符数组作为例子，实际上其中讨论的问题具有一般性。无论数组的基本元素是什么类型，这里的讨论都有意义。

7.3.3 命令行参数及其处理

启动程序的最基本方式是在操作系统命令状态下通过键盘输入命令。操作系统根据命令名查找相应的可执行文件，把它装入内存并令其执行。命令行就是为启动程序而输入的表示命令的行。目前许多操作系统采用图形用户界面，要求执行程序时不是通过命令行发出命令，而是通过点击图标或菜单项等。但命令行仍然存在于图标或菜单的定义中。

要求执行一个命令时，命令行里通常不仅需要命令名，还要提供其他附加信息。例如在 DOS 系统里，如果想用系统的编辑器编辑文件，我们可能输入：

```
edit file1.txt
```

这里 `file1.txt` 就是命令的附加信息，说明想编辑的文件。执行列目录命令可能写：

```
dir \windows\system /p
```

命令行中的附加信息以字符序列形式出现，这就是本节要讨论的命令行参数。

读者已经写过许多程序。例如，在常见系统里，如果 C 源程序文件是 `abcd.c`，加工后通常产生名为 `abcd.exe` 的可执行程序文件，在命令状态下输入命令：

```
abcd
```

这个程序就会被装入执行。但至今我们还没有考虑过命令行参数的处理。

要写能处理命令行参数的程序，需要了解 C 语言的命令行参数机制。程序处理命令行参数很像函数处理参数，写这种程序时考虑的是如何处理今后别人执行这个程序时提供的信息。就像在定义函数时，需要考虑如何处理函数被调用时提供的信息。

C 程序把命令行看成由空格分隔的字段，每段看做一个命令行参数。命令名本身是编号为 0 的参数，其他参数依次编号。在程序启动后、main 没有开始执行前，所有命令行参数已做成一组字符串。处理命令行参数，就是按规定的方式使用这些串。

设有一个程序，其名字是 prog1。假设启动这个程序的命令行是：

```
prog1 there are five arguments
```

这时字符序列“prog1”被看做编号为 0 的命令行参数，“there”是编号为 1 的命令行参数，其余类推。这个命令行里共有 5 个参数。对另一个命令行：

```
prog1 knows the number of the arguments
```

这次 prog1 执行时得到了 7 个命令行参数。

C 程序通过函数 main 的参数获取命令行参数。我们在前面程序里写的 main 都没有参数，就表示那些程序不处理命令行参数。要处理命令行参数，程序的函数 main 应该采用另一种形式，其中定义两个参数，原型是：

```
int main (int argc, char *argv[]);
```

人们常用 argc、argv 作为 main 的参数名，实际上可以用任何参数名，但它们类型是确定的。程序执行前 main 的两个参数被自动给定值：argc 的值是命令行中的参数个数；指针 argv（数组参数就是指针）指向一个字符指针数组，其中有 argc+1 个指针，前 argc 个指针分别指向各命令行参数字符串，最后有一个空指针表示数组结束。

对前面说过的程序调用：

```
prog1 there are five arguments
```

程序执行进入 main 时的现场如图 7-9 所示：argc 的值是 5，argv 指向的字符指针数组有 6 个成员，前 5 个指针分别指向命令行参数字符串，最后是个空指针。通过 argc 可得到命令行参数的个数，由 argv 可以找到各个命令行参数字符串。还可以通过编号为 0 的参数访问启动程序的命令名本身[⊖]。

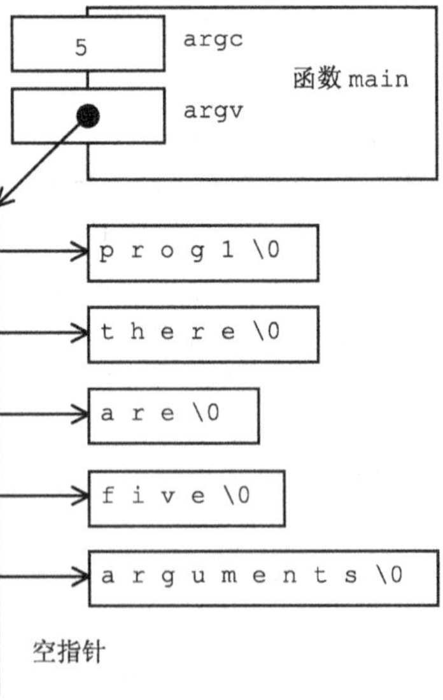

图 7-9　执行形成的命令行参数现场情况

⊖ 在一些系统里，表示命令本身的 0 号参数字符串还包括完整的启动目录路径。

例 7.8 了解命令行参数的基本用法。简单程序 echo 依次打印程序调用时提供的各命令行参数。虽然我们写程序时不知道调用时的命令行参数是什么，但却可以利用命令行参数机制，让程序把它们打印出来。程序很简单：

```
#include <stdio.h>
int main (int argc, char *argv[]) {
    int i;
    for (i = 0; i < argc; ++i)
        printf("args[%d]: %s\n", i, argv[i]);
    return 0;
}
```

假定这个程序的源文件是 echo.c，编译后的可执行文件是 echo.exe。执行命令：

```
echo programming is understanding
```

将产生下面几行输出：

```
args[0]: echo
args[1]: programming
args[2]: is
args[3]: understanding
```

由于 argv 是指针，利用它所指的指针数组最后有一个空指针，可以给出上面程序的另一种写法（这也说明了为什么命令行参数采用目前这种表示方式）：

```
#include <stdio.h>
int main (int argc, char *argv[]) {
    while(*agrv != NULL) printf("%s\n", *argv++);
return 0;
}
```

请想一想这里 *argv++ 的意思（考虑其中的优先级、计算顺序等）。

现在人们经常在集成开发环境（IDE）里开发程序，编辑、调试、执行等工作都在 IDE 里完成。这时如何为程序提供命令行参数呢？实际上，IDE 都有为命令行提供参数的机制，请读者自己找一找，可以查系统手册或联机帮助。另一方法是转到 IDE 之外，在操作系统的命令行状态下启动程序：启动一个命令窗口，在其中执行程序。

在图形用户界面系统里，上面关于命令行参数机制的讨论也不过时。前面说过，命令行仍存在于启动程序的按钮或菜单定义中。建立图标、快捷键、命令菜单项等，也需要写出实际命令行，包括提供所需要的各个命令行参数。

7.4 动态存储管理

程序中需要用变量（简单变量、数组变量等）保存被处理的数据和各种状态信息，变量使用前必须安排好存储：放在哪里、占多少存储单元等，这个工作称为**存储分配**。用机器语言写程序时，所有存储分配问题都需要人工处理，这个工作琐碎繁杂、很容易出错。用高级语言写程序时，人们通常不需要考虑存储分配的细节，主要工作由编译器在加工程序时自动完成。这也是用高级语言编程序效率较高的一个重要原因。

C 变量分为几种。外部变量和局部静态变量的存储在编译时确定，其存储分配在程序开始执行前完成。对局部自动变量，执行进入变量定义所在的复合语句时为它们分配存储。注意，这种变量的大小也是静态确定的。例如，局部自动数组的元素个数要用静态表达式描述。这样，一个函数执行时所需的存储量在编译时就确定了：函数定义里描述所需的自动变量和参数，定义了数组大小，这些决定了该函数执行时实际需要的存储空间。

静态完成存储安排的好处是管理效率高，实现方便，程序执行中要做的事情比较简单。但这也会对写程序的方式有所限制，使某些问题在这个框架里不好解决。举个简单例子：假定现在要写一个处理学生成绩的程序，存储被处理的数据需要定义数组。由于每次使用程序时处理的成绩项数可能不同，我们可能希望在程序执行时先输入一个表示成绩项数的整数（或通过命令行参数提供一个整数）。这时应该怎样建立程序的数据表示呢？

问题在于怎样描述数组元素个数。一种理想方式是采用下面的方式：

```
int n;
……
scanf("%d", &n);
double scores[n];
…… /* 读入成绩数据，然后进行处理 */
```

但是这一做法行不通。这里有两个问题：首先是变量定义不能出现在语句之后。这个问题好解决，可以引进一个复合语句，把 scores 的定义放在复合语句里。第二个问题更本质，上面程序段里描述数组 scores 大小的表达式是一个变量，它无法静态求值。也就是说，这个数组大小不能静态确定，C 语言不允许以这种方式定义数组。这个问题用至今讨论过的机制都无法很好解决。目前可能的解决方案有几个：

1. 分析实际问题，定义适当大小的数组，无论实际要处理多少数据都用这个数组。前面许多程序采用这种做法。如果前期分析正确，这样做是可行的。但如果某次实际需要处理的数据很多，定义数组不够大，这个程序就不能用了（除非使用程序的人有源程序，而且知道如何修改程序重新编译。在现实生活中，这种情况是例外）。
2. 定义一个很大的数组，例如在所用系统里能定义的最大数组。这样做的缺点是可能浪费大量空间（存储器是计算机系统里最重要的一种资源）。如果在一个系统里有这种要求的数组不止一个，事情就很难办了。如果都定义得很大，系统可能根本无法容纳它们。而在实际计算中，并不是每个数组都真需要那么大空间。

上面只是一个例子。一般情况下运行中的许多存储需求在写程序时无法确定，通过定义变量的方式不能很好地解决这类问题。为此就需要一种机制，使程序可以根据运行中的实际存储需求分配适当大小的存储区。C 语言为此提供了*动态存储管理系统*。说“动态”，是因为这里的分配工作完全是在动态运行中确定的。程序中可以根据需要向动态存储管理系统申请任意大小的存储块，这与程序变量的性质完全不同。

有了动态存储分配机制，可以在运行中申请存储块，但怎样能在程序里掌握和使用这种存储块呢？普通变量是通过变量名使用的。动态分配的存储块无法命名（命名是编程时的机制，程序运行中无法利用），因此需要另辟蹊径。许多语言都是通过指针实现这种访问：用指针指向通过动态分配得到的存储块（把存储块的地址存入指针），而后通过指针的间接操作就可以使用了。引用动态分配的存储块是指针的最主要用途。

与动态分配对应的是动态释放。如果以前申请的存储块不再需要了，就应该考虑把它们交回。动态分配和释放工作都由动态存储管理系统完成，这是支持程序运行的基础系统（称为*程序运行系统*）的一部分。该系统管理着一些存储区，如果需要存储块，就可以调用分配操作向它申请一块存储；如果以前得到的某块存储不再需要，就可以调用释放操作将其交回。动态存储管理系统管理的存储区通常称为堆（heap）。

7.4.1 C 语言的动态存储管理机制

C 语言的动态存储管理由一组标准库函数实现，其原型在标准文件<stdlib.h>里描述，需要用这些功能时应包含这个文件。与动态存储分配有关的函数共四个。

（1）存储分配函数 malloc()。函数原型是：

```
void *malloc(size_t n);
```

这里的 size_t 是标准库里定义的一个类型，它是一个无符号整型，能满足所有对存储块大小描述的需要，相当于哪个整型由具体 C 系统确定。malloc 的返回值为(void *)类型（通用指针的一个重要用途），它分配一片能存放大小为 n 的数据的存储块，返回相应的指针值；如不能满足申请（找不到满足要求的存储块）就返回 NULL。使用时，应把 malloc 的返回值转换到特定的指针类型后赋给指针变量。

例 7.9 动态存储函数 malloc 的使用。利用动态存储管理机制，前面提出的问题可以采用如下方式解决：

```
int n;
double *scores;
……
scanf("%d", &n);
scores = (double *)malloc(n * sizeof(double));
if (scores == NULL) {
    ……  /* 出问题时的处理，根据实际情况考虑 */
}
...scores[i] ... *(scores+j) ... /* 读入数据进行处理 */
```

调用 malloc 时，应该用 sizeof 计算存储块大小，不要直接写整数，以避免不必要的错误。此外，每次动态分配必须检查成功与否，并考虑两种情况的处理。

注意，虽然这里存储块通过动态分配得到，但是其大小也是确定的（分配时确定），不允许越界使用。例如上面程序段分配的块里能存 n 个双精度数据，随后的使用就必须在这个范围内。越界使用动态分配的存储块，尤其是越界赋值，可能引起非常严重的后果，通常会破坏程序的运行系统，造成本程序或整个计算机系统垮台。

（2）带计数和清 0 的动态存储分配函数 calloc。函数原型是：

```
void *calloc(size_t n, size_t size);
```

size 指数据元素大小，n 指要存放的元素个数。calloc 分配一块存储，足以存放 n 个大小为 size 的元素，并把存储块里清 0（初始化为 0 值）。不能满足要求时返回 NULL。

例 7.10 用 calloc 做存储分配。前面程序片段里的存储分配也可以用下面语句实现：

```
scores = (double *)calloc(n, sizeof(double));
```

注意，malloc 对所分配区域不做任何事情，calloc 对整个区域清 0。另外就是这两个函数的参数不同，calloc 主要是为了分配“数组”。我们可以根据情况选用。

（3）动态存储释放函数 free。它用于 p 所指的存储块，其原型是：

```
void free(void *p);
```

这里指针 p 的值必须是程序前面通过动态存储分配函数分配得到的。如果 p 当时的值是空指针，free 就什么也不做。

注意，调用 free(p) 不改变 p 的值（函数里无法改变参数的值），但 p 指向的块的内容可能被修改（存储管理的需要）。用 free 释放后就不能再通过 p 去访问已释放的块，否则也可能引起灾难性后果。

为保证动态存储区的有效使用，如果某个动态分配的存储块不用了，就应该及时将它释放，这应该成为习惯。释放动态存储块只能通过调用 free 完成。下面是一个示例：

```
int fun (...) {
    int *p;
    ……
    p = (int *)malloc(...);
    ……
    free(p);
    return ...;
}
```

在 fun 退出前用 free(p)释放在函数里分配的存储块是非常必要的。如果不释放，由于 fun 的退出也是 p 的存在期结束，此后 p 里的信息（动态存储块的地址）就找不到了，这个存储块就丢了[⊖]。丢失动态分配块的情况称为动态存储的流失。对需要长时间运行的程序，存储流失可能造成程序执行一段后被迫停止。实际系统不能容忍这种情况发生。

（4）分配调整函数 realloc。它用于更改已有的存储分配，其原型是：

```
void *realloc(void *p, size_t n);
```

调用 realloc 时 p 的值必须是以前通过动态分配得到的指针，n 是所需新存储块的大小。无法满足时 realloc 返回 NULL 并保持 p 所指存储块内容不变。如能满足要求，realloc 返回能存放一个足够大的块，并保证其内容与原块一致：如果新块较小，其中将存放着原块里 n 范围内的数据；如果新块更大，原有数据存在新块前面部分，新增部分不自动初始化。如果分配成功，原存储块的内容就可能改变，因此不允许再通过 p 使用它。

假如要把 p 指向的双精度块改为能存放 m 个双精度数，可以用下面程序段：

```
q = (double *)realloc(p, m * sizeof(double));
if (q == NULL) {
    …… /* 分配不成功，p 仍指向原块，处理这种情况 */
}
else {
    p = q;
    …… /* 分配成功，通过 p 可以用新的存储块 */
}
```

q 是另一个双精度指针。这里没把 realloc 的返回值直接赋给 p，是为避免分配失败时丢掉原存储块。直接赋值会丢掉指针 p 的原值。如果分配没成功，p 将被赋一个空指针值，原来那个块可能就再也找不到了（除非在调整前还有别的指针指向了它）。

请注意：动态分配得到的块是一个整体，只能作为整体去管理（无论是释放还是改变大小）。在调用 free(p) 或 realloc(p, ...) 时，p 当时的值必须是以前通过调用存储分配函数得到的，绝不能对指在动态分配块里其他位置的指针调用这两个函数（更不能对并不指向动态分配块的指针使用它们），那样做的后果不堪设想。

注意：使用动态存储分配，可能带来程序安全性问题。以例 7.9 的代码段为例，其中分配块的大小由运行时的输入确定。如果用户输入负值或 0，或输入了一个极大的整数，或有意无意地输入了非整数的东西，随后的分配就可能出问题。可能造成程序崩溃，也可能分配了非常大的数组。如前所述，为保证安全，应该在输入之后增加检查。

7.4.2 两个程序实例

例 7.11 修改筛法程序。令它由命令行参数得到所需的整数范围，如果没有命令行参数，就要求用户输入一个确定范围的整数值。动态分配存储。

为使程序更清晰，我们把筛法写成函数。这里还有个小问题：如果用户通过命令行参数给出范围，就需要从命令行参数字符串算出对应的整数。为此定义如下函数：

```
int s2int(char s[]);
```

再利用前面的 getnumber 函数，这个程序的 main 可以定义为：

```
enum { LARGEST = 32767 };

int main(int argc, char **argv) {
    int i, j, n, *ns;

    if (argc == 2) n = s2int(argv[1]);
    else getnumber("Largest number to test: ", 2, LARGEST, 5, &n);
```

⊖ 当然，可以在函数里申请存储块，而后把它的地址赋给全局变量，或让函数返回指向这个块的指针。这些做法也意味着把存储块的“拥有权”交出来，此时就不应该在函数里释放了。

```
    if (n < 2 || n > LARGEST) {
        printf("Largest number must in range [2, %d]", LARGEST);
        return 1;
    }

    if ((ns = (int*)malloc(sizeof(int)*(n+1))) == NULL) {
        printf("No enough memory!\n");
        return 2;
    }

    sieve(n, ns);

    for(j = 1, i = 2; i <= n; ++i)
        if (ns[i] == 1) {
            printf("%7d%c", i, (j%8 == 7 ? '\n' : ' '));
            ++j;
        }
    putchar('\n');

    free(ns);
    return 0;
}
```

主函数被清晰地分为三部分：准备工作，主要处理部分，输出与结束。如果得到的范围不合要求，程序就打印错误信息并立即结束。正常情况下完成筛法计算并产生输出。

还需定义程序里用的两个函数。从数字字符串转换产生整数的函数很简单，它顺序算出各数字字符的整数值并将其加入累加值，每处理一个数位时将原值乘 10：

```
int s2int(char s[]) {
    int n;
    for (n = 0; isdigit(*s); ++s)
        n = 10 * n + (*s - '0');
    return n;
}
```

这里没有检查计算溢出，很容易加进这种检查。也可以直接用标准库函数 atoi，该函数完成从数字字符串到整数的转换，有关情况请查阅第 11 章的介绍。

把筛法计算包装为函数的工作很容易完成，下面是函数定义：

```
void sieve(int lim, int an[]) {
    int i, j;

    an[0] = an[1] = 0; // 建立起初始向量
    for (i = 2; i <= lim; ++i) an[i] = 1;

    for (i = 2; i*i <= lim; ++i)
        if (an[i] == 1) // i 是素数
            for (j = i*2; j <= lim; j += i)
                an[j] = 0; // 这些数都是 i 的倍数，因此不是素数
}
```

把这些函数定义（包括 getnumber 的定义）放到一起，适当安排函数位置，必要时加入原型。在源文件前部加入适当 #include 命令行，整个程序就完成了。

在这个程序里需要存储一批数据，但是数据的数目在写程序时无法确定，因此只能采用动态存储分配的方式。程序里申请了一个大存储块，其中可以存放所需的 int 值。用指针指向这样得到的存储块，用起来就像是在使用一个 int 数组。

例 7.12 学生成绩统计和直方图程序（动态调整存储块的大小）。改造例 6.14，使之能处理任意多的学生成绩。

本例的重点是讨论一类常见问题的处理技术：通过动态分配，保存事先完全无法确定数量的输入数据。前一个例子是先确定数据量，而后做一次动态分配。假如直到读完全部数据时才能知

道有多少数据，我们该怎么办？下面解决这个问题。

在例 6.14 的成绩直方图程序中用了一个数组，因此也限制了能处理的成绩项数。现在我们修改 readscores，由它全权处理输入，在输入过程中根据需要申请适当大小的存储块，把输入数据存入其中。这样 readscores 结束时就需要返回两项信息：保存数据的动态存储块地址，以及存于其中的数据项数。一个函数只能有一个返回值，另一“返回值”需要通过参数送出来。下面是修改后的 readscores 的原型和 main 的定义：

```
double* readscores(int* np); /*读入数据，返回动态块地址，用 np 送回项数*/

int main() {
    int n;
    double *scores;
    if ((scores = readscores(&n)) == NULL)
        return 1;
    statistics(n, scores);
    histogram(n, scores, HISTOHIGH);
    return 0;
}
```

由于原程序的组织比较合理，完成现在这个功能扩充时只需要修改输入部分，并对 main 做局部的小修改，其他部分根本不用修改。

现在考虑 readscores。前面说过，动态存储块一旦分配，大小就固定了，不允许越界使用。但如果使用中发现这个块不够大，完全可以另分配一个块取代它。一种可行方案是先分配一个块，到发现当前块无法满足需要时再进行调整。下面程序里把初始大小定为 20（可改用任何合理大小）。如何调整是个值得研究的问题，下面用的策略是每次调整把容量加倍。本章最后分析了两种常见调整策略。readscores 的定义如下：

```
enum { INITNUM = 20 };

double* readscores(int* np) {
    unsigned curnum, n;
    double *p, *q, x;

    if ((p = (double*)malloc(INITNUM*sizeof(double))) == NULL) {
        printf("No memory. Stop\n");
        *np = 0;
        return NULL;
    }

    for(curnum = INITNUM, n = 0; scanf("%lf", &x) == 1; ++n) {
        if (n == curnum) {
            q = (double*)realloc(p, 2*curnum*sizeof(double));
            if (q == NULL) {
                printf("No enough memory. Process %d scores.\n", n);
                break;
            }
            p = q; curnum *= 2;
        }
        p[n] = x;
    }
    *np = n;

    return p;
}
```

函数里用变量 curnum 记录当前块的大小，用 n 记录当前存入的数据项数。一旦遇到数据块已满而且还有新数据项，就扩大存储把容量加倍。这一调整工作在循环内的 if 语句里用 realloc 函数完成，其中用了变量 q 临时保存一下调整大小后得到的存储块地址。如果把这个地址直接赋给 p，在 realloc 分配失败时原来的块就会丢失。

这个函数定义就是想显示一种分配调整技术，其中并没有刻意追求函数的进一步完善。例如，读入数据中遇到错误数据时函数就立即结束，返回已经读入的数据。前面讨论过数据的检查和处理，进一步修改这个输入函数，使之能合理处理输入错误，给出出错信息，或进一步增加其他有用功能的工作并不困难，留给读者作为进一步练习。

7.4.3 函数、指针和动态存储

如果需要在函数里产生（如输入）一组数据，并把它们送到调用函数的地方，最好的方法是在调用时通过参数给函数一个数组的起始位置和容量（或结束位置）。函数把数据填入数组，最后返回项数。这种传递成组数据的方式在本章和前一章里反复使用。无论送给函数的是程序里定义的数组变量还是动态分配的存储块，函数的处理方式完全一样。

例如，我们完全可以用如下方式调用筛法函数：

```
int ns[1000];

int main() {
    int i, j;
    sieve(1000, ns);
    for(j = 1, i = 2; i <= n; ++i)
        if (ns[i] == 1) {
            printf("%7d%c", i, (j%8 ? ' ' : '\n'));
            ++j;
        }

    putchar('\n');
    return 0;
}
```

前一节的程序实例是在主函数里动态分配存储后调用 sieve，最后由 main 函数释放这块存储。分配和释放的工作在同一层次上由同一个函数（函数 main）完成。这样做最清晰，最容易把握。只要这种方案能满足实际编程需要，就应该这样做。

但有些情况下上面技术不适用。以前面直方图程序为例，其中需要由读入函数 readscores 根据输入情况确定如何申请动态存储，申请多大的块。由它填充数据，最后把填好数据的存储块的地址通过返回值送出。调用它的函数 main 用类型合适的指针接收这个地址值，而后通过这个指针使用存储块里的数据。

这样做没问题：动态存储块一直存在到明确用 free 释放。虽然存储块是在函数 readscores 里分配的，但其生命周期（生存期）不随函数的退出而结束。语句

```
scores = readscores(&n);
```

使变量 scores 得到了 readscores 申请并填入数据的存储块，而后在 main 里使用。当然，这时 readscores 就不应该在退出前释放这个块。应该认为，上述调用不仅传回了有关的数据，还完成了一次存储管理责任的交接。readscores 把一块存储的指针通过返回值送出时，也把释放这块存储的责任转交给 main。按照这种看法，前面程序里实际上遗漏了释放这一存储块的工作，应该在 main 最后加一个释放语句（当然，由于 main 结束也是整个程序结束，未释放的这块存储也不会再用了。由于一个程序结束后操作系统将会收回该程序占用的全部存储空间，上面遗漏不会造成严重问题）。

例 7.13 通过函数参数送回指针值。现在考虑 readscores 设计中的一个问题。前面实例里的 readscores 通过 int 指针参数（实参应是一个 int 变量的地址）传出实际读入数据项数。另一可能做法是让函数返回这一整数值，将其原型改成下面形式：

```
int readscores(???);
```

main 里的调用就可以写成如下形式（这一写法使人想起标准库函数 scanf）：

```
if (readscores(……) <= 0) { ... } /* 产生错误信息并结束程序 */
```

如果这样设计函数，调用 readscores 时就需要通过实参取得函数里分配的存储块地址。此时要从参数获得一个指针值，这样的函数参数应该如何定义呢？

答案与其他情况一样。如果想通过实参取得函数送出的 int 值，就要把一个 int 变量的地址送进函数，让函数间接地给这个变量赋值。现在要得到一个指针值，就应该通过实参送进一个指针变量的地址，让函数通过该地址给指定的指针变量赋值。这样，修改后的函数 readscores 的原型应该是：

```
int readscores(double **dpp);
```

因为 double 指针的类型是(double*)，其地址就是指向(double*)的指针，类型为(double**)。调用 readscores 时应该把一个指针的地址传给它：

```
if (readscores(&scores) <= 0) {  /* 产生错误并结束程序 */ }
```

由于 scores 的类型是(double*)，表达式 &scores 的类型就是(double**)。

函数 readscores 也要做相应修改：

```
int readscores(double **dpp) {
    size_t curnum, n;
    double *p, *q, x;

    if ((p = (double*)malloc(INITNUM*sizeof(double))) == NULL) {
        printf("No memory. Stop\n");
        *dpp = NULL;
        return 0;
    }

    for(curnum = INITNUM, n = 0; scanf("%lf", &x) == 1; ++n) {
        if (n == curnum) {
            q = (double*)realloc(p, 2*curnum*sizeof(double));
            if (q == NULL) {
                printf("No enough memory. Process %d scores.\n", n);
                break;
            }
            p = q; curnum *= 2;
        }
        p[n] = x;
    }
    *dpp = p;

    return n;
}
```

这里展示了 C 程序的一种常用技术。同样是把函数里分配的存储块送到函数外，也把管理存储块的责任转交给调用函数的程序段。但这次是通过参数传递存储块地址。

本节介绍了指针、函数与动态分配之间的一些关系，讨论了几种不同处理技术。只要可能，最好使用第一种设计，因为它最清晰也最不容易忘记释放。如果不得已而采用其他方式，那就一定要注意存储管理责任的交接问题，在适当位置释放动态分配块。

7.4.4 定义类型

基本类型有类型名，可用于定义变量、函数参数和返回值等。有了数组和指针，“类型”描述也变得越来越复杂了。复杂的描述容易写错，反复写同样的类型描述，保证描述的一致性会成为很大负担，修改时就更麻烦了。如果能根据需要把复杂的类型描述看做类型，为它定义名字，会给编程带来很大方便，特别是在实现复杂的程序时。

编程序的人定义的类型称为*用户定义类型*。类型定义是一些新语言的核心，在一些语言里定义好的类型就像基本类型一样。C 语言的类型定义机制比较弱，其作用主要是简化描述，方便编程，提高程序的可读性。本节介绍这方面的基本情况，本章最后将介绍类型描述的一些一般性问题，后面章节里还会讨论其他类型的定义问题。

简单类型定义

类型定义用关键字 typedef 引导，typedef 后面的描述形式与变量定义类似，出现在原变量名位置的标识符将成为新定义的类型名。下面是一个简单例子：

```
typedef unsigned long int ULI;
```

这一描述定义了类型名 ULI，它表示的类型就是 unsigned long int。这个类型名可以像基本类型名一样用于定义变量、描述函数原型等。下面是几个例子：

```
ULI x, y, *p;
ULI fun1(double x, ULI n);
p = (ULI *)malloc(n * sizeof(ULI));
```

这种类型定义可以简化程序的书写。

有时定义新类型名是为了提高程序的可读性，使程序更清晰。如下面定义：

```
typedef double LENGTH;
typedef double AREA;
```

程序中的长度和面积都用双精度数表示，但是把表示长度的变量与表示面积的变量相加却不合理。定义这种类型名可能帮助人在阅读程序时看到这种内在的不一致性。

注意，按 C 语言的看法，typedef 定义的不是真正的新类型，而只是为已有类型引进新名字（别名）。即使定义了 LENGTH 和 AREA，分别定义了这两个类型的变量，C 编译器还是认为这些变量都是双精度变量。这就是前面所说“提高程序的可读性”的意思。

定义数组类型和指针类型

前面几个例子似乎可以不用 typedef，用预处理命令也能产生类似效果。例如：

```
#define LENGTH double
#define AREA   double
```

这两个宏定义使程序里出现的 LENGTH 和 AREA 都被代换为 double，使这两个标识符可以“当做”double 用，产生的效果与前面的类型定义一样。当然，这两种写法的处理过程不同，预处理命令由预处理程序处理，typedef 定义由编译器处理。

有些类型定义不能用宏定义描述，例如数组类型。数组类型的定义形式也符合前面的介绍。例如，要定义包含 4 个元素的双精度数组类型，可以写下面定义：

```
typedef double VECT4[4];
```

如前所述，出现在原来写变量位置的标识符就是新类型名。这里的类型名是 VECT4，可以把它用在各种定义和声明中。例如在程序里写：

```
VECT4 v1, v2;
```

这就定义了两个 4 元素的双精度数组。还可以定义（例如）5×5 的双精度数组类型：

```
typedef double MAT[5][5];
```

此后就可以写：

```
MAT a1, a2, a3; /* 定义三个 5×5 的数组变量 */
double det(MAT m); /* 描述函数参数 */
```

还可以写：

```
MAT *p;
p = (MAT *)malloc(sizeof(MAT));
```

同样可以定义指针类型。例如：

```
typedef int * IP;
typedef MAT * MATP;
```

这定义了两个指针类型。用宏定义代替它们，可能造成意想不到的结果。如果写：

```
#define MIP int *
```

而后希望定义两个指针：

```
MIP mp1, mp2;
```

会发现 mp2 根本不是指针变量而是 int 变量。把这个描述按规则展开，就不难发现其中的问题了。前面说过，宏是一种低级正文代换机制，应该尽量少用。这又是一个由于使用宏而出问题的例子。在需要定义类型名时，应该用 typedef。

7.5 指向函数的指针

假设程序里需要一个求数学函数的根的函数。虽然例 5.5 给出过函数 root，但它未必能用在实际程序里。回忆一下，我们在求根函数的定义里给定了被求根的数学函数的名字和函数原型。确定原型是很合理的，这样做没有过分限制求根函数的通用性，需要求根的数学函数都具有这种原型。但在 root 的定义里给出被处理函数的名字，情况就不同了，因为这就使 root 只能对具有这个名字的函数求根。

在学写程序做运行试验时，我们可以在程序里写一个数学函数的定义，令它采用 root 要求的函数名，编译后求这个函数的根。要处理另一数学函数就需要修改程序，用 root 规定的名字定义新函数。显然这一方式不能满足实际需要。试想一个程序里可能有多个需要求根的函数，我们不可能在运行中改函数名。为每个需要求根的函数定义一个求根函数也很荒谬：它们的基本代码完全相同，只有其中调用的函数名不同。问题的症结是：前面那样定义的求根函数 root 的通用性不足，它只能对特定名字的函数求根。我们知道，提高函数的通用性的方法只有一个，那就是为函数引进新参数。现在我们希望求根函数能处理不同的（用 C 函数描述的）数学函数，因此需要为它引进与函数有关的参数。

C 语言不允许把函数直接作为函数参数，但它提供了指向函数的指针（*函数指针*）。如果一个函数有函数指针参数，调用时就可以通过这种参数把所需函数传进去，从而达到在不同的调用里使用不同函数的目的。传递函数参数是 C 语言指针的另一重要用途[⊖]。函数指针在实际程序中应用广泛，读者今后可能遇到许多函数指针的应用。

7.5.1 函数指针的定义和使用

要定义以函数指针为参数的函数，应该先定义函数指针类型。下面定义指向数学函数的指针类型 MFP（假定数学函数都是一个 double 参数返回 double 值的函数）：

```
typedef double (* MFP)(double);
```

这里的括号说明 MFP 是指针类型。这个括号是必需的，本章最后解释这个问题。

如果要定义另一函数指针类型，该类指针能指向取两个整型参数，返回整型指针值的函数，类型定义应该是：

```
typedef int * (*FUNP)(int, int);
```

函数指针类型的使用与其他类型一样。下面定义了两个指向数学函数的指针变量：

```
MFP p1, p2;
```

如果没有先定义函数指针类型，这两个变量的定义应该写为：

```
double (*p1)(double), (*p2)(double);
```

这样写比较烦琐，被定义的东西裹在其他描述中间不容易看清。反复这样写容易出错。虽然这种

⊖ 其他语言的处理方式与 C 语言不同。C 采用函数指针的方式是为了简化语言定义，又能提供最大的灵活性。初学时不太容易理解这种方式，请读者注意思考。

写法不错，也很常见，但还是先定义类型更清晰、方便。

下面的问题是如何让函数指针指向函数，如何通过这种指针使用函数。C 语言规定，对函数名求值就得到指向该函数的指针值，可以赋给函数指针。注意，函数指针变量有类型，只能指向特定类型的函数。下面语句使 p1 指向标准库函数 sin：

```
p1 = sin; /* 假定源文件已包含标准头文件<math.h> */
```

函数指针有值后，就可以直接当做函数名使用了（未初始化的函数指针绝不能用，否则会引起大灾难）。把这种指针写在通常写函数的位置就能调用它所指向的函数：

```
x = p1(3.24);
```

相当于

```
x = sin(3.24);
```

这里不需要写间接运算符，写了间接运算符也是正确的（也可写“(*p1)(3.24)”）。

读者可能问：通过函数名可以直接调用函数，为什么要先定义函数指针并让它指向函数，再通过它去调用那个函数呢？这样做不是多此一举吗？**当然不是！**这里的情况与普通指针一样：通过函数名使用函数，用的总是同一个函数；而通过函数指针变量使用被指函数，实际用哪个函数要根据该指针当时的值确定。引进函数指针带来了新的灵活性。

函数指针的一个重要用途是用做参数，这种用法不是直接调用函数所能完成的。下节讨论这方面的问题。实际上，函数指针还有很多重要使用方式，人们基于这种机制开发了一些高级编程技术，但有关情况超出了本书的范围，这里就不讨论了。

7.5.2 函数指针作为函数的参数

现在考虑如何用函数指针解决本节开始提出的问题。实际方法已经很清楚了：为求根函数增加一个函数指针参数，调用时根据需要为求根函数提供合乎类型要求的函数指针值，这样就能得到一种新的通用性。

例 7.14 利用函数指针重新定义采用弦线法求函数根的函数。函数定义重写为：

```
double cross(MFP fp, double x1, double x2) {
    double y1 = fp(x1), y2 = fp(x2);
    return (x1 * y2 - x2 * y1) / (y2 - y1);
}

double root(MFP fp, double x1, double x2) {
    double x, y, y1 = fp(x1);

    do {
        x = cross(fp, x1, x2);
        y = fp(x);
        if (y * y1 > 0.0) {
            y1 = y;
            x1 = x;
        }
        else
            x2 = x;
    } while (y >= 1E-6 || y <= -1E-6);

    return x;
}
```

各函数的改动并不大，只是增加了函数指针参数，把函数里的直接调用都改成了通过参数的间接调用。这样改动之后的求根函数已经是“通用的”了。下面是在程序里使用这个函数的两个例子（假设 fun1 是另一个已定义好的数学函数）：

```
x = root(sin, 0.4, 4.5);
y = root(fun1, 1.26, 7.03);
```

第一个语句求出 sin 在区间 [0.4, 4.5] 里的根，第二个语句的意义类似。

上面的定义假定已经定义了类型名字 MFP，因此写起来清晰简单。也可以在定义这种函数时直接描述函数指针参数类型：

```
double root(double (*fp)(double), ...) ...
```

这种写法显然不如前一写法清晰易读，反复这样写就太麻烦了。

数值积分函数

例 7.15 数值积分函数。现在考虑求数值积分的函数，作为函数指针参数的另一个例子，同时简单讨论如何实现这种在数值计算中常用的计算过程。

通用的数值积分函数应该有 3 个参数：一个函数指针参数传递被积分的数学函数，另两个参数表示积分下限和上限。函数返回表示积分值的双精度结果，原型应是：

```
double numInt(MFP fp, double a, double b);
```

根据基本微积分知识，如果一个函数在某区间的积分收敛，可以用分割法去逼近积分值，可采用矩形法或梯形法等。在分割区域的长度趋于 0 时，不同计算方法有一个共同极限。为简单起见，下面函数里对积分区间采用等长划分和矩形方法，对每个区间用左端点计算（也可以用右端点或其他点计算）。积分函数的定义很简单：

```
enum { DIVN = 30 };

double numInt(MFP fp, double a, double b) {
    double res = 0.0, step = (b - a) / DIVN;

    int i;
    for (i = 0; i < DIVN; ++i)
        res += fp(a + i * step) * step;

    return res;
}
```

函数采用固定划分数 DIVN（以 30 作为例子），函数定义很简单。

上面函数定义很不完善。各种数学函数的性质千差万别，同一函数在不同区间的性质也可能差别很大，统一划分方式（平均分 30 段）不可能满足各种情况的需要。上面函数对一些情况的结果可能很好，但对另一些情况就可能误差很大。进一步说，虽然可以通过增加划分数来提高结果精度，但编程时无法确定合适的划分数。因此我们希望有一种方法，使定义的函数能自动确定合适划分，自动适应被积分函数和区间的各种情况。

一种可能的方法是通过多次计算积分值来解决问题，每次计算后增加区间数再做一次计算。根据数学知识，如果被积函数可积，这一过程得到的结果将逐步逼近实际积分值。当然，这种为得到更精确结果而进行的重复计算不能无限做下去，必须在某个时候终止。一种合理方法是保留前次计算的结果，当新结果与保留值很接近时就结束工作。下面函数定义实现了这种想法，其中用两次积分值之差小于 10^{-6} 作为结束条件：

```
double numInt(MFP fp, double a, double b) {
    long i, divn = 10;
    double step, dif, res0,
           res = (fp(b) + fp(a)) * (b - a) / 2;

    for (dif = 1.0; dif > 1E-6 || dif < -1E-6; divn *= 2) {
        res0 = res;
        step = (b - a) / divn;
        for (res = 0.0, i = 0; i < divn; ++i)
            res += fp(a + i * step) * step;
        dif = res - res0;
    }

    return res;
}
```

这里用初始划分数 10，后续计算每次将划分数加倍。初始用被积函数两端点值形成的梯形作为积分近似值是一种简单处理。外层循环一次完成一次积分的近似计算。变量 dif 记录连续的两次计算结果之差，初始时设置为 1 是为了保证循环能继续执行。

还要给读者提一些问题：这个新函数定义能应付各种数学函数的实际积分问题吗？如果不能，什么情况下可能出问题？会出什么问题？这些问题有什么解决办法？有没有根本无法解决的问题？深入思考这些问题可能学到一些东西。

若干以函数指针为参数的数组操作实用函数

在本章开始介绍指针与数组的关系时，给出过一些利用指针操作数组的实用函数。有了函数指针后，我们可以引进一个操作，写出另外一些通用的对数组元素进行操作的实用函数。

例 7.16 利用函数指针参数操作数组元素。程序中经常需要对一个数组或数组中的一段元素做某种“变换”，也就是说，将这些元素修改为从它们的原值出发算出的一个新值。利用函数指针，我们可以写出下面的“通用”变换函数，它把某个对 int 类型的操作“提升”为对数组元素序列的操作：

```
void trans_int(int *begin, int *end, int (*fp)(int)) {
    for ( ; begin < end; ++begin)
        *begin = fp(*begin);
}
```

也可以对 double 类型写出类似函数：

```
void trans_double(double *begin, double *end, MFP fp) {
    for ( ; begin < end; ++begin)
        *begin = fp(*begin);
}
```

假定现有 double 数组 a，要把它前 20 个元素改为各元素的 log 值，可用下面语句：

```
trans_double(a, a+20, log);
```

假定要逐个比较两个 int 数组（元素序列）里同样位置的元素，找出第一对“不匹配”元素。还希望把元素匹配参数化，允许根据需要选择匹配方式。可以定义如下的通用“不匹配”查找函数（函数指针类型 FUNP 在前面定义，fp 规定匹配方式）。它返回数组里第一个不匹配元素的位置（一个指针值），没找到不匹配情况返回 end 的值：

```
int * mismatch_int(int *begin, int *end, int *second, FUNP fp) {
    for ( ; begin < end; ++begin, ++second)
        if (fp(*begin, *second) == 0) break;
    return begin;
}
```

这个函数实际假定了由 second 表示的第二个序列（数组）至少也和第一个数组一样大，函数中不会出现越界访问（要求调用函数的人保证）。下面看两个使用实例。

考虑一个简单情况，假定需要确定第一对不等的元素。这时只要定义一个相等函数：

```
int equal_int(int m, int n) { return m == n; }
```

假定 a 和 b 是被考察的数组，下面语句考察数组前 20 个元素：

```
int *p;
p = mismatch_int(a, a+20, b, equal_int);
```

如果最后 p 不等于 a+20，那么它一定是指向第一个不匹配元素，否则就是没有这种元素。要想找出两个数组里第一对奇偶性不同的元素，只需定义下面判断函数：

```
int parity_check(int m, int n) { return m%2 == n%2; }
```

而后写下面形式的函数调用：

```
p = mismatch_int(a, a+20, b, parity_check);
```

可以用同样技术在第一个数组里找出第一个小于（大于，或者其他）第二个数组中对应元素的元素。请读者考虑其他的可以用这种技术解决的问题。

语言细节和问题

指针运算原理

当一个指针指向数组元素时，为什么能算出它所指向的数组里下一个（或几个元素之后或之前的）元素的位置？原因很简单：普通指针有确定的类型，总指向某类型的数据对象，而这种对象的大小是静态确定的。当指针 p 指向数组 a 时，p 的指向类型就是 a 的元素类型，这种类型的数据的大小已知。显然，指针值 p+1 可以根据当时 p 的值和数组元素的大小算出来。知道数组里一个元素的位置，就可以计算出下一元素的位置，也可以算出几个元素之前或之后的元素位置，这就是指针运算的基础。

通用指针的情况不同，它没有确定的指向类型。即使一个通用指针实际上指在某个数组里，也不能对它做一般性的指针运算，只能做指针比较。

指针转换

初学者往往对指针类型转换感到很迷惑，这里做些解释。实际上，指针类型转换时并不改变指针值。例如，把 int 变量 n 的地址（整型指针值）赋给通用指针 gpt，gpt 保存的也就是 n 的地址。把这个地址重新转换回整型指针类型并赋给整型指针 q，将使 q 指向 n，显然可以通过 q 去使用 n。但如果把 gpt 的值转换为 (double*) 类型赋给 double 指针 xp，就是让一个 double 指针指向了一个 int 变量。这样做会产生什么后果，C 语言没有任何保证，可能发生任何危险的事情。

换种看法，一个指针类型代表着一种观点。被整型指针指向的东西总看成整型变量；被双精度指针指向的总看成双精度变量。这是指针需要类型的根本原因，因为只有这样，才能有效地通过指针去使用被指变量。通用指针没有被指对象的类型信息，所以不能通过通用指针去使用被指对象。从这个角度看，通用指针也是最没有用的指针，这种指针唯一的用途是保存一个指针值。按这种看法，指针转换可看做一种观点转换。把一个整型指针转换为通用指针，地址没变，但却丢掉了类型信息。C 语言保证，如果恢复到原来的指针类型并把这个值赋给原来类型的指针变量，就又可以通过它去使用被指的变量了。

使用动态存储管理的要点和细节

使用动态存储管理时要注意许多问题。下面说明一些必须遵守的事项和一些好做法。与动态存储管理有关的错误通常是 C 编译器无法检查的，需要我们自己注意。

1. 必须检查分配成功与否。人们常用的写法是：

```
if ((p = (... *)malloc(...)) == NULL) {
    …… /* 对分配未成功情况的处理 */
}
```

2. 系统对动态分配块的使用不做任何检查。编程序的人需要保证使用正确性，绝不可以超出实际存储块的范围进行访问。这种越界访问可能造成大灾难。
3. 动态分配块的存在期不依赖于分配的位置，在一个函数里分配的块的存在期与该函数的执行期无关。分配的动态存储块一直存在到对它的指针执行 free 为止。这种存储块的回收完全由编程者控制，唯一方法是用 free 释放。
4. 如果在一个函数里分配了一个存储块并用局部变量指向它，在这个函数退出前就必须考虑如何处理这个块。如果该块已没用了，就应该释放它。
5. 其他情况也可能造成存储块丢失。例如，给指向一个动态存储块的指针赋值，如果此前没有其他指针指向这个块，赋值后就再也不可能找到它了。如果一个存储块丢失了，在这个程序随后的运行中永远不能再用这个存储块所占的存储。
6. 计算机系统的存储管理分为很多层次。一个 C 程序运行时，操作系统分配一些存储供它保存代码和数据。其数据区包括一块动态存储区，由这个程序的动态存储管理系统管理。该程序运行中的动态存储申请都在这块存储区分配，释放就是把不用的存储块交还动态存储管理系统。一旦这个程序结束，操作系统就会收回它占用的所有存储。所以，前面说的存储流失是程序的内部问题，不是整个系统的问题。当然，操作系统也是程序，它也有存储管理问题，但那是在另一层次，在那个层次出现存储流失就是操作系统本身的错误了。

动态调整策略

前面例 7.12 展示了如何实现能在使用中根据需要增长的“动态”数组（动态分配的能存储许多元素的存储块可以看成数组），现在讨论增长的策略问题。

一种简单的想法是设定一个增量，例如 10，当前存储块不够大时重新分配，就要求把存储区扩大 10 个单元。仔细分析会发现这样做有很大缺陷：程序里对存储量的需求通常是逐渐增加的（例如在输入中逐渐增加）。一般说，遇到存储区满时调用 `realloc`，它可能需要另分配一块更大的存储区并把原块里已有的元素复制到新块。完成这种操作的代价（屏蔽在 `realloc` 的实现里）通常与已有元素的个数成正比。

假设输入中执行了一系列扩大存储的动作，如果每加入 10 个元素做一次复制，把数组从 20 个元素增加到 1000 个元素，总复制数将是 20+…+980+990 = 49 990。这样，加入每个元素平均做大约 $n/20$ 次复制，n 是最后的元素个数。如果数组逐渐增大到 1 000 000 个元素，加入一个元素平均要做 50 000 次复制，这个代价很高。

前面程序里采用的增长方式是每次让存储块加倍。假设存储块从 1 开始增长，增长到 1024 时所复制元素为 1+2+4+8+…+512 = 1023。进一步增长到 1024×1024≈1 000 000 时，元素复制的总次数大约也为 1 000 000 次，加入一个元素平均需要复制一次。可见，增长策略的作用确实很大。当然，如果数组很小，两种策略的差异就不那么明显了。

世界上没有免费的午餐！采用后一增长策略也有代价，那就是存储空间。每次加倍后数组中出现了一大块空区。例如，如果有 513 项数据，数组将包含 1024 个元素，空位有 511 个之多。随着数组加倍，最大的空位数也差不多加倍。也就是说，按照这种方案，最坏情况下浪费了一半空间。而按照第一种增长策略，空闲元素最多只有 9 个。

总结一下，这里是在时间和空间之间做交易。在计算机科学技术领域里，这种时间与空间交换的事情到处都可以看到。实践中要考虑实际的需要，综合权衡利弊。

过时的函数指针形式

读者可能会在一些书籍或代码里看到下面这种形式的函数指针定义：

```
double (*p1)(), (*p2)();
```

或者下面形式的函数指针参数描述：

```
int f(double (*fp)(), ...) ...
```

这些都是极其危险的过时形式，是不良书写方式，绝对不要用。问题还是没完整描述被函数指针指向的函数的类型，使编译器无法做完全的类型检查和处理。如果程序里用了这种形式，使用函数时就必须特别小心，否则就可能引进隐藏很深的语义错误。

下面例子说明了这种书写方式的潜在危险性。设程序里有如下定义及使用：

```
int f(double (*fp)() ... ) {
    ......
    x = fp(3);
    ......
}

......
    x = f(sin, ...);
    ......
    y = f(pow, ...);
......
```

首先看 `f` 的定义。函数 `f` 的头部说明 `fp` 指向返回 `double` 值的函数，但没有描述被指函数的参数。在 `f` 的体里用 `fp` 调用被指函数，直接把一个整数作为参数送给它（不会做转换，因为编译器不知道被调用的函数要求什么类型的参数）。

f 第一个调用里用 sin 作为函数指针实参，使 f 执行中通过 fp 调用的是 sin，把整数 3 直接送给要求双精度参数的 sin 不可能得到正确结果。第二次调用 f 的情况更恐怖，虽然实际参数函数 pow 要求两个双精度参数，f 里还是把 3 送给它。这种程序不可能得到有意义的结果。更麻烦的是，编译器根本不会发现这里有严重错误。

这种貌似简单的写法可能留下极难发现的隐患，采用这种方式绝对得不偿失。请读者记住，在定义函数指针类型或函数指针参数时，一定要给出完整的参数类型，以便编译器能正确检查和处理。如果觉得这种定义写起来不方便，就应该先定义一个指针类型。

复杂类型描述与解读

C 语言的类型描述可能写得很复杂，这是 C 的一个缺点。我们不赞成写过于复杂的类型描述，建议在情况复杂时利用 typedef 分解类型描述。用 typedef 定义的类型名可以反复使用，这样能节省写程序的时间，减少反复写复杂类型描述而引进错误的可能性，使程序更容易理解，还能降低修改维护的代价。

但是实际中并不是所有的人都这样做。在阅读别人的程序时可能遇到复杂的类型描述，因为 C 语言允许这样做。因此，我们也应该了解 C 语言类型描述的一般规则，知道如何解读有关描述。熟悉了这方面的情况，自己写类型描述时也更清楚，知道各种东西应该怎样写，需要在什么地方加括号等等。

类型描述里可以写已有定义的类型名，构造符号就是三个（组）：

*	[]	()
指针	数组	函数

它们分别表示指针、数组和函数，优先级和结合方式都与用在表达式里一样：[] 和 () 的结合性较强，星号* 结合力较弱；[] 和 () 从左向右结合，星号* 从右向左结合。可以用圆括号改变描述里的结合关系，这种情况也可能使类型描述变得更难理解。

在阅读一个类型描述时，首先要抓住被声明（定义）的名字（标识符），它往往出现在描述中间，被许多其他符号包围。找到这个名字后从它开始解读，先尽可能向右分析，而后尽可能向左分析，但注意不越过外围的括号。两边都到达括号时跨过括号后重复上述做法。这样就能逐步把类型分析清楚。先向右后向左的道理也很简单：位于右边的 () 和 [] 的优先级更高。下面看一些例子，并结合它们介绍类型描述中的一些情况：

1. `int *f(int);`

   这里被声明的名字是 f。因为 f 的上下文中有*和 ()，而 () 的优先级高，所以 f 是一个函数，右边括号里是函数的参数类型；位于左边的是函数的返回值类型（int 指针）。所以，f 是取一个 int 参数、返回 int 指针值的函数。

2. `int *dp[16];`

   按同样规则，不难看出这里声明（定义）的 dp 是包含 16 个元素的数组（因为 [] 优先级更高），数组的元素都是指向 int 类型的指针。

3. `int (*dp)[16];`

   被声明（定义）的 dp 是个指针（外围括号要求先考虑括号里的描述）。位于括号外右边的方括号说明这是一个指向数组的指针；位于括号左边的是数组元素的类型。因此，指针 dp 的指向类型是 16 个元素的整型数组。

4. `char **argv;`

   这里声明（定义）的 argv 是个指针。argv 的指向类型又是指针类型，实际上被指的是字符指针类型。所以 argv 是一个指向字符指针类型的指针。

5. `int (*fp)(int);`

   这里声明（定义）的名字是 fp。外围括号和左边的*表示 fp 是指针。括号外的描述说明 fp 的指向类型。由于右边有一对括号，所以指针的指向对象是函数。这样，fp 是指向函数的指针，指向取一个 int 参数返回 int 值的函数。

6. `int (*(*x(int))[4])(double);`

首先应看到在这里声明的是 x。这是一个函数（因为 x 右边是圆括号），它有一个整型参数并返回指针值。返回的指针指向包含 4 个元素的数组，而数组的元素又是指向函数的指针，被指函数有一个 double 类型的参数并返回 int 值。

实际程序里很复杂的类型描述极其少见，但 C 语言确实允许这种描述一层层构造上去。所有类型描述都用三种构造符再加上表示结合顺序的括号构成。有些构造方式不合法。例如函数不能返回数组和函数；函数不能以函数作为参数；函数不能作为数组元素等。

前面说过，利用 typedef 可以更清晰地描述复杂类型。现在考虑上面最后一个例子，看看如何分解其描述。实际中分解复杂类型时应考虑具体的情况和需要，看看哪个（或哪些）类型有意义，在程序里有用。这里给出的分解完全是主观的。

首先可以定义下面类型：

```
typedef int (*funp)(double);
typedef funp fparray[4];
```

这定义了一个函数指针类型和一个函数指针数组类型。现在定义 x 就很简单了：

```
fparray *x(int);
```

它是一个返回指向 fparray 类型的指针的函数。当然，定义的类型都可作它用。

几个常用程序模式

程序模式 7.1 能够修改执行环境的函数

它有三个要素：指针参数，函数里通过间接方式操作，调用时的实参用变量的地址。

程序模式 7.2 处理命令行参数的程序的 main 函数原型

```
int main (int argc, char** argv);
```

程序模式 7.3 动态存储分配

```
if ((p = (... *)malloc(...)) == NULL) {
    …… /* 对分配未成功情况的处理 */
}
```

程序模式 7.4 动态存储分配块的大小调整

```
q = (double )realloc(p, m); /* m 是新块的大小 */
if (q == NULL) {
    …… /* 分配不成功，p 仍指向原块，处理这种情况 */
}
else {
    p = q;
    …… /* 分配成功，通过 p 去用新的存储块 */
}
```

本章讨论的重要概念

地址值（指针值），指针（指针变量），指针的类型，取地址运算，间接运算，指针参数，函数的执行环境，空指针，NULL，悬空的指针，通用指针，指针运算，数组写法和指针写法，字符指针和字符数组，多维数组作为参数，数组元素位置的计算，指针数组，命令行，命令行参数，动态存储分配，动态存储管理，堆，存储释放，类型定义，数组类型，指向函数的指针，数值积分，复杂类型描述和解读。

练习

1. 把前面用数组方式定义的一些函数改为用指针运算的方式定义。
2. 把前面练习中定义的各种求根函数改写为使用函数指针的函数。
3. 写一个程序，其命令行包括一个字符串参数 s，运行中由标准输入读入一系列正文行。该程序把所有输入行依次输出，并在那些包含字符串 s 的行前面标一个星号。

4. （1）写函数检查两个字符串是否由同一组字符组成。（2）写函数判断一个字符串是否可以由另一个字符串通过重排字符而得到，例如 dare 和 read、dear 都有这种关系。
5. （1）修改第 5 章的猜数程序，通过命令行参数为它提供数的范围。（2）把前面的某些程序改造成使用命令行参数的形式，通过命令行为程序提供运行中使用的数据。
6. 矩阵是数值计算中最常用的结构之一，可以自然地用二维数组表示。请按本章提出的处理二维数组的通用函数的技术写几个通用函数，实现矩阵的常用操作，包括数乘、矩阵加法、矩阵乘法、矩阵转置、行列式求值等。（提示：实现矩阵行列式求值时请采用消去法（高斯消去法），首先把矩阵变换为等价的三角矩阵。）
7. 利用函数指针功能，写出利用梯形法求数值积分的函数。
8. 辛普生方法是用二次曲线逼近被积函数的数值积分方法，有辛普生公式：

$$\int_a^b f(x)\mathrm{d}x = h/3\cdot\{[f(a)+f(b)]+4[f(a+h)+f(a+3h)+\cdots+f(a+(2m-1)h)]$$
$$+2[f(a+2h)+f(a+4h)+\cdots f(a+(2m-2)h)]\}$$

积分区间 $[a,b]$ 划分为 $2m$ 个等分小区间，$h=(b-a)/2m$。用函数指针实现按这一公式计算数值积分的函数，请考虑采用能根据情况自动调整区间分割数的方法。
9. 魔阵是由 1 到 n^2 的整数排成 $n\times n$ 方阵，其中每一行、每一列和两个对角线上的数之和相同。写程序构造出 3 阶和 4 阶的魔阵。

下面是一个构造奇数阶魔阵的通用算法：先把 1 放在第一行中间，放好 k 后考虑 k+1 的安放，总把它放在向上一行、向右一个位置。下面是各种特殊情况的处理：

（1）要从最上一行向上，那么就转移到最下一行；

（2）要从最右一列向右，那么就转移到最左一列；

（3）如果企图放数的位置已被占，那就把这个数放在它前面一个数的下面。

写程序实现这个算法。另写一个函数检查一个 n 阶方阵是否为一个魔阵。
10. 请写一个小游戏程序，它内部存储一些英语单词（在写程序时给定单词集合）。程序运行中每次由这些单词中随机选出一个，要求游戏者猜。做游戏者反复询问某些字母是否出现在单词里面，程序给出回答，直至有人猜出这个单词（或者放弃）。
11. 修改前一题提出的猜单词程序，设计实现某种较好的选词策略和提示策略。
12. 写函数 `select(int n, double a[], double b[], double x)`，它将数组 `b` 中大于等于 `x` 的数顺序复制到数组 `a` 中。假定 `n` 是两个数组的大小。请分别用数组写法和指针写法完成这一工作。
13. 写一个程序，它可以输入并保存至多 100 个长度不超过 80 个字符的字符行。在读完所有输入后，它先输出其中长度不超过 40 个字符的行，而后输出其他行。考虑两种实现方式：（1）用二维字符数组保存字符行；（2）用一个字符指针数组，将字符行保存在动态分配的存储块里。
14. 完善本章中处理任意数量学生成绩的程序，完成文中提出的各种改造，并加入你所设想的合理的进一步改造。
15. 修改例 7.11 的筛法程序，把存储分配移到函数 `sieve` 里，让它返回做好的数组，并适当修改主函数。从清晰性和功能分配合理性等方面比较两种实现。
16. 请定义：（1）一个数组类型，数组包含 10 个函数指针元素，被指函数有一个 `double` 参数并返回 `double` 值（请直接定义，并将其与借助 `MFP` 的定义比较；（2）一个函数原型，参数包括一个指向“数学函数”的指针和一个 `double` 值，返回值是指向数组的指针。数组中包含着 12 个 `double` 值（请直接定义和基于其他类型的方式定义）。
17. 多项式可以用数组表示。如用 `n+2` 个元素的整数数组 `a` 表示一个 `n` 次的整系数多项式，其中 `a[0]` 保存最高次数 `n`（由它可知多项式的项数，即数组元素个数），其余元素顺序表示多项式的 0 次项、1 次项、2 次项等的系数，多项式变量隐含假定为 `x`。这种数组可以通过动态存储分配创建。请基于这种表示方式实现一元多项式输入（自己设计输入方式）和输出（应用类似数学中的表示形式（如输出 `3+2x+4x^2`，系数为 `0` 的项不输出），并实现一些多项式运算，完成一个简单的一元多项式计算系统。
18. 假定所用 C 语言系统支持的整数类型 long（32 位）不能满足目前正在开发的一个应用系统的需要，我们需要有一种 64 位的整数。请设法利用你现在了解的功能实现 64 位整数的表示、输入、输出和计算。

第 8 章 文件和输入输出程序设计

程序处理的数据从何来，得到的结果送到哪里去？输入输出解决这方面的问题。程序总需要输入和输出。前面程序都通过标准输入输出与外界交互，这种方式可以完成许多工作，但有时也需要程序能使用系统中的命名文件。本章将讨论文件的概念以及 C 程序里的文件使用，介绍输入输出格式控制的细节，介绍一些相关问题和概念，并通过实例讨论写程序里的输入输出时经常遇到的一些问题和解决问题的有用技术。

8.1 文件的概念

保存在变量里的数据至多存在到程序结束，因为变量的生命周期不能跨越程序执行期，一次执行中得到的信息不能传到程序的另一次执行。程序启动时，操作系统为它分配一块存储区，程序结束后该存储区被收回，可以分给其他程序使用。程序执行开始时初始化所有外部变量。此外，由于目前计算机内存器件的特性，存于其中的数据在关机后就会消失。由于这些原因，如果想持续性地保存数据，就必须借助外存设备，如磁盘、磁带等。程序语言必须提供访问和使用外存的功能，我们也需要了解这方面的情况。

外存信息存放在操作系统管理下的文件系统里，通过目录和文件的方式组织。文件是封装起来的一组数据，目录是子目录和文件的集合。目录或文件可以通过名字使用。程序在执行中与外存打交道，主要就是访问和使用作为外存信息实体的各种文件。

程序输入输出的对象可以是各种设备，如键盘、显示器、打印机等，也可以是文件。许多操作系统采用统一观点，把与输入输出有关的操作都统一到文件这一概念，把键盘、显示器等设备也看做文件，给定“文件名”，对它们的操作都通过相应 “文件名”进行。

C 语言没有专用于输入输出的语言结构。ANSI C 把文件和输入输出功能作为标准库的一部分，以提高程序的可移植性；而且与输入输出有关的机制都统一到文件的概念。标准头文件 `<stdio.h>`描述这方面的数据结构和函数，使用输入输出的源文件都应包含它。

8.1.1 流和文件指针

标准库文件的输入输出采用流的概念。文件是输入输出的对象，为与文件交换信息，需要建立与它们的联系，流就是这种联系。为从一个文件输入，程序需要创建与该文件关联的输入流（信息输入通道）。同理，要向一个文件输出，就要建立与之关联的输出流。还可以建立既能输入又能输出的流。这种建立联系（创建流）的动作被形象地称为*打开文件*，文件打开后就可以操作了。图 8-1 是有关情况的一个形象描述。当一个文件不再需要时，程序可以撤销有关的流，称为*关闭文件*。打开和关闭都是文件处理的基本操作。

标准库的流分为两类：*正文流*（或称为*字符流*）和*二进制流*。正文流把文件看做字符行的序列，每行包含 0 个或多个字符，最后有换行符`'\n'`。正文流适合一般输出和输入，包括与人有关的输入输出。二进制流用于把数据按内存里的形式直接存入文件。二进制流操作保证将数据写入文件后再以同样方式读回，数据的形式和内容都不改变。二进制流主要用于程序内部数据的保存和重新装入。由于操作中不做数据形式转换，在保存和装入大批数据时有速度优势，但这种保存形式不适合人的阅读。

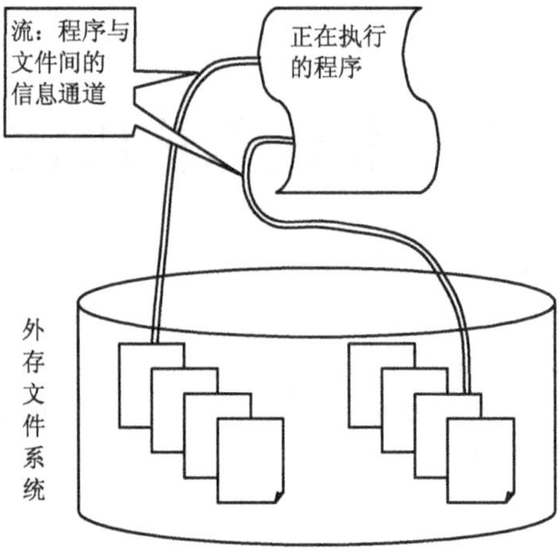

图 8-1 程序与文件的连接

标准库提供了一套流函数，包括流的创建（打开文件）、撤销（关闭文件），对流的读写（通过流对文件的读和写），还有一些辅助函数。

流通过一种特殊数据结构实现，标准库为此定义了类型 FILE，这种类型的对象用于保存与流有关的（与打开的文件有关的）所有信息[⊖]。打开文件的操作返回一个指向 FILE 的指针（称为*文件指针*），代表所创建的流，对这个流（进而对相应文件）的操作都通过这个指针进行。可以认为这种文件指针就是流的体现，人们也把文件指针作为流的同义词。

每个 C 程序启动时都自动创建三个流（建立三个文件指针）：标准输入流（指针名为 stdin）、标准输出流（stdout）和标准错误流（stderr）。stdin 通常与操作系统的标准输入连接；stdout 与操作系统的标准输出连接；stderr 通常直接连接显示器，不能重新定向。前面用的标准输入输出操作都是对这些流进行的。

8.1.2 缓冲式输入输出

在介绍各种文件操作之前，先简单介绍标准库文件功能的实现方式。标准库的默认方式称为*缓冲式输入输出*，这是一种常见输入输出方式。由于外存（磁盘、磁带等）速度很慢，一般采用成块传递方式，一次传递一批数据。而程序里对数据的使用往往不是这样。为较好地弥合两者在数据操作方式和速度方面的差距，人们提出一种技术，即开辟一块存储区（称为*数据缓冲区*，简称*缓冲区*），作为文件与使用数据的程序之间的传递媒介。

输入流操作的工作方式如图 8-2 所示，文件中的数据以成块方式复制到缓冲区，程序需要读数据时就到缓冲区读取，不必每次访问外存，这样可以大大提高程序的工作效率。如果程序要求读取时缓冲区里的数据已用完，系统就会自动从文件取一批数据将缓冲区填满，此后程序又可以正常读取数据了。输出的处理与此类似，但方向相反：每当缓冲区装满后自动执行对文件的成块写操作。程序打开文件时，系统为其分配一个缓冲区（一般通过动态存储分配），数据传递都通过这个缓冲区进行。文件关闭时释放缓冲区。

应该看到，虽然在程序与外存之间存在一个缓冲区，但这个中间媒介却像并不存在一样（是*透明的*），程序就像是直接与外存打交道。这种*透明性*的思想在计算机领域非常重要，是许多设计的基础，在许多领域都能看到。

⊖ 不必关心 FILE 类型的具体定义，应该把它看成一种抽象。程序不需要直接操作这种类型的对象，只需（也只应该）通过标准库函数使用它。在程序工作（以及许多与计算机有关的工作）中采取这种思维方式很重要，这也是一种“超脱”。如果总想去关心一切细节，那么就不可能处理复杂的东西了。

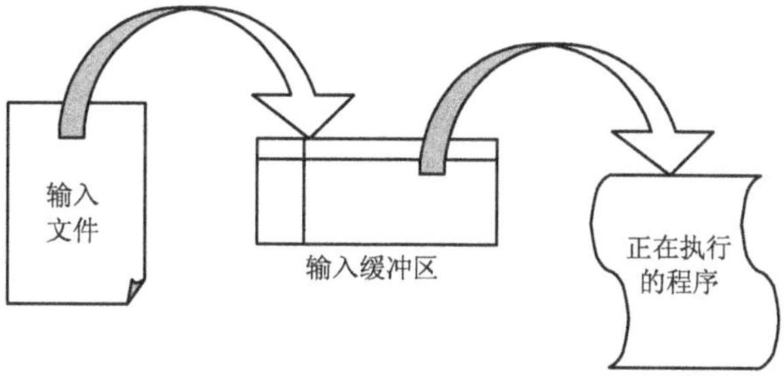

图 8-2 缓冲式输入

下面首先介绍一般文件的使用问题和有关的标准库函数，然后以标准流的输入输出函数为例，进一步介绍输入输出的格式转换控制。

8.2 文件的使用

要把外存文件用做输入输出对象，一种方式是通过标准输入输出的重新定向，把标准流转接到指定文件。这样能解决一些问题，但局限性太大：只有标准输入和输出流可以定向，而且所做定向在程序执行中不能改变。为能在程序中方便地根据需要使用各种文件，就必须利用标准库的文件操作函数，通过为所需文件建立特定输入输出流的方式使用它们。

8.2.1 文件的打开和关闭

打开文件的操作通过标准库函数 fopen 完成，它返回一个 FILE 指针值，应赋给一个 FILE 类型的指针变量，此后就可以通过该指针进行文件操作了。fopen 的原型是：

```
FILE *fopen(const char *filename, const char *mode);
```

其中对应 filename 的实参应是字符串，是要打开的文件名；mode 是表示打开方式（模式）的另一字符串，这个串里可用的字符包括 r、w、a 和 +，分别表示读、写、附加和更新，mode 串里可以写这些字符的合理组合，字符的顺序可以任意。常用的文件打开方式如下表所示：

"r"	以读方式打开文件，如文件不存在则打开失败。打开后从头开始读
"w"	以写方式打开，如文件已有则先丢弃原有内容。总是从头开始写
"a"	以添加方式打开或创建文件。总是从文件里已有部分的后面接着写
"r+"	读更新方式，可以对文件读或者写。文件不存在则操作失败
"w+"	写更新方式，可以写或者读。如文件存在则先丢弃原有内容，从头开始写
"a+"	添加并可读方式。打开后从文件尾接着写

上表里的写法都是以正文方式打开文件。默认情况下，按正文方式打开文件，要以二进制方式打开就加字符 b，如"rb"、"wb+"、"a+b"分别表示以二进制读、二进制写更新、二进制添加并可读方式打开文件。以读写方式打开的文件，在读操作和写操作之间切换时必须做文件重新定位，并调用函数 fflush 刷新缓冲区。第 11 章有关输入输出辅助函数的一节里有这方面的介绍。

文件打开操作不能正常完成时 fopen 返回空指针值。由于打开文件是与外部打交道，操作能否完成依赖于程序运行的环境。对空文件指针操作没有任何意义，所以文件打开操作后必须检查指针，以确保后续操作的有效性。

关闭文件通过函数 fclose 完成，其原型是：

```
int fclose(FILE * stream);
```

fclose 在实际关闭输出流前先刷新缓冲区（把缓冲区里的数据实际输出到文件，无论满不满）；关闭输入流时丢掉缓冲区内容。还要释放动态分配的缓冲区。fclose 正常完成时返回 0，出错时返回 EOF。

请注意，一个程序可以同时打开的文件数通常是有限的。所以，文件使用完毕后应及时将其关闭。在程序结束时，所有尚未关闭的文件都将被自动关闭。这意味着程序结束前将自动把所有输出流的缓冲区里的信息写入相应文件。

例 8.1 文件使用的一般过程。如下面程序段所示：

```
FILE *fp;
fp = fopen("myfile.abc", "r");
if (fp == NULL) {
    /* 当文件打不开时的处理 */
}
…… /* 对文件的各种操作 */
fclose(fp);
```

如果需要由用户那里得到文件名，下面是一个程序示例：

```
int main() {
    char fname[128];/* 有越界危险 */
    FILE *fp;
    ……
    printf("File name: ");
    scanf("%127s", fname);
    if((fp=fopen(fname,"r"))!=NULL){ …… }
    ……
}
```

如果必须得到正确的文件名并正确打开，也可以用循环：

```
while (1) {
    printf("File name: ");
    scanf("%127s", fname);
    if ((fp = fopen(fname,"r"))!=NULL) break;
    printf("File name error!\n");
}
```

注意上面 scanf 格式串里的转换描述 %127s，其中的 127 是读入长度限制，要求 scanf 读入至多 127 个字符存入数组 fname，最后加空字符（要为它留一个位置）。这样写是为了输入的安全，如果没有这个限制，实际输入字符串长于数组时就会出现越界。

上面例子显示出文件使用的模式：打开文件，使用文件（输入输出），关闭文件。这很像使用动态分配。只有符合模式的使用才是正确的，忘记关闭会造成资源流失。

8.2.2 输入输出函数

在讨论输入输出编程前，先介绍用于正文流的各种输入输出函数。

字符输入和输出函数

基本字符输入函数 fgetc 和输出函数 fputc 的原型分别是：

```
int fgetc(FILE *fp);
int fputc(int c, FILE *fp);
```

它们从指定流读一个字符，或向指定流写一个字符，正常情况的返回值是所读或所写的字符，遇到文件结束时 fgetc 返回 EOF，出错时两个函数都返回 EOF。注意，这两个函数的返回值都是 int 类型，个中缘由在第 4 章讨论 getchar 时已有详细说明。

getc 和 putc 的功能与上述函数类似，但却是通过宏定义实现的。前面一直用的标准流字符读写函数通常基于这两个宏定义，标准库文件里一般有下面定义：

```
#define getchar()  getc(stdin)
#defien putchar(c) putc(c, stdout)
```

这些字符输入和输出函数的使用都与我们已经熟悉的 getchar 和 putchar 类似。

此外，还有一个与字符输入有关的函数 ungetc，其原型是：

```
int ungetc(int c, FILE *stream);
```

它把字符 c 退回流 stream，下一次从 stream 读时就得到这个字符。标准库只保证能退回一个字符。正常时 ungetc 返回 c，出错时返回 EOF。提供这一函数的原因是有时需要看到后一个字符才知道一段输入该如何处理，而最后这个字符又不是本段输入的一部分，而且后面还有用，因此需要退回。

格式化输入和输出函数

文件的基本格式化输入函数 fscanf 和输出函数 fprintf 的原型分别是：

```
int fscanf(FILE *stream, const char *format, ...);
int fprintf(FILE *stream, const char *format, ...);
```

它们的功能和使用分别与 scanf、printf 一样，只是增加了指定输入或输出流的参数。两个函数的第二个参数是格式描述串，与 scanf 或 printf 的格式串一样。读者已经对 scanf、printf 很熟悉了，因此也不难理解这两个函数。前面介绍了格式转换描述的一些常用情况，下一节有对格式控制的更详细讨论。

行式输入和输出函数

标准库还提供了两个以行为单位输入和输出的函数。在调用这两个函数时，需要用一个字符数组接收输入或提供输出数据。行式输入函数的原型是：

```
char *fgets(char *buffer, int n, FILE *stream);
```

buffer 的实参应确定一个字符数组，fgets 由流 stream 读入至多 n-1 个字符存入该数组。遇到换行输入结束（即使读入的字符还不到 n-1 个），换行符也存入数组。无论操作怎样完成，都在数组里的字符最后存一个'\0'，做成字符串形式。正常完成时 fgets 返回参数 buffer，遇到文件结束或操作出错时返回空指针。为保证不出现数组越界，参数 n 的值必须符合数组的情况，即接收输入的数组至少能容纳 n 个字符。

行式输出函数的原型是：

```
int fputs(const char *buffer, FILE *stream);
```

这个函数把 buffer 里的字符串送到 stream，并不向流中添加换行符（如果字符串里有换行符也照常输出）。函数正常完成时返回非负值，出错时返回 EOF 值。

由于这两个函数都与字符串有关，因此也可以把它们看做一对字符串输入输出函数。应特别指出，fgets 的输入单位是字符行。

8.2.3 程序实例

下面看两个输入输出程序实例。

例 8.2 命名文件复制程序 cat。无命令行参数时它把标准输入得到的数据复制到标准输出；有参数时，cat 把参数看做一系列要复制的文件的名字，把它们的内容顺序复制到标准输出。

利用上面介绍的文件操作函数及命令行机制，这个程序不难写出：

```
#include <stdio.h>

void filecopy(FILE *ifp, FILE *ofp) {
    int c;
    while ((c = fgetc(ifp)) != EOF) fputc(c, ofp);
}

int main(int argc, char *argv[]) {
    FILE *ifp;
    char *name = argv[0];

    if (argc == 1) { /* 没有参数，从标准输入复制到标准输出 */
        filecopy(stdin, stdout);
```

```
        return 0;
    }

    while (*++argv != NULL)
        if ((ifp = fopen(*argv, "r")) == NULL)
            printf("%s, can't open input file: %s\n", name, *argv);
        else {
            filecopy(ifp, stdout);
            fclose(ifp);
        }

    return 0;
}
```

例 8.3 货单数据统计。假定文件里保存着一批货物单价和数量的数据。请写一个程序，使用者可以通过命令行参数为它提供文件名，它最终输出货物的总货款。

设文件里的数据以一个单价和一个数量的形式成对出现，我们应该用 fscanf 读入。这里考虑把读入一对数据的工作写成函数 nextentry，数据读完时该函数返回 0。这里没有处理数据错误的情况，有关修改可以参考前几章，留给读者作为练习。

主函数很简单：首先检查命令行参数个数是否正确，而后打开文件。在遇到错误无法正常执行时输出错误信息并终止程序，也用返回值报告出现了问题。

```
#include <stdio.h>

double nextentry(FILE *fp) {
    double pr, num;
    int n = fscanf(fp, "%lf%lf", &pr, &num);
    return n == EOF ? 0 : pr*num;
}

int main(int argc, char** argv) {
    double total = 0, x;
    FILE * ifp;
    if (argc == 1) { /* 没有参数，给用户提供错误信息 */
        printf("Missing data file name. Stop!\n");
        return 1;
    }

    if ((ifp = fopen(argv[1], "r")) == NULL) {
        printf("Can't open file: %s. Stop!\n", argv[1]);
        return 2;
    }

    while ((x = nextentry(ifp)) != 0.0)
        total += x;

    printf("Total price: %f\n", total);
    fclose(ifp);

    return 0;
}
```

上面程序展示了文件处理程序的基本框架：打开文件，检查是否正常打开，读入文件数据，根据需要处理，用完文件后关闭它。两个例子都用命令行参数提供文件名。提供文件名的其他常见方式包括：直接将文件名写在程序里，或通过与用户的交互得到文件名。很容易修改上面的例子，让它们采用这两种方式，请读者自己练习。

8.2.4 标准错误流

考虑例 8.2 的 cat 程序，它在执行中完成一系列文件复制。如果遇到文件打不开，它就产生一行错误信息。输出错误信息是希望它能显示在计算机屏幕上，使程序的用户可以读到这些信息并采取相应措施。这种做法看起来没问题，但使用中却可能遇到麻烦。如果执行这个程序时把输出重定向到某文件，希望把几个文件的内容复制到一个文件里，问题就出现了：程序产生的出错信息也会按重定向送入指定文件。这显然不是我们希望的。

利用标准库提供的标准错误流（stderr）可以解决这个问题。送到标准错误流的信息不受输出流重定向的影响，因此不会混入重定向的文件之中。即使标准输出流被重新定向，送到 stderr 的信息仍会显示在计算机屏幕上。

要改造程序 cat，只需修改关于错误信息输出的语句，把它改为：

```
fprintf(stderr, "%s, can't open in file: %s\n", name, *argv);
```

8.2.5 直接输入输出函数

前面反复讲，各种格式化输入输出函数（如 scanf、printf）都要做数据形式转换，尤其是对数值数据。例如要输出一个整型变量的值，其内部形式是固定位数的二进制位序列（如 32 位），实际送出是一串数字字符，这种转换由格式化输出函数完成。

数据形式转换需要时间。如果产生的输出是给人看，或者输入数据来自人或正文文件，这种转换是必需的。但如果把数据存入文件的目的只是为了以后取回来重新用，例如在程序运行的后面阶段使用，或在程序下次执行时装入使用，做这种转换就没有必要了。此外，数据转换有时还会丢失信息，尤其是对实数类型的数据，转换输出可能产生误差，再输入又可能产生误差，把数据输出之后再输入，得到的已不是原来的数据了。为更好地处理这类问题，标准库提供了二进制流和直接输入输出函数。

前面介绍过二进制流的创建，现在介绍两个直接输入输出函数，其原型是：

```
size_t fread(void *pointer, size_t size,
             size_t num, FILE *stream);
size_t fwrite(const void *pointer, size_t size,
              size_t num, FILE *stream);
```

前面讲过 size_t 是标准库定义的一个类型，对应语言的某个无符号整型，具体情况由 C 系统确定。函数 fwrite 向流 stream 输出一批数据（应该是某个数组的一批元素），数据起始位置由指针 pointer 给出，元素大小是 size，共 num 个。这些元素将顺序存入与流 stream 关联的文件。fread 的功能与 fwrite 对应，它要求读入 num 个数据项，每个项大小为 size，指针参数 pointer 指向接收数据的位置，显然它应该指定一个数组，其元素类型的大小是 size，至少能存 num 个元素。

函数 fwrite 返回实际写出的数据元素个数，如果个数小于 num，就说明函数执行中出了错。fread 返回实际读入的元素个数（因为读入中可能出错，也可能还没有读到 num 个元素就遇到文件结束）。判断二进制流是否结束需要用标准函数 feof（该函数在第 11 章介绍，它在文件结束时返回非 0 值）。

标准库保证，按照某种特定方式（某种类型、对应元素大小和个数）直接存入文件的信息，再用同样方式读入并存入同样类型的数组，结果的数据内容不变。

下面是一个例子，展示直接输入输出函数的使用方式。这里的 datatable 定义为一种 100 个双精度数的数组类型：

```
enum { TBLEN = 100 };
typedef double datatable[TBLEN];
datatable m, n;
```

假设已给 m 的所有元素赋值，现在要把 m 的内容全部存入某文件。假设由该文件建立的二进制输出流为 msave。保存 m 里全部信息的工作可以通过下面函数调用完成：

```
fwrite(m, sizeof(double), TBLEN, msave);
```

如果程序另一处需要把上面存入文件里的数据装入数组 n，假设已经为这一输入建立了流

msaved，整型变量 num 接收函数返回值，则下面函数调用完成这一输入：

```
num = fread(n, sizeof(double), TBLEN, msaved);
```

读入正常完成后，数组 n 的内容将与前面写文件操作时 m 的内容完全一样。

请注意，用函数 fwrite 把数据写入文件，就是为了后来某个时候用 fread 读入。由于函数 fwrite 采用直接方式输出，它建立的文件内容一般无法用普通编辑器查看和修改。直接输入输出操作通常用在比较复杂的应用程序里。对于初学者所做的小程序，基本上没有使用这种函数的必要性。

8.3 标准流输入输出与格式控制

本节首先介绍标准流的另外几个输入输出函数，而后以 printf 和 scanf 为例，详细介绍格式化输入输出函数的格式控制问题。

8.3.1 行式输入和输出

对标准输入和输出流，也有一对行式的输入输出函数，其原型分别是：

```
char *gets(char *s);
int puts(const char *s);
```

函数 gets 的参数 s 对应的实参应是字符数组。gets 从标准输入读一个完整字符行（反复读字符直至遇到了换行符）存入该字符数组，用空字符'\0'取代行尾的'\n'，返回指针 s。如果执行中出错或遇到文件结束，gets 返回空指针 NULL。

函数 puts 的实参应是一个字符串。puts 把该字符串以及一个换行符送到标准输出，正常完成时返回一个非负值，出错时返回 EOF。

这两个函数一般使用的形式如下：

```
char s[256];
......
if (gets(s) != NULL) ...
......
if (puts(s) != EOF) ...
```

这里写条件检测，是为了处理输入输出操作没有正常完成的情况。

函数 gets 有重要缺陷：它无法防止输入中出现数组越界。与文件的行式输入函数不同，gets 没有长度控制参数，无法控制对数组的写入长度。由于输入来自外部，输入行的长度不受我们控制，使用 gets 就有严重的安全隐患，不少实际软件安全漏洞的根源就在这里，包括某些重要系统。由于这一情况，专家们建议不要用 gets，这里介绍它只是为了完全。要从标准输入流中按行输入时，安全的方法是使用

```
fgets(s, 256, stdin);
```

假定 s 是上面定义的长为 256 的 char 数组，这种写法可以保证不会越界。

用 fgets 代替 gets，还要注意其功能上的小差异。gets(s) 读入一行并将最后的换行符用 '\0' 取代，而 fgets(s, 256, stdin) 把换行符也存入数组 s，后面再加结束符 '\0'。函数 puts 和 fputs 之间也有类似的不同，puts(s)输出字符串 s 后还会输出一个换行符，而 fputs(s, stdout)只输出字符串 s。

8.3.2 输入格式控制

前面程序中反复用到 scanf，现在以它为例介绍标准库输入函数的格式控制问题，其他格式化输入函数（如 fscanf 等）在格式方面与 scanf 完全一样。

前面没有给出函数 scanf 的原型，其原型是：

```
int scanf(const char *format, ...);
```

可以看到参数表最后有三个圆点，这是 C 语言函数参数的一种特殊描述方式，表示该函数除所列参数 format 外，还可以有任意多个其他参数。也就是说，scanf 是个实参个数可变的函数，它必须有一个格式描述串参数，后面可以根据需要有任意多个参数。

我们也可以自己定义这种函数，为此需要使用标准头文件<stdargs.h>的功能，并采用这种形式的参数表，有关情况将在第 11 章介绍。有一点值得特别提出：编译器不能对函数调用中对应于“...”的实参做类型检查，不能确定实际需要的类型转换。正因为这样，本书前面一直强调 scanf、printf 的实参必须写正确，该是什么类型就必须写什么类型。如果实参的类型不合适，编译器不会发现，不会转换，也不会产生错误信息。这时即使程序做输入输出时不出现动态运行错，操作结果也不会正确。

scanf 执行中读入输入流中由空白字符（空格、制表符、换行符等）分隔的若干字段，并顺序处理这些字段。format 描述要求的字段和转换，控制 scanf 的读入过程。scanf 把转换成功得到的值赋给指定变量，变量地址由格式串后面的参数给出。Scanf 一直执行到处理完整个格式描述串，或出现转换失败。正常情况下 scanf 返回成功转换的项数，如果还没完成任何转换就遇到文件结束或出现其他错误，它返回 EOF 值。

scanf 的格式串里可以有多种字符，其意义与作用如下表所述：

字符	作　　用
空白字符	包括空格、制表符、换行符。它们将被忽略，但也导致 scanf 抛弃读入中遇到的所有空白字符，直至遇到非空白字符
普通字符	遇到除字符 % 外的非空白字符，scanf 用它与输入流中下一个非空白字符匹配，字符相同则匹配成功。匹配失败将导致函数失败而结束
转换描述	转换描述是由字符 % 开始的若干个字符。% 字符之后可以有以下符号：一个星号*，表示只进行匹配和转换，不给参数赋值；一个字段宽度描述，表示这个转换能处理的最大输入字符数；一个对赋值目标的长度指示字符（字母 h、l 或 L）；最后是转换字符本身。各种转换字符的意义见下面表格

一个转换描述说明输入流中下一字段的转换方式，字段至多延续到下一个空白字符。转换描述中的宽度描述也限定读入字符数。如果转换成功，scanf 把转换结果赋给指定变量（如果转换字符前有星号，如“%*s”、“%*d”，就把匹配字段直接丢掉）。

下表列出各转换字符的意义，包括所要求的输入数据形式以及对应参数应有的类型：

转换字符	要求的输入数据形式	要求的参数类型
d	十进制形式的整数（数字 0 到 9 的序列）	int*
i	整数，可以是十进制表示（起始数字非 0）、八进制表示（由数字 0 开始），或者十六进制表示（由 0x 或 0X 开始）	int*
o	八进制表示的整数，可以有或者没有先导的数字字符 0	int*
u	无符号十进制整数	unsigned*
x	十六进制表示的整数，可以有或者没有先导的 0x 或 0X	int*
c	字符。指定输入宽度可以把多个字符读入字符数组，该数组应足够大。读字符过程中不跳过空白字符，以空白界定字段的规定对本转换描述无效。即使读入多个字符，最后也不加'\0'	char*
s	读入一个非空白字符序列，可以有长度限制。读入结束时在保存的字符序列后加空字符'\0'（做成字符串形式）。作为参数的字符数组应足以存放读入的所有字符和结尾的'\0'	char*
e,f,g	符合 C 语言规定形式的浮点数	float*
p	指针值，其形式与用 printf("%p", ...)的输出形式一样。这使人们可以把通过 printf 输出的指针值重新读回程序里	void*

（续）

转换字符	要求的输入数据形式	要求的参数类型
n	在对应参数里写入本次函数调用到此已读入的字符个数。处理这一“转换描述”时不读入字符，也不计入转换项数	Int*
[⋯]	与输入流里由方括号中列出的字符形成的最长字符序列匹配，将这些字符写入由参数确定的字符数组之后再加'\0'。可用[]⋯]的形式表示被匹配字符串里也可以包含“]”	char*
[^⋯]	与输入流里不包括方括号中列出的任何字符的最长字符序列匹配，把这些字符写入由参数确定的数组里并附加'\0'。可用[^]⋯]形式表示被匹配字符串里不能包括“]”	char*
%	与输入流中的字符%匹配，没有赋值操作	--

在转换描述字符 d、i、o、u、x 前面可以加一个字符说明赋值目标的长度，加 h 表示被赋值的是 short 变量；加 l 表示被赋值的是 long 变量。转换描述字符 e、f、g 前也可以加长度说明，加 l 表示被赋值的是 double 变量，加 L 表示被赋值的是 long double 变量。这些字符要求 scanf 按指定类型去构造值并完成赋值。

例如，假设有函数调用 scanf("⋯%ld⋯",⋯, &ii,⋯)，当时处理到转换描述%ld，而 &ii 是与之对应的参数，scanf 的处理动作是（这里“⋯”表示省略了某些东西）：

1. %ld 要求的输入是十进制数字序列，scanf 将跳过输入流中遇到的所有空白字符（可有多个，也可没有），从遇到的第一个非空白字符开始做实际匹配和转换。
2. 如果遇到的第一个非空白字符不能看做数的开始（不是字符 0～9 或正负号），匹配失败，scanf 返回至此成功完成的转换项数，未能成功匹配的字符留在输入流里。
3. 如果遇到的第一个非空白字符可以看做数的开始，scanf 逐个读入字符，直至遇到第一个不可能是整数的部分的字符为止。读入的字符（可能的正负号和一个数字字符序列）根据%ld 的要求做成一个长整数的内部形式赋给变量 ii。

注意，转换描述 %s 有安全性隐患！不管用多大的字符数组接收输出，如果外部送来更长的一段非空白字符序列，就会导致执行中的数组越界。因此，使用这种转换时一定要给出对输入字段的宽度限制。如果接收输入的数组能存 64 个字符，转换描述就应写 %63s（不能简单写%s）才能保证程序的安全性。同理，使用 %[⋯] 和 %[^⋯] 转换描述时也有安全性问题。对于 %c 转换描述，不给出字段宽度时只读入一个字符；给出字段宽度时读入指定个数的字符，此时一定要用足够大的数组接收输入，保证输入中不出现越界。

如前所述，scanf 匹配失败时导致失败的字符仍留在输入流里，下次调用输入函数时先读到这个字符。这种情况有可能引起我们不希望的后果。例如有下面程序段：

```
while (scanf("%d", &n) != EOF) {
    ...... /* 对输入数据的处理，这里没有调用输入函数 */
}
```

写这段程序是想读入一系列整数，遇到文件结束时退出循环。但是这种写法不安全。假如输入数据的第一个字符是字母（很不幸），例如 w，这个程序就会陷入无穷循环。为什么呢？因为 while 条件里的 scanf 读到字符 w 时转换失败，但函数返回值不是 EOF（返回值是 0），循环不结束，而字符 w 仍然留在输入流里。下一次再执行 scanf 时转换又失败，返回值仍然不是 EOF。这就使程序进入了无穷循环。

这个例子再次说明，处理输入时必须注意 scanf 可能转换失败。不检查 scanf 的返回值是一种盲目做法，匹配失败时并没有得到输入数据，继续处理毫无意义。另外，检查返回值时采用不当的检查方式也可能出问题。把上面程序段改造为：

```
while (scanf("%d", &n) > 0) {
    ......
}
```

或者前面一直使用的：

```
while (scanf("%d", &n) == 1) {
    ......
}
```

就不会出现无限循环了。请注意这种写法的效果，此时实际输入中任何无法转换的字符都导致循环结束。如果这种行为方式不符合我们的需要，可以考虑写：

```
while ((k = scanf("%d", &n)) != EOF) {
    if (k == 0) {
        /* 出现不希望的字符时的处理，处理流中导致 scanf 失败的字符 */
    }
    ......
}
```

总之，检查 scanf 的返回值可能发现输入出了问题，如遇到不符合要求的字符。而后就可以根据需要处理，如读入并丢掉一些字符，直到遇到空格或换行等：

```
while ((k = scanf("%d", &n)) != EOF) {
    if (k == 0) {
        while (!isspace(getchar()))
            ;
        continue;
    }
    ......
}
```

这里的做法是丢掉了输入中的一段，是否合适还要看具体程序的情况（这方面的技术问题在第 4 章有详细讨论，后面实例中还有讨论）。

写好输入不是一件简单的事情，个中缘由很明显：输入操作描述程序从外部获取信息，根据得到的信息决定程序的工作。程序执行时的外部情况不受写程序的人控制。所以，要写好处理输入的片段，实际上要考虑各种可能情况并适当处理（难说"正确"，只能说"适当"）。如果实际输入不满足要求，应以适当方式给外部（用户）提供出错信息。

8.3.3 输出格式控制

我们也把 printf 看做各种格式化输出函数的代表，以它作为例子讨论标准库格式化输出函数的格式描述问题。其他格式化输出函数（如 fprintf 等）在格式描述方面的情况与 printf 完全一样。printf 的原型是：

```
int printf(const char *format, ...);
```

它也是一个参数个数可变的函数。前面说过，对格式描述串后面用"..."表示的参数，编译器不会做任何检查，如果所提供实参的类型与格式描述串要求的类型不符，转换输出没有任何保证，有可能得到莫名其妙的值，也可能导致动态运行错误。我们有时会遇到这种情况：程序输出结果不对，怎么检查也找不出程序里的错误，最后发现是输出语句的转换描述和输出表达式的类型不匹配。这一情况应该特别注意。

printf 按 format 的指示完成输出转换，并把生成的输出字符送到标准输出流。操作中出错时返回负值；正常完成时返回本次执行中输出的总字符个数。

按 printf 的看法，format 的内容分为两类：普通字符，printf 把它们直接送到输出流；由%开头的转换描述，需要特殊处理。转换描述由连续的若干字符组成，它们不输出，只作为处理其他实参的指示。printf 根据格式串中的转换描述顺序处理其他实参，由一个实参得到的字符序列称为一个输出字段，printf 把生成的输出字段放在与之对应的转换描述在格式串里的相应位置，输出得到的结果。

转换描述由字符 % 开始到一个转换字符为止，两者之间顺序地还可以有下面几种成分（几个字符，也可以没有）：

1. 标志字符。标志字符如下表所示，这些字符可以按任意顺序出现，可以有一个或多个：

-	将转换结果在字段范围内从最左端开始输出（居左输出）
+	在数值的前面总输出一个正号或负号
空格	如果转换后产生的第一个字符不是正负号，那么就先输出一个空格
0	用于数值输出。如果输出不能填满整个字段，那么在有效输出前面填满 0
#	要求采用另一规定形式。对转换字符 o，数值前总加 0；对转换字符 x 和 X，非 0 结果前总加 0x 或 0X；对转换字符 e、E、f、g、G，输出总包含小数点，而且对 g 和 G，不去掉最后的那些 0

2. 一个十进制整数。表示本输出字段的最小宽度，要求转换结果至少占这么多个字符宽度，如果需要可以更宽。如果得到的输出序列不够，在其左边（或右边，如果要求左对齐的话）填满空格。对数值输出，有 0 标志时在数字序列的左边填满 0。
3. 一个圆点及另一个表示精度的十进制整数。对字符串参数，这个数表示应输出的最大字符个数；对 e、E、f 表示小数点之后的数字位数；对 g、G 表示有效数字位数；对整数表示要求输出的最小数字个数，如果数字个数不够就在左边填满 0。
4. 目标长度修饰字符 h、l 或 L。字符 h 和 l 用于整型参数。h 说明对应参数是 short 或 unsigned short 类型；l 说明对应参数是 long 或 unsigned long 类型；L 说明对应参数为长双精度类型。对这些情况，转换描述中都必须用长度修饰字符指明对应参数的表示长度（类型特征）。

字段宽度和精度都可以只写一个星号，表示实际所用的值由 printf 的参数取得，提供值的一个或两个参数都必须是 int 类型的。

下表给出了对各转换字符的详细说明，包括它们所要求的参数类型和实际输出形式。如果%后面出现其他字符，函数的行为没有定义。

转换字符	实际输出形式	要求的参数
d,i	带符号的十进制形式整数	int
o	无符号八进制表示的整数，没有先导的 0	int
x,X	无符号十六进制整数，没有先导的 0x 或 0X。用转换字符 x 时，10 以上数字用 abcdef 表示；用 X 时这些数字用 ABCDEF 表示	int
u	无符号十进制整数	int
c	输出一个字符，将参数转换为 unsigned char 输出	int
s	输出一个字符序列，从参数所指位置开始直到遇到字符'\0'，或者达到字段的指定宽度为止	char*
f	一般实数形式，[-]mmm.ddd，其中小数点后面数字位数由精度描述确定，默认值是 6。精度为 0 时不输出小数点	double
e,E	科学计数形式，[-]m.ddde±xx 或[-]m.dddE±xx，小数点后的位数由精度描述确定，默认为 6 位。精度为 0 时不输出小数点	double
g,G	灵活形式。当指数小于-4 或大于等于精度描述时用%e 或%E 形式输出，否则用%f 的形式输出。末尾的 0 或小数点不输出	double
p	输出指针的值，采用某种由具体实现确定的形式	void*
n	把这次函数执行到这里时已经输出的字符个数写到参数中。处理这个“转换描述”时不产生输出	int*
%	输出字符%，不做任何转换	--

前面没有介绍的主要问题是输出的字段宽度控制和数值的输出精度控制，此外还有左右对齐等问题。这些东西很琐碎，初学程序设计时不必过分在意，对做练习而言（与其他重要问题相比）是细节。当然，对实际应用系统，输出格式也是程序质量的一部分。

通过在输出语句的格式串里使用各种转换描述形式，可以形成所需要的各种输出形式。下面是几个转换描述的实例，请读者根据上表弄清楚它们的意义：

```
%16.8lf  %-10.6f  %20.12e  %0101d  %.7s
%16.8g   %#10o    %+012d   %+#f    %%
```

在转换描述里，可以在表示字段的宽度和精度的位置写星号，这时实际字段宽度和精度由对应的参数得到。这种机制使程序可以控制输出格式。如果输出函数的格式串里用到包含星号的转换描述，printf 遇到这个转换描述，就要用掉两个或三个实参。例如：

```
printf("%s %*.*f\n", "Result:", len, prec, val);
printf("%s %*d\n", "Number:", width, num);
```

第一个语句输出“Result:”后紧跟一个空格，然后按最小字段宽度 len 和精度 prec 输出 val 的值（假定 val 是双精度变量，len 和 prec 是整型变量，都已有值）。第二个语句输出 num 的值（假定 num 是整型变量），字段的宽度由（整型变量）width 确定。

8.3.4 以字符串作为格式化输入输出对象

我们可以把文件看做字节序列，把通过文本流打开的文件看做字符序列。按这种观点，通过文本流做一次格式化输入，就是从这种字符序列前部取出一段字符，按某种方式转换后把结果存入指定变量。输出过程与此相反，是根据需要把程序内部的数据转换为字符序列，并将它馈入相应的字符流（或字节流）中，最终写入外存文件。

字符串也是字符序列（无论是字符串常量，还是保存在字符数组里的字符串）。根据上面的讨论，似乎也可以把字符串（或字符数组）作为输入或输出的对象，做与文件输入输出类似的工作。把文件流看成字符序列，其结束就是相应文件的结束。字符串与文件流的不同点有两处：一是它们存储在内存，二是其结束用空字符表示。

C 标准库提供了两个以字符串为对象的格式化输入输出函数。sscanf 以字符串为读入对象，从中读入分解，并将转换结果赋给指定变量；sprintf 实现另一方向的操作，把生成的字符序列存入字符数组，并在字符序列最后放'\0'做成字符串。它们的原型与 scanf 和 printf 类似，只是多了一个字符指针参数表示特定的字符串或字符数组：

```
int sscanf(char *s, const char *format, ...);
int sprintf(char *s, const char *format, ...);
```

对 sscanf，字符指针参数 s 表示作为输入对象的字符串；对 sprintf，参数 s 应指定一个足够大的字符数组。两个函数的功能与文件格式化输入输出函数相同。

在处理复杂的输入问题时，可以把文件内容（包括来自标准流的输入）读入字符数组，而后用 sscanf 在字符数组里完成“分析”和格式化。后面有这方面的实例。

8.4 程序实例

本节给出几个程序实例，介绍有关输入输出程序设计的一些情况，也作为前面几节所讨论的标准库功能的应用。

8.4.1 求文件中数据的平均值

例 8.4 求文件中数据的平均值。假设现在有一批文件，每个文件里存着一组实数值。现在要求写一个程序，它不断向用户要求文件名，求出每个文件里的数据的平均值后输出。

首先考虑程序的功能分解。从一个文件里读取数据，求出它们的平均值并输出是一项独立工作，可以考虑定义一个函数，其函数原型可以设计为：

```
void average(FILE *fp, char *fname)
```

它要求的参数是一个输入文件指针和相应文件名，不考虑文件的由来及打开文件。文件名是字符串参数，用于生成错误信息。我们认为，这一函数总能做完有关工作，即使工作中遇到错误数据也可以在局部处理，不通过返回值向调用程序段传信息。基于这些考虑，把它设计成不返回值的函数。根据所提出的问题，average 的基本定义可写为：

```
void average(FILE *fp, char *fname) {
    double x, sum = 0.0;
    int l = 0, n = 0, m, c;

    printf("\nFile %s:\n", fname);
    while ((m = fscanf(fp, "%lf", &x)) != EOF) {
        ++l;
        if (m == 1) {
            sum += x;
            ++n;
            continue; /* 继续循环读入 */
        }
        fprintf(stderr, "Data error. Num. %d: ", l);
        while (!isspace(c = getc(fp)))
            putchar(c);
        putchar('\n');
    }

    printf("Average: %16.8f\n", sum / n);
}
```

如果遇到数据错误，函数将输出出错数据的项位置，并输出直至下一空白字符为止的所有字符，以便用户检查。最后输出的是文件中正确数据的平均值。可以考虑同时输出错误数据所在的行编号，以方便用户。有关修改留给读者作为练习。

主函数基本功能的定义不困难，用一个不断向用户要求文件名并调用 average 的循环实现。这里要确定一种终止循环的方法。由于程序从用户得到一系列文件名（字符串），如果以某个字符串作为结束信号，文件名就不能是这个字符串。一种方法是选一个不能作为文件名的字符串作为结束标志，还可以利用文件结束信号。下面函数里用文件结束信息终止循环，当程序要求文件名时，可以送给它一个文件结束信号要求程序结束：

```
int main(void) {
    char name[256];
    FILE *fp;

    while (1) {
        printf("File name (end-of-file to end): ");
        if (scanf("%255s", name) == EOF) break;
        if ((fp = fopen(name, "r")) == NULL)
            fprintf(stderr, "Can't open file: %s\n", name);
        else {
            average(fp, name);
            fclose(fp);
        }
    }

    printf("Bye!\n");

    return 0;
}
```

这样就完成了题目要求的工作。读者从这里可以看到文件处理中的一些一般性情况。

本程序的另一版本是要求用户通过命令行参数提供文件名，下面是修改后的主函数。如果提供了表示文件名的命令行参数，程序就处理这些文件；否则就什么也不做：

```
int main(int argc, char** argv) {
    FILE *fp;

    while (*++argv != NULL) {
```

```
        if ((fp = fopen(*argv, "r")) == NULL)
            printf("Can't open file: %s\n", *argv);
        else {
            average(fp, *argv);
            fclose(fp);
        }
    }

    printf("Bye!\n");

    return 0;
}
```

因为命令名是第一个命令行参数，第一次循环时应跳过它，并试着去打开第一个数据文件。随后每次循环打开并处理一个文件，直至用完所有命令行参数。注意，在表示命令行参数的字符指针数组最后有一个空指针，程序里利用这个指针值控制循环。由于完成文件处理的函数 average 具有独立性，在这里不加修改地重用它。

8.4.2 一个背单词程序

例 8.5 简单的背英语单词程序。其基本工作循环是：显示一个中文词，要求用户输入对应的英文单词并给以评判。显然，在运行时，这个程序里应该存储着许多中文和英文单词对。用户不会希望自己每次使用时输入这些词，最好是把单词存放在文件里，每次启动后程序从文件装入数据。这样，本程序就需要从文件输入。

为使程序的输入工作比较规范，我们需要首先设计单词文件的数据格式。一种简单设计是在每行里放一对英文词和中文词，例如英文在前中文在后，用空格分隔。这就是程序的辅助文件的格式设计（做复杂程序时往往需要一些内部使用的文件，需要做这种设计）。下面假定程序输入来自这种文件。我们还可以假定单词文件不止一个，用户使用程序时提供单词文件名，程序按要求装入文件内容，而后进入交互练习。

为能方便地使用这些单词，需要设计程序里的数据表示方式。现在考虑把中文词和英文词用字符串形式保存在一个二维字符数组里，每个一维子数组保存一个中文词或英文词。偶数下标的元素存放英文单词，随后的奇数下标的元素存放与之对应的中文词。

考虑好这些设计后，就可以写出相关的数据定义和主函数了：

```
enum {
    WDNUM = 1000,       /* 最大中英文单词数 */
    WDLEN = 32,         /* 存储单词的数组的长度 */
    ROUND = 20          /* 一轮练习的次数 */
};

char wds[WDNUM*2][WDLEN];

#define ENGLISH(i) wds[2*(i)]
#define CHINESE(i) wds[2*(i)+1]

void getnstr (char prompt[], int lim, char bf[]);
int next(char s[]);
void wordgame(int terms, char wds[][WDLEN], int rd);
int readfile(FILE *fp, int lim, char wds[][WDLEN]);

int main() {
    char fn[256];
    FILE *fp;
    int terms;

    do {
```

```
        getnstr("Word file name: ", 256, fn);
        if ((fp = fopen(fn, "r")) == NULL)
            printf("Wrong file name. ");
        else {
            terms = readfile(fp, WDNUM, wds);
            fclose(fp);
            if (terms == 0) continue;
            wordgame(terms, wds, ROUND);
        }
    } while (next("word file"));

    return 0;
}
```

先定义几个常量使程序可以更方便地根据需要修改。全局数组 wds 存放单词对。这里还定义了两个宏（并不必要），以简化单词访问的描述。main 的局部变量 fn 存放用户提供的文件名，fp 是文件指针，terms 记录读入的单词对的数目。

main 里只有一个循环：先调用函数 getnstr 向用户要求文件名，文件正常打开后用 readfile 读入单词，读完数据后调用 wordgame 函数开始交互练习。一个文件的练习结束后，next 询问用户是否希望读入其他文件，根据回答确定继续或结束。

getnstr 很简单，它读入一段字符，遇到空白字符时结束。

```
void getnstr (char prompt[], int lim, char bf[]) {
    int c, i = 0;

    printf("%s", prompt);
    while (i < lim-1 && (c = getchar()) != EOF && !isspace(c))
        bf[i++] = c;
    if (c != '\n')
        while (getchar() != '\n') ; /* 吃掉本行剩余字符 */

    bf[i] = '\0';
}
```

这个定义的特殊之处在于认定一个输入行里的有用信息只有一个字符段（由空白界定），如果后面有其他信息，那么都应该抛弃。函数把字符序列存入参数数组 bf，做成字符串形式。注意，读入数组时一定要检查越界问题。

这里的 next 是前面章节里的简单函数的推广，它提供了一个提示串参数，通过读入的 y 或者 n 确定返回真假值：遇到 y 时返回 1，其余情况都返回 0：

```
int next(char s[]) {
    int c;

    printf("Next %s? (y/n): ", s);
    while (isspace(c = getchar()))        /* 读下一个非空白字符 */
        ;
    while (getchar() != '\n') ;           /* 吃掉本行剩余字符 */

    return (c == 'y' || c == 'Y');
}
```

这里还特别注意了 y 的大小写问题。这个函数可能用在各种程序里。

下面先考虑函数 wordgame，实际上它也很简单。函数里应该有一个循环，其中反复选择并显示中文词，要求用户输入对应的英文单词。最简单的选词策略是顺序取词，但是这种做法太单调，也缺乏变化。稍有些变化的方法是采用随机选词的策略。还可以设计更复杂的选词策略，读者可以进一步考虑。下面函数采用随机选择策略：

```
void wordgame(int terms, char wds[][WDLEN], int rd) {
    int n, i;
```

```
    char wd[WDLEN];

    do {
        for (i = 0; i < rd; ++i) {
            n = rand()%terms;
            printf("%s ", CHINESE(n));
            getnstr("> ", WDLEN, wd);
            if (strcmp(wd, ENGLISH(n)) == 0)
                printf("Ok!\n");
            else
                printf("Wrong! It is: %s\n", ENGLISH(n));
        }
    } while (next("Round?"));
}
```

函数的内层循环体以执行 rd 次为一个周期，而后询问用户是否继续。循环体的每次执行中选择一个下标，显示单词，读取用户输入并完成评判。

剩下的问题就是文件读入函数 readfile。根据已确定的文件格式，我们可以让这个函数采用按行输入的方式。这样做有几个优点：(1) 把一个字符行完整地读入内存之后进行分析，这样较容易处理各种复杂输入的要求。(2) 遇到格式不符合要求的行时更容易提供信息。按照这种考虑，可以得到如下的实现：

```
int readfile(FILE *fp, int lim, char wds[][WDLEN]) {
    char line[256], *p;
    int ln = 0, n = 0;

while (n < lim && fgets(line, 256, fp) != NULL) {
    ++ln;
        p = line;
        p = charscopy(WDLEN-1, ENGLISH(n), p, ' ');
        p = charscopy(WDLEN-1, CHINESE(n), p, ' ');
        if (*ENGLISH(n) == '\0' || *CHINESE(n) == '\0')
           printf("Wrong line #%d: %s", ln, line);
        else ++n;
    }

    return n;
}
```

这里两次调用了另一个辅助函数 charscopy，把由 p 所指位置开始的不超过 WDLEN-1 个字符复制到单词数组的一个元素里。这里的 ' ' 表示以空格作为单词的分隔符，如果需要也可以采用其他分隔符，这种设计使函数的适用性更强。这个定义实际上假定了文件里的每个字符行不超过 255 个实际字符。

最后是 charscopy 的定义，也很简单：

```
char* charscopy(int lim, char t[], char s[], char delim) {
    int i;

    while (isspace(*s)) ++s;
    for (i = 0; i<lim && *s != '\0' && *s != '\n' && *s != delim;
         ++i, ++s, ++t)
         *t = *s;
    *t = '\0';

    return s + 1;
}
```

循环完成简单的字符序列复制，最后加一个空字符，做成字符串形式。

也可以用下面函数定义完成程序输入，其中用到字符串格式输入函数。使用转换描述 %31s，也表示把空白字符看做单词分隔符，加长度限制 31 是为了防止数组越界，用 31 是要为空字符留一个位置。调用 sscanf 之前在两个子数组的开始置入空字符，是为了防止读入中出错（例如这行是空行或只有一个词）而没有实际写入字符串的情况：

```
int readfile(FILE *fp, int lim, char wds[][WDLEN]) {
    char line[256];
    int n = 0;

    while (n < lim && fgets(line, 256, fp) != NULL) {
        *(ENGLISH(n)) = *(CHINESE(n)) = '\0';
        sscanf(line, "%31s %31s", ENGLISH(n), CHINESE(n));
        if (*(ENGLISH(n)) == '\0' || *(CHINESE(n)) == '\0') {
            printf("Wrong line #%d: %s", n+1, line);
            continue;
        }
        ++n;
    }

    return n;
}
```

这一函数先将文件中的一行读入字符数组 line，而后以 line 作为格式化输入的对象，把其中两个由空白分隔的字符段存入指定位置。

把所有函数定义按适当顺序写在一个源文件里，加上必要的头文件包含命令，就形成了一个完整的程序。至此我们完成了一个大约 100 行的程序，这个程序由 6 个不长的函数定义构成，每个函数完成一方面工作，结构清晰。由于已将复杂的程序功能分解为逻辑性很强的函数，整个程序也不难理解，不难修改它去满足新的需要。

当然，如果想作为一个实用程序，上面的定义里还有许多可以改进的地方。本章后面习题提出了一些问题，后面章节里还会考虑一些问题。

8.4.3 资金账目系统

例 8.6 资金来往账目管理系统的输入功能。假设现在要开发一个资金来往账目的管理系统，记录每笔收支的日期、项目简记和相应金额。用负数表示支出，正数表示收入。假设程序的输入按行进行，每行输入一笔账目。这里并不想考虑整个系统，只研究程序的数据输入问题。

为记录账目，考虑用一个 $n\times3$ 的整数数组记录各笔收支发生的日期，用一个二维字符数组表示项目简记，另用一个浮点数组记录账目金额。通过数组下标建立几个数组的元素之间的联系：日期数组里第 k 个子数组表示的是简记数组第 k 项和金额数组第 k 项的收支日期。这种设计显然有缺点：相互关联的数据（例如，第 k 项记录的信息）分别存放在三个数组里。这是因为我们目前的数据组织手段只有数组，数组的元素必须具有相同类型。下章将讨论称为结构的数据构造机制，利用它能更好地组织程序里不同种类的数据。

现在定义如下变量来存储程序里使用的数据：

```
enum { DATANUM = 400, DESCLEN 32 };
int dates[DATANUM][3];
char statements[DATANUM][DESCLEN];
double currs[DATANUM];
```

假定数据来自输入流（文件指针）fp，下面语句能完成一项收支的输入：

```
fscanf(fp, "%d%d%d %31s%lf", &dates[i][0], &dates[i][1],
                    &dates[i][2], statements[i], &currs[i]);
```

因为 statements[i] 是 statements 的第 i 个子数组，输入的字符串字段应该存入其中。这实际上也要求相应字段确实不超长（否则后面的 %lf 必然失败）。

如果文件指针 fp 关联于一个文件，文件里有如下形式的行：

```
1998 3 24 project-funding 30008.44
1998 3 26 buy-hard-disk -2437.50
......
```

通过反复执行上述输入语句，就可以将这些数据读入到数组里。

如果文件中某行的内容是：

```
1998 4 30 buy main board -1430.20
```

程序读到这一行时就会出问题。函数开始对日期的输入转换能正确完成，但在读入收支项目描述串时，将会把字符串 "buy" 赋进字符数组 statements[i]，将后面的部分留下来。随后的转换描述要求读表示浮点数的字段，遇到的却是：

```
main board -1430.20
```

因此转换失败。不但 currs[i] 没赋值（以后使用它可能出现错误），留下的半行字符还会导致随后的输入失败。如果读入文件内容的循环没有精心考虑，写成了：

```
while (i < DATANUM &&
      fscanf(fp, "%d%d%d %31s%lf", &dates[i][0], &dates[i][1],
             &dates[i][2], statements[i], &currs[i]) != EOF))
    ++i;
```

遇到上面这种行，虽然由于 i 的控制不会导致程序陷入无穷循环，但是随后的输入都将失败，从而导致后面数组元素都没有正确赋值，给程序的后续执行埋下隐患。下面是做了一些改造后的循环：

```
while (i < DATANUM &&
      fscanf(fp, "%d%d%d %32s%lf", &dates[i][0], &dates[i][1],
             &dates[i][2], statements[i], &currs[i]) == 5))
    ++i;
```

这个描述也有问题：一旦遇到前面那类不符合要求的行，输入循环不提供任何信息就结束了，而用户根本不知道输入中遇到了错误。在实际应用程序里，这种情况也很危险，因为它给用户造成一切都正常的假象，而得到的计算结果却可能完全没有价值。

一般而言，如果出现不完整的输入数据，恢复是非常困难的，常常是不可能的，因为写程序时没办法确定所有可能情况。这时通常只能退而求其次，丢掉不完整的剩余数据，设法使输入过程回到可以把握的状态，从那里继续下去。下面是一种可行的处理方案：

```
while (i < DATANUM &&
      (k = fscanf(fp, "%d%d%d %31s%lf", &dates[i][0],
                  &dates[i][1], &dates[i][2],
                  statements[i], &currs[i])) != EOF)
{
    if (k != 5) {
        fprintf(stderr, ....); /* 输出信息，设法为纠错提供线索 */
        while (getchar() != '\n') ; /* 策略，丢掉本行剩余字符 */
    }
    else
        ++i;
}
```

这一写法实际假定了每项收支记录的最后都有换行符（包括最后一行输入。如果不能保证这一点，那就应该在抛弃字符的小循环的条件中增加对文件结束的检查）。这样的循环一定能读完整个文件，因为循环体每执行一次，一定能消耗掉输入流里的一些字符。

正如前面反复强调的，我们无法保证外部用户总能满足程序需求，能正确处理与程序的交互问题，永远不出错。从写程序的角度说，没有万能的方案来合理处理外界所有可能情况，常需要做出一些假定。在设计实现程序的输入部分时，既要设法保护程序，使之能够抵御错误输入的侵害；也应该在必要时把数据出错的情况通知用户。

现在考虑一个新问题。假设输入文件有多种不同来源，而不同来源的文件里的日期写法有如下三种不同形式：

```
1998 10 17     1998,10,17     17/10/1998
```

怎样写程序的输入部分，才能保证这三种不同形式的输入都能得到正确处理呢？

直接用 scanf 读入很难处理这类情况。如果先假定某种形式并按这种形式读入，如果读入一部分信息之后失败，再考虑弥补就很困难了。处理这类问题的更好方法是先用行式输入函数把一个完整的数据行读入数组，然后再用字符串格式化输入函数去分析数组内容（如果情况更复杂，可能需要自己写程序去分析）。这样，如果按一种方式分析失败，可任意换另一种分析方式。下面做法实际假定文件里的一行对应于一项收支的完整信息，如果没有这个假定，写出的程序将复杂得多。

实现这种输入方式，程序里需要定义一个字符数组。我们假定一行数据不超过 256 个字符，定义字符数组 line 存放输入行的内容：

```
char line[256];
```

实现上面所要求的处理过程的程序片段是：

```
while (i < DATANUM && fgets(line, 256, fp) != NULL) {
   if ((sscanf(line, "%d %d %d %31s %lf", &dates[i][0], &dates[i][1],
               &dates[i][2], statements[i], &currs[i])) == 5) ||
       (sscanf(line, "%d , %d , %d %31s %lf", &dates[i][0],&dates[i][1],
               &dates[i][2], statements[i], &currs[i])) == 5) ||
       (sscanf(line, "%d / %d / %d %31s %lf", &dates[i][2],&dates[i][1],
               &dates[i][0], statements[i], &currs[i])) == 5)) {
       ++i;
   }
   else {
      fprintf(stderr, ……);      /* 输出错误信息，最好能为纠错提供合理线索 */
      ……                        /* 可能还要做一些处理 */
   }
}
```

这段程序能把符合格式要求的日期信息正确读入数组。请注意程序段里 if 的书写方式：这里用三个函数调用的“或”作为控制条件。如果其中某个条件成立（也就是说，成功地转换了 5 项），不但这个函数调用完成了所需赋值工作，其成功也导致条件为真，其后的函数调用就不会再执行了。而后 i 值加 1，循环继续。如果读者不习惯这种写法，也可以分开用一串 if 语句描述几个函数调用，每个条件成立并加一后 continue。

用了这种先通过行式输入，而后在内存里分析的方法，我们还可以进一步扩充程序的功能，写出能够处理出现分段的项目简记的输入行，例如：

```
1998 4 30 buy main board -1430.20
```

相应工作留给读者自己完成。当然，做这类扩充时都需要做出一些假定，不可能写出万能的输入程序段。另一方面，扩充允许的输入形式也会使程序的输入处理变得更加复杂。在考虑这方面问题时应仔细分析实际需求，做出恰当的设计选择。

标准头文件<stdio.h>还提供了另一些功能，主要是对输入和输出的各种控制。这方面还有不少细节，主要服务于一些特殊需要，其中有些问题还依赖于其他知识。我们把有关细节留到介绍标准库功能的第 11 章。

几个常用程序模式

程序模式 8.1 文件的使用

```
FILE *fp;
fp = fopen("myfile.abc", "r");
if (fp == NULL) {
     /* 当文件打不开时的处理 */
}
…… /* 对文件的各种操作 */
fclose(fp);
```

程序模式 8.2 处理由命令行得到的一系列文件名

```
while (*++argv != NULL) {
```

```
        if ((fp = fopen(*argv, "r")) == NULL)
            printf("Can't open file: %s\n", *argv);
        else {
            …… /* 实际使用文件的代码 */
            fclose(fp);
        }
    }
```

本章讨论的重要概念

输入和输出，文件，内存和外存，文件打开和关闭，流，正文流和二进制流，流和文件指针，缓冲式输入和输出，透明性，文件模式，字符输入和输出，格式化输入和输出，行式输入和输出，直接输入和输出，格式控制，字符串作为输入输出对象。

练习

1. 写一个程序打印乘法九九表。利用格式控制保证乘法表的各项能很好对齐。
2. 写一个程序，其命令行要求有三个参数。该程序把这些参数看成文件名，完成的工作是把前两个文件的内容连接起来，存放到第三个文件里（文件连接）。
3. 将前面一些程序改写为采用文件输入输出的程序，通过命令行或输入语句为程序提供运行的数据或输入输出的文件名。
4. 修改前一章有关猜单词游戏的练习，让程序从文件中读入一批单词，文件的名字从命令行得到。如果调用函数时未提供文件名，则向用户要求文件名。
5. 修改前面的学生成绩统计和直方图生成程序。假定成绩文件中的每一行是一个学生的姓名（例如，连续字符序列表示的汉语拼音姓名）和相应成绩。程序首先输入文件，而后先输出成绩不及格的学生姓名和成绩，再输出成绩及格的学生姓名和成绩。
6. 修改学生成绩统计和直方图生成程序。假定文件里的每行记录了一个学生的姓名和几门课程的成绩，程序读入这种文件，计算出每个学生的平均成绩，而后先输出平均成绩不及格的学生名单和对应成绩，再输出及格的学生名单和对应成绩。
7. 假设电价分段计费，在不同时段中每度电的单价不同。每个用户的用电记录在文件里存为一段，其中的第一行是用户名，随后的每个记录项包括一对浮点数据，第一个数据是一段时间的用电度数，第二个数据是每度的单价，都由空格或者换行分隔。请写出一个完整的程序，它不断地要求人们提供输入文件的名字，对每个文件算出各用户应付的电费并输出结果。程序结束时输出所有用户应付的总电费额。这个程序在启动后应能处理任意多个文件，并使人们能在处理完希望处理的文件之后控制程序结束。
8. 写一个程序，其命令行有两个文件名参数，在第一个文件里是一个单词表，第二个文件是被处理的文件。程序生成一个新文件，其中包含单词表中的每个单词，并附以各单词在被处理文件里出现位置的行号（可能有多个行号，但应当避免重复）。
9. 文中的背单词程序用二维数组记录单词。为了防止单词超出范围，那里定义了一个很大的常量 WDLEN，而实际上许多英文单词和对应中文词所需的存储都远远小于这个量。请修改这一程序，用一个指针 char* 的数组代替那里的二维数组。在读入英文单词和中文词时用较大的 char 数组作为临时存储，而后通过动态分配的方法为每个英文或中文词字符串建立适当大小的数组，并将字符串复制进去。为了这种改动，程序的其他部分还可以保持原样吗？
10. 请写出一个程序，以排列整齐的形式打印出今年的月历表。请进一步研究月历表的规则，写出一个可以打印任意一年的月历的程序。
11. 请设法修改 8.4 节里的求平均值程序，使之可以允许文件的一行里包含任意多项的数据，而且在输入出错时又能正确输出出现错误数据的行号。

第 9 章　结构和复杂数据组织

第 6 章和第 7 章介绍了数组和指针以及相关程序设计技术，本章介绍 C 语言的其他数据定义与描述机制，包括结构（struct）、联合（union）和枚举（enum）等。编写处理复杂数据的 C 程序时，需要用结构和指针定义复杂的数据类型和结构。这些机制在后续“数据结构”等课程以及实际程序设计中都有特别重要的意义。

本章介绍这些数据机制的概念、意义和用途，并通过一些程序实例介绍与之相关的程序技术。在后续计算机课程中可以看到应用这些机制的更多实例，在一些计算机书籍中也能看到大量的相关程序。

9.1　结构

客观世界中需要用计算机处理的数据千变万化，但它们常常不是互相独立的，而是集合成组，一批数据元素形成一个逻辑整体，元素间存在着各种联系。这些情况使我们必须考虑复杂数据的处理。如果逻辑数据体的各部分具有共同性质，可以采用数组作为组合手段（元素类型相同）。但也存在着许多数据组合体，其数据成分的类型不统一。居民身份证的相关数据就是一个典型例子。一个身份证的数据成分包括姓名、性别、民族、出生日期、住址、身份证号码、发证日期、有效期限和发证单位，还有一张照片等。显然，这样一组信息应看做一个逻辑整体，它们共同描述了一个居民的情况。但是，这些信息中有字符串，有数值，可能还有图像信息（照片）等，不适合用数组表示。这类情况在实际应用中非常普遍，程序语言必须提供相应的数据描述机制。

许多高级语言提供了用于组合多个类型可能不同的数据对象的机制，C 语言称之为结构[⊖]。结构是由若干（类型可不同）数据项组合而成的复合数据对象，这些数据项称为结构的成分或成员，每个成员给定了名字，通过成员名实现对成员的访问。

9.1.1　结构声明与变量定义

要声明一个结构，需要描述它的成员情况，包括每个成员的类型和名字。结构描述用关键字 struct 引导，结构声明的最基本形式是：

```
struct { 成员声明序列 };
```

struct 后面是结构的成员声明表，描述其组成情况。成员声明的形式与变量定义一样，也允许用一个类型同时声明几个（类型相同的）成员。下面是两个简单的结构声明：

```
struct {
    int n;
    double x, y;
};

struct {
    int n;
    double data[100];
};
```

第一个结构包含三个成员：名字为 n 的整型成员，以及两个名字分别是 x 和 y 双精度类型成员。

⊖　许多语言把这种机制称为记录（record）。

第二个结构包含两个成员：n 是整型， data 是 100 个元素的双精度数组。

一个结构里可以有任意多个成员，成员可以是任何类型，可以是基本类型、指针或数组，也可以是结构，还可以是后面介绍的联合等。用 typedef 定义的类型名也可以用在这里。一个结构里的成员名字不能相互冲突。不同结构则可以包含名字相同的成员，它们相互无关。上面例子里就有这种情况，实际程序里也很常见。

定义结构变量

单独写出的结构声明只是描述了一个结构的情况，如果要在程序里使用结构，就需要定义结构变量（以结构为值的变量）。定义方式是把结构声明当做类型描述，后面列出要定义的变量名（可以有多个），这使被定义变量成为具有这种结构的变量，每个结构变量包含着该结构声明里列出的所有成员。例如，下面定义了结构变量 st1 和 st2：

```
struct {
    int n;
    double x, y;
} st1, st2;
```

st1 包含 n、x、y 三个成员（st2 也一样）。结构变量的使用在下面讨论。

结构标志及其使用

实际程序里的结构描述可能很复杂。为避免反复写复杂的结构描述，同时避免多次描述中出现不一致的可能性，C 语言提供了结构标志。声明结构时可以在 struct 关键字后写一个标志（标识符）。这样做之后，程序其他地方可以把这个标志放在 struct 后面，代表相应的结构声明。例如，下面程序片段声明了三个结构，都给出了结构标志：

```
struct point {
    double x, y;
};

struct circle {
    struct point center;
    double radius;
};

struct rectangle {
    struct point lu;
    struct point rd;
};
```

第一个结构的标志是 point，包含两个 double 成员。第二个结构的标志是 circle，其第一个成员是一个 point 结构（成员可以是结构），第二个成员是个双精度数。在 circle 描述中用了刚定义的结构标志 point，这样就不必把整个 point 结构描述重抄一遍了。第三个结构是包含两个 point 结构成员的 rectangle 结构。

有了结构标志之后，定义结构变量就比较方便了。下面定义了几个结构变量：

```
struct point pt1, pt2;
struct circle circ1, circ2;
struct rectangle rec;
```

在程序里，struct point 这类描述形式也当做类型看待，可以用在所有需要写类型的地方。例如，可以用在函数定义和原型描述里，或定义指向结构的指针，描述类型转换，计算结构类型的大小等。下面是两个与上面结构有关的函数原型声明：

```
double distance(struct point p1, struct point p2);
int inrect(struct point p, struct rectangle rec);
```

函数 distance 包含两个 struct point 结构参数，返回 double 值；inrect 包含一个 struct point 结构参数和一个 struct rectangle 结构参数。

下面片段表明了如何通过动态分配建立存放结构数据对象的存储块：

```
struct circle *pp1, *pp2;
pp1 = (struct circle *)malloc(sizeof(struct circle));
pp2 = pp1;
……
```

定义结构类型

如果需要在程序里反复使用某种结构，最好把它定义为类型（同样用 typedef）。例如，下面是与前面描述的结构对应的三个类型定义：

```
typedef struct {
    double x, y;
} POINT;

typedef struct {
    POINT center;
    double radius;
} CIRCLE;

typedef struct {
    POINT lu;
    POINT rd;
} RECTANGLE;
```

与定义其他类型一样，被定义类型名也放在结构描述之后。上面定义的三个类型名分别是 POINT、CIRCLE 和 RECTANGLE，它们可以用在任何需要用类型的地方。

定义了结构类型后，就可以直接用这个名字在程序里代表所定义的结构，用起来更方便，写出的程序更加简短清晰。这种方式值得提倡。虽然所有与结构有关的描述都可以用结构标志的方式写出，但是从程序实践看，如果某个结构使用较多，最好还是定义为类型，给定特殊的名字。这样不但可以简化程序书写，也有利于程序的修改和维护。

下面是一个描述居民身份证信息的结构类型定义：

```
typedef struct {
    char name[20];
    int sex;
    char nationality[10];
    int born_in[3];
    char address[50];
    int date_of_issue[3];
    int valid_years;
    char issued_by[30];
    char id_number[18];
    char photo[320][240];
} IDCARD;
```

这里用字符数组表示身份证号，因为即使长整数也没有 18 位有效数字。最后一项是表示照片图像的字符数组，每个元素表示一个像素。

定义表示身份证的结构时，实际上有许多问题需要考虑。例如：表示名字的字符数组应能容纳多少个字符？如果只考虑汉族名字，那么用 8 个字符可以表示 4 个汉字，做成字符串形式也只需要 9 个字符。但中国是个多民族的国家，不同民族的名字写法千差万别，20 个字符也未必够用。有关地址的情况也类似。此外还要考虑用什么方式来表示身份证里的性别、民族、日期、照片等。例如照片可能采用某种特殊的压缩格式。

这里只是把身份证作为结构类型定义的一个例子。如果要实现一个真正的身份证信息管理系统，上面提出的许多问题都需要仔细研究和选择。这方面的问题在软件设计过程中也是非常重要的，一般称为*数据表示*问题，要解决的就是用什么样的计算机内部形式（如程序语言提供的类型、结构等）来表示实际应用领域中的数据。

上面定义的各结构类型将在下面作为例子使用，不再重复说明。

9.1.2 结构变量的初始化和使用

与简单变量和数组变量一样，定义结构变量时也可以直接初始化。为结构提供初始值的形式与数组一样。下面结构变量定义包含了相应的初始化描述：

```
POINT pt1 = {2.34, 3.28}, pt2;
CIRCLE circ1 = {{3.5, 2.07}, 1.25},
       circ2 = {12.35, 10.6, 2.56};
```

初始化描述中各表达式的值顺序提供给结构变量的各基本成员，初值表达式必须是可静态求值的表达式。从两个 CIRCLE 变量定义的例子可以看到，对于嵌套的结构，初始化表示里可以写或不写嵌套的括号。初始化表达式的个数不得多于结构变量所需，如果个数不够，其余成员自动用 0 初始化。这些都与数组的规定一样。无论是全局结构变量，还是函数内的局部结构变量，都可以用这种形式进行初始化。C 语言还允许用已有的结构变量去初始化函数里局部定义的同类型结构变量，效果是复制结构中所有的成分。

如果定义结构变量时未提供初始值，处理方式也与其他变量一样。对全局变量和静态局部变量，用 0 初始化所有结构成员；对自动变量不初始化，各成员处于未定义状态。应特别指出，结构的初始值描述形式只能用在变量定义的初始化部分，不能用在程序中其他地方（例如语句里）。这一点也与有关数组的规定相同。

结构变量的使用

对结构变量的操作主要是整体赋值和结构成员访问。

显然，只能在同样类型的结构变量之间整体赋值，效果是赋值号右边结构的各成员值分别复制到运算符左边结构的对应成员。有了上面定义之后，可以写：

```
pt2 = pt1;
```

这个赋值之后，变量 pt2 各成员的值将与 pt1 对应成员的值完全一样。

圆点运算符（.）表示访问结构成员的操作，这个运算符也具有最高优先级，采用自左向右的结合方式。下面是几个例子：

```
pt2.y = pt1.y + 2.4;
circ1.center.x = 2.07;
circ1.center.y = pt1.y;
```

如果需要在平面上移动结构 circ2 所表示的圆，可以写：

```
circ2.center.x += 2.8;
circ2.center.y += 0.24;
```

访问结构变量成员就相当于访问一个具有相应类型的变量，对这个成员能做的操作完全由该成员的类型决定。

此外，与其他数据对象一样，也可以用 & 取得结构变量的地址。但不能对结构做相等或不等比较，也不能做其他运算。

简单程序实例

例 9.1 展示结构声明、结构变量定义和使用的简单程序。下面的例子简单地算出两个点之间的距离并输出：

```
#include <stdio.h>
#include <math.h>

typedef struct {
    double x, y;
} POINT;

typedef struct {
    POINT center;
```

```
    double radius;
} CIRCLE;

int main () {
    POINT pt1 = {2.34, 3.28}, pt2;
    CIRCLE circ1 = {{3.5, 2.07}, 1.25};
    double x, y, dist;

    pt2.x = 8.0;
    pt2.y = circ1.center.y + 3.44;
    x = pt2.x - pt1.x;
    y = pt2.y - pt1.y;
    printf("distance: %f\n", sqrt(x*x + y*y));

    return 0;
}
```

9.1.3 结构、数组与指针

结构里可以包含数组成员，前面已经给出过这样的例子，例如身份证结构里就有这种情况。另一方面，也可以定义以结构作为元素的数组。下面是一个熟悉的例子。

例 9.2 用结构数组重新构造例 6.19 的统计 C 程序中关键字的程序。

前面讨论过两种实现方式，第一种用一个二维字符数组和一个计数器数组；第二种用一个字符指针数组和一个计数器数组。这里每个关键字对应一个计数器，关键字与计数器之间的联系更紧密。但在前面两个实现里，这两种东西被分别存放在不同的数组里，它们之间的关系没有显式表现。由此可以想到，另一种更合理的方式是用一种结构来表示与一个关键字有关的所有信息。我们可以定义如下结构类型：

```
typedef struct {
    char * key;
    int count;
} KEYC;
```

这个结构类型在逻辑上也是有意义的，可以看做一种专门的“关键字计数器”类型。一个这种类型的变量表示的就是与一个关键字有关的所有信息。

要以这种类型为基础改写关键字统计程序，所需的主要数据结构就是一个 KEYC 类型的数组。下面定义中也对它做了初始化：

```
KEYC keytable[32] = {
    "auto",     0, "break",   0, "case",     0,
    "char",     0, "const",   0, "continue",0,
    "default",  0, "do",      0, "double",   0,
    "else",     0, "enum",    0, "extern",   0,
    "float",    0, "for",     0, "goto",     0,
    "if",       0, "int",     0, "long",     0,
    "register", 0, "return",  0, "short",    0,
    "signed",   0, "sizeof",  0, "static",   0,
    "struct",   0, "switch",  0, "typedef",  0,
    "union",    0, "unsigned",0, "void",     0,
    "volatile", 0, "while",   0
};
```

如前所述，初始化表示中可以写嵌套的括号，区分各成员的初始化描述。

采用这种数据结构，程序的主循环可以写为：

```
int i;
......
while (getident(..., s) > 0)
    for (i = 0; I < 32; ++i)
        if (strcmp(s, keytable[i].key) == 0) {
            keytable[i].count++;
            break;
      }
```

我们也可以用指针方式描述这一循环（复习两种写法的关系），可将代码改写为：

```
KEYC *p;
......
while (getident(..., s) > 0)
    for (p = keytable; p < keytable + 32; ++p)
        if (strcmp(s, (*p).key) == 0) {
            (*p).count++;
            break;
        }
```

注意程序里 (*p).key 的写法，这表示先由 p 间接得到被指结构，而后取这个结构的成员 key。由于运算符优先级的规定（取结构成员运算符 . 的优先级高），这里必须写括号。不写括号的 *p.key 是错误的，它表示的是 *(p.key)。这显然不是我们希望的东西，编译也会报错（p 不是结构，不允许写 p.key）。

C 程序里经常要用指向结构的指针，需要由这种指针出发去访问结构成员（像上面程序中那样）。C 语言为这种操作提供了专用运算符 "->"，p->key 相当于(*p).key。这个运算符也具有最高优先级（与圆点、函数调用()及数组元素访问[]一样），也从左向右结合。这样，上面片段里的条件语句可以简写为：

```
if (strcmp(s, p->key) == 0) {
    p->count++;
    break;
}
```

由于 -> 运算符的优先级高，这里不必写括号。

到现在为止我们已经介绍了 C 语言的所有运算符号，附录 A 列出了 C 语言里所有的运算符以及它们的意义、优先级和结合方式。请读者看看附录 A 的表格，检查一下自己对 C 中各种运算符的认识，必要时重新查阅本书正文中的介绍。

9.2 枚举

前面已经介绍过枚举的概念，主要把它作为定义一组命名常量的机制，现在介绍一些细节。以枚举方式定义的常量称为枚举常量。枚举声明的基本形式是：

```
enum 枚举标志 {枚举常量名, ...};
```

例如，下面是一个枚举声明：

```
enum color {RED, GREEN, BLUE};
```

这声明了一个具有标志 color 的枚举集合，定义的枚举常量是 RED、GREEN 和 BLUE。对枚举声明的基本要求是枚举常量名不能相互冲突。假如一个作用域里存在多个枚举声明，它们定义的枚举常量名也必须互不相同。

一个枚举声明不但引进了一组常量名，也为每个常量确定了一个整数值。对上面的基本形式，第一个常量 RED 自动给定值 0，随后常量的取值顺序递增。

枚举标志的用途与结构标志一样，可以与 enum 一起用在程序里任何需要写类型的地方，比如用于定义变量等。可以写：

```
enum color cr1, cr2;
```

下面是在程序里使用这种变量的例子：

```
cr1 = RED;
cr2 = BLUE;
......
if (cr2 == GREEN) ...;
......
switch (cr1) {
    case RED:   ......; break;
```

```
    case GREEN: ……; break;
    case BLUE:  ……; break;
}
……
```

人们也常（用 typedef）定义枚举类型，与定义结构类型的形式类似。例如：

```
typedef enum {WHITE, BLACK} COLOR1;
COLOR1 c3, c4;
```

应特别指出，C 语言并不把枚举看做特殊的东西：每个枚举常量都当做 int 类型的常量，枚举类型的变量也看做是某个整型的变量，系统实现决定把一个具体枚举类型当做哪个整型。因此，从效用上看，引进枚举的主要作用就是提高程序的可读性。

通过枚举方式定义常量，在效果上与用#define 定义符号常量类似。不同之处在于由#define 定义的符号常量通过预处理中的宏替换实现，编译时程序里已经没有这种符号常量的信息了。而枚举常量在编译时处理，编译器能得到它们的信息，这可能有利于程序调试。另一方面，利用枚举可以一次定义一组常量，用起来非常方便。

可以在枚举声明中给枚举常量指定特定值，所用形式与给变量指定初始值类似。如果给某个枚举量指定了值，跟随其后没有指定值的枚举常量都跟着顺序递增取值，直到下一个指定特殊值的常量处为止。例如写出下面枚举声明：

```
enum color {RED = 1, GREEN, BLUE, WHITE = 11,
            GREY, BLACK, PINK = 15};
```

这时 RED、GREEN、BLUE 的值将分别是 1、2、3，WHITE、GREY、BLACK 的值分别是 11、12、13，而 PINK 的值是 15。

9.3 结构与函数

对所有数据机制，都必须考虑如何通过函数处理它们。本节讨论用函数处理结构的问题和程序设计技术。由于结构可以整体赋值，所以可以作为值传递给函数，也可以定义返回结构值的函数。这样，用函数处理结构中的数据，至少存在三种不同方法：

1. 把结构成员的值个别地传给函数处理。
2. 把整个结构作为值，通过参数传递给函数，这种参数称做**结构参数**。
3. 把结构的地址传给函数，也就是说传递指向结构的指针，这种参数称为**结构指针参数**。

后两种方式都是把结构作为整体看待和处理。与针对其他参数的值传递和指针传递一样，这两种参数的作用方式和效果也不一样。

设函数 f 有一个结构参数 r。以结构变量 s 作为实参调用 f 时（假定 s 的类型合适），系统先把 s 的值赋给 r，而后进入函数内执行。无论 f 里对 r 做了什么操作，都不会改变实际参数 s。结构参数的语义清晰，是一种很常用的方式。

换一种情况，设函数 g 有一个结构指针参数 p，如果结构变量 s 的类型合适，就可以在调用 g 时把 s 的地址传给 p。这样，在 g 的体里就可以通过 p 对 s 做任何操作，包括赋值、修改其成员的值等。采用结构指针的另一优点是可以避免复制整个结构。如果需要处理的结构很大，复制可能很耗时，也可以考虑用指针的方式传递。

9.3.1 处理结构的函数

在定义处理结构的函数时，采用不同的传递方法各有特点，各有其适用与方便之处，下面通过一些简单的例子说明有关情况。

例 9.3 返回结构值的函数。由参数值出发构造一个 POINT 类型的结构值，写出的函数定义如下：

```
POINT mkpoint1(double x, double y) {
    POINT temp;
    temp.x = x;
    temp.y = y;
    return temp;
}
```

函数 mkpoint1 返回一个 POINT 结构类型的值，可以赋给任何 POINT 结构类型的变量。这种函数从结构成员的值出发构造出结构值，可称为**结构值的构造函数**，或简称**构造函数**。这种函数在复杂的程序里很常见，下面是使用它的例子：

```
pt1 = mkpoint1(3.825, 20.7);
pt2 = mkpoint1(pt1.x, 0.0);
```

注意，函数里的 temp 是局部结构变量，随函数结束而撤销。mkpoint1 结束时 temp 的值作为函数的值返回，与变量撤销无关。对比这种情况与返回简单类型的值的情况，除了结构变量可能占用较大存储空间外，两者在其他方面完全一样。当然，前面提出的问题也出现在这里，如果结构很大，返回结构值就要做较多的复制工作。

例 9.4 具有结构参数并返回结构值的函数。由参数值出发构造一个 CIRCLE 类型的结构值，函数的定义如下：

```
CIRCLE mkcircle(POINT c, double r) {
    CIRCLE temp;
    temp.center = c;
    temp.radius = r;
    return temp;
}
```

这个函数不但以结构作为返回值，还有一个结构参数。下面是使用它的例子：

```
circ1 = mkcircle(pt1, 5.254);
circ2 = mkcircle(circ1.center, 11.7);
circ3 = mkcircle(mkpoint1(2.05, 3.7), 3.245);
```

第三个例子比较特殊。由于 mkpoint1 返回 POINT 类型的结构值，把这个值传给 mkcircle 的 POINT 类型的参数自然是合理的。这种函数嵌套调用也是一种程序设计技术，当然，它要求外层函数的参数与内层函数的返回值类型匹配。

现在考虑定义一个计算两个点之间距离的函数，采用普通的结构参数：

```
double distance(POINT p1, POINT p2) {
    double x = p1.x - p2.x, y = p1.y - p2.y;
    return sqrt(x*x + y*y);
}
```

上面这些例子用到了结构参数或者结构返回值。函数调用时，实参结构的值被整个赋给函数形参；而作为函数计算结果的结构将自动建立副本，在函数退出后赋给指定变量。这种定义方式的优点是语义非常清楚，函数内外的计算互不干扰，即使像上面的例子里那样写函数的嵌套调用，计算的结果也很容易看清楚。这种方法的一个缺点是需要复制整个结构，因此可能增大运行中的时间开销。

例 9.5 采用结构参数和结构指针参数的函数。写一个打印输出身份证结构中身份证号码和姓名的函数。一种写法是：

```
void prtIDCard0(IDCARD ic) {
    printf("%s\n", ic.id_number);
    printf("%s\n\n", ic.name);
}
```

这个函数可以完成工作，但每打印一个身份证记录，都需要复制整个结构，而函数里实际上只用到其中很少的信息，大部分复制工作并没有价值。这个例子也说明编程不当可能降低程序效率，这里就是做了许多无意义的复制工作。

对这个例子，可以考虑用其他方式向函数里传递信息。我们可以只传需要打印的两个成员。

这样做可以减少复制，但却要增加函数的参数，而且每次调用时都要写两个取成员操作。另一种方式是传结构指针。如前所述，传递结构指针至少有两种用途：一是使函数能改变执行环境中的结构；另一个作用就是避免无谓的结构复制。

下面是采用结构指针参数的函数，函数里用了从指针访问被指结构成员的运算符：

```
void prtIDCard(IDCARD *icp) {
    printf("%s\n", icp->id_number);
    printf("%s\n\n", icp->name);
}
```

用这个新函数打印有关信息，处理一个身份证只需要复制一个指针，效率更高，也更合理。如果 idc 是一个 IDCARD 结构变量，打印其中信息用下面调用形式：

```
prtIDCard(&idc);
```

下面是使用这个函数的另一个例子，这段程序打印出一个身份证结构数组里的各个身份证的信息，其中用了一个指向结构的指针：

```
IDCARD idcs[1000], *p;
......      /* 假设 idcs 的元素都给了值 */
for (p = idcs; p < idcs + 1000; p++)
    prtIDCard(p);
```

注意，p 的指向类型就是 idcs 的元素类型，写出的循环和调用都非常简洁。

例 9.6 通过动态存储分配创建结构。在许多程序里需要建立新结构，而且我们可能不希望破坏已有的东西，并希望创建的结构可以方便地在函数间传递，不需要反复复制。这时可以考虑创建动态分配的结构。下面函数建立一个动态分配的 POINT 结构，并把它的地址作为指针值返回：

```
POINT *mkpoint2(double x, double y) {
    POINT *p;
    p = (POINT *)malloc(sizeof(POINT));
    p->x = x;
    p->y = y;
    return p;
}
```

这样建立的结构，存在期不受创建操作所在位置的约束，通过指针传递也不必做结构复制。这种实现方式在复杂的软件里使用广泛，读者今后会看到许多这样的例子。在使用这个函数时，应该用指向 POINT 类型的指针接收返回值。例如：

```
POINT *pp1, *pp2;
......
pp1 = mkpoint2(2.57, 3.86);
pp2 = mkpoint2(pp1->y + 2.6, pp1->x - 0.7);
......  /* 使用建立的两个结构 */
free(pp1);  /* 使用完毕，释放存储 */
free(pp2);
```

创建结构值的另一方式是通过指针参数，调用函数时把准备存放值的结构的地址传给函数，要求函数把数据填入。下面看一个这样做的例子：

```
void mkpoint3(double x, double y, POINT *p) {
    p->x = x;
    p->y = y;
}
```

在使用这个函数时，传给它的必须是一个已有的 POINT 结构的地址。例如：

```
POINT p1, p2, *pp1, *pp2 = &p2;
mkpoint3(2.57, 3.86, &p1);
mkpoint3(p1.y + 2.6, p1.x - 0.7, pp2);
```

允许写第二个语句，是因为指针 pp2 已经指向实在的结构 p2。把这个语句里的 pp2 换成 pp1 就是一个严重错误（因为 pp1 当时没有指向具体的结构）。

9.3.2 程序实例

例 9.7 基于结构设计实现例 8.6 的账目管理系统。

在管理资金来往账目的系统里，需要记录每笔收支的日期、项目简记和相应金额。可以用负数表示支出，正数表示收入。假设程序输入按行进行，每行输入一笔收支账目，现在考虑相关的数据结构和输入问题。显然，有关一笔账的信息是一个逻辑整体，可以考虑用一种结构表示。为此可以设计出下面的结构类型

```
typedef struct {
    int year, month, day; /* 年月日 */
    char outline[LINELEN];/* 项目简记 */
    double amount;        /* 金额 */
} ACCITEM;
```

作为程序里的基本数据类型。这样，账目管理程序的输入就是填充这种结构，账本就是一个 ACCITEM 类型的数组，而各种查询统计数据的工作就是在这种数组中查询和计算。

例如，我们可以定义下面变量作为程序里所用的基本数据表示：

```
enum { NACCOUNT = 400 };
ACCITEM accbook[NACCOUNT];
```

现在考虑输入的实现。如前所述，应该把这部分定义为函数，让它填充一个 ACCITEM 的数组，这种工作前面已经做过很多次。为使同一个函数可以适应各种输入源的需要，可以考虑引进一个文件指针参数，采用下面原型：

```
int readall(FILE *fp, int limit, ACCITEM accbook[]);
```

为使输入更方便，可以设计实现一个基本账目项的输入函数：

```
int readitem(FILE *fp, ACCITEM *ip);
```

该函数从流 fp 读入并填充好 ip 所指的结构。这里显然必须用结构指针参数，以便把实际结构的地址传给函数。readitem 输入中可能出现几种情况：（1）正常完成一个账目项的读入；（2）读入数据出错；（3）已经读完了所有数据。现考虑让函数在这三种情况下分别返回值 1、0 和–1。这样，函数 readall 里读入循环就可以写成下面形式：

```
while (1) {
    switch(readitem(fp, &accbook[i])) {
    case 1:
        ++i;
        continue;
    case 0:
        …… /* 处理输入出错 */
        continue;
    case -1:
    }
    break;
}
```

循环中用开关语句分别处理各种情况。读入数据项出错时 readitem 报告 readall，因为后者更容易生成合适的出错信息。readall 还要清理输入流（以便继续工作），这些都根据需要在“处理输入出错”的地方完成。最后一种情况是输入结束，这时 switch 结束，while 最后的 break 语句结束循环。完全可以用其他方式写循环，例如引进一个 int 变量保存 readitem 的返回值后分情况处理，在输入完成时退出循环等。

readitem 的最简单实现是：

```
int readitem(FILE *fp, ACCITEM *ip) {
    int n = fscanf(fp, "%d%d%d %s %lf", &ip->year, &ip->month,
                   &ip->day, ip->outline, &ip->amount);
    return n == 5 ? 1 : n == EOF ? -1 : 0;
}
```

可以在这个层次处理输入数据的格式问题，有关技术都讨论过。注意，我们假设每个账目项对应一个输入行，readitem 的错误处理也应反映输入行的概念。readitem 和 readall 之间要有合理分工，以及为支持这种分工所必要的信息交换。

假设现在要做统计账目信息系统，现在考虑驱动交互活动的主函数。它要为用户提供一组命令，并根据实际命令完成账目文件装入和各种统计。函数 main 的主要部分是一个交互循环，其中提示用户输入命令并完成各种工作。循环可以写为：

```
int main() {
    int n, inum = 0;
    ACCITEM accbook[NACCOUNT];

    initialization();
    while ((n = getcommand()) >= 0) {
        switch (n) {
        case 0: /* 由用户得到账目文件名并读入 */
            inum = readfile(NACCOUNT, accbook);
            break;
        case 1: /* 计算最终余额 */
            balance(inum, accbook);
            break;
        case 2: /* 统计所有收入 */
            receipts(inum, accbook);
            break;
        case 3: /* 统计所有支出 */
            expenditures(inum, accbook);
            break;
        case 4: /* 打印大额支出，向用户要求额度限制 */
            printsome(inum, accbook);
            break;
        default: /* 错误命令。输出错误信息 */
            errmessage();
            break;
        }
    }

    finalization();
    return 0;
}
```

主函数调用其他函数完成各种具体工作，大部分函数都以 inum 和 accbook 为参数。这里不准备给出有关的程序代码，只是对一些函数的实现提出几点想法。

许多程序启动后，开始正式工作前都要做一些准备工作。对交互式程序，启动后可能需要输出一些信息，有时还可能需要设置一些全局变量。这里的 main 在最前面调用函数 initialization 完成这方面的工作，其中可以输出一些信息，例如介绍本程序的使用。main 最后的 finalization 完成程序退出前的最后处理。举例说，可以给本程序增加一些有关一次执行中所处理的文件的统计信息，为此可能需要增加一些全局变量，由上述两个函数完成系统的初始化和最后的统计输出工作。

函数 getcommand 输出提示信息并读入用户命令（一个整数）。它输出的提示信息里可以包含有关命令与编码的对照信息。实现这个函数时要考虑对用户错误输入的处理，一种可能方式是在命令错误时返回某个很大的数，当用户要求结束时返回负数。

函数 readfile 应完成所有与输入有关的工作，保证该函数结束时输入已正常完成。它返回实际输入的账目条目数。函数的工作包括：向用户要求账目文件名，处理文件无法正常打开的情况，调用 readall 实际读入，等等。

函数 errmessage 输出错误信息，并应该对本程序的使用方式给出一些提示。

其他函数都很简单，这里不讨论了。写出各函数原型，完成它们的工作都留给读者作为练习。读者还可以考虑为系统扩充一些功能。本章的练习提出了一些扩充改进建议。

在上面采用的结构里，日期用三个整数表示，这种做法也有些缺点。例如，不容易比较不同账目项的日期，用 3 个整数表示日期也浪费空间。一种改进是采用如下结构作为基本表示：

```
typedef struct {
    unsigned long date;  /* 年月日 */
    char outline[LINELEN]; /* 项目简记 */
    double amout;         /* 金额 */
} ACCITEM;
```

将账目项读入函数修改为：

```
int readitem(FILE *fp, ACCITEM *ip) {
    int y, m, d;
    int n = fscanf(fp, "%d%d%d %s %lf", &y, &m, &d,
                   ip->outline, &ip->amount);
    if (n != 5) return n == EOF ? -1 : 0;
    ip->date = y*10000 + m*100 + d;
    return 1;
}
```

这样就把年月日的信息都编码在一个无符号长整数里。如果需要使用其中各部分的信息，可以通过算术运算提取。例如，下面语句将账目项 item 里的月份取出赋值给 m：

```
m = (item.date / 100) % 100;
```

在日期表示方面最值得一提的事件就是“2000 年问题”。在早期计算机应用开发中，因为存储紧张，也因为人们的日常习惯，许多（软件或硬件）系统里的年份表示只用了 2 位（十进制数，或两个字符）。2000 年世纪之交，这一情况变成了一个潜在的影响广泛的程序错误。许多基本操作，如日期的比较，计算两个日期之差等都无法正常完成了。为解决这一问题，很多计算机工作者在 2000 年之前花费了大量工作时间，公司和各国政府部门花费了数以十亿美元计的金钱。

9.4 编程实例

本节讨论几个与结构等数据机制有关的编程实例。

9.4.1 数据组的排序

例 9.8 用结构实现例 6.14 的学生成绩程序。除作为结构的编程实例外，我们还通过这一实例介绍标准库排序函数的使用。

首先，原来的学生成绩记录文件格式过分简化了。实际成绩文件里至少应该包含学生姓名和成绩。下面采用如下形式的学生成绩记录文件：

```
02001014 zhangshan 86
02001016 lisi 77
……
```

为在程序里保存一组这样的学生成绩，就应该定义一种结构。采用下面定义：

```
enum {
    NUM = 400,
    HISTOHIGH = 60,
    SEGLEN = 5,
    HISTONUM = (100/SEGLEN)+1
};

typedef struct {
   unsigned long num;
   char name[20];
   double score;
} StuRec;
```

再定义下面的外部数组，作为程序里的保存学生记录的基本变量（也可以用动态分配的结构数组，前面介绍过这种技术，这里不再重复。程序很容易修改）：

```
StuRec students[MAXNUM];
```

输入函数具有如下原型，它返回实际读入的学生记录数：

```
int readrecs(FILE *fp, int limit, StuRec ss[]);
```

这里把实际输入流也定义为函数参数。程序的其他部分可以参考第 6 章的实例，除了这里用的是结构数组外，其他方面并没有什么不同，这里不多讨论了。

现在想增加一项功能，希望程序能按成绩的高低顺序输出学生记录。要想按成绩输出，可以用多次扫描整个数组的方法，逐步从低到高输出学生成绩（请考虑可能怎么做，需要什么假定。有关程序请读者考虑）。但这种实现的效率低，也过于特殊，而且还要依赖于一些假设（请读者考虑）。另一种可行方式是先把数组里的学生记录按成绩从低到高重排，而后就可以直接顺序输出了。在第 6 章介绍过排序的概念，那里还实现了一个简单排序算法。排序是数据结构课程的重要内容，这里不想涉及更多细节，只结合本例介绍标准库的排序函数 qsort，该函数能按指定顺序完成各种数组的排序。

标准库的排序函数 qsort 在<stdlib.h>里定义，其原型比较复杂：

```
void qsort(void *base, size_t n, size_t size,
           int (*cmp)(const void *, const void *));
```

函数 qsort 有 4 个参数：第一个参数是 void 指针，表示被排序数组的起始位置。由于 qsort 不能假定被排序数组的元素类型，只能用这种方式。随后是两个 size_t 类型的参数，前面说过，这是一个无符号整数类型。参数 n 表示被排序的数据项数，参数 size 表示被排序数组的元素大小。最后是一个函数指针参数指定排序方式，下面仔细讨论。如果要对数组 students 里的 snum 个学生记录排序，调用函数的形式应该是（这里假定函数 scrcmp 确定了数组元素的排序方式）：

```
qsort(students, snum, sizeof(StuRec), scrcmp);
```

用 qsort 对一组数据排序时必须说明所需的排列方式。对于给定的比较元素大小的准则，qsort 把“较小”元素排在前面，“较大”元素排到后面。这样，要用 qsort 对一组数据排序，需要一个符合 qsort 的类型要求和功能要求的比较函数。qsort 的原型明确描述了该函数的类型。假设学生成绩比较函数取名 scrcmp，其原型必须是：

```
int scrcmp(const void *vp1, const void *vp2);
```

qsort 在排序工作中调用这个函数比较被排序的元素。为正确写出可以供 qsort 使用的比较函数，就必须清楚：(1) qsort 通过参数传给函数的是什么；(2) qsort 要求函数以什么方式表示元素比较的结果。

qsort 传给比较函数的是两个指向被排序元素的指针。由于是通用排序函数，这里只能用 (void*) 指针，比较函数里应该把两个指针转换为实际元素类型的指针后使用。进而，qsort 要求比较函数在第一个元素较大时返回正值，两元素相等时返回 0，第一个元素较小时返回负值。当然，这个“大小”完全根据排序的需要而定。

scrcmp 的定义很简单。为清晰起见，下面函数里先定义了两个 StuRec 类型的指针，把参数值（转换后）赋给它们，而后比较结构中 score 成员的大小：

```
int scrcmp(const void *vp1, const void *vp2) {
    StuRec *p1 = (StuRec*)vp1, *p2 = (StuRec*)vp2;
    return p1->score > p2->score ? 1 :
           p1->score == p2->score ? 0 : -1;
}
```

这样就可以完成对学生成绩记录的排序工作了。

qsort 是通用排序函数，能按任何准则工作。如果提供另一排序准则，qsort 就能对同一组数据做另一种排序。例如，我们可能希望将学生记录按 5 分一段，分段排列，此时可以采用下面的比较函数：

```
int scr5cmp(const void *vp1, const void *vp2) {
    int n1 = ((StuRec*)vp1)->score,
```

```
        n2 = ((StuRec*)vp2)->score;
    return n1/5 - n2/5;
}
```

请注意表达式中运算符的优先级问题。两个成绩除以 5 后，同一分数段的成绩就归到同样的值了。这里返回两个值的差，正好满足 qsort 对比较函数结果的要求。

如果希望按学生姓名对这些记录排序，可以借用标准库的 strcmp 函数。但这个函数不能直接用（参数类型不对），qsort 调用函数时的实参是指向被比较对象的指针。strcmp 比较两个字符串，要求 char* 类型的指针。可以写出下面的转接函数：

```
int str1cmp(const void *vp1, const void *vp2) {
    char *p1 = ((StuRec*)vp1)->name, *p2 = ((StuRec*)vp2)->name;
    return strcmp(p1, p2);
}
```

这个函数也可以简写为：

```
int str1cmp(const void *vp1, const void *vp2) {
    return strcmp(((StuRec*)vp1)->name, ((StuRec*)vp2)->name);
}
```

当然，这里做出的排序可能不符合中文名字排序的需要。假设学生记录里保存了中文姓名的某种标准编码，如果要按姓氏笔画排序，请读者想想应该怎样定义一个比较函数。不难想到，这个比较函数在许多实际应用系统里都有用。

有关这个程序其他部分的修改完善，都留给读者作为练习。

对一组数据可能有多种不同的排序要求。例如，对一个超级市场里的食品销售记录，可能需要把它们按商品名称排序，按食品出厂日期排序，按食品的过期日期排序，按商品的单价排序，按一段时间的销售额排序，按出品厂商名称排序，等等。只要提供了合适的比较函数，这些工作都可以用 qsort 完成，只需根据问题的要求定义一个合适的比较函数。由于 qsort 的设计（参数、比较函数等的设计），它可以用于具有任何类型的元素的数组。还可以用 qsort 对某类型的数组中的一段元素排序。

9.4.2 复数的表示和处理

虽然 C 语言有许多数值类型，但也可能出现这些类型不能满足实际需要的情况。假设我们要写的程序里需要处理复数数据，应该怎么办呢？当然可以直接用两个 double 表示一个复数完成这种程序。例如定义函数：

```
addcomplex(double r1, double i1, double r2, double i2)
```

但这样做不仅很难返回结果（需要返回两项 double 类型的数据），调用也不方便，写程序很麻烦。如果程序里有许多复数，其实部和虚部分散保存在独立的变量里，我们很容易把它们的关系弄错。这种做法根本不可能写出解决复杂问题的程序。

应该注意到，一个复数是一个具有逻辑意义的完整数据体，因此应该把复数定义为类型，并定义一批以复数为操作对象的函数。完成了这些工作后，程序的其他部分就会变得清晰和简单了。人们在程序设计实践中逐步认识到，在设计实现较复杂的程序时，最重要的一步就是找出程序所需的一批数据类型，把它们的结构和相关操作分析清楚，设计并予以实现。而后在这些类型和操作的基础上实现整个程序。这样做，各部分的功能划分明确，得到的程序更清晰，更容易理解，也更容易修改。

现在考虑复数类型的实现。从数学上看，复数有多种表示方式。一种常见方式是平面坐标表示，把复数表示为一个实部和一个虚部。另一种常见方式是极坐标，把复数表示为辐角和模。对一种特定应用，可能某种表示方式更为合适，因此需要仔细斟酌。作为例子，我们简单选择平面坐标表示，用一对实数分别表示一个复数的实部和虚部，例如用两个 double 类型的值表示一个复数。

应采用什么机制将这两部分结合起来呢？由于两部分的类型相同，可以用包含两个 double 元素的数组，或用两个 double 成员的结构。由于需要定义运算，用结构表示有利于把复数作为参数传给函数或者作为结果返回。因此我们定义：

```
typedef struct {
    double re, im;
} Complex;
```

采用结构表示的另一优点是写出的程序更易读，显然 x.re 和 x.im 比 x[0]和 x[1]更清晰。确定了数据表示后，就可以考虑各种相关运算了。

由于复数数据对象里的数据项很少，可以考虑直接传递 Complex 类型的值和结果，这样可以避免复杂的存储管理问题（如果现在定义的不是复数，而是更复杂的数据类型，也可以考虑采用动态分配、传递指针的方法，以提高传递效率。但那样做会带来复杂的存储管理问题）。考虑最基本的算术函数，原型可以描述为：

```
Complex addComplex(Complex x, Complex y);
Complex subComplex(Complex x, Complex y);
Complex tmsComplex(Complex x, Complex y);
Complex divComplex(Complex x, Complex y);
```

还需考虑复数的构造。我们不希望使用复数的程序直接访问 Complex 的成分，否则程序里的错误将很难控制和查找。如果所有使用都是经过我们定义的函数，只要把这些函数定义正确，程序里对复数的正确使用就有保证了。下面是几个构造函数：

```
Complex mkComplex(double re, double im);
Complex d2Complex(double d);
Complex n2Complex(int n);
```

后两个可以看做由 double 和 int 到复数的数值转换函数，定义它们是为了使用方便：

```
Complex mkComplex(double r, double i) {
Complex c;
    c.re = r;
    c.im = i;
    return c;
}

Complex d2Complex(double d)  {
    Complex c;
    c.re = d;
    c.im = 0;
    return c;
}

Complex n2Complex(int n)  {
    Complex c;
    c.re = n;
    c.im = 0;
    return c;
}
```

下面是加法函数的定义：

```
Complex addComplex(Complex x, Complex y) {
    Complex c;
    c.re = x.re + y.re;
    c.im = x.im + y.im;
    return c;
}
```

减法函数与此类似。乘法函数的算法复杂一点，根据数学定义也不难给出。定义除法函数时却遇到了一个新问题：除数为 0 时该怎么办？复数除法的定义是：

$$\frac{a+b\mathrm{i}}{c+d\mathrm{i}}=\frac{ac+bd}{c^2+d^2}+\frac{bc-ad}{c^2+d^2}\mathrm{i}$$

当除数为 0 时两个分式的分母都为 0。C 语言对内部类型除以 0 的规定是“其行为没有定义”，要求编程序的人保证不出现这种情况。在实现复数操作时也有两种选择：（1）直接沿用 C 语言的方式，要求使用复数类的人保证不出现除以 0 的情况。（2）检查以 0 为除数的情况，提供动态信息并返回某个特殊值。采用第一种方式就可以直接按上面公式定义函数。下面函数里检查除以 0 的情况，有问题时输出错误信息并返回与 1 对应的复数：

```
Complex divComplex(Complex x, Complex y) {
    Complex c;
double den = y.re * y.re + y.im * y.im;

    if (den == 0.0) {
        fprintf(stderr, "Complex error: divid 0.\n");
        c.re = 1; c.im = 0;
    }
    else {
        c.re = (x.re * y.re + x.im * y.im) / den;
        c.im = (x.im * y.re - x.re * y.im) / den;
    }
    return c;
}
```

有了这些函数之后，写复数计算程序就很方便了。

为了使用方便，我们还可以定义一个输出复数的函数：

```
void prtComplex(FILE *fp, Complex x);
```

它向某个流（标准流或者打开文件创建的流）输出一个复数。

还可以定义输入函数：

```
int readComplex(FILE *fp, Complex *xp);
```

参数 xp 对应的实际参数应该是一个 Complex 结构的地址。在设计这个函数时，应该参考标准库的输入函数：在实际完成复数的输入时返回 1，转换失败时返回 0，遇到文件结束或者其他错误时返回 EOF 值。具体实现依赖于对输入形式的设计。

在实现输出函数前，先要为复数确定一种输出形式。输入和输出函数最好能采用统一的设计，使 prtComplex 产生的输出能通过 readComplex 输入。举例说，我们可以将实部为 *a* 虚部为 *b* 的复数输出为 (*a*，*b*)。这时输出函数可以定义为：

```
void prtComplex(FILE *fp, Complex x) {
    fprintf(fp, "(%f, %f)", x.re, x.im);
}
```

自己定义的输出函数不应该随便输出空格或换行。实际程序的整体输出形式，由使用这些基本函数的用户确定。输入函数的定义留给读者完成。

这样就完成了一个基本的复数计算程序包，基于它可以做许多有用的事情。读者还可以扩充这个程序包的功能，增加其他有用的函数。第 10 章还将进一步讨论如何利用 C 语言预处理的功能，将这样一个程序包组织为更容易使用的结构，使其他需要用复数功能的程序都能很方便地使用它。C99 标准库将一些复数功能作为可选特征。

9.5 链接结构（自引用结构）

需要用计算机处理的问题丰富多彩，程序设计也不断提出新问题，需要我们寻找解决问题的新方法。本节从一个问题出发讨论一类复杂的数据表示方式：自引用结构。

9.5.1 链接结构

假设现在要考察一些正文文件，统计每个词在文件里出现的次数。这是一类典型计算机应用的例子。语言学研究常需要统计各种词汇在文献里出现的频率，文献分析、计算机程序分析等许多研究工作中也需要做类似的词频统计工作。

首先，由于统计前不知道文件里究竟有多少不同的词，我们无法在编程序时确定统计中需要用的完整数据结构（不能像 C 关键字统计程序那样定义一个计数器数组）。一个可能解决方案是使用动态分配的计数器数组，必要时调整数组大小（用标准函数 `realloc`）。关于这种方案，第 7 章已经有详细讨论。参考前面的做法解决当前这个问题的工作留给读者自己完成。该方式的缺点是需要一大块连续存储区来保存所有数据。如果文件里的单词很多（例如上百万），找到足够大的存储块也可能成为问题。

下面介绍另一种技术，其中使用的数据结构可以在执行中方便地动态增长或调整，因此很容易处理数据项数在执行中的动态增加或减少，或动态改变相互之间的关联关系。这种结构称为链接结构。链接结构的实现需要利用程序语言中的指针、结构（C 语言里的 `struct`，在有些语言里称为记录）和动态存储管理。

在 C 语言里，实现链接结构的基本构件是*自引用结构*，这种结构的每个元素（数据对象，经常用一个 `struct` 表示）可以分为两部分，其形式可示意为：

结构中的各种实际数据成员
一个或几个指向本类结构的指针

其中第一部分存放实际需要保存的数据；第二个部分是一个或几个指针，指向同类型的结构，建立不同对象之间的关系。一个 `struct` 里的指针引用另一 `struct`，多个自引用结构可以通过指针连接起来。这就是被称为“自引用结构”的原因。引用这种结构对象的指针被称为*链接*，通过链接形成的复杂数据结构称为*链接结构*。

最简单的链接结构是通过线性链接形成的*链接表*，简称*表*。其中的自引用结构只有一个指针，多个 `struct` 链接起来形成一个序列，如图 9-1 所示。一个表就像一条链条，其中的自引用结构像链节，称为*表结点*。人们通常把最后结点的指针设为空指针，表示表的结束。

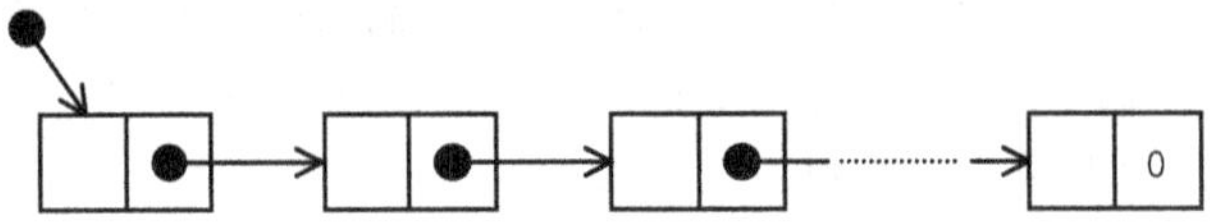

图 9-1　线性的链接表结构

链接表的所有结点通常都通过动态分配得到。用一个指针指向表的第一个结点，该指针就可以代表整个表，称为*表头指针*。如果要处理这种表里的数据，可以用一个指向表结点的工作指针。首先通过表头指针把工作指针设置为指向表的首结点，而后就可以沿着表中链接（指针），顺序访问表的各个结点，对其中的数据实施各种操作。

以不同的链接对象作为基本构件，可以构造出许多更复杂的数据结构。另一典型结构是*二叉树*，其中每个结点有两个链接指针。图 9-2 画出的是一个二叉树结构，0 表示空指针。在后续“数据结构”课程里有这方面的详细讨论。

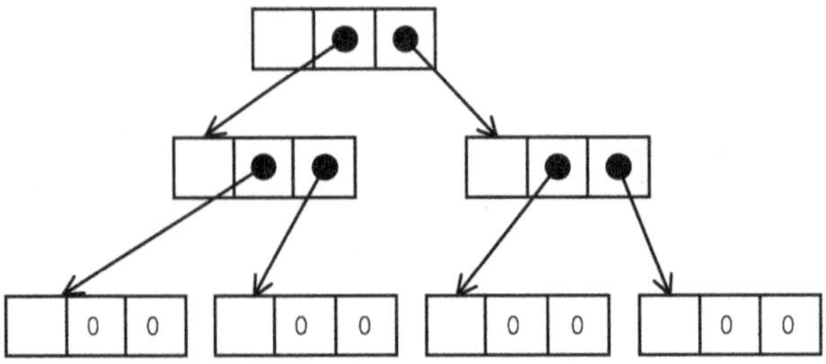

图 9-2　一种复杂的链接结构——二叉树

9.5.2 自引用结构的定义

本节以词频统计问题为例讨论有关问题，现假设已确定用链接表作为程序的基本数据结构。在进行程序设计前，首先还是要仔细分析。显然，处理过程中对文本里出现的每个词都要保存一些信息，包括了词本身，以及对这个词出现次数的计数值。为简单起见，我们假设文件里的词的长度都不超过 19 个字符[⊖]，并假设整数的表示范围足以应付词的统计。这样，统计用的结构里的两个基本数据成员可以定义为：

```
char word[20];
int count;
```

现在的问题是自引用结构本身如何声明。

这里有一点麻烦：在自引用结构的声明里需要描述一个指向同类结构的指针。下面介绍两种方法，它们在简洁性和清晰性方面各有长短。由于程序里对这种数据的操作很多，我们当然应该定义这种自引用结构的类型。这里不但要定义结构类型本身，还应该定义一个指向结构的指针类型。第一种定义方式如下：

```
typedef struct node NODE, *LINK;

struct node {
    char word[20];
    int count;
    LINK next;
};
```

这里利用了 C 语言允许写不完全结构声明的规定。第一行定义两个类型，NODE 是被定义的结点类型（struct node 自引用结构类型），LINK 是指向这种结构的指针类型。在这行里没给出结构描述，所以是不完全的结构声明，C 语言允许这样做。随后给了结构的描述。这里结构标志起着联系这两个定义的作用。被描述的结构里有三个成员，前面两个是实际的数据成员，形成所需要的单词计数器。最后是一个链接指针成员，用于构造单词计数器的链接表。这样就完成了与自引用结构有关的类型定义。

现在介绍第二种方式。下面描述定义了同样的两个类型：

```
typedef struct node {
    char word[20];
    int count;
    struct node *next;
} NODE, *LINK;
```

这种方式比较紧凑，因此也被许多人采用。但从这个定义描述里，不容易看清结构里定义的 next 成员本身就是一个 LINK 类型的指针成员。第一种定义方式在这方面有优势。在需要定义这类结构时，读者可以根据自己的喜好选用其中任何一种。

9.5.3 程序实现

理解了这些与结构类型的定义后，程序的主要部分就可以写出来了：

```
#include <stdio.h>
#include <ctype.h>  /* 因为在读入过程中需要判断字符类型 */
#include <string.h> /* 程序中需要做字符串复制和比较 */
#include <stdlib.h> /* 程序中要做动态存储分配 */

enum { MAXLEN = 20 };
```

⊖ 如果没有这个限制，就要解决任意长的词的保存和处理问题。采用已知技术（字符数组、动态存储分配等）完全可以解决这个问题，但处理它将使程序复杂化，而且与这里讨论的重点（链接结构）无关。我们把这个问题留给读者，作为学习本章后的一个大型程序练习。

```
typedef struct node NODE, *LINK;    /* 这一段是类型定义 */
struct node {
    char word[MAXLEN];
    int count;
    LINK next;
};

int getword(int limit, char w[]);  /* 有关函数的原型*/
LINK addword(LINK l, char w[]);
void printwords(LINK l);

LINK list = NULL;         /* 全局变量，作为表的头指针 */
char word[MAXLEN];        /* 读入用的临时字符数组 */

int main (void) {
    while (getword(MAXLEN, word) != 0)
        list = addword(list, word);

    printwords(list);

    return 0;
}
```

程序开始是一些必要的预处理命令，之后给出程序所需的类型定义和几个函数原型。这里用枚举常量定义表结点结构 word 成员的大小，以方便修改和调整。

在几个函数里，getword 没有新情况，这里要求它把读入的单词存入参数数组并返回词的长度。长度为 0 表示已没有新词，程序可以结束了。getword 返回时数组 word 里的有效字符不超过 19 个，最后有空字符'\0'。它的定义留给读者，定义时应考虑各种需要，如保证不越界，正确处理超长单词，还要处理文件里的标点符号等。

函数 printwords 很简单，用一个循环实现。它借助一个指针（参数，也是局部变量）顺序访问表中各结点，每次打印一个结点的数据。函数可写为：

```
void printwords(LINK p) {
    for ( ; p != NULL; p = p->next)
        printf("%d  %s\n", p->count, p->word);
}
```

这个函数定义表现了处理链接结构的基本方式：用一个工作指针从表头结点开始，沿着表的链接指针前进，顺序处理一个个结点，直到表的结束。链接表处理中用的这种指针可称为**扫描指针**，这种处理过程可看做对链接表的一次**扫描**。上面函数里用的扫描指针是函数的形参 p，调用函数时它得到表中第一个结点的地址。这个函数定义也说明了链接表最后的空指针的作用：用于确定扫描的结束（循环的终止条件）。

函数 addword 是程序中最关键的部分，其第一个参数是统计表（或其中的一部分），第二个参数是当前处理的词。addword 完成一个词的统计，更新当时的统计表，返回修改后的表。主函数对得到的每个词调用这个函数，更新统计表。

处理一个词时，如果这个词是新的，addword 就要为它建立一个新结点，把词本身和统计值 1 记录进去；如果这个词已经见过，表里有它的计数器结点，就把相应结点里的统计值加一。下面用递归方式定义 addword。在处理一个可能修改的表时，这样做特别方便。我们也可以用循环解决问题，写出的函数复杂一些。

为了使程序结构清晰，容易阅读，先定义一个分配结点的辅助函数 mknode。该函数申请一个结点的存储块，并把有关信息存入其中：

```
LINK mknode(char w[]) {
    LINK p = (LINK)malloc(sizeof(NODE));
    if (p != NULL) {
        strncpy(p->word, w, MAXLEN);
        p->count = 1;
```

```
        p->next = NULL;
    }
    return p;
}
```

这里需要注意两点：一是检查分配的成功与否，不能盲目地通过指针去间接赋值。二是应该把新分配结点的链接指针 next 置为空，使它处于确定的状态，以保证安全（如果不做这个赋值，next 的值不确定）。这也是程序的需要。

有了这些准备之后，函数 addword 就很简单了：

```
LINK addword(LINK p, char w[]) {
    if (p != NULL) {
        if(strcmp(p->word, w) == 0)
            p->count++;
        else
            p->next = addword(p->next, w);
        return p;
    }
    else
        return mknode(w);
}
```

写这个函数的基本想法是：如果需要加入词的表不空，那么根据指针所指结点里的词与当前词的关系，可区分出两种不同情况。如果这两个词相同，那就只要把结点的计数器加一，统计表的更新就完成了。如果这两个词不同，那么就应考虑把当前词的信息"加入"表的后面部分，因为这个词有可能出现在后面部分里。递归更新后的后面部分仍然链接到原处。两种情况的最后都返回更新后的表。

如果被处理的表为空，说明当时统计表里没有这个词，需要为该词创建一个新结点。出现这种情况，可能是因为表里根本没有结点（程序初始时）；也可能是递归处理中一直没有找到相应结点，扫描到了表的末尾。两种情况下都应返回新建结点（作为只包含一个结点的表），在后一情况中新结点将被链接到整个表的最后。

现在考虑用循环方式重写 addword，原型和调用方式不变。与 printwords 类似，这里也需要一个在表上扫描的指针。函数首先处理空表的特殊问题（程序初始时），因为一般情况是把新结点连在已有结点的 next（更改的是某结点的 next 部分），而程序开始时需要直接返回创建的第一个结点。函数定义如下：

```
LINK addword(LINK list, char w[]) {
    LINK p;
    if (list == NULL) return mknode(w); /* 表为空，初始情况 */

    for (p = list; ; p = p->next) {
        if (strcmp(p->word, w) == 0) {
            p->count++;
            break;
        }
        if (p->next == NULL) {
            p->next = mknode(w);
            break;
        }
    }
    return list;
}
```

这个函数比前一个复杂些，遇到新词时建立的新计数器结点也连接在表的最后。

与此类似的另一实现方式是把 list 的地址作为 addword 的参数，让 addword 根据需要修改 list（注意，只有 list 的值为空时才需要修改它）。函数定义如下：

```
int addword(LINK *lp, char w[]) {
    LINK p;
    if (*lp == NULL) /* 表为空，开始情况 */
```

```
        return (*lp = mknode(w)) != NULL ? 1 : 0;
    for (p = *lp; ; p = p->next) {
        if (strcmp(p->word, w) == 0) {
            p->count++;
            return 1;
        }
        if (p->next == NULL) {
            p->next = mknode(w);
            return p->next != NULL ? 1 : 0;
        }
    }
}
```

这种定义方式的优点是可以通过函数返回值报告工作情况。如果采用这一定义，main 里的函数调用就需要改为：

```
addword(&list, word);
```

更合理的方式是把 main 里的循环改写为：

```
while (getword(MAXLEN, word) != 0)
    if (addword1(&list, word) == 0) {
        printf("No enough memory. Partial result.");
        break;
    }
```

这个函数还有许多实现方式，例如可以在函数里直接访问和修改变量 list，将它作为全局变量处理。这时可以把新结点插在表最前面，函数定义可以简化一些，空表情况也不必单独处理了。这些实现方式请读者自己考虑。

很容易看到这个程序的一些缺陷和问题。由于限制了词的最大字符数，对于特别长的词，这个程序肯定无法正确统计。当然，由于这里没有给出 getword 的定义，我们无法说明会出现什么情况。请读者结合自己实现的 getword 函数，分析一下这个问题。我们还可以发现，存储空间的限制也可能引起统计错误。请读者考虑，对于上面的各种实现，如果到某个时候存储空间申请不到，会出现什么问题？会不会出现程序运行的严重错误？会不会导致非法的指针访问？统计结果又会出现怎样的错误？

9.5.4 数据与查找

上面程序能完成要求的工作，但这种实现方法也有一些重要缺陷。其中一个非常重要的问题是效率。首先应注意到，随着处理中遇到的新词的增加，统计数据用的计数器表会不断增长，其长度就等于已遇到的不同词的个数。如果处理的文件不大，文件里的词也不会很多，不同的词当然也不多，统计表也就不会很长。如果被处理的文件非常大，其中不同的词很多，处理效率问题就会越来越明显。

假设一个文件中有 1000 万个词，其中不同的词共有 1 万个，我们来做一个大致的分析，看看完成这个统计大概需要多少时间。显然，统计表的长度最终将达到 1 万个结点，假设这个表的长度均匀增长，工作过程中的平均表长可以看做是 5000 个结点。为找到与一个词对应的统计项（或确定它不在表里），假设平均需要检查半个表，这样，为完成一个词的统计，平均要做约 2500 次字符串比较。由此可以估算出，完成整个工作大约要做 250 亿次字符串比较，当然还要做一些其他工作。假设所用的计算机每秒能完成 100 万个字符串比较，完成整个工作就需要 25 000 秒，也就是大约 7 小时。

在实际工作中，1000 万个词并不是一个很大的数目，要处理更大的问题，采用的方法就需要进一步研究。由于这种存储和查找是实际计算机应用中非常典型的问题，人们对它进行了许多研究，提出了一些提高效率的方法。一个常用的做法就是采用前面简单介绍过的树型结构，人们还为处理这类问题提出了许多其他的数据表示方式。关于这方面的问题，本章的练习里提出了几种改进的想法，后续的“数据结构”课程里有进一步讨论。读者也可以自己开动脑筋，想一想有什么好主意。

语言细节和问题

结构的实现

存储一个结构数据对象（例如结构变量）就需要存储其中的成员。编译器将为每个结构变量分配一块足够大的内存，把它的各成员声明的顺序存于其中。

举例说，类型为 CIRCLE 的变量的存储具有图 9-3 所示的形式。其中 POINT 类型成员 center 在前，center 的两个成员 x 和 y 在 center 所占区域中顺序存放。center 之后存放 CIRCLE 的另一个成员：double 类型的 radius。

结构成员的类型可以不同，这种情况有时会给实现带来麻烦。考虑下面结构：

```
struct exam {
    char aa;
    short nn;
    double xx;
} ss;
```

实现时会出现一些情况。引起问题的原因是这个结构包含几个类型不同的成员，而且这几个成员的大小又不同。成员 aa 是字符类型，一般需要一个字节；nn 的大小依赖于系统，如果是 16 位就需要 2 个字节；而双精度成员 xx 一般需要 8 个字节。

为了不影响效率，计算机硬件通常规定了各种基本类型数据的摆放方式。一般要求 2 字节表示的整数从偶数地址的单元开始存放；对占 8 个字节的双精度数，可能要求从 8 的倍数（或 4 的倍数）地址的单元开始存放[⊖]。此外，系统对结构对象的存放也有起始位置要求。这种要求称为对齐。易见，存储 exam 结构的区域中可能出现空位。由对齐引起的问题包括：（1）一个成员未必紧接着前一成员存放，成员之间可能出现空位；（2）结构的大小未必是其各成员的大小之和。图 9-4 显示了上面结构的一种可能存储布局，其中画阴影的部分是空闲的，未存放有效数据。

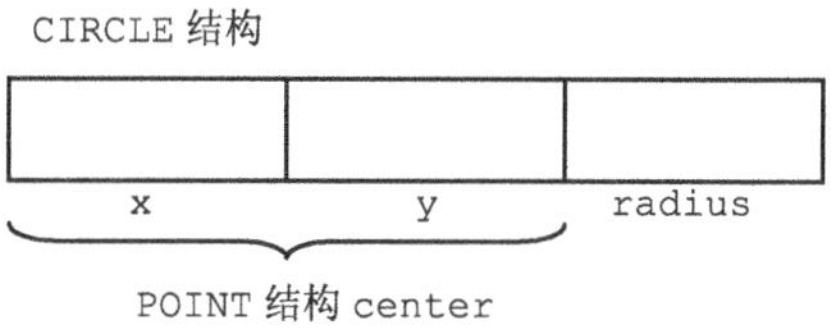

图 9-3　结构对象的存储形式

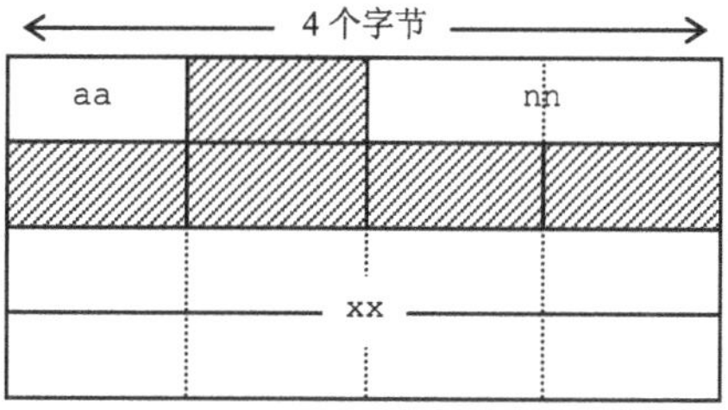

图 9-4　结构里的空洞

这一情况又告诉我们，写程序时不能想当然地去说成员的位置，不能认为一个成员之后就是另一个成员。另一方面，如果程序中需要结构的大小（例如要做动态存储分配），那么就应该用 sizeof 运算符来计算，而不要自己主观认定。

无效的结构描述

对结构描述有一个重要限制：结构的成员不能是正在描述的这个结构本身。例如：

```
struct invalid {
    int n;
    struct invalid iv;
};
```

⊖ 不同机器、不同系统在这些方面的性质可能不同，但带来的问题是类似的。

是一个非法结构描述。不允许这类结构的道理很简单：如果一个结构内部包含了它自身，那么就会引起一种结构上的无穷嵌套，这个结构的基本成员（如果有的话）就会有无穷多个。这完全不合理，也不可能在计算机里实现。

与结构有关的一个常见错误

前面看到，我们有时需要定义能创建结构的构造函数，如果建立的结构很大，作为值返回也会带来很大的复制负担。另外，通过动态分配创建结构，写出的程序比较复杂。于是可能有人提出下面方案：让函数返回指向局部结构变量的指针。以简单的 POINT 结构为例，将其构造函数定义为：

```
POINT *mkpoint0(double x, double y) {
    POINT temp;
    temp.x = x;
    temp.y = y;
    return &temp;
}
```

函数定义中有一个重要错误：temp 是局部变量，其生存期持续到本次函数调用结束，而后这个变量就撤销了，它的空间完全可能被系统留作他用。上面函数返回指向已撤销变量的指针，通过这一指针从函数之外访问相应位置是极其危险的。虽然 C 系统一般不能检查出这种逻辑错误，但这种做法可能带来严重后果。

联合

C 语言还有一种组织数据对象的机制称为联合，这种机制不那么常用，只用在一些比较复杂的程序里。这里简单介绍它的基本情况与性质。

一个联合是几个类型相同或不同的成员的组合，其中每个成员有一个名字。从这些方面看，联合很像结构。两者的差异在于其表示方式完全不同。结构成员在结构内部顺序排列，每个成员有自己独立的存储位置。联合则不同，一个联合变量的所有成员共享同一片存储区，因此这种变量在每个时刻只能保存它的某一个成员的值。

联合声明在形式上与结构声明类似，不过是由关键字 union 引导。下面是一个例子，这里声明了一个联合，同时定义了两个联合变量：

```
union {
    int n;
    double x;
    char c;
} u1, u2;
```

这样定义的变量 u1 和 u2 中可以存储一个整数，或者存储一个双精度数，或者存储一个字符，但每个时刻只能存储这三种成分之一。

联合声明也可以引进标志。例如，上面联合可以用下面的形式描述：

```
union data {
    int n;
    double x;
    char c;
};
```

此后就可以用 union data 代表这个联合声明，用在各种地方。例如：

```
union data fun10(int m, union data u);
union data u1, u2, u3, u4, *up;
up = (union data *)malloc(sizeof(union data));
```

在复杂程序里使用联合时，人们也常定义联合类型。定义的方式与结构相同。

联合变量的初始化和使用

联合变量也可以在定义时直接初始化，但这种初始化只能对第一个成员进行。下面描述定义了两个联合变量，并对它们做了初始化：

```
union data u1 = {3}, u2 = {5};
```

也允许用已有的联合变量去初始化局部定义的同类型联合变量。

联合变量的使用方式与结构变量一样，也可以做整体赋值、成员访问、取地址。对联合成员访问的形式与对结构成员访问的形式也一样。下面是使用联合成员的几个例子：

```
n = u1.n;
u1.c = '\n';
m = u2.n + 167;
```

可以定义指向联合的指针，可从这种指针出发用->访问被指联合对象的成员。例如：

```
int n;
union data dt0, *dp;
dt0.n = 3;
dp = &dt0;
n = dp->n;
dp->n++;
```

联合变量的存储实现

前面说过，联合变量的成员共用同一存储位置。各成员的类型可能不同，所需存储量也可能不同，一个联合所需的存储大小由其最大成员决定。以上面 union data 为例，其成员 n 是整数，c 是字符，x 是 double。那么，一个这种联合类型的变量，如上面定义的 u1，需要占用能存放一个双精度数的存储区，其三个成员都在这个区域里安排，如图 9-5 所示。也就是说，联合中的各成员都从联合的存储区开始位置存放其数据，占用多大区域由类型决定。如果给联合的另一成员赋值，存入的数据就会覆盖原有数据，原来那个成员的数据就不可能恢复了。对于结构不会出现这种情况。

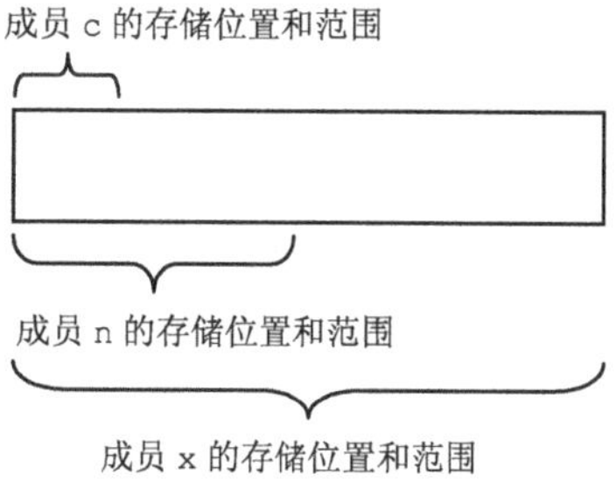

图 9-5 联合 union data 的表示

使用联合变量的基本规则

联合变量可以看成一种能改变“面目”的变量，就像孙悟空有七十二变，同一个联合变量在不同时刻可能表示不同的东西。例如，union data 类型的变量有三种面目，可以当做三种不同的东西使用。以上面定义的 u1 为例，可以通过 u1.c 将它当做 char 变量，或通过 u1.n 将它当做 int 变量，或通过 u1.x 将它当做 double 变量。当然，这种使用也不是无原则的，使用必须有道理才行。例如，下面程序段就无理了：

```
u1.n = 5;
u2.x = u1.x;
```

这里刚把 u1 当做 int 变量赋值，后面就把它当做 double 变量取值。这样做的结果将没有任何保证。

使用联合变量的基本原则是：当时它保存的是什么（将它看做哪个成员），就应该按那种东西（那个成员）要求的方式来使用。说得更详细点：前面最近一次对这个联合变量的赋值采用的是什么方式（把它当做哪个成员赋值），取值时也应该采用同样的方式（通过同样的成员访问取值使用）。C 语言只保证所有遵循这一规则的使用不会出错，对于不符合这个规则的使用，具体结果完全依赖于所用的系统。

这种取值与赋值的一致性要由写程序的人保证，C 语言不检查这个访问规则是否被遵守，实际上它也无法做严格准确的检查。如果取值方式与前面赋值的方式不一致，语言定义没规定可能得到什么结果。

由于联合机制的使用较少，这里不打算过多讨论它，下面给出一个小例子。

简单实例

在程序里使用联合，常常是为了定义一些函数，使几种不同类型的数据都可以传给它们处理。举个例子，角度数据可以表示为弧度（0 到 2π）或角度（度、分）。假如现在要定义处理角度数据的函数，可以考虑定义一个类型 ANGLE，所有操作都基于这个类型来定义。ANGLE 的数据有两种表示形式，可以把它定义为一种联合类型。但是在函数里怎么能知道传来的一个 ANGLE 变量究竟用的是哪种表示形式呢？

解决这一问题的自然方式是在 ANGLE 类型里加一个标签，也就是增加一个成员，专用于表示具体 ANGLE 变量里的数据情况。标签可以用整数或其他类型，但采用枚举类型特别合适，因为枚举符是标识符，有利于程序阅读。我们可以写出如下定义：

```
enum ANGLETAG {DEGREE, RADIAN};

typedef struct {
    enum ANGLETAG tag;
    union {
        struct { int deg, mnt; } degree;
        double radian;
    } data;
} ANGLE;
```

这里把 ANGLE 定义为包含两个成员的结构，其第一个成员表示标签，第二个成员是实际数据成员 data。它是个联合，或为结构 degree，或为双精度数 radian。有了这个类型，就可以实现相关的函数了。例如可以定义如下输出角度的函数：

```
void prtdegree(FILE* fp, ANGLE a) {
    switch (a.tag) {
    case DEGREE:
        fprintf(fp, "%d degrees %d minutes",
                a.data.degree.deg, a.data.degree.mnt);
        break;
    case RADIAN:
        fprintf(fp, "%f radian", a.data.radian);
        break;
    }
}
```

这个函数把输出送到流 fp。其他函数都可以用类似方式定义。我们还能完成混合表示的角度的加法等各种运算。这方面的扩充都留给读者考虑。

字段

本章最后介绍 C 语言中结构的一种特殊机制：字段，这种机制使人可以把几个结构成员压缩到一个基本数据类型成员里存放，可看做一种数据压缩表示方式。这种机制主要用在一些系统软件里，特别是一些与硬件联系密切的软件或软件模块里。

在讨论字段之前，先要理解“字”的概念。每种计算机都有一个硬件确定的基本处理单位，也是内存的一种基本数据存储单位，这就是 CPU 的机器字（简称字）。常见计算机的字长（一个字包含的二进制位数）有 16 位、32 位、64 位等，大于一个字的数据元素需用连续的几个字表示。在一般 C 系统里，int 类型整数都用一个字表示。

然而实际应用中也有一些简单数据，其信息量很小，完全没有必要用一个字表示。以表示身份证的结构为例。其中的性别成分只有两种不同值，用一个二进制位就够了。中国的不同民族有五十几个，每个民族给一个编码，6 位二进制数足以表示这个成分。表示日期的成员也可以压缩，不需要用三个 int 表示年月日，如此等等。

读者可能说，这样节省有什么意义呢？在开发实际系统时，有效利用存储是一个需要特别关注的大问题。以身份证表示为例，虽然对一个身份证的数据采用任何压缩方式也节省不了多少存储，但是对全国身份证的管理系统而言，节省下来的存储将非常可观。系统的数据量减少了，不仅节约了硬件存储设备，处理操作也可能节省时间。对于存储资源特别紧张的系统，如各种设备里的嵌入式系统，节约内存常是必须考虑的重要问题。

此外，外部硬件设备的操作通常也通过命令字的方式表示，这个字里不同的二进制位或者位段表示对硬件的状态设置或者指令。如果某个 C 程序需要与硬件打交道，那么就需要针对一个字里的各个部分进行操作。前面讨论中说过，按位运算符可以用于解决这方面的问题，解决这类问题的另一种机制就是字段。

C 语言允许结构成员是字段，定义方式与普通结构成员类似，但有两个附加规定：第一，这种成员的类型只能是 int 或 unsigned int；第二，在每个字段描述最后要给出该字段的二进制位数（用冒号和一个整数表示），字段的位数不能超过一个字（一个 int）的长度。换句话说，结构声明里带有位数描述的成员就是字段成员。

下面是一个包含三个字段成员的结构 struct pack 的描述：

```
struct pack {
    unsigned a:2;
    unsigned b:8;
    unsigned c:6;
} pk1, pk2;
```

这里还定义了两个这种结构的变量 pk1 和 pk2。结构变量 pk1 或 pk2 的三个成员总共占用 16 位存储，其中 a 占 2 位，b 占 8 位，c 占 6 位。

使用字段成员的形式与使用普通结构成员一样，下面是两个使用字段的语句：

```
n = pk1.a;
pk2.c = 13;
```

虽然上述结构里各成员只占用了很少几个位，但我们还是将它们看做 unsigned，采用类似的计算规则。如果结构里的字段很多，它们就可能跨越字的边界。对于这种情况，不同的编译器可能采用不同的安排方式。C 语言对这一点没做具体规定。

在实践中人们发现，采用字段方式，常使访问结构成员的操作效率下降很多。因此，除非必要，现在人们不太提倡在程序里使用字段成员。此外，如果确实需要把许多信息项压缩存储在一个字里，我们还可以用二进制位运算的方式处理。采用位运算的方式比较灵活，可以根据需要自己设计，在效率方面常常优于采用字段。

本章讨论的重要概念

结构，记录（其他语言使用的术语），结构标志，结构类型，结构成员访问，枚举，枚举常量，结构参数，结构指针参数，链接结构，自引用结构，结构的实现，数据与查找，对齐问题，联合，联合标志，字段。

练习

1. 请定义如下计算平面点与其他图形之间关系的函数：
   （1）判断一个点是否在一个圆内；
   （2）计算一个点与一个圆之间的距离（该点与圆周上最近一点之间的距离）；
   （3）判断一个点是否在一个矩形内部；
   （4）计算一个点与一个矩形之间的距离（该点与矩形上最近一点之间的距离）；
   （5）计算两个圆之间的距离（如果相切或者互相有重叠则认为距离是 0）；
   （6）计算两个矩形之间的距离；
   （7）计算一个矩形与一个圆之间的距离。
2. 定义一个表示时间的结构（包括时、分、秒成员）类型，定义由这种类型的参数计算总秒数的函数。
3. 定义一个表示日期的结构类型，然后定义下面函数：
   （1）由这种类型计算某一天是该年的第几天（注意闰年问题）；
   （2）比较两个日期的前后；
   （3）计算两个日期的天数差；
   （4）以一个日期和一个天数为参数，算出某日期若干天之后的日期；
   （5）计算某日期之前若干天的日期；
   （6）其他你认为重要的日期函数。
   用这些函数计算：到本世纪末的天数，今天是本世纪第几天，你已经生活的天数，离你下一个生日的天数，你最近的生日与今天的天数差，孔子出生到今天的天数等。
4. 定义几个比较身份证的大小（顺序关系）的函数：以出生年月日为标准，以身份证号为标准，以姓名编码为标准。考虑应该用结构参数，还是用结构指针参数。
5. 完成正文中设计实现的复数结构及其相关函数，再为它增加一些有用的函数。设计一个交互式的复数计算系统界面主函数。

6. 以两个整数为成员的结构可以表示有理数。定义计算这种有理数加、减、乘、除运算的函数。函数的返回值如何定义比较合理？

7. 开发一个小型信息查询系统。给它输入一个城市名（拼音），它就能给出由你所在城市到所输入城市的铁路距离、火车票价。（如果要求做的是对输入的一对城市给出有关信息，你能够完成这个小系统吗？）

8. 考虑台球的位置计算问题。应定义一个表示台球状态的结构，其成员包括台球直径、当前位置和速度向量。台球桌大小可作为程序常量。请定义计算 *t* 时间后台球状态的函数。进一步考虑桌面阻力因素和台球桌边的弹性系数，修改前面定义的函数，使其能更好地反映现实世界里的情况。考虑利用这个函数做一个有趣的程序实例。

9. 完成正文中基于结构的学生成绩处理程序。提供按照成绩排序输出的功能。

10. 完成正文中的账目管理系统。

11. 对你完成的账目管理系统做一些扩充，例如：

 （1）增加用直方图形式显示账目变动曲线，可以考虑按时间周期显示收入、支出和余额情况等；

 （2）增加对本次处理的一系列账目的总计；

 （3）提供对一段时期内各种情况的统计功能；

 （4）采用动态存储管理的方式分配账目“数组”，保证能够处理任意大小的账目。

12. 对你完成的账目管理系统做些修改，使用户启动程序时可以通过命令行参数提供一批文件名，程序启动后自动装入这些文件里的账目记录，而后接受用户命令。增加一个命令使程序可以要求新文件，并将新文件内容附加到已装入的账目条目之后。再增加一个命令，使程序可以将当前保存的账目全部输出到用户指定文件里。

13. 修改账目管理系统，使它在每次启动后先去查看名字为 `account.sav` 的文件。如果这个文件存在，就将列在该文件里的账目装入。用户提供的其他文件的内容都附加在程序里已有账目内容之后。程序结束时将当时数组里保存的账目重新存入上述文件，以备本程序下次再用。注意，请在保存之前将整个数组按日期排序。

14. 参考账目管理系统设计一个学生成绩管理系统。它应该能：

 （1）启动时自动读入一个学生成绩文件；

 （2）读入新的成绩文件，将其中的成绩记录附加在各学生已有的成绩记录之后（可假定每个学生的总课程数不超过某个常量，因此一个学生的所有成绩可以存在一个数组里，作为学生记录的一部分），成绩文件里可能出现新的学生和新的课程；

 （3）每次运行完成后能将程序中所有学生成绩记录存入将来能自动读入的文件；

 （4）增加各种有用的统计输出功能（在完成这一工作时，可以考虑或不考虑课程名。如果考虑课程名，可以维持一个课程名与成绩记录位置的对照表）。

15. 扩充正文中的单词统计程序，使之能处理任意长度的单词。（提示：请考虑用动态分配的存储块保存单词。）

16. 如果文件中的单词很多，记录它们的链接表就会非常长，查找确定一个单词所需的时间也会大大增加。考虑下面的改进技术：

 （1）定义一个指针数组 `LINK table[21]`，数组里的每个指针指向一个结点表；

 （2）将长度为 `i` 的单词都存入指针 `table[i]` 所指向的表里（`table[0]` 闲置）；

 （3）在 `words[20]` 里保存长度大于等于 20 的所有单词。

 这种方式 可以减少程序处理每个单词所需的时间。请采用这一技术重新实现单词统计程序。处理一些很大的文本，比较这一实现与本章正文中实现的执行情况。

17. 在实现单词计数时（假设为英文单词）考虑下面的改进技术：

 （1）定义一个指针数组 `LINK table[26]`，数组里的每个指针指向一个结点表；

 （2）按单词的首字母将读入的单词分别存入指针数组 `table` 的不同元素所指向的链接表里，将读入的单词存入表之前把所有大写字母都改为小写字母。

 通过处理很大的文本，从性能上比较这一实现与本章正文中的实现。

第 10 章　程序开发技术

前面各章介绍了 C 语言的各种结构，并结合它们介绍了程序设计的许多基本概念和技术。本章要通过一些程序实例，总结前面讨论过的各方面内容。更重要的是，这里将讨论一些在编写较大程序时需要考虑的问题，同时介绍一些有用的程序组织技术和编程技术。其中最重要的是程序模块化的思想和技术。

10.1　分别编译和 C 程序的分块开发

随着学习的深入，我们掌握的编程技术越来越丰富，通过编写程序去处理的问题越来越复杂，写出的程序也越来越长。应看到，教科书里的问题都做了许多简化，任何实际问题通常都比书中例子和习题中的问题复杂得多。随着程序变大，许多新问题也随之出现了。

最表面的情况是源程序文件越来越长。大文件处理起来很麻烦，屏幕只能显示其中很小一部分，翻阅查找都更费事，也更费时间。大的源文件总是慢慢建立起来的，建立过程中经常需要编译调试其中某个或某些部分，工作起来非常麻烦。

一种常见技术是把当时不关心的部分“注释”起来。但是这一方法很难系统化地使用，因为临时性的注释可能与程序中原有的注释冲突。这种做法有时要对源文件内容做许多改动，大量改动既麻烦也很危险，可能由于疏忽而修改了不该修改的东西。

很长的源文件的另一个缺点是，哪怕只改动了其中一个字符，为了随后的程序调试，也需要重新加工整个文件，这样会浪费许多时间。此外，这种做法也很危险。由于许多东西都放在一个大文件里，如果开发或调试新加入部分时无意改动了已经做好的部分，会带来无穷无尽的烦恼。另一方面，大型程序通常是几个、几十个或更多人共同工作的结果，我们根本无法想象许多人一起改动一个很大的程序文件时会发生什么事情。

总之，实际的程序开发中通常不可能采用一个文件写一个程序的方式，因为存在许多无法解决的困难（除非程序很小，像我们初学时遇到的例子，实际上那些例子也牵涉到多个文件，因为每个程序都用到系统的头文件）。为解决这些问题，人们考虑采用多个源文件开发一个程序的方式。C 语言的设计就考虑了这个问题，而且提供了一些支持机制。我们将以前面讨论过的程序实例为线索，介绍这方面的情况和技术。

10.1.1　分块开发的问题和方法

用多个源程序文件开发一个程序的方法和过程称为*分块开发*。分块开发得到 C 语言程序加工过程的支持，因为 C 语言允许加工对象不是一个完整程序，而是多个源程序文件。分块开发出的各源文件可以分别预处理和编译，得到一组目标文件；而后用连接程序把这些目标文件和系统库函数、程序基本运行系统等连接起来，形成最后的可执行文件。第 5 章的图 5-8 描述了这种开发过程的基本情况。

预处理的对象是一组源程序文件，通过预处理得到一组新的源文件，其中不再包含任何预处理命令（文件包含命令都用相应文件内容取代，所有宏都已替换，所有条件编译的效果都体现在作为预处理结果的源文件中，应清除的代码段均已除去）。编译程序处理的就是一组这样的源程序（通常称它们为*编译单位*，translation unit）。这些源文件被分别编译，得到一组目标代码模块

（目标文件）。只有到了连接时才需要一个完整程序的全部信息（程序的所有目标代码模块）。连接系统把所有有关的目标代码模块装配在一起，解决这些模块相互之间的所有定义和使用关联，并将必要的运行支持模块和库函数代码也连接到程序里，最终得到一个可执行程序。

分块开发中最重要的工作就是程序的“物理”组织。在 C 语言里进行分块开发，需要对源程序做适当的物理划分，利用 C 预处理功能，保证组成一个程序的各部分之间的一致性，使编译后的目标模块能组合成一个内在一致的、完整的可执行程序。

在一般性地讨论分块开发中的问题之前，让我们先看一个工作实例。

10.1.2 程序实例：学生成绩处理

这里还用读者熟悉的例子：学生成绩文件的处理。这个例子也作为本章后面许多讨论的公用实例。我们对这个实例做一些扩充，假定成绩文件里给出了每个学生一门课程的期中考试成绩、平时成绩和期末考试成绩。程序需要按照一定比例计算出课程的最终成绩，并能在此基础上做统计，画学生成绩分布直方图，做排序输出等。

在考虑分块开发问题之前，我们先给出一个合理实现。首先为该工作起个名字，称之为 stu，这个名字也将作为程序主文件的名字。假定文件中成绩数据具有如下形式：

```
02001014 zhangshan 86 80 91
02001016 lisi 77 90 69
……
```

数据在文件里分行排列，每行列出一个学生的信息和成绩数据。

为了完成这一程序，我们先定义表示学生记录的结构类型，作为程序里的基本数据表示形式。程序需要包含一批标准头文件，引进几个程序中使用的常量：

```
#include <stdio.h>
#include <stdlib.h>
#include <math.h>
#include <ctype.h>

enum {
    MAXNUM = 400,
    MIDDLE = 20, EXECISE = 30, FINAL = 50, /* 成绩比例 */
    HISTLEN = 60,           /* 最长行的长度（字符数）*/
    SEGLEN = 5,             /* 分段长度 */
    SEGNUM = 100/SEGLEN+1 /* 分段数，根据分段长度自动算出 */
};

/* 公用类型的定义 */
typedef struct {
    unsigned long num;
    char name[20];
    double mid, exe, final, score;
} StuRec;

/* 全局性数据对象的定义 */
StuRec students[MAXNUM];
```

这里用一个 StuRec 类型的全局数组保存整个程序里使用的公共数据。

下面给出程序的一些主要部分，有些部分只给出梗概。程序启动后进入交互状态，主函数 main 处理学生记录文件的打开关闭：

```
int main(void) {
    FILE *fp;
    char fn[128];

    do { /* 交互式获取文件名 */
        getnstr("Student record file name: ", 128, fn);
        if ((fp = fopen(fn, "r")) == NULL)
```

```
            printf("Can't open file: %s\n", fn);
        else {
            commander(fp, fn);
            fclose(fp);
        }
    } while (next("file"));

    return 0;
}
```

这里的 getnstr 是在第 8 章例 8.5 背单词程序里开发的字符串读入函数。这里把读入的字符串用作文件名去打开文件。commander 是程序里一个主要函数，它首先从打开的文件里读入全部学生成绩记录，而后转入对交互命令的处理：

```
void commander (FILE* fp, char *fn) {
    int n, cmd;

    n = readSRecs(fp, MAXNUM, students);
    if (n <= 1) {
        printf("File %s: too few data items.\n", fn);
        return;
    }
    printf("File %s: %d student records read.\n", fn, n);

    do {
        cmd = getcmd("Cmds: 1,Statistics; 2,Histogram; "
                     "3,Sort and store to file\n", 1, 3);
        switch (cmd) {
        case 1: statistics(n, students);
                break;
        case 2: histogram(n, students, SEGLEN);
                break;
        case 3: sortoutput(n, students);
                break;
        }
    } while (next("command"));
}
```

除成绩统计和直方图外，这里还增加了一个成绩排序输出函数 sortoutput。

上面两个函数里都用到了背单词程序里定义的函数 next。此外，这里还需定义一个取得用户命令的函数 getcmd，它显示一个信息串，要求读入一定范围内的一个数。该函数的实现可以参考 getnstr 和前面几次定义的 getnumber，在读入一个数之后应该丢掉整个行中其余的东西。下面是几个函数的原型：

```
int getcmd (char *prompt, int c1, int cn);
int next(char s[]);
void getnstr (char prompt[], int lim, char bf[]);
```

这几个简单函数的代码就不重复写了，请读者自己完成。

完成统计和生成直方图的函数需要做少许修改，以处理目前所采用的结构数组：

```
void statistics(int n, StuRec tb[]) {
    int i;
    double s, sum, avr;

    if (n <= 1) {
        printf("Data too few. Statistics stop.\n");
        return;
    }

    for (sum = 0.0, i = 0; i < n; ++i) sum += tb[i].score;
    avr = sum/n;
    for (sum = 0.0, i = 0; i < n; ++i)
        sum += (tb[i].score - avr)*(tb[i].score - avr);
    s = sqrt(sum/(n-1));
```

```
    printf("Total students: %d\n", n);
    printf("Average score: %lf\n", avr);
    printf("Standard deviation: %lf\n\n", s);
}

void prtHH(int n) {
    int i;
    for (i = 0; i < n; ++i) putchar('H');
}

void histogram(int n, StuRec tb[], int high) {
    int i, mx;
    int segs[SEGNUM];

    for (i = 0; i < SEGNUM; ++i) segs[i] = 0;     /* 初始化 */
    for (i = 0; i < n; ++i)                        /* 统计各分段人数 */
        segs[(int)tb[i].score / SEGLEN]++;

    for (mx = 0, i = 0; i < SEGNUM; ++i)           /* 为规范化找最大个数 */
        if (segs[i] > mx) mx = segs[i];
    for (i = 0; i < SEGNUM; ++i) { /* 输出 */
        printf("<%3d: %4d|", (i+1)*SEGLEN, segs[i]);
        prtHH(segs[i]*high/mx);
        putchar('\n');
    }
    putchar('\n');
}
```

为了提供排序输出功能，需要定义函数 sortoutput：

```
void sortoutput(int n, StuRec tb[]) {
    char fn[128];
    FILE *fp;

    do { /* 交互式获取文件名 */
        getnstr("File name for saving: ", 128, fn);
        if ((fp = fopen(fn, "w")) == NULL)
            printf("Can't open file: %s\n", fn);
        else {
            qsort(tb, n, sizeof(StuRec), scrcmp);
            printSRec(fp, n, tb);
            fclose(fp);
            break;
        }
    } while (next("Really want to save"));
}
```

这个函数调用了标准库函数 qsort，用到前一章定义的学生成绩比较函数：

```
int scrcmp(const void *vp1, const void *vp2) {
    StuRec *p1 = (StuRec*)vp1, *p2 = (StuRec*)vp2;
    return p1->score > p2->score ? 1 :
           p1->score == p2->score ? 0 : -1;
}
```

函数 sortoutput 通过交互取得所需的输出文件名，它还调用了一个输出函数：

```
int printSRec(FILE *fp, int limit, StuRec tb[]) {
    int i;

    for (i = 0; i < limit; ++i)
        fprintf(fp, "%-10lu%20s%6.1f%6.1f%6.1f%6.1f\n", tb[i].num,
            tb[i].name, tb[i].mid, tb[i].exe, tb[i].final, tb[i].score);

    return 0;
}
```

printSRec 用的输出形式与输入文件的形式类似，它把 tb 里的数据通过流 fp 输出到文件。注意，这里用到了第 8 章讨论的一些格式控制描述，以便保证输出的表格对齐。

由于学生记录保存在一个结构数组里，而且每个人的成绩数据有三项，读入文件的函数也需要修改。我们可以采用下面几个函数完成一个文件中的学生记录输入：

```
static int check(double x) {
   return x >= 0.0 && x <= 100.0;
}

static int readrec(FILE* fp, StuRec *stp) {
   char s[256];

   if (fgets(s, 256, fp) == NULL) return EOF;
   if (sscanf(s, "%lu %s%lf%lf%lf", &stp->num, stp->name,
         &stp->mid, &stp->exe, &stp->final) == 5)
      if (check(stp->mid) && check(stp->exe) && check(stp->final)) {
         stp->score = (stp->mid*MIDDLE + stp->exe*EXECISE +
                    stp->final*FINAL) / 100;
         return 1;
      }

   return 0;
}

int readSRecs(FILE *fp, int limit, StuRec tb[]) {
   int i = 0, line = 1, n;
   double x;

   while (i < limit && (n = readrec(fp, &tb[i])) != EOF) {
      if (n == 0)
         printf("Data error, line %d\n", line);
      else ++i;

      ++line;
   }

   if (i == limit && !feof(fp)) { /* 还有数据 */
      printf("Too many data. Output is not correct.\n");
      return 0;
   }

   return i;
}
```

这里用行式输入函数把一行数据读入字符数组，而后用 sscanf 分析和赋值。如果一行的信息能正确读入，readrec 就检查各个数是否满足值的限制，如未发现问题就按给定比例算出最终成绩。注意 readSRecs 最后的 if 语句，这里用标准函数 feof 检查输入流是否到达文件结束处。在数组满但文件未读完的情况下生成错误信息。

请注意输入函数和输出函数的设计。虽然输出的一行里多了一个数据项（总评成绩），但由于输入函数采用按行读入方式，因此对每一行，sscanf 只分析了其中的前 5 个数据项。所以，即使这个文件是原先由这个程序排序输出的，也还是可以正常读入到程序里使用。使程序的输出能够重新读入，常常很有用。

完成了这些函数，并按适当顺序把它们写入一个源文件，程序就完成了。从逻辑上说，这个程序由一批函数定义组成，此外它还用 #include 包含了几个标准库头文件，定义了几个常量和一个全局性的结构数组。

10.1.3 分块重整

本节研究程序开发中的物理结构组织问题，主要讨论如何把一个较大的程序划分为一组物理程序块（程序文件），既能尽量维持它们的相对独立性，又能保证它们之间的正确逻辑联系，使这些文件的最终编译结果能连接成一个正确程序。在抽象讨论分块开发问题之前，作为实例，我们先考虑前面实例程序的物理划分。

前面的源程序已经可以通过编译并最终得到可执行程序，这说明有关的编程工作已经完成。现在再来考虑它的逻辑组织似乎有些马后炮的味道：程序已经做好了，为什么还要去整理它，讨论如何把它划分成块呢？确实有这种需要，人们在实际中也经常需要这样做。程序常由于新情况和新需求而不断发展变化，在变化中程序规模也会不断增大，在这种增大的过程中，重整程序的物理结构就成为一项很重要的工作。把程序的物理结构整理得比较好，它就能更好地适应进一步修改和扩充的需要。当然，合理的划分和组织首先需要分析情况，提出各种可能性。下面的讨论就是希望读者能从这个分析中，看到在把程序划分为一些物理组成部分的过程中可能遇到的问题，以及应该如何做出选择。

前面的程序反映了较简单的C程序的典型情况：程序包含了若干标准库（或其他库）头文件，定义了若干公用类型（这里的 StuRec），定义了一些函数，还有一些全局性的变量或常变量，一个主函数控制着整个程序的执行。

对这个程序的一种可能划分方式是把它分为 4 个部分：将主函数 main 和实现命令循环的 commander 独立出来，形成程序的高层控制部分；另外的三个部分是完成输入输出的一组函数，以各种方式处理成绩记录的一组函数，还有若干辅助性的功能函数，如 next、getnstr 等。现在考虑如何按这种功能划分把程序分为 4 个源程序文件，使它们可以分别编译，并保证最终能连接成一个完整程序。

应注意，这些部分并不是相互独立的：主函数所在的部分需要用到其他许多函数，许多部分都依赖于公用的结构类型 StuRec。我们可以在每个文件前面写出 StuRec 的定义和有关的函数原型定义等，使它们都可以独立地编译。但那样做有很大危险：如果此后某个文件被修改了，其他文件将得不到任何信息，如果所做的修改破坏了程序的内在一致性，编译程序通常也不能检查出来。这绝不是我们希望看到的情况。

为防止上述危险的出现，应该贯彻前面提出的一条原则：*使同一程序对象的定义点和所有使用点都能参照同一个描述*。就目前问题而言，达到这一目标的一种方式是把所有类型定义、常量定义放在一个公用信息文件里，把定义和使用出现在不同文件中的函数原型也都列在这个文件里，而后让各个源程序文件都参看这个文件（使用#include）。按照 C 语言习惯，这种为提供信息创建的文件称为*头文件*，一般用 .h 作为文件名后缀。我们把这个头文件命名为 stu.h，其内容如下：

```
/* 文件 stu.h， 程序 stu 的公共头文件 */
#include <stdio.h>
#include <stdlib.h>
#include <math.h>
#include <ctype.h>

/* 程序的公用常量定义 */
enum {
    MAXNUM = 400,
    MIDDLE = 20, EXECISE = 30, FINAL = 50, /* 成绩比例 */
    HISTLEN = 60,           /* 最长行的长度（字符数）*/
    SEGLEN = 5,             /* 分段长度 */
    SEGNUM = 100/SEGLEN+1  /* 分段数，根据分段长度自动算出 */
};

/* 公用类型定义 */
typedef struct {
    unsigned long num;
    char name[20];
    double mid, exe, final, score;
} StuRec;
```

```
/* 全局性数据对象的外部声明，此时不必给出数组长度 */
extern StuRec students[];

/* 在某一个文件里定义，在其他文件里使用的全部函数的原型 */
int readSRecs(FILE *fp, int limit, StuRec tb[]);
int printSRec(FILE *fp, int limit, StuRec tb[]);
void statistics(int n, StuRec tb[]);
void histogram(int n, StuRec tb[], int high);
void sortoutput(int n, StuRec tb[]);
int next(char s[]);
void getnstr(char prompt[], int lim, char bf[]);
int getcmd(char *prompt, int c1, int cn);
```

请注意，这里只列出了在程序的一个物理部分（一个源文件）里定义，又需要在另一源文件使用的函数的原型；只给出了全局数据的外部声明（而不是定义）。

下面考虑各个源程序文件。首先是主程序文件，这里略去所有函数的实现细节。

```
/* 文件 stu.c，程序 stu 的主源程序文件 */
#include "stu.h"

/* 全局性数据对象通常定义在主文件里，或按照归属原则定义在某个文件里 */
StuRec students[MAXNUM];

void commander(FILE *fp, char *fn) { …… }
int main(void) { …… }
```

主程序文件里定义了两个函数和一个外部数组变量，它用 #include 命令包含头文件 stu.h，因此可以得到代码中用到的所有函数的类型信息。

完成输入输出的文件也与此类似：

```
/* 文件 stu_io.c，程序 stu 的输入输出源程序文件 */
#include "stu.h"

static int check(double x) { …… }
static int readrec(FILE *fp, StuRec *stp) { …… }
int readSRecs(FILE *fp, int limit, StuRec tb[]) { …… }
int printSRec(FILE *fp, int limit, StuRec tb[]) { …… }
```

由于 readrec 和 check 只在这个源文件内部使用，故其原型不必写进公共信息文件。基于同样原因，我们把这两个函数定义为 static 函数，使它们的名字局部化（static 函数的作用域限制在其定义所在的编译单位里），防止它们与其他源文件里的全局名字冲突（有可能开发其他部分的人也定义了同名的函数）。

程序的数据处理部分定义为下面的源程序文件：

```
/* 文件 stu_fun.c，程序 stu 的处理部分源程序文件 */
#include "stu.h"

void statistics(int n, StuRec tb[]) { …… }
static void prtHH(int n) { …… }
void histogram(int n, StuRec tb[], int high) { …… }
static int scrcmp(const void *vp1, const void *vp2) { …… }
void sortoutput(int n, StuRec tb[]) { …… }
```

程序中使用的功能函数定义在另一个源文件里：

```
/* 文件 utilities.c，程序 stu 使用的功能函数源程序文件 */
#include "stu.h"

int next(char s[]) { …… }
void getnstr(char prompt[], int lim, char bf[]) { …… }
int getcmd(char *prompt, int c1, int cn) { …… }
```

这一分块开发得到的程序结构如图 10-1 所示。可以看到，在这一组织方式里，头文件 stu.h 扮演着公共信息通道的角色，所有源程序文件都从它得到所需要的类型信息。由于这一信息通道的存在，我们就能保证相互独立的不同文件之间的一致性。如果某个函数定义的头部修改了，编译程序就会发现头文件中的函数原型与函数定义不一致。如果修改了相应的函数原型，这一信息就会反映到使用该函数的源文件里去。

在这一分块开发完成后，我们调用编译器把各个程序文件都编译为目标文件，而后调用连接器把编译出的几个目标模块连接起来，就能得到一个完整的可执行程序了。在集成程序开发环境里完成这一工作的步骤在 10.1.5 节讨论。

10.1.4 其他安排和考虑

应该看到，对于同样程序的源代码，我们完全可以采用其他物理组织结构。即使采用同样一组源程序文件和头文件，各文件的内容分配也可以不同，而且同时又都能保证程序的语义和程序各部分之间的信息畅通。下面考虑另一种可能方式。

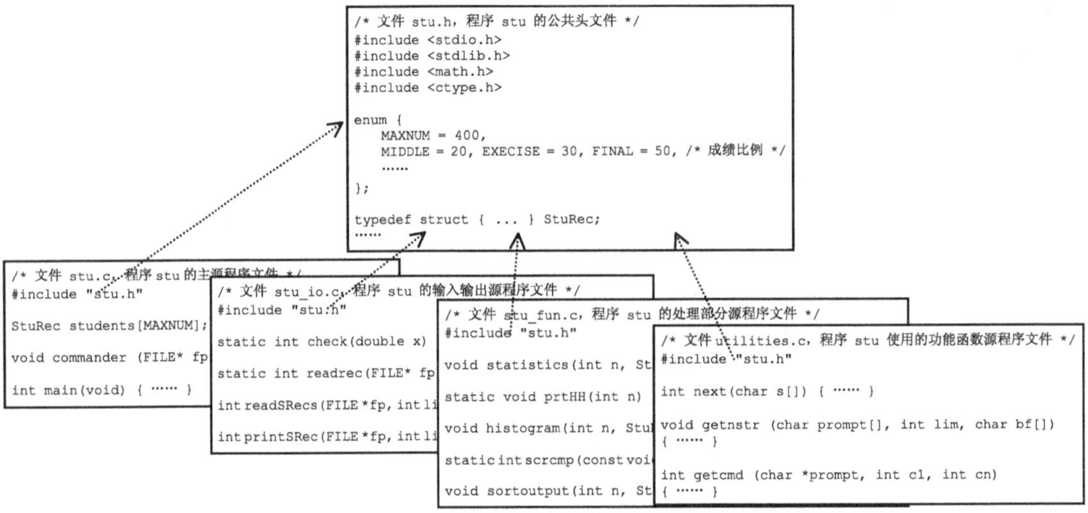

图 10-1 分块开发的程序及其关联结构

在前面的设计中，头文件 stu.h 包含了程序所需的所有标准头文件，这实际上也使所有源程序文件都能（通过间接包含）得到标准库功能的信息。这种做法也有缺点。在一个大型程序里可能用到许多库功能，因此要用 #include 命令包含很多标准的或非标准的库头文件。但另一方面，并不是每个源程序文件都用到所有这些库功能，一个具体源文件可能只用其中很少一部分，甚至完全不用任何库功能。采用统一包含所有标准库头文件的方式，在编译每个源程序文件时，编译器都要处理一遍所有库头文件。对于很大的由许多源程序文件构成的系统，这样做可能造成极大的编译时间浪费。

为避免上述问题，我们可以换一种方式，让具体源程序文件包含自己所需的标准头文件。对上面这个例子，去掉所有包含命令后的头文件是：

```
/* 文件 stu.h，程序 stu 的公共头文件 */

enum {
    MAXNUM = 400,
    MIDDLE = 20, EXECISE = 30, FINAL = 50, /* 成绩比例 */
    HISTLEN = 60,         /* 最长行的长度（字符数）*/
    SEGLEN = 5,           /* 分段长度 */
    SEGNUM = 100/SEGLEN+1 /* 分段数，根据分段长度自动算出 */
};

typedef struct {
```

```
    unsigned long num;
    char name[20];
    double mid, exe, final, score;
} StuRec;

extern StuRec students[];

int readSRecs(FILE *fp, int limit, StuRec tb[]);
int printSRec(FILE *fp, int limit, StuRec tb[]);
void statistics(int n, StuRec tb[]);
void histogram(int n, StuRec tb[], int high);
void sortoutput(int n, StuRec tb[]);
int next(char s[]);
void getnstr(char prompt[], int lim, char bf[]);
int getcmd(char *prompt, int c1, int cn);
```

主程序文件现在变成了：

```
/* 文件 stu.c，程序 stu 的主源程序文件 */
#include <stdio.h>
#include "stu.h"

StuRec students[MAXNUM];

void commander(FILE *fp, char *fn) { …… }
int main(void) { …… }
```

其他文件类似，都在包含公共头文件 stu.h 的同时，包含自己用到的标准库头文件。这样做虽然写每个源文件时可能费一点事，但随后多次编译加工的效率却可能有不小提高。虽然现在各文件的内容有所调整，但这样一组文件仍然组成了一个有机整体，它们仍满足前面提出的原则：*使同一程序对象的定义点和所有使用点都能参照同一个描述*。

另请注意，如果在一个源文件里同时包含自己的头文件和系统库的头文件，人们一般把包含系统库头文件的命令写在前面，这样做主要是为了防止本程序的局部定义影响到库文件里的定义。

10.1.5 模块化思想和技术

从上面的例子，可以看到头文件如何成为保证程序各部分（各程序文件）之间的信息一致性的桥梁，成为连接程序对象的定义和使用的纽带。定义好头文件是保证大程序开发工作能顺利进行的最重要环节。设想几个人共同开发一个大系统，他们之间当然需要有些约定。如果一个人定义的东西被另一个人使用，就要用写出适当头文件的方式建立相互联系，也就是定义与使用的联系。因此，在复杂程序的开发过程中，最早成形的可能是一批头文件，它们形成了不同工作者之间的约定。如果自己的程序修改了，只要这一修改不影响与其他程序文件共用的头文件，那么这个修改就不会影响程序的其他部分，也不会影响其他人的工作。如果自己的变动要求修改头文件，那么就需要与其他人联系，更新共用的头文件以保证一致性。即使是一个人采用分块方式写程序，也有类似情况。

我们把程序中具有一定独立性的逻辑部分看成模块，一个模块为程序的其他部分提供一些功能，确定特殊的使用方式，后者形成模块的*界面*（也称*接口*，英文是同一个词 interface）。函数原型和定义的划分是 C 程序里最基本的界面和实现划分，我们已由前面的示例领会了这种划分的意义。头文件描述功能模块的使用方式信息，在另一层次上起着界面描述的作用。分别编译和头文件机制，使我们可以把大程序里相对独立的部分分离出来，独立进行开发，基本成形后再与程序其他部分集成。这些分开进行的开发活动都在共同遵守的规范信息（由头文件提供）的统辖之下，这就为最后的集成奠定了基础。

还应看到模块化和分块开发的另一重要作用：头文件不仅能成为不同模块之间的信息通道，

而且也是一道屏障，把一切头文件里没有描述的信息都隔离在使用有关功能的模块之外。在分块开发中，为实现一个源程序文件的功能，常常需要定义一些只在该源文件内部使用的辅助函数，局部于该源文件的类型和公共变量（可能是本模块里的多个函数都需要访问）。只要只在该文件里描述这些类型，把这些函数和变量定义为外部静态的（static），就不必担心它的名字会与其他文件里的东西冲突，也不用担心其他模块里会不适当地触动它们。这里可以看到静态函数和静态机制在开发大程序中的作用。

这种保持程序的各个部分尽可能独立，并提供它们之间必要的信息通道的思想，是“模块化”思想的核心。一个大程序总是由一些功能部分组合而成的，高层设计的工作，就是设法把复杂的系统分解为一些具有最大独立性的模块，并定义清楚不同模块之间的联系（如果存在）。只有这样才可能做好大型的系统。

在使用 C 语言进行模块化开发时，许多外部对象（函数、外部变量等）的定义和使用会处在不同的文件里，对这些情况，C 语言并不强制性地要求做严格检查。如果我们没有提供足够的信息（主要是类型信息），编译程序会做出默认假定，并按这些假定继续工作下去。只要不出现矛盾，它就不认为程序里有错。编译完成后，连接程序只检查各目标模块需要的东西是否存在，一旦找到就把它们连接起来。连接时不做任何类型一致性检查。

由此可见，如果希望得到连接正确的程序，关键就在于保证编译过程的正确进行。而要保证编译正确，一个重要问题就是给编译程序提供有关外部程序对象的正确、完全的信息。函数原型、变量的外部声明、类型定义、标准库和其他系统头文件包含等，它们的作用都是为编译程序提供信息。写程序时必须认真写好这些东西，这样做对于提高工作效率、减少程序中的隐含错误有极其重要的作用，也是本书中反复强调的要点。

程序组织的原则

按照惯例，开发 C 程序的人通常把源文件分成两类，一类是包含实际程序代码的基本程序文件，另一类是为基本程序文件提供必要信息的辅助性文件。人们通常约定，基本程序文件以 .c 为扩展名，这种文件称为程序文件或者代码文件；为其他文件提供信息的文件以 .h 为扩展名，称为头文件、head 文件，或 h 文件。

C 语言系统的实现也遵循这一方式。一个 C 系统总提供一组标准库头文件，还可能提供一些服务于特定系统（如 DOS、Windows、UNIX 等）的扩充头文件。这些头文件的作用就是为 C 程序里使用标准库以及其他功能提供信息。如果程序要使用某些库函数，只要在源文件里包含了必要的头文件，就能保证编译能正确处理相关的库的使用[⊖]。

如果决定了要采用多个源文件的方式实现程序，然后该怎么做呢？应该把哪些东西放在头文件里，哪些放在程序文件里？关于这些，C 语言并没有明确的规定，人们在长期编程实践中提出了一些合理方式。下面介绍作者认为比较合理的一套方式。

对一个分块开发的程序，其头文件和程序文件的内容安排应该遵循下面的规则：

1. 头文件里只写不实际生成代码、不导致实际存储分配的描述。也就是说，这里不写函数体（不写函数定义，因为它们生成代码），也不写外部变量定义（它们要分配存储）。这里可以有：包含标准库头文件和其他头文件的预处理命令；各种公用宏定义（多个程序文件都用的公共定义。但应尽量少定义宏）；各种公用的类型定义；结构、联合、枚举的声明（仅仅是声明）；函数原型；变量的外部声明（由关键字 extern 引导，不是变量定义）。进一步的建议是把与多个程序文件有关的结构等都定义为类型。

⊖ 库函数的实际代码保存在另外的库文件里。在目标程序连接时，连接程序将从特定库文件里取出有关代码段，拼装到最终的可执行程序里，形成完整程序。这是目前大部分 C 语言系统的通行实现方式。

2. 在各程序文件里分别定义所有的外部变量和函数，并写出那些只在一个文件中局部使用的东西（如局部使用的类型、宏定义等）。
3. 只用文件包含命令（#include）包含头文件，不用它包含程序文件。
4. 通过头文件解决在一个程序文件里定义而在另一个程序文件里使用的信息传递问题。方法是把这类函数的完整原型、这种外部变量的完整外部声明写在某个头文件里。让定义这些函数或变量的程序文件和使用它们的所有程序文件都包含这个头文件。通过这种方式保证使用和定义之间的联系，保证编译程序能进行一致的类型检查。

这里的原则仍然是，让定义和使用同一个程序对象（变量、函数、类型等）的地方，都能看到同一个声明。程序加工最后的连接步骤将保证对在其他文件里定义的函数的调用、对在其他文件里定义的外部变量的使用都能够实现。

程序组织的具体考虑

上面提出的只是一些划分和组织原则。当我们面对一个具体开发问题时，应该怎样处理程序的物理结构组织问题呢？这里只能提出一些建议，最基本的原则当然还是具体情况具体分析。划分源程序的大致工作步骤是：

1. 估计程序的大小，根据这个估计考虑源文件可能划分为几块。随着程序开发过程的进行，这种初始划分也可能要做适当调整。例如发现一个文件膨胀得很大，就应当考虑是否应把它划分为两个或多个部分。这时又会出现如何划分和有关信息的组织管理问题，下面提出的原则都值得参考和坚持。
2. 根据功能把程序划分为若干部分，每部分定义的东西相互间有较密切的逻辑联系，如共同提供一种功能，都提供类似功能，完成同一类工作，相互间有密切调用关系等。总而言之，如果某些成分具有一定的整体性，就可以考虑把它们放在一起，建立一个程序文件。例如，输入输出相关的功能可考虑放在一起，如果输入和输出都很复杂，也可以考虑为它们各建立一个程序文件。主函数通常单独建立一个文件，其中也可以包含少数与之关系密切的其他函数定义。
3. 对多个函数都要访问的变量，应根据谁用谁管的归属原则，分别定义为不同源文件里的外部变量。使用广泛的全局变量一般在主程序文件里定义。
4. 建立一个或几个头文件。把公用的类型定义，公用的结构、联合和枚举声明，公用的宏定义放入头文件，供代码文件参考。如果要使用标准头文件，可以在具体代码文件里做文件包含。如果许多地方都使用同一个标准头文件，或者某个头文件本身需要，也可以把包含命令写在自定义头文件前面。有些头文件可能包含其他头文件，例如某个类型在一个头文件里定义，可能在另一个头文件里使用等。
5. 所有在一个源程序文件里定义而在其他文件里使用的东西，都需要在某一头文件里声明（函数原型或变量的外部声明）。每个这种声明都应建立两个方向的联系：既与其定义所在的文件相联系，保证编译系统能做定义和声明的一致性检查；又与所有使用文件相联系，保证编译系统能正确处理这些使用。在每个文件的前面包含必要的头文件（系统的或自己创建的），不用的东西尽量不包含。
6. 把所有局部于一个源程序文件的东西都写在这个文件里面。所有只在局部使用的外部变量和辅助函数都定义为外部静态的（在定义的前面加 static）。
7. 如果程序较大，也可能需要为实现某些功能的一组代码文件定义相应的头文件，通过一个描述界面的头文件把它们的功能提供给其他使用这些功能的程序部分。

上面所说的都是一些具有普遍性的原则，遇到具体问题时必须活学活用。

集成开发环境中的程序组织和开发

今天许多程序开发工作是在集成程序开发环境（IDE）中进行的，这种环境都对程序的分块开发提供了特别支持。集成开发环境里一般都提供了“项目”（project）的概念和一整套项目管理功能。所谓“项目”也就是一个（待）开发的程序，它通常由若干个源程序文件和若干个头文件实现。创建一个项目的一般过程是：

1. 建立一个项目（项目文件），这个文件代表着待开发的程序。
2. 一些平台上的 IDE 支持多个不同种类的程序开发，例如，最基本的控制台应用程序（console application，即一般的以字符行形式与人交互的应用程序。本书的程序实例均属此类），具有图形用户界面的应用程序（依赖于具体开发所在的系统平台，如 Windows 系统下的开发，UNIX 系统下的开发；本书不打算讨论针对具体平台的程序开发），程序库，还可能有其他程序或者模块。这种情况下就需要选择适当的项目类型。对于本课程的学习，我们应始终选择控制台应用项目。
3. 把所需的 C 源程序文件逐步加入这一项目中（IDE 为此提供专门命令或其他操作方式）。一般不必把头文件加入项目，IDE 可以根据项目中源文件里出现的包含命令确定哪些头文件与本项目有关。

在建立了相关的项目后，程序开发的工作对象就是这个项目了。在开发过程中，我们可以根据需要把新的程序文件加入项目，或者调整、删除项目里已有的程序文件。

举例说，如果现在要在某个 IDE 环境中开发前面的学生成绩处理系统，我们可以创建一个项目，例如把它命名为 `students`。再把准备创建的几个 C 源程序文件（包括 `stu.c`、`stu_io.c`、`stu_fun.c` 和 `utilities.c`）都加入这个项目，而后就可以开始编辑这些文件了。一般不把 `stu.h` 列进项目，但是也应该在同一个目录里创建这个文件，编辑其内容。

集成开发环境能帮助处理分块开发中的许多问题，主要是检查和利用源文件之间的依赖关系。例如，可能有几个源程序文件依赖于一个头文件（它们包含了该头文件），如果这个头文件的内容修改了，所有依赖它的源程序文件都必须重新编译之后才能进行连接，这样才能保证结果程序的有效性。集成开发环境能帮助编程者检查处理这方面的情况，在进行连接前重新编译必要的文件，保证所生成的可执行程序总能反映整个项目的最新修改情况，等等。这些功能可以显著减轻程序开发过程中人的负担。

IDE 通常提供了多种程序加工命令，不同 IDE 的功能有所不同。常见的有：

1. 编译（compile）：编译命令通常是针对 IDE 里的当前源程序文件，要求编译器检查这个文件的语法，在没有语法错误的情况下生成与之对应的目标文件。在编辑源程序文件的过程中，需要不时执行编译以检查代码中的语法错误。
2. 连接（link）：工作对象是整个项目，把属于这个项目的目标文件和相关的库模块连成一体，做成一个完整的可执行程序。有些 IDE 在连接时会检查现有的目标文件是否都为最新的，在发现情况时给出提示信息。
3. 构造（make）：这是 IDE 中最重要的功能，其工作目标就是创建一个最新版本的可执行程序。构造命令的工作对象是整个项目，它检查源文件之间的依赖关系，确定所需的目标文件是否都已存在，是否都为最新版本。发现缺少目标文件或有目标文件陈旧时，它就调用编译程序生成新目标文件。这些都完成后，调用连接程序生成最新的可执行程序。如果现有的可执行程序已经是最新版本的，那么它就什么也不做。
4. 全部重做（rebuild all）：重新编译属于本项目的所有源程序文件，最后连接起编译得到的目标文件，生成一个新的可执行程序。

在使用具体的集成程序开发环境完成程序设计时，也应设法了解它们的具体使用方式。这里的介绍反映了 IDE 的一些基本情况，可供参考。

10.1.6 单一头文件结构和多个头文件结构

前面实例程序的物理组织方式可称为单一头文件程序结构，因为整个程序里只有一个头文件。对较简单的程序，人们常采用这种组织形式，把程序中所有需要交换的信息都保存在一个头文件里，让每个程序代码文件都包含这个头文件。这种组织形式如图 10-2 所示。在这种方式中，头文件起着公共信息中心的作用。可以把所有对标准库头文件的包含命令都写在这个头文件里，如果觉得这样做不合适，也可以如前面所言，把具体程序文件所需标准库功能的包含命令直接写在该文件最前面。

如果程序更复杂，单一头文件方式的缺陷就会变得明显起来。由于整个程序只有一个信息中心，因此可能导致源文件之间不必要的关联。举个例子，假设文件 yyy.c 里定义了函数 f，且只有 xxx.c 里使用 f，那么 f 的原型也一定要写在 xxx.h 里。如果现在需要修改 f 的头部，显然头文件里 f 的原型必须修改。由于所有源程序文件都依赖于头文件 xxx.h，虽然大部分文件里都没用 f，但它们也都受到影响，至少是所有程序文件都需要重新编译。重新编译一个大系统的所有源程序可能需要几十分钟甚至几个小时，这是不必要的时间开销。更重要的是，上述情况造成不同程序部分之间没必要的联系，可能严重影响程序的开发过程。例如，头文件的频繁修改使开发者需要在头文件的一致性方面经常进行协调。这种方式也带来了程序代码间出现更多相互干扰的可能性。例如，在头文件中定义的宏，其作用会传播到所有源程序文件，这可能不是我们所希望的。也就是说，当程序变得更大时，所有单一源文件开发中出现的问题又会表现在这个单一头文件中。

为避免上述情况，对于更大的系统，人们通常采用多个头文件的结构，其形式如图 10-3 所示。开发者根据需要建立一些头文件，其中分别记录需要在不同源程序文件之间交流的各种信息，各程序文件根据需要包含其中一个或几个头文件，这样就形成了一种分布式的信息记录，可以使程序文件间的影响局部化。

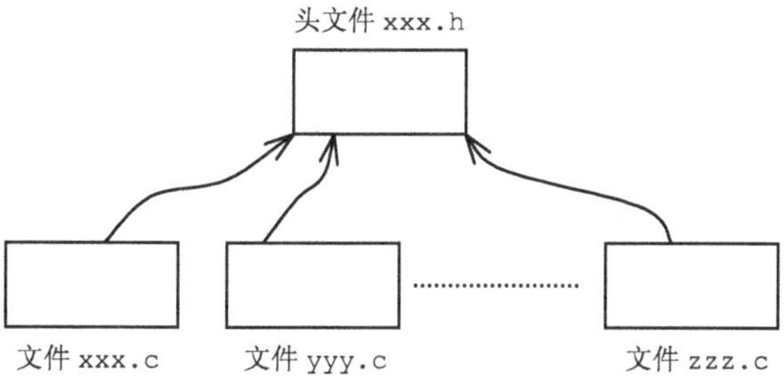

图 10-2 单一头文件的物理结构

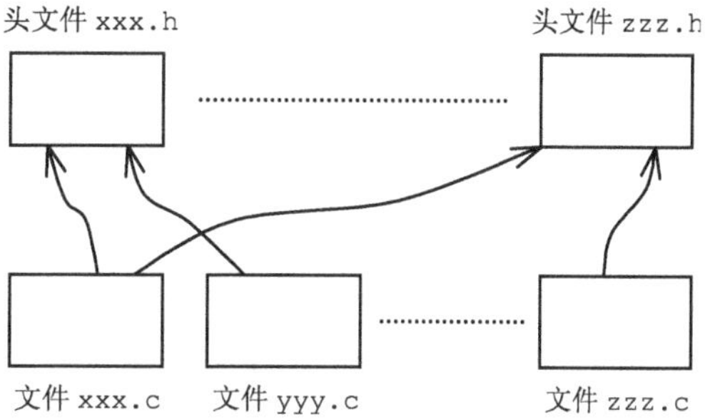

图 10-3 多个头文件的物理结构

举例说，在前面学生成绩处理的例子里，源文件 utilities.c 里定义了一些常用的功能函数，这些函数只在 stu.c 和 stu_io.c 里使用。进一步说，utilities.c 中的程序代码根本不依赖于其他程序模块的任何信息（不依赖于 stu.h 里提供的任何信息），它们完全是为其他程序服务的。一种合理方式是再建一个头文件 utilities.h，作为 utilities.c 与使用该文件提供的功能的程序文件之间的信息通道。下面是 utilities.h：

```
/* utilities.h，功能函数头文件 */
#include <stdio.h>
#include <ctype.h>

int next(char s[]);
void getnstr (char prompt[], int lim, char bf[]);
int getcmd (char *prompt, int c1, int cn);
```

为保证 utilities.c 里的定义与头文件中的信息一致，这个文件应写成下面的样子：

```
/* utilities.c，功能函数源程序文件 */
#include "utilities.h"

int next(char s[]) { …… }
void getnstr (char prompt[], int lim, char bf[]) { …… }
int getcmd (char *prompt, int c1, int cn) { …… }
```

头文件 stu.h 修改为：

```
/* 文件 stu.h，程序 stu 的公共头文件 */
enum {
   MAXNUM = 400,
   MIDDLE = 20, EXECISE = 30, FINAL = 50, /* 成绩比例 */
   HISTLEN = 60,            /* 最长行的长度（字符数）*/
   SEGLEN = 5,              /* 分段长度 */
   SEGNUM = 100/SEGLEN+1 /* 分段数，根据分段长度自动算出 */
};

typedef struct {
   unsigned long num;
   char name[20];
   double mid, exe, final, score;
} StuRec;

extern StuRec students[];

int readSRecs(FILE *fp, int limit, StuRec tb[]);
int printSRec(FILE *fp, int limit, StuRec tb[]);
void statistics(int n, StuRec tb[]);
void histogram(int n, StuRec tb[], int high);
void sortoutput(int n, StuRec tb[]);
```

而主程序文件 stu.c 修改为：

```
/* 文件 stu.c，程序 stu 的主源程序文件 */
#include <stdio.h>
#include "stu.h"
#include "utilities.h"

StuRec students[MAXNUM];

void commander (FILE *fp, char *fn) { …… }
int main(void) { …… }
```

文件 stu_io.c 也需类似的修改。这样修改后形成的程序结构如图 10-4 所示。此时如果修改文件 utilities.c 中的函数定义并需要修改 utilities.h，只有文件 stu.c 和 stu_io.c 受到影响。这个图示里没有画出各程序文件对于标准库头文件的依赖关系，更细节的讨论还需要考虑这方面的情况。

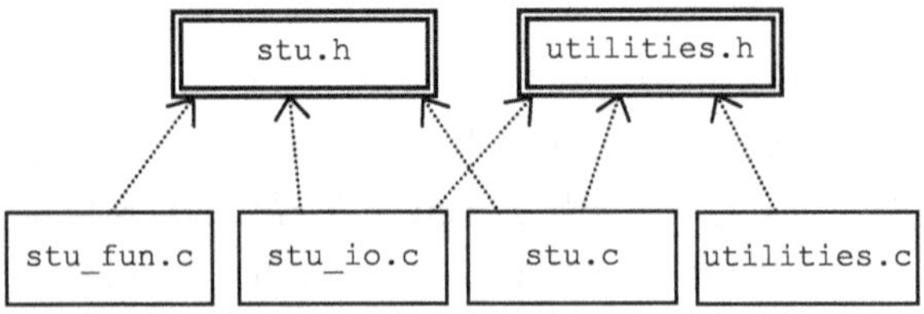

图 10-4　新物理组织方式下的程序文件依赖关系

一种极端方式是为每个提供某种服务的源文件建立一个头文件，让需要使用该种服务的程序文件包含这个头文件。程序进一步复杂时，还可以考虑更复杂的结构，例如，有时几个头文件之间存在一些共享信息，这些信息可以通过一个公共的头文件提供。

对于我们的具体实例，可以为 stu_io.c 建立头文件 stu_io.h：

```
#include <stdio.h>

int readSRecs(FILE *fp, int limit, StuRec tb[]);
int printSRec(FILE *fp, int limit, StuRec tb[]);
```

为 stu_fun.c 建立头文件 stu_fun.h：

```
#include <stdio.h>
#include <math.h>

void statistics(int n, StuRec tb[]);
void histogram(int n, StuRec tb[], int high);
```

让这两个源程序文件分别包含自己的头文件和 stu.h，主文件也包含这两个新的头文件。这样就形成了另一种结构，这样做不但能满足程序正确编译的需要，也形成了不同程序文件之间更细致的信息隔离。

应该注意，上面这些讨论并不是想说明多个头文件结构优于单一头文件结构，也不是说物理结构划分得越细越好。做一切事情都有一个限度。对于较小的程序，引进许多头文件和采用复杂的物理组织方式不会带来任何实际价值，只会使程序的结构变得更复杂。例如，如果实际开发的就是上面这种规模的小型程序，那么就完全没必要为每个源程序文件建立一个头文件。上面的一些讨论只是为了展示各种可能方式。

10.2 功能模块和程序库

在进一步探索程序开发方法的过程中，我们迟早会想到程序功能模块和库的问题。举例说，上面源文件 utilities.c 提供的功能可能用到许多其他交互式程序里。需要时直接拷贝它们的源代码，这肯定不是一种好方法。这种做法不利于模块的版本更新，（如果某些功能有了新实现，你怎样确定把它们拷贝到哪些文件去？）重复拷贝源代码也很容易引进错误。实际上，在前面的讨论里，正确做法已经显现出来了：

1. 应该为一些常用功能建立一个源程序文件和一个与之对应的头文件；
2. 在头文件里给出这个程序部分中需要的类型定义和提供给外部使用的函数原型，或许还包括一些全局的变量声明（外部声明）；
3. 在对应程序文件里实现所需的功能，包括：定义提供给外面使用的函数，为实现这些函数可能需要的辅助函数（应该定义为 static 函数），为实现有关功能可能需要定义的一些外部变量（根据需要考虑是否定义为 static 变量）。

这样，当某程序需要使用这些功能时，只需在相应文件前部包含这个头文件，并把与之相伴的程序文件作为相应项目的源文件。

10.2.1 复数模块

为了使论述更为具体，我们以第 9 章的复数程序作为例子，阐释有关的做法。

假定我们希望完成一个复数模块，使需要复数及其运算的程序很容易使用该模块。根据前面的讨论，需要用一个*界面*头文件描述复数模块提供的功能，用一个（或几个）程序文件实现这些功能。这里说的界面，就是使用复数功能的程序可能看到的所有信息。

由于复数功能的实现比较简单，下面考虑用一个头文件和一个程序文件，分别把它们命名为 complex.h 和 complex.c。为方便起见，这里还考虑定义几个复数“常量”。这样，头文件 complex.h 可以是下面的样子（具体设计可以根据实际需要）：

```
/* 文件 complex.h */

/* 类型定义 */
```

```
typedef struct {
    double re, im;
} Complex;

/* 常量声明 */
extern const Complex Complex0;
extern const Complex Complex1;
extern const Complex ComplexI;

/* 构造函数 */
Complex mkComplex(double re, double im);
Complex d2Complex(double d);
Complex n2Complex(int n);

/* 运算函数 */
Complex addComplex(Complex x, Complex y);
Complex subComplex(Complex x, Complex y);
Complex tmsComplex(Complex x, Complex y);
Complex divComplex(Complex x, Complex y);
/* …… 其他函数原型 */

/* 比较函数 */
int eqComplex(Complex x, Complex y);

/* 输入输出函数 */
int readComplex(FILE *fp, Complex *xp);
void prtComplex(FILE *fp, Complex x);
```

在程序文件 complex.c 里定义界面头文件里描述的所有函数和所有“常量”:

```
/* 文件 complex.c */

#include <stdio.h>
#include "compl.h"

/* 常量定义 */
const Complex Complex0 = {0.0, 0.0};
const Complex Complex1 = {1.0, 0.0};
const Complex ComplexI = {0.0, 1.0};

/* 构造函数 */
Complex mkComplex(double re, double im) { …… }
Complex d2Complex(double d) { …… }
Complex n2Complex(int n) { …… }

/* 运算函数 */
Complex addComplex(Complex x, Complex y) { …… }
Complex subComplex(Complex x, Complex y) { …… }
Complex tmsComplex(Complex x, Complex y) { …… }
Complex divComplex(Complex x, Complex y) { …… }
/* 其他运算函数的定义 */

/* 比较函数 */
int eqComplex(Complex x, Complex y) { …… }

/* 输入输出函数 */
int readComplex(FILE *fp, Complex *xp) { …… }
void prtComplex(FILE *fp, Complex x) { …… }
```

模块里提供哪些函数是一个设计问题，可以根据需要考虑。上面函数的实现不难完成，前面也讨论过其中一些问题，这里不再重复。

上面两个文件清晰地贯彻了前面提出的头文件和程序文件的描述分配原则。如果在某个程序里需要用复数类型及其操作，那么就只需把 complex.c 加入其开发项目，需要使用复数功能的程序文件前都包含头文件 complex.h，而后就可以使用其中的功能了。因为这里的 complex.c 文件也是参照着头文件 complex.h 加工的，因此，这个头文件能够成为维系 complex.c 与其未来使用者之间一致性的纽带。

C 程序模块的这种构造方式带来一种很有价值的性质：封装性。以上面的复数模块为例，如果某系统里使用了这个模块，程序里所有使用复数的地方都严格地只经过 `complex.h` 描述的界面使用复数功能。那么从系统的角度看，有关复数模块的具体实现方式已经变得无关紧要了：只要它所提供的操作实现了所要求的功能，这个系统就能正常工作。即使实现模块的人们（由于某种原因）修改了一些功能的具体实现方式，只要这些修改没改变 `complex.h` 里的函数原型，系统的其他部分就完全不需要修改。

不难看出，这种封装与前面讨论的函数封装有许多类似之处。这里的模块头文件（如 `complex.h`）扮演着类似函数原型的作用，描述模块的使用界面。而模块功能的具体实现被封装在这一界面的后面。我们就像是在使用一种抽象的复数类型。

实践证明，封装性是实现所有复杂软件的重要技术基础。一个封装的模块提供了一种抽象功能（上面的复数模块提供的似乎是一种抽象的复数），从使用者的角度看，其具体实现是不可见的，或者说是不必关心也不需要关心的。这种技术产生了许多重要的效果。首先，一个这样的封装把一个复杂程序分解为两个界限清晰的世界：抽象功能的使用方和定义方（与函数分解类似，但表现在另一层次上），这就分解了程序的复杂性。这种分解形成了一种屏障，只要维持原有界面约定不变，任何一边都可以独立修改变化。

这种模块封装（包括像复数模块这样的数据类型封装）可用于作为大程序的另一层分解，是设计实现大型程序、克服大程序的高度复杂性的最重要技术。读者在今后的学习和实践中，将会更深刻地理解这些技术的重要性。

C 语言是 20 世纪 70 年代开发的语言，那时人们对数据类型封装和模块封装的认识还很初步。因此在 C 语言里完成上面讨论的构造，需要借助于一些编程约定和预处理功能（如上所述），语言本身对此的支持不够。C 语言之后的许多新语言都为这方面的需要提供了语言层的专门特征，例如 Ada 语言的模块概念，各种面向对象语言（如 C++和 Java）的类概念等。在这些语言里，数据抽象概念是开发者组织程序、分解系统复杂性的最重要手段。

10.2.2 目标文件和库

不难看清楚，一旦 `complex.c` 做好了，使用其中定义的功能的程序其实并不需要去看 `complex.c` 本身，只需要把它的编译结果连接到最终的可执行程序里。这样看来，给使用者提供 `complex.c` 的源文件并无必要。提供了源文件还可能造成使用者不小心修改了这个文件，从而导致程序错误。

此外，也有另一些情况，使我们不希望把源程序文件提供给别人。有时是为了某种安全性，因为掌握这一源文件的人就有可能修改它，设法去访问修改其中一些不应该访问修改的东西。另外，有些源程序文件包含着不希望别人知道的技术秘密。总之，许多因素造成人们有时希望只为其他人提供功能模块，但却不希望提供源程序文件。

上面的模块框架也使这种想法成为可能。假设我们不希望把 `complex.c` 提供出来，那么就可以只提供 `complex.h` 头文件，再提供一个由 `complex.c` 编译后生成的目标文件。人们拿到这两个文件就可以使用这一复数模块所提供的功能了。为此他们只要：

1. 在编写程序时让那些需要用复数功能的程序文件包含头文件 `complex.h`；
2. 在连接时把我们提供的复数模块目标文件也连接到可执行程序里。

这里已可以看到标准库和其他程序库的影子。从某种意义上说，上面的 `complex.h` 和相应目标文件形成了一个“复数功能库”，其使用方式也与标准库类似。

还需要说明，使用目标文件和使用库之间还有一点细微差异。通常，如果要求连接程序把一个目标文件连接到程序里，这个目标文件里的所有代码都会被放入最终的可执行程序。而如果要求连接程序连接一个库文件，它会根据程序里的实际需要，把程序里真正用到的库代码找出来，仅仅把这些代码连接到可执行程序里。考虑标准库的情况，就可以看到这种工作方式的必要性。C 系统通常把标准库的所有代码放在一个库文件里，因为标准库包含许多功能，这个文件通常很大。我们当然不希望每个程序的可执行文件都包含所有标准库代码，因为它们往往只用到不多的标准库功能。

C 语言系统通常都提供了创建库文件的功能，或提供可以把目标文件转换为库文件的工具，或提供直接编译产生库文件的工具。具体情况因系统而异，这里不讨论了。

10.2.3 防止重复包含

一个程序里定义和使用的头文件可能有许多，有的头文件里还要包含其他头文件，同一个程序文件也可能包含多个头文件，这样就有可能出现重复包含同一个头文件的问题。重复包含有时会导致编译不能正常完成，使后面开发工作无法进行。为此人们考虑了防止重复包含的方法。常用的方法很简单，是通过几个预处理命令实现的。

假设要定义一个头文件，它有可能被重复包含，那么就把这个头文件写成下面样子：

```
#if !defined(MY_HEAD_FILE1)
#define MY_HEAD_FILE1 1
…… /* 这里写头文件原本要写的所有内容 */
#endif
```

这里的 MY_HEAD_FILE1 是为防止重复包含而专门定义的宏名字，可以选择任何名字。此后，如果这个文件被包含，预处理程序处理完文件开始部分，名字 MY_HEAD_FILE1 就有了定义。如果在同一编译单位的预处理中再次遇到这个文件（该文件又被包含），由于文件开始的条件不成立了，预处理程序就会把从 #if 到对应 #endif 之间的所有东西都丢掉，正好符合我们不希望多次包含的初衷。实际上，C 系统的所有库头文件一般都采用了这套定义模式，以防我们写程序时由于重复包含而出问题。

10.3 错误报告和处理

程序执行中常常遇到需要处理的错误情况，因此在设计和实现程序时就需要考虑这方面的问题。本节讨论一些有关情况和可能的处理方法。

10.3.1 建立统一的错误报告机制

不难看出，在前面的实例里，实现错误报告的输出语句遍布整个程序，都是通过直接调用标准库函数 printf 实现的。也正因如此，许多源程序文件都需要包含标准库头文件<stdio.h>。这种做法有不少缺点：

1. 散布各处的错误报告串缺乏相互联系，缺乏统一模式，很难维护和管理；
2. 在程序里直接调用库函数报告错误，不利于修改错误信息报告方式，无论是修改传递错误信息的目标，或修改错误报告的形式，都很不方便；
3. 程序错误报告使程序中许多部分都与标准库的具体功能建立了密切联系。

下面考虑通过一些方式缓解这些问题。

我们首先希望松弛程序中各部分与具体标准库函数的联系，可采用的一种方法是自己定义一个错误消息函数，程序里需要输出错误信息时都调用这个函数。这样，如果需要修改错误信息的定向或者表现形式等，那么就只需要修改这一函数。

首先总结一下程序中需要发出的各种消息。在程序里可以看到如下一些语句：

```
printf("Can't open file: %s\n", fn);
printf("Data too few. Statistics stop.\n");
printf("Data error, line %d\n", line);
```

等等。这些输出语句都用一个格式串作为实际输出消息的框架，另有 0 个或几个参数。这些语句中利用 printf 的格式化功能生成实际的输出消息串。写好一个能满足多种需要的消息函数并不是一件很简单的事情，下面讨论这个问题。

最简单的方式是简化输出形式，采用下面的简单消息函数：

```
void emessage(const char *estr) {
    fflush(stdout);
    fprintf(stderr, "Error: %s\n", estr);
}
```

由于 stderr 流的输出采用非缓存方式，送入这个流的信息将立即显示在显式设备上（例如屏幕或者某个特定窗口）。为防止在标准输出流 stdout 里面缓冲的信息与现在要输出的错误信息交织在一起，上面函数里首先调用标准库函数 fflush 刷新 stdout，把那里缓冲的信息输出到指定目标，而后再调用 fprintf 输出错误信息。

我们可以把函数 emessage 放入文件 utilities.c，并把程序里原来用 printf 输出错误信息的语句都改为调用函数 emessage。这样做之后，程序中的错误信息就都统一到一条通道中，比较容易统一维护了。这时可以考虑把包含标准库<stdio.h>头文件的命令写在 utilities.c 的前部（而不是它的头文件的前部），使用 emessage 的程序文件只需包含 utilities.h。

10.3.2 定义变参数的错误报告函数

上面定义的简单错误报告函数还是不太令人满意，因为它只能输出最简单的错误信息串，不能通过它传递具体出错位置等其他有用信息。例如，原来错误消息语句

```
printf("Can't open file: %s\n", fn);
```

不仅告诉用户出现了文件无法打开的情况，还显示了导致文件打开操作失败的文件名，这种信息对于用户了解程序运行情况，确定下面要做的事情等都很有价值。

上面的具体问题不难解决，例如可以把前面的 emessage 函数修改为：

```
void emessage(const char *estr, const char *fn) {
    fflush(stdout);
    fprintf(stderr, "Error: %s: %s\n", estr, fn);
}
```

但是这个新版本还是太受限制了：它实际上假定除错误消息串之外需要输出的是另一个字符串，而且只有一个字符串。但是实际需要输出的信息可能不同，例如：

```
printf("Can't open file: %s\n", fn);
printf("Data too few. Statistics stop.\n");
printf("Data error, line %d\n", line);
```

这里需要输出的信息是多种多样的，不但可能具有不同类型，甚至参数个数也可能不同。利用我们已经了解的机制，还没有办法写出一个统一的函数完成这些工作。

总结一下这里的需要：我们希望定义一个函数 emessage，使之能完成各种错误信息的生成。为此它需要有类似 printf 的参数形式和功能，即可以用一个**格式描述串**描述输出消息的框架，能把一些实际表达式的值嵌入其中形成最终消息串，表达式的个数和类型都可以根据需要变化。此外，还希望 emessage 能隐蔽错误消息的输出目标和基本形式，以便于统一管理和修改。这实际上要求 emessage 具有与 printf 类似的原型，而怎样定义参数类型和个数可以变化的函数（变参数函数）是尚未讨论的问题。

要定义变参数的函数，需要使用标准库<stdarg.h>的功能，有关情况在11.7节有详细讨论，请读者查阅。目前这个emessage应该用如下原型：

```
void emessage(const char *estr, ...);
```

也就是说，这个函数有一个字符串参数（作为格式描述串），而后可以有任意多个其他参数，这些参数的类型也没有规定（需要根据格式描述串里的描述去确定）。

在变参数函数里，需要使用标准库头文件<stdarg.h>里定义的类型valist和其他相关功能，取得由函数参数表里的 ... 代表的那些实际参数，以便使用它们。对于现在需要的emessage，函数定义的基本框架是：

```
void emessage(const char *estr, ...) {
    va_list vl; /* 如果需要其他定义，同样写在这里 */
    va_start(vl, estr);
    …… /* 从这里开始就可以利用 va_arg 宏顺序取得 estr 后面的各个实参了 */
    /* 实际输出信息的代码写在这里 */
    va_end(vl);
}
```

其中va_start基于estr初始化va_list变量vl，使通过它可以提取排列在estr后面的其他实参。va_start一般通过宏实现，其第一个参数是需要初始化的va_list变量，第二个参数是函数的最后一个命名参数（可见这种函数至少应该有一个命名参数）。最后的va_end做清理工作，所有使用va_list变量的函数，结束前都必须对这些变量调用va_end，将程序恢复到可以正常执行的状态。

现在考虑实际信息的生成问题。我们完全可以自己处理字符串 estr，逐步输出其内容，并在适当位置插入其他参数的值。这样写出emessage的定义没有本质性困难，就像写一个自己的printf。关心这方面具体技术的读者可以自己考虑，也可参考Kernighan的《C程序设计语言》中有关简化版本的printf的讨论，这里不仔细讨论了。

我们想在这里顺便介绍一下另一组输出函数，借助于它们可以简化emessage的实现。这组函数的介绍参看11.8节，其功能与printf、fprintf和sprintf一族函数完全一样，只是它们的参数表里最后不是 ...，而是一个va_list类型的参数。函数执行时就是格式化输出这个va_list代表的那组实参。

使用了其中的函数vfprintf，错误消息函数emessage的实现就非常简单了：

```
void emessage(const char *estr, ...) {
    va_list vl;
    va_start(vl, estr);
    fflush(stdout);
    fprintf(stderr, "\nError: ");
    vfprintf(stderr, estr, vl);
    fputc('\n', stderr);
    va_end(vl);
}
```

对于上面提到过的消息实例，现在都可以直接改为：

```
emessage ("Can't open file: %s\n", fn);
emessage ("Data too few. Statistics stop.\n");
emessage ("Data error, line %d\n", line);
```

我们在这里借用了printf函数族的格式化功能，使函数的定义大大简化。如果需要，我们也可以自己定义形式不同的格式。

如果程序里的需要比较复杂，解决问题的一种方法是利用标准库函数vsprintf，把格式化结果存入字符数组，而后就可以送到任何需要这种信息的地方。举例说，在图形用户界面的程序里，常需要将消息送到特定窗口，那时就可以采用这种方式。

10.3.3 运行中错误的检查和处理

程序执行中常会遇到出现错误的情况，错误的根源可能来自程序外部（例如，程序用户的输入错误），或者出自程序不同部分之间的信息交流（例如，某函数发现调用时的实参值不合要求；或者某个需要用的全局变量的值不合要求）。现在要讨论的问题是，在写程序的时候应该怎样考虑和处理这方面的问题。

两种有问题的处理方法

我们用一个极简单的例子来讨论这个问题。假定程序里需要一个函数，它从标准输入流读入一个整数并通过指针参数间接赋值。下面定义提供了这一函数的基本功能：

```
void getnum(int *np) {
    scanf("%d", np);
}
```

有了这个定义之后，如果我们想从标准输入读一个数存入变量 n，而后按照这个数的值分配一块存储区，其中能存放 n 个整数，可能会写出：

```
int n, *p;
getnum(&n);
p = (double*)malloc(n * sizeof(int));
```

上述定义和程序中都没有考虑读入数据可能出错的情况。如果读入数的操作真出错了，变量 n 可能没有得到合法值，随后的存储分配就完全没有保证了。

我们常看到一些书籍里的程序实例检查了错误，在发现错误时输出错误信息，而后却又若无其事地运行下去了。对上面例子，做法就是把函数的定义写成：

```
void getnum(int *np) {
    if (scanf("%d", np) != 1)
        printf("Can't read a number!\n");
}
```

把这一定义放在上面同样的调用环境里，出错时程序确实输出了信息。但在另一方面，当时程序执行已进入错误状态（n 的值不合法），继续下去可能产生很危险的后果。而在上面的写法中根本就没有关心这种危险。因此可以说，上面的做法可以认为是掩耳盗铃，已经发现了错误却不处理。实际程序里绝不能这样做。

我们还常能看到另一处理方式：在发现错误时调用标准库函数 exit。函数 exit 在 <stdlib.h>里声明（参看第 11 章），该函数的执行将导致程序*正常结束*。所谓正常结束是指程序在结束前完成所有必要的清理，包括刷新所有输出流，实际输出所有流缓冲区里的信息，关闭文件等。按这种方式，函数改写为：

```
void getnum(int *np) {
    if (scanf("%d", np) != 1) {
        printf("Can't read a number!\n");
        exit(1);
    }
}
```

这里还在程序结束前输出了一条信息。

对于简单的小程序，这一函数定义或许还可以考虑。然而这种函数不能用到真实的程序里。让我们考虑这种做法的后果：假设某个文字处理系统用了这种读数功能，在程序运行中，如果用户在程序需要整数值时不当心敲错了键，该系统就会在输出一条错误信息后立即结束，我们前面的编辑成果就再也找不到了。有人敢使用这种系统吗？

getnum 是个底层函数，为程序上层功能的实现提供某种服务。这种底层函数在工作中可能检查到某种错误状态。但是原则上说，由于这种函数不掌握全局情况，没有关于被调用处的上下文环境信息，因此它们的实现绝不能包含任何可能危害全局的行为。从这个角度说，上面的函数实现是一种典型程序错误，这种函数绝不能用在实际系统里。

两种常见处理方案

关于底层功能函数的设计有一个原则：应该根据需要尽可能地检查错误。如果发现错误而又无法在局部合理解决，就应该设法报告错误，要求调用函数的代码段做处理。就像企业里的一般职员，在发现不能局部解决的问题时应该向上级报告，因为其上级了解更大范围的情况，更有可能从全局出发找到比较合理的处理方法。

C 标准库函数的实现始终贯彻了这一原则，值得我们在编程中参考和效仿。标准库函数的错误处理主要采用了两种方式：第一种方式我们早已见识了，这种方式广泛出现在输入输出函数中，也就是通过返回特殊的函数值，向调用处报告本函数执行中出现了错误情况，所要求做的工作没有正常完成。

可以看到，所有返回整数值的函数（例如 getchar，putchar，scanf，printf 等）正常完成时都返回某个值（这个值可能表示某种信息，例如 scanf 和 printf，或者就是实际结果，如 getchar），出错时返回预定义常量 EOF，这是一个特殊的负值。当然，一些函数在遇到文件结束时也返回 EOF 值，但标准库提供了函数 feof 和 ferror，利用它们可以区分究竟是遇到文件结束，还是发现了错误。标准库的另一些函数返回指针值（例如 fopen，fgets，fputs 等），它们都用返回空指针值 NULL 表示工作中出了问题。这时同样可以通过检查确定实际情况。

前面的许多程序实例中都包含了对程序运行中出现错误情况的处理，定义的许多函数都采用返回值通知执行情况。采用这种方式的一个麻烦是“错误返回值”的选择，也就是说，应该选用什么作为返回值来表示遇到了错误。选择错误返回值也是一个设计问题，有时也会出现无法找到合理的错误值的情况。

标准库里广泛采用的另一种方式是通过特定的“错误变量”传递信息，这种方式用在标准数学函数中。标准库的数学函数大都具有类似 sin 的原型：

```
double sin(double);
```

设计者无法为这组函数选择一个“错误返回值”，因为每个 double 值都可能是某个数学函数的返回值。另一方面，这些数学函数常常出现在更复杂的表达式内部，也使我们没机会去检查每次调用的返回值。

标准库对这种情况的处理办法是定义了一个表达式 errno（查看 11.1 节）。如果程序执行中没有出现错误，这个表达式的值是 0；如果出现错误它就会取非 0 值。C 语言标准没有规定需要检查哪些错误，具体 C 系统可以自己确定一组错误。但语言标准规定数学函数至少应检查参数出错（例如对负数使用 log 和 sqrt）和返回值出错的情况（例如返回值溢出），并适当设置 errno 的值。这样，程序就可以通过检查 errno 来确定计算中是否出过错误。标准库有几个预定义常量，可供程序用于检查具体的错误。此外还有一个函数 perror，可以用于产生与当前错误有关的错误信息。我们可以在概念上把 errno 看做一个变量，其具体实现由 C 系统确定，11.1 节说明了 errno 的一般使用方法。

作为具体实例，实现复数除法的函数可以改写为：

```
Complex divComplex(Complex x, Complex y) {
    Complex c;
    double den = y.re * y.re + y.im * y.im;

    if (den == 0.0) {
        errno = ERANGE;
        c.re = 1; c.im = 0;
    }
```

```
    else {
        c.re = (x.re * y.re + x.im * y.im) / den;
        c.im = (x.im * y.re - x.re * y.im) / den;
    }

    return c;
}
```

其中的 ERANGE 是标准库定义的表示参数值错误的符号常量。

现在总结一下上述两种基本的错误处理模式，也简单说明它们的缺点：

1. 通过函数返回值报告工作情况，出现错误时返回特殊值，要求调用这个函数的调用者处理错误。必要时可以通过几个不同的值报告不同错误。这种方式的缺点是在设计函数时需要选择合适的“错误返回值”，有时会遇到困难。此外，在每个函数调用处都检查错误，也会使程序中的正常控制流变得不清晰，干扰人的阅读和理解。
2. 在发现错误时，把某个专门的错误变量设置为某个特定的值，供程序的其他部分检查。显然这种错误变量只能是全局变量。这种方式的缺点是使用者可能忘记检查，因而没有察觉实际计算中已经出错了。

这些模式还有另外一些缺点。例如，通过返回值的方式只能直接在一层调用之间传递信息，如果函数需要将信息传递给几层调用之外的函数去处理，这里就很不方便了。

标准库为解决这些问题提供了另一些功能，关心这些方面的读者请查阅第 11 章中有关 <setjmp.h>和<signal.h>等头文件的介绍。由于有关功能牵涉到一些更深入的问题和技术，这里就不仔细讨论了。此外，由于程序中的错误处理是实际软件开发中广泛出现的一个重要问题，人们在这方面开展了许多研究工作，提出了一些新的概念和机制，并将它们纳入某些新语言（例如 Ada、C++和 Java 都提供了称为“异常处理”的专门机制）。读者在今后的学习中可能遇到它们。

条件检查、断言和防御性程序设计

上面讨论了发现错误后如何处理的问题，随之而来的问题是在哪些时候应该去检查程序运行时可能遇到的各种错误。在这里，同样没有“放之四海而皆准”的原则，但人们也根据实践总结出一些经验，值得我们在编程序时参考。

一般而言，每个函数对自己的参数都有要求。除了基本的类型要求之外，还可能对参数的取值有进一步的要求。例如下面这个简单的求平均值函数：

```
double avrg(int n, double a[]) {
    int i;
    double s = 0.0;
    for (i = 0; i < n; ++i) s += a[i];
    return s/n;
}
```

在参数 n 的值为 0 时就会出现除以 0 的错误。如果把这个函数放在某个大程序里使用，例如在其他地方出现下面函数调用：

```
x = avrg(m, b);
```

如果 m 当时的值是 0，后果就完全没有保证了。因此应该检查这个条件。

现在又遇到检查错误的常见难题：这个函数必须有一个返回值，而在 n 的实参值为 0 时平均值没有定义，也就是说在这种情况下不存在“正确”返回值。但错误是客观存在的，因此只能考虑某种无奈的处理办法。定义这类函数时，一种可行方法是为错误情况选择一个“不得已的”值。下面定义在函数开始增加了对参数的检查：

```
double avrg(int n, double a[]) {
    int i;
    double s = 0.0;
    if (n == 0) return 0.0;
    for (i = 0; i < n; ++i) s += a[i];
```

```
    return s/n;
}
```

但如果 n 为负呢（它可能是其他地方计算出来的）？也可以考虑将检查改为：

```
    if (n <= 0) return 0.0;
```

其实各种标准库函数以及 C 语言的实现中也有许多类似情况。我们前面多次提到“结果没有定义”，也就是 C 语言标准允许系统实现者在遇到错误时为函数或程序结构的行为做出某种设计选择，使程序能运行下去。按照这种看法，上面的第一个函数定义，实际上就是“认可”C 语言实现的选择。

一段程序（例如一个函数）通常只能在一定条件下完成人们希望的某种有意义工作。当送给它的数据符合要求时，这段程序应该保证给出所需要的结果。人们把一段程序执行前对数据的要求称为它的前条件（precondition），把它的执行结束后能保证的性质称为其后条件（postcondition）。假设程序段 S 的前条件是 P，后条件是 Q，那么，如果 S 在条件 P 为真的情况下开始执行，S 结束后就可以保证 Q 为真。这里的 P 和 Q 应该是对一些变量取值情况的描述，例如上面函数的前条件就是“参数 n 的值大于 0”。一般而言，程序片段的前条件和后条件可以用逻辑表达式表示。在某种意义上看，一对适当的前后条件 P 和 Q 就描述了程序片段 S 的意义。有关程序段前后条件的认识是人们对程序和程序语言研究的重要成果，在程序理论和程序设计实践中都有非常重要的意义。

如果需要，我们可以为函数增加检查前条件或后条件的语句，在发现这些条件不满足的情况下报告错误，或采取特殊处理方式。如果运行中 S 的前条件不能满足，那就说明 S 前面代码产生的状态有问题，这种情况下 S 可能做任何事情。而如果在前条件满足的情况下 S 执行完毕时其后条件不满足，就说明我们写出的 S 本身有问题。

这类专门为检查错误而加入的描述称为断言，有些语言为描述断言提供了特殊描述手段。注意，程序里的断言并不是为了实现程序的正常功能，而是为了检查程序段运行中是否出现不符合要求的情况。如果这种检查没发现问题，它们就不会影响程序的效果。采用普通语句的形式写断言，优点是它们可以保留到程序执行时，在实际执行中起一种安全卫士的作用。当然，这种作用还需要外层调用代码的配合。例如上面函数返回了 0，调用函数的代码段就应该注意到这种可能性，检查函数实参的情况并给以适当处理。

为帮助编程者在程序调试中发现各类错误，C 标准库提供了一种断言机制（利用 C 语言的宏功能实现），在标准库头文件<assert.h>定义。该头文件里提供了宏 assert，它在参数求值得到非 0 时不产生任何效果，在参数值为 0 时终止整个程序的运行，并输出一条错误信息，指明出现错误的源文件的名字和这个 assert 语句在该文件里的行号。assert 通过调用标准函数 abort 终止程序。

对于现在考虑的实例函数，下面定义里使用了 assert 宏：

```
double avrg(int n, double a[]) {
    int i;
    double s = 0.0;
    assert(n > 0);
    for (i = 0; i < n; ++i) s += a[i];
    return s/n;
}
```

参数 n 不满足要求时 assert 将报告一个错误，并给出发现错误的位置。

许多时候，在程序调试完成后，我们会希望去除程序里的所有断言。为此标准库提供了另一个宏 NDEBUG，定义这个宏将导致程序里的所有 assert 自动“失效”，不再对参数进行求值检查。这种机制使人可以很方便地打开或者关闭断言检查。

应该注意，assert 机制是为程序的调试检查而提供的一种机制，让实际运行的程序依靠这种断言检查是危险的。如果检查中发现错误就可能导致程序终止，这未必是实际程序所希望的效果。这方面的问题前面已经讨论过。

程序中的检查应该做到什么程度？这个问题也没有唯一正确的答案。对此人们提出了一种称为防御性程序设计（defensive programming）的观点，其基本想法是程序片段（例如这里的函数）应当尽可能做好自我保护，以保证其他地方出现的错误不会传入这里的代码，造成本函数的不可预知行为，以至造成更大范围的破坏。

当然，防御性程序设计也有度的问题，既要考虑错误参数会不会造成实际损害，也要考虑函数的调用环境是否有产生错误的可能性。举例说，我们前面定义的程序中打印直方图的局部函数 prtHH：

```
void prtHH(int n) {
    int i;
    for (i = 0; i < n; ++i) putchar('H');
}
```

该函数的合理行为当然要求参数非负，否则就没意义。但从另一个角度看，即使参数为负也不会产生不良后果。另外，这个函数只是在输出直方图的函数里局部使用，根本不会出现以负数调用的情况，给 prtHH 增加检查，除增加了执行开销外没有任何收获。

函数 avrg 的情况很不一样：它实现的是一种一般性的计算功能，很可能用在程序里的许多地方。在写这个函数时，我们无法保证对它的所有调用都能满足其前条件。此时增加对参数的检查就是非常合理，而且也很必要了。

程序中对外提供服务的函数通常应考虑检查参数情况，尤其是那些位于各模块的界面上的函数。由于这些函数可能被程序的其他部分调用，这些调用可能位于另外开发的模块里，可能由其他人完成。定义这些函数的人无法保证所有调用都满足函数对参数的要求，因此应该增加检查。这类检查还有一个重要作用：可以防止错误在程序的不同部分之间传播，为排除程序错误提供局部屏障。这种想法和做法在大程序开发中非常有价值。

最后还需要强调一点：防御性程序设计也不应该过分。如果每个函数都对参数做完全的检查，整个程序里就会出现大量重复检查，有可能大大降低程序的效率。另一方面，有些检查的代价很高，做之前也要仔细考虑。例如，假定某函数要求参数数组里的元素互不相同，是否在函数里先检查数组参数的情况就很值得考虑了。

10.4 程序的配置

前面完成的学生成绩统计程序有些意思，它确实能完成真实世界中一些有意义的工作。现在我们重新分析这个问题，看看还有什么值得注意或改进的地方。

10.4.1 程序的行为参数和启动时配置

不难看出，上述程序的工作实际上依赖于几个量，其中总评成绩的计算依赖于给定的成绩比例分配；直方图依赖于分数分段和最长直方图长度，两个数值确定了程序产生直方图时的工作方式和显示形式。可以说，这个程序的行为依赖于这些“参量”，适当改变参量后这个程序仍能完成工作（学生成绩评定），只是工作方式有些变化。这里变化的是程序的一些具体行为方式。实际中人们常常需要这种变化。例如，对不同课程的最终成绩，教师在期中、期末和练习所占比例方面常有不同考虑。然而，在上面程序里这些数值都是编程时确定的，这就限制了程序的使用范围。这显然是一个值得考虑的问题。

当然，如果是我们自己需要在上述参数的范围内修改程序行为，那么可以去修改源代码里的常量定义，而后重新编译，得到的可执行程序将具有所需行为。这样看来上面所说的情况似乎不是问题。然而在实际中这种做法往往行不通。

如果是开发实际应用程序（而不是在做练习），通常是把做好的程序给别人用，我们一般提供的是可执行程序而不是源程序。因为：第一，使用这个程序的人可能根本不了解程序设计，也不知道如何从源程序做出一个可执行程序；第二，即使使用者知道怎样做，他们也未必有合适的工具（可能没有合用的编译系统等）去做出实际可执行的程序；第三，即使用户有加工程序的工具，要弄清如何修改程序才能得到所需要的行为，也是一件非常费时费力的工作；第四，源程序很容易被破坏，由于不当修改而变得不可用了，用户通常是不可能把它修理好的；第五，我们有时可能不希望把源程序提供给用户，因为源程序本身有某种价值，其中可能包含着我们的技术秘密等。

上面讨论说明，开发程序的人们常常面临这样一些情况：（1）希望提供给用户的是可执行程序；（2）希望所提供的程序有一定灵活性，使用户可以根据需要调整程序的工作方式，而这种调整又不需要修改程序本身。与此同时，我们还希望程序的使用尽可能简单而方便。使用方式复杂的软件不可能赢得用户，最终结果是用户抛弃我们。

下面以本章里的第一个分块开发结果（单一头文件结构的程序组织）为基础，讨论几种可能的想法和处理方案。这里的基本思想就是把程序中的这些参量总结并提取出来，设法让用户可以自己去确定程序执行中所用的具体参量值。这种在程序启动时确定其具体行为方式的过程称为程序的**配置**，或者程序的**初始化**。

对于本章第一个分块开发的结果，我们可以总结出下面一组量：

```
MAXNUM EXECISE, MIDDLE, FINAL, HISTLEN, SEGLEN
```

它们的值在一定程度上确定了程序的行为。下面想做的就是在允许修改它们的值的同时又不需要修改程序。可以把这些量称为程序的**功能参量**，下面的基本想法是让用户在执行程序时有办法为这些参量提供实际值，从而能根据需要改变程序的行为。

由于这些量可能变化，因此就不能再作为枚举常量了，应该作为程序里的一组变量。由于这些变量可能需要在一批函数里使用，需要在某个（某些）函数里设置，因此我们不能将它们定义在某个函数内部，只能把它们定义为一组全局变量：

```
int MAXLEN, EXECISE, MIDDLE, FINAL, HISTLEN, SEGLEN, SEGNUM;
```

SEGNUM 可以由其他参量算出，因此它不是独立的，但也可以放在这里统一处理。一般情况下我们用小写字母开头的标识符表示全局变量。这里采用大写字母拼写的标识符，是因为不想去全面修改已经开发好的程序。

要使用这些变量，程序中一些部分必须修改。需要去掉原来的枚举类型定义，在头文件 stu.h 里增加这些变量的 extern 声明，以便其他源文件能使用它们。还需要把全局数组 students 改为指针，动态分配学生记录的存储空间。修改后的头文件是：

```
/* 文件 stu.h，程序 stu 的公共头文件 */
#include <stdio.h>
#include <stdlib.h>
#include <math.h>
#include <ctype.h>

extern int
    MAXNUM,
    MIDDLE, EXECISE, FINAL, /* 成绩比例 */
    HISTLEN,  /* 最长行的长度（字符数）*/
    SEGLEN,   /* 分段长度 */
    SEGNUM;   /* 分段数，根据分段长度自动算出 */

typedef struct {
    unsigned long num;
```

```
    char name[20];
    double mid, exe, final, score;
} StuRec;

extern StuRec* students;

int readSRecs(FILE *fp, int limit, StuRec tb[]);
int printSRec(FILE *fp, int limit, StuRec tb[]);
void statistics(int n, StuRec tb[]);
void histogram(int n, StuRec tb[], int high);
void sortoutput(int n, StuRec tb[]);
int next(char s[]);
void getnstr (char prompt[], int lim, char bf[]);
int getcmd (char *prompt, int c1, int cn);
```

这些功能参变量都必须在主文件 stu.c 里另行定义。

由于数组的大小需要用常量表达式确定，histogram 里的数组 segs 的定义也需要修改。通过动态分配是一种处理办法。为了简单，也可以利用绘成绩直方图时最多每 1 分为一段的事实（由于 SEGLEN 是整数），直接采用下面数组定义：

```
    int segs[101];
```

这个函数的其他部分都不需要修改了。

为更好地支持程序的维护和修改（例如修改程序，考虑不同配置方式），我们应该把配置程序功能参量的工作定义为一个函数，让它返回 int，配置成功时返回非 0 值。把函数 main 修改为：

```
int main( ) {
    FILE *fp;
    char fn[128];

    if (!init( )) {
        emessage("Initiation fails. Stop program.\n");
        return 1;
    }

    ......
}
```

10.4.2 交互式配置

许多读者可能马上想到第一种方式：让程序从标准输入获得信息，由用户在程序启动后通过键盘指挥它。按这种设想，一个简单的配置函数可能具有如下形式：

```
int init( ) {
    int n;

    printf("Please give three ratio: middle execise final>");
    n = scanf("%d%d%d", &MIDDLE, &EXECISE, &FINAL);

    /* ...... */

    students = (StuRec*)calloc(MAXNUM, sizeof(StuRec));

    return 1;
}
```

为了保证程序的健壮性，我们还需要加入许多检测和处理，检查各输入是否正常完成，输入值是否在允许范围内。只有在所有输入都正常完成的情况下 init 才返回 1，否则就返回 0（因为在配置失败时程序根本无法工作，只能结束）。当然，这时结束不会产生任何损失，因为什么工作都还没做。为帮助用户了解正确的输入方式，程序还可以先输出一段有关程序使用方式的信息，解释需要输入的每个参数的用途和取值范围等。

这种方式的主要缺点是程序使用太麻烦。用户每次执行程序都需要通过交互逐一提供各功能参量的值。为缓解这一问题，可以给功能参数赋以默认值，允许用户使用默认值或者设定新值。例如，一种简单做法是输入0表示采用默认值，或直接回车表示选取默认值，请读者考虑如何实现这些策略。这时需要把功能参量的定义改为：

```
int MAXNUM = 400,
    MIDDLE = 20, EXECISE = 20, FINAL = 50,      /* 成绩比例 */
    HISTLEN = 60,                               /* 最长行的长度（字符数）*/
    SEGLEN = 5,                                 /* 分段长度 */
    SEGNUM = 100/SEGLEN + 1;                    /* 分段数，根据分段长度计算 */
```

实际程序很少采用交互式方式完成功能参量的初始化，因为这样做给用户带来的麻烦太多。下面介绍另外两种更常用的方式。

10.4.3 通过命令行参数

许多程序采用命令行参数为功能参量提供值。这时的 init 函数具有下面原型：

```
int init (int argc, char** argv);
```

主函数 main 头部也改为使用命令行参数的形式，对 init 的调用也相应修改。

为完成这种初始化，我们需要先设计命令行的形式，以便于对各参数的分析。例如，可以为每个命令行参数选定一个字母，例如选用下面形式的参数（这只是一种设计，完全可以采用其他形式）：

```
N500 E30 M20 F50 H40 L5
```

其中用 N、E、M、F、H、L 分别代表 MAXNUM、EXECISE、MIDDLE、FINAL、HISTLEN 和 SEGLEN。我们还可以不要求特定顺序，并允许缺少其中的一些项，对缺少的东西都用默认值。这样，init 函数可以采用如下定义：

```
int init (int argc, char** argv) {
    while (*++argv != 0) {
        char *p = *argv;
        switch(*p) {
        case 'N':
            MAXNUM = atoi(p+1); break;
        case 'E':
            EXECISE = atoi(p+1); break;
        case 'M':
            MIDDLE = atoi(p+1); break;
        case 'F':
            FINAL = atoi(p+1); break;
        case 'H':
            HISTLEN = atoi(p+1); break;
        case 'L':
            SEGLEN = atoi(p+1); break;
        default:
            emessage("Unrecognized command-line argument: %c\n", *p);
            return 0;
        }
    }
    /* 做一些合法性检查 */
    if (EXECISE + MIDDLE + FINAL != 100) {
        /* 输出错误信息并返回 0 */
    }
    /* …… 检查其他参数值和相互关系 */
    SEGNUM = 100/SEGLEN+1;
    students = (StuRec*)calloc(MAXNUM, sizeof(StuRec));

    return 1;
}
```

在分析命令行参数时，需要从表示数值的命令行字符序列求出数值。前面定义过这种函数。上面 `init` 函数里直接使用了 C 标准库里函数 `atoi`，它由表示整数的数字字符序列得到相应的 `int` 值，这个函数在头文件`<stdlib.h>`里描述。代码中写 `atoi(p+1)`，是因为 `p+1` 才是实际数字字符串的开始（去掉开头的那个字母）。

许多实际程序不仅需要通过命令行指定功能，还可能有一些其他参数，例如被处理的文件名等。为区分这两类参数，需要更仔细地设计命令行格式（语法形式）。为方便处理，许多系统函数为功能参数选定特殊的引导字符。例如，DOS 系统命令的功能参数都用 `/` 作为引导字符，而 UNIX 系统通常用 `-` 字符。这样，在分析命令行参数时，只需看一个字符就可以断定其实际作用。随后的分析完全可以采用类似上面的方式。

10.4.4 采用配置文件

采用命令行参数也有缺点：如果程序的参量很多，启动程序的命令行就容易写错。复杂软件常用的另一种配置技术是专门设计一个文件，将设置功能参数的数据存入这个文件。这种文件称为软件系统的配置文件或者初始化文件，名字常常以`.ini` 或者`.cfg` 等为扩展名。在各种真正的复杂软件里，都可以找到这类东西。

为了能使用配置文件，首先需要设计文件里的参数值描述形式，而后实现一个完成功能参量配置的 `init` 函数，其功能类似于上面两个函数，但实际数据从指定文件读入。程序启动后让 `init` 去打开和使用这个文件。如果文件打不开（可能是没有），程序就按内部的默认方式工作。如果能打开文件，程序就用文件里提供的值设置各个功能参数。为上述程序提供这种配置方式的工作留给读者作为练习。

经过上面各节的讨论和修改，我们的程序已经越来越像一个真实可以用的软件了。实际上，这里讨论的就是在真实软件里使用的思想和技术。

10.5 程序开发过程

如果一个程序不是极其简单，通常都不可能通过从第一个字符开始，以一个字符一个字符、一行一行向下写的方式顺序地很快完成。即使是不太大的程序，采取这种方式一下写出几百行程序代码，而后送给语言系统去编译加工，通常都会得到很长的一串错误信息。经过反复检查和修改好不容易完成了程序的编译，但运行情况又往往完全出乎我们的意料，程序总是不能实现所需要的功能，而且我们对为什么产生这种情况也常是一头雾水，更何谈想到或看到修正错误的线索了。随后我们就不得不投入非常痛苦而又漫长的检查错误、排除错误的过程。这样开发出的代码的每个部分都可能包含错误，一大堆包含错误的东西堆积在一起，常使人陷入一种束手无策的境况。

上述方式绝不是一种合理的工作方式，也不是有效率的工作方式。本节讨论我们如何能更有效地工作，有些内容是对前面已经讨论过的问题的总结。

人们在讨论程序设计时，常常提出*自上而下*或者*自下而上*的开发方法。不说是“写程序”，而说“开发程序”，也是想说明这一过程的艰难：它通常不是平铺直叙一帆风顺的。这里的“上”指相对而言比较抽象的层面，“下”指更为具体的层面，更接近计算机，接近基本程序设计语言。一个程序只要不是极其简单，通常都不是在最基本的语言层面上描述的，而是通过语言提供的方式，由一组位于不同层面的描述组成。

举例说，前面实例中的函数 main 就是基于一组标准库函数以及几个自定义函数 getnstr、commander 和 next 描述的，而函数 commander 又是基于一组标准库函数和自定义函数 readSRec、getcmd、statistics、histogram、sortoutput 和 next 描述的。函数调用形成一种分层，构成了程序的分层逻辑结构。

10.5.1 自上而下的开发

在开发初期，我们可以从所需系统的整体功能出发，开发出程序的基本框架，把整个程序分解为一些基本部分。在C语言里，较简单的程序可能分解为一些实现各部分功能的函数，更复杂的程序分解为一组模块。这种分解在程序的后续开发阶段中还会不断进行下去。以分解程序功能为基本考虑的工作过程就是*自上而下*的开发过程。

以前面程序为例。在确定了要处理一系列学生成绩文件，并确定通过与用户的交互完成具体文件的指定之后，整个程序的基本工作框架就确定了。由于对每个文件的处理又牵涉到一系列问题，因此我们考虑把这部分工作定义为函数 commander。这样基本上就有了程序的主函数框架：可以确定让主函数完成文件打开、关闭工作（当然，也可以把这部分工作放到 commander 里，形成另一种分解设计，其中 main 和 commander 的关系和需要交换的信息会有所不同），由此形成的 main 函数见10.1节。

一旦写出了这个主函数，就应该考虑去编译它，看看这部分程序中是否有语法错误。编译通过之后还没办法运行程序，因为缺少 main 调用的那些部分。可以假设 next 和 getnstr 是现成的（已定义好并经过实际使用的检验），已为它们建立了另一个源程序文件 utilities.c，原型已放入头文件 stu.h。但 commander 是全新的，没有它就无法进行连接（连接时将出现“commander 没有定义”的错误信息）。此时的正确策略不是立即把 commander 写出来，因为如果那样做，同样问题又会出现在 commander 里。如此下去，结果就是必须把所有的函数都定义好，然后才能进行编译、运行和调试。

人们通常的做法是先为 commander 写一个简单实现，甚至空的实现。当然，这个实现应具有正确的函数头部，例如：

```
void commander(FILE *fp, char *fn) { }
```

因为 commander 不返回值，这里给它一个空函数体，它就能和 main 等函数一起构成一个“完整”程序，完成编译后就可以去调试运行了。基于分块开发的考虑，我们把这个函数也放在程序的主文件里。调试之前还需要准备一个数据文件。

在目前情况下，我们已经可以检查 main 能否与用户正确交互，文件名正确时能打开，没有相应文件时能“正确”报告错误等。为了检查进一步的细节，可以扩充上面的空函数体，将其改为下面实现：

```
void commander(FILE *fp, char *fn) {
    char line[128];
    printf("File name: %s", fn);
    fgets(line, 128, fp);
    printf("Commander: get a line\n%s\n", line);
}
```

这样就检查函数名是否正确传递，文件内容能否正常读入。完成了这些检查之后，我们对 main 函数的功能有了更多信任，开发也可以进入下一个阶段了。

有时需要把待开发的一些部分放在另一源程序文件里。例如，假设现在已写出 commander 的实现，如果想测试这个函数，就需要有函数 readSRec、statistics、histogram、sortoutput 的定义（假设 getcmd 已经定义）。我们计划在一个独立的程序文件里实现输入输出功能，在另一个文件里实现成绩处理功能。实现 commander 时，有关函数的原型显然已经确定（否则就不可能写出 commander），而且这些原型应该已写入程序的头文件 stu.h。为了测试 commander，现在需要创建文件 stu_io.c 和 stu_fun.c，并在其中写出上述函数的简单实现。例如，readSRec 可以定义为：

```
int readSRecs(FILE *fp, int limit, StuRec tb[]) {
   printf("readSrec called\n");
   return 0;
}
```

将其放在文件 stu_io.c。这里写“return 0;”是为了保证函数确实返回了值（与函数头部一致，也因为 0 不会造成问题）。其他函数的情况与此类似。

虽然这些函数没有做任何有意义的事，但它们的存在却使我们可以进一步调试程序，检查 commander 的各种功能是否都已正确实现。这些描述本身也是有价值的。一方面，它们为检查程序各部分间的类型关系提供了信息；同时它们也是进一步开发的函数框架，后续工作就是把函数功能的正确实现填充到这些框架的空位中。如果函数比较复杂，我们就应该分步骤地开发它。逐步把一个“假的实现”扩充为最终的完整而正确的实现。在完成函数的一部分后就进行检查（因为已经有了由上层开发形成的执行环境），看这部分是否能满足需要，功能是否正确。人们把上面这类函数描述称为“哑函数实现”。

上面讨论大致给出了自上而下开发的工作方法，以及可能遇到的问题和解决办法。读者根据自己的经验，不难想象这一过程可能怎样继续下去。

10.5.2 自下而上的开发

程序开发未必是一种纯粹的自上而下的分解过程，有时也需要采用其他工作方式。举例说，假设我们要开发一个程序，在分析问题时发现其中许多地方都要用到复数运算。在这种情况下，开发出一个正确完整的复数模块，就能使程序其他部分的开发变得更清晰方便。这时我们就应该考虑在某个时候（或安排一些人力）从事复数模块的开发工作。完成了这个部分（使用方式和界面函数）的设计后，就可以基于它去设计和实现程序的其他部分了。复数模块的具体实现工作可以先做，也可以和其他工作同时进行。

相对于程序的整体功能而言，像复数这样的模块属于底层的服务性模块。这种先行开发服务性的底层模块或功能函数，而后再开发程序上层的工作方式，就是所谓的*自下而上*（或*自底向上*）的开发方法。在这种方式下，我们逐步构造起一块块的底层功能，基于构造好的功能进一步开发上层模块，最终完成整个系统。

前面已经讨论过自下而上开发中的许多问题，许多程序实例就是完成一个函数。C 语言里许多开发工作的结果就是一批函数，或者包含若干类型、一组常量和变量的一批函数（如上面提到的复数模块）。在开发这种程序部件时，我们也要采用系统化的方式，一边开发，一边调试，并排除程序中的错误。只有通过这样的工作过程，我们才能逐步深刻理解所开发的函数或模块的功能和性质，为更上一层的集成做好准备。

在写好了一段完整的程序（例如一个函数等）后，就应该去编译它。编译器可以检查这段程序中的语法错误，还能检查上下文关系方面的错误，例如所用的变量是否都有定义（是否有变量名写错的情况），运算对象的类型是否与运算符的要求相符，变量的值能否转换等。开发完一个部分（例如一个函数或一个程序文件），就应该在这个局部做尽可能多的检查和测试，纠正所发现的错误。这样工作得到的结果是潜在错误比较少的程序部分。进一步说，完成了两个相关部分之后，应该进一步检查它们的组合是否能完成预定的工作。这样一步步进行下去，到了程序的所有部分都完成时，系统中剩下的错误就会少得多，进一步检查和排除整个系统中错误的工作也会容易得多。

只通过编译器做程序的静态检查远远不够，还应该设法去运行这种程序片段，在动态运行中检查它们的功能。和前面类似，这样开发出一个或一组函数不是完整程序。为能运行和测试，必须写出虚拟的主函数（驱动程序），让它调用这些函数，以便运行和测试写出的程序片段。在第4章最后已经讨论过写这种驱动程序的问题。如果程序划分为多个源文件，可以考虑写一个包括“虚设的”主函数的源文件，用它的编译结果与需要调试的模块连接。为能这样做分块开发，我们也常常需要先做出一批头文件。

通过反复调试执行，努力修改、更正发现的问题，也为最后的系统集成做好了准备。这种工作方式可以避免把调试工作都集中到系统开发的最后。通过预先的分别调试，通常可能排除了各模块内部的大部分缺陷，为最后集成和调试提供坚实的基础。

10.5.3 实际开发过程

实际程序开发过程通常都不是纯粹的自上而下或者自下而上，而是呈现出某种混合的形式，其中自上而下的分解与自下而上的构造交织进行。

对一个比较大的系统，在自上而下的功能设计和分解之后，所确定和仔细设计的各模块描述常常交给不同的开发小组，由各个小组分别进行开发。各开发小组也可能对系统功能结构进行进一步分解，而后将任务分配给更小的小组或者个人。有关系统的各层次开发完成后，开发结果被逐层集成起来，通过上层结构集成为一体，最终构成完整的系统。

实际上，在考虑如何分解时，我们心里往往有一些基本的目标和模式。例如，在考虑数据输入部分的分解时，我们会考虑如何把其中一些基本功能分解到能直接调用标准库输入函数，或归结到某种已经熟悉的处理模式。这些都是很有意义的目标。

一些常规的计算过程也是分解的启示。例如，把一组数据按某种顺序排列（排序）常常有助于问题的解决；许多时候我们是在一组数据中查找满足某个条件的元素（称为检索或查找）。对许多常见工作，都存在已被广泛使用的高效算法，或者有可用的函数库。把程序分解到这个层次，就可以直接利用已有功能去实现了，有时需要写一些短小的辅助函数（例如前面为调用 `qsort` 而写的表示比较准则的函数）。有时现有功能模块（或函数）的界面与需要不符，可以通过简单的“转接函数”把它们联系起来。

程序里的数据也有许多常用的组织方式。基本的构造手段是数组和结构，指针用于构造更复杂的结构。在后续的“数据结构”课程中，读者将会看到许多经典的数据组织方式。这些常用的和典型的方式也引导着程序功能的分解过程。一旦确定将程序里的数据用某种方式组织起来，随后的很多编程工作就是围绕着所确定的数据结构进行了。

另一方面，在程序开发的各个阶段，实现程序各部分基本功能的代码（函数等）也需要逐步开发出来，这时往往采用自底向上的方式，一步步地实现这些部分。

完全采用自底向上的方式很容易看不见全局，这种情况可能导致所实现的部分不能很好地与程序的其他部分协同工作。在实现了程序中的一部分功能后，为使之能融入整个程序，也可能需要对其实现方式、使用界面（函数原型）等做一些调整。有时我们会发现，对某些部分的少许调整可以使一段程序更容易使用，或能够用到更多的地方。

在程序开发中，这种为实际需要而做功能调整或者形式调整是常有现象。这时，基本程序的清晰和易修改性就非常重要了。本书自始至终强调这方面的问题，也就是希望帮助读者养成良好的编程习惯，满足实际程序设计的需要。

还有一个问题也很值得提出来。随着做出了越来越多的程序，我们会发现，其中许多程序的某些地方使用着类似的功能。对这些程序片段进行整理和推广，就可能做出一些可以用到许多不同程序里的功能函数或者模块。这种自下而上的积累又会成为我们今后分解程序的线索。重复使用已有的代码、设计等的活动被称为重用，如何在程序开发的各个层次上支持重用，已经越来越受到人们的重视。C 语言开发得比较早，对这方面的支持也比较弱。许多新语言已经把支持重用作为语言设计的一个重要目标。

总而言之，程序是一种非常复杂，而且正在永无休止地变得更加复杂的人工制品。任何有利于应对复杂性的技术和方法都可能在这里发挥作用。人们为解决程序的复杂性问题，从各个角度开展研究，提出了许多被实践证明有效的理论、技术、方法，开发了许多工具系统。读者继续在这个领域中学习，会逐渐接触到其中的一些东西。

本章讨论的重要概念

分块开发，编译单位，物理组织，头文件，代码文件，组织原则，模块化，接口（界面），集成开发环境，功能模块，目标文件，库，错误报告，错误处理，断言，防御性程序设计，配置，程序的初始化，程序开发，自上而下，自下而上。

练习

1. 重写前面写过的用筛法求素数程序，其中用一个 `int` 数组表示被处理的整数序列，但不是用一个 `int` 数组元素表示一个整数，而是用数组元素里的每个位表示一个整数。当一个整数没被划掉时，与它对应的位是 1（这也规定了数组中元素的初值），而当它被划掉时对应的位变成 0。这样可以节约一些存储。请复习前面有关位运算的介绍，用位运算实现这个程序。
2. 本练习要求你实现"一台"简单的执行符号指令的计算机。假定"程序"文件里保存着一串（不超过 128 条）如下形式的"指令"程序：

```
rset 100
save 0
rset 204
……
```

假定这一计算机只有一个可保存一个整数的寄存器 r，以及 128 个可以保存整数的存储单元，这些单元分别编号为 0 到 127（单元地址）。该计算机包含下述指令：

指令形式	解　释
`rset` *n*	将 r 设置为值 *n*
`save` *m*	将 r 的数据保存到单元 *m*
`load` *m*	将单元 *m* 的数据装入 r
`jmpz` *d*	如果 r 里的数据为 0 就跳到指令 *d*
`plus` *m*	给 r 加上单元 *m* 的数据
`subs` *m*	从 r 减去单元 *m* 的数据
`mult` *m*	给 r 乘以单元 *m* 的数据
`divd` *m*	将 r 除以单元 *m* 的数据
`read`	从外部（键盘）读入数据到 r
`rwrt`	将寄存器里的数据输出（打印显示）
`halt`	停止运行

假定程序里的指令从 0 开始排列编号。

请编写一个 C 程序，它从由命令行参数指定的文件读入具有上述形式的"程序"，并执行该"程序"。请用上述指令编写完成下面工作的程序文件并执行它们：（1）计算 1 到 *n* 的所有整数之和，其中的 *n* 由读入"指令"得到。（2）计算并输出前 *n* 个斐波那契数，其中的 *n* 由读入指令得到。（3）计算数 *n* 的整数平方根，即平方不大于 n 的最大整数。请自己写出几个有趣的程序，并通过运行确定其正确性。

这个工作实际上是实现一台“虚拟机”，也就是软件的计算机。

3. 设计并实现一台指令用数字形式编码的计算机。该机器的指令与前一题里的计算机相同，但指令用整数编码：指令码和操作数一起放在一个整数（int）里。指令码占整数里最高的 4 个二进制位，其余位是操作数。各指令对应的指令码如下：

符号指令	指 令 码	解　释
rset *n*	0000	将寄存器设置为值 *n*
save *m*	0001	将寄存器里的数据保存到单元 *m*
load *m*	0010	将单元 *m* 的数据装入寄存器
jmpz *d*	0011	如果寄存器里的数据为 0 就跳到指令 *d*
plus *m*	0100	寄存器现有数据加上单元 *m* 的数据
subs *m*	0101	寄存器现有数据减去单元 *m* 的数据
mult *m*	0110	寄存器现有数据乘上单元 *m* 的数据
divd *m*	0111	寄存器现有数据除以单元 *m* 的数据
read	1000	读入数据到寄存器
rwrt	1001	将寄存器里的数据输出
halt	1010	停止运行

采用十六进制写法（要特别注意整数的位数），下面整数所表示的指令

```
0x00ff
```

能把寄存器设置为整数 255。这里的指令码部分为 0，操作数为 255。下面指令

```
0x4005
```

要求将单元 5 的内容加到寄存器现有内容上。请注意，按照现在的设计，指令 rset 只能在寄存器中设置正值。

假定文件里存放着这种指令书写的“程序”，你实现的这部计算机应能读入由命令行参数指定的文件里的程序并执行它。请手工把你在前面写的一个或几个程序翻译成这里的“机器指令”形式，实际运行并检查其执行效果。

你可能听说过 Java 语言及其字节码程序和虚拟机。上面定义和实现的就是一种简单的字节码，以及执行这种字节码的虚拟机。

4. 扩大前一题开发的计算机的存储空间（请考虑你的计算机可能提供多大的内存），合并上述程序里保存数据的存储区和保存程序代码的存储区，并根据需要修改其他方面的调整，使之能成为一个有机整体。现在你已经开发出了一台“存储程序计算机”，其基本结构和运行方式都与你所用的真实计算机类似。

5. 请写一个函数，它有一个输入文件指针参数和一个输出文件指针参数，从输入文件读入第 2 题的符号形式的“源代码程序”，输出对应的符合第 3 题所给形式的代码。写一个主函数，令你的函数处理一个或几个“源代码”文件，生成相应 “目标代码”文件。并将生成结果与你前面手工翻译的结果比较。如果完成了这个工作，那么你做出的就是一个“汇编程序”。

6. 请开发一个简单的“程序开发环境”。所提供的功能包括：

（1）调用某个编辑器编译第 3 题形式的“源程序文件”。你可以用<stdlib.h>里的 system 函数启动另一个程序执行。当那个程序结束时，控制将转回你的程序；

（2）调用你编写的汇编函数，将刚刚编写好的源程序翻译为目标代码程序；

（3）调用你实现的第 3 题的计算机功能的函数（将那里开发的程序改造为一个函数）运行目标代码程序。

7. 扩充你在第 6 题所开发的程序设计环境，提供一种“单步执行”的调试功能。使你的计算机可以按照命令一次一条指令地执行程序，并可以随时检查寄存器和各个存储单元的内容。应允许在任何时候终止程序的运行。

8. 对上面开发的程序，做你所考虑的各种扩充。

第11章 标准库

标准库是C语言标准的一个重要组成部分。ANSI C标准诞生之前，K&R C也说明了一些库功能，不同C系统通过库的方式提供一些常用函数，以及一些类型和变量定义。随着C语言的广泛应用，由不同C系统的库的差异引起的问题越来越多。为提高C程序的可移植性，ANSI C的标准化工作把库的标准化作为一项重要工作，其结果就是现在的标准库。C99对标准库做了许多扩充，以支持复杂程序设计的需要。本章介绍ANSI C标准库，并简单介绍C99的一些扩充，第12章较详细地介绍C99的几个标准库包。

目前的C语言系统都支持ANSI C标准库，按标准库规范提供一组标准头文件。此外，各种C系统还根据需要和具体运行环境提供了一些扩充库，典型例子如图形库、直接利用操作系统甚至计算机硬件功能的库、支持使用平台的图形用户界面的库等。一些特殊的C系统可能提供一些特殊的库。此外，还有第三方软件供应商和开源软件开发者发布的通用和专用的C语言支持库，用于特定系统或特定应用领域。如果需要开发复杂的系统，尽可能利用已有的经过长期考验的库是一种很好选择。

另一方面，如果程序里只用到标准库，这个程序就更容易移植到另一个C语言系统上，包括移植到另一种不同的计算机上。如果使用了具体C系统的扩充库，要把这样的程序搬到其他系统上，要做的工作就会多得多，因为需要修改所有使用特殊库的部分，用新系统支持的方式把它们重新写出来。这种情况说明，开发C程序时应尽可能使用C语言本身的功能和标准库。如果必须使用具体C系统的特殊库功能，那么应尽量把所有依赖于特殊功能的程序片段封装到一些小的局部。这样做能保证最终程序具有较好的可移植性，在需要把程序转到其他系统时，必须做的工作可能少一些。

11.1 标准库结构

在C语言系统里，标准库的实现通常包含一组（语言标准规定的）标准头文件和一个或几个库函数代码文件。有关标准头文件的情况前面已有很多讨论，写程序时必须包含相关的头文件，才可能保证程序里能正确使用标准库的相应功能。库代码文件里包含标准函数的实际机器指令代码段和一些数据结构（实现标准库所需的变量等），还附带一些连接程序使用的信息。当然，库文件是二进制代码文件，我们不需要关心其具体内容和形式。如果一个程序里用到标准库函数，在程序连接时，连接程序就会把有关函数的代码和其他相关片段拼接到结果程序里，并完成所有函数调用和变量使用的连接。

库代码文件通常是一个或几个很大的文件，其中包含了所有库函数的实现代码。而在另一方面，一个具体程序通常只实际用到很少一部分库功能。人们开发了一套技术，在进行连接时，连接程序并不把库代码文件整个装配到可执行文件里，而是根据实际程序的需要，由库文件里提取出必要的部分，只装配这些部分。这样就保证了用户程序的紧凑性，避免程序中出现大量无用冗余代码段的情况。

ANSI C 标准对于标准头文件有明确规定。这是一组正文文件，其作用是为使用标准库的程序提供信息。这些头文件里列出了所有库函数的原型，定义了库函数所使用的类型（如表示流的`FILE`类型等）和一些符号常量（如`EOF`、`NULL`）。通过预处理命令包含这些头文件，就使编译器处理程序时能得到所有必要的信息，保证程序中对标准库的使用与库文件里的有关定义之间的一致性。

标准头文件通常存放在C语言系统的主目录下的一个子目录里，这个目录的名字一般是h或者include。ANSI C标准头文件包括：

```
<asset.h>      <ctype.h>      <errno.h>      <float.h>
<limits.h>     <locale.h>     <math.h>       <setjmp.h>
<signal.h>     <stdarg.h>     <stddef.h>     <stdlib.h>
<stdio.h>      <string.h>     <time.h>
```

C99扩充了几个头文件，还对ANSI C的若干头文件做了扩充。下面几节将根据ANSI C标准库的头文件，分门别类介绍标准库各方面的主要功能。小节标题后面括号里给出有关头文件的名字，这些文件名总用尖括号括起来。为帮助理解，有些地方提供了简短的程序示例片段。这里也简单介绍一些C99扩充。

11.1.1 标准定义（<stddef.h>）

<stddef.h>的内容是标准库的一些常用定义，无论我们包含哪个标准头文件，<stddef.h>都会被自动包含进来。这个文件里定义：

- 类型 size_t（sizeof运算符的结果类型，是某个无符号整型）；
- 类型 ptrdiff_t（两个指针相减运算的结果类型，是某个有符号整型）；
- 类型 wchar_t（宽字符类型，是一个整型，其中足以存放本系统所支持的所有本地环境中的字符集的所有编码。还保证空字符的编码值为0）；
- 符号常量NULL（空指针值）；
- 宏offsetof（这是一个带参数的宏，第一个参数应是一个结构类型，第二个参数应是结构成员名。offsetof(s,m)求出成员m在结构类型s的变量里的偏移量）。

其中有些定义（如NULL）也出现在其他头文件里。

11.1.2 错误信息（<errno.h>）

文件<errno.h>里定义了errno，这是一个int类型的表达式（可能定义为宏）。errno可以看做一个变量，其初始值为0，一些标准库函数执行中出错时将它设置为非0值，但任何标准库函数里都没有设置它为0的动作。

如果需要检查某些标准库函数的执行中是否出错，可以写下面这样的程序片段：

```
int err;
......
err = errno; /* 保留原出错状态，如果不需要恢复也可以不保留 */
errno = 0;
......        /* 被检查的程序片段 */
if (errno != 0) {
    ......    /* 出错时的处理 */
}
errno = err; /* 恢复原出错状态（如果需要） */
```

是否保留与恢复出错状态要看程序的需要。但无论如何，在需要检查的程序段之前都必须先把errno置为0，以保证检查结果的可靠性。

<errno.h>里还定义了两个宏EDOM和ERANGE，它们都是非0整数。数学函数执行中遇到参数错误（参数超出函数的允许范围）就将errno设置为EDOM；计算中出现值域错误（结果溢出）就将errno置为ERANGE。此外，标准库还允许具体C系统定义一些以E开头的宏，表示这个C系统的标准库可能给errno设置的值。

11.1.3 C99 的几个头文件

<stdbool.h>定义了类型名 bool 和两个常量 false 和 true。

<iso646.h>定义了一些运算符（主要是用多个特殊字符表示的运算符）的标识符名，如 && 的符号名是 and，!= 的符号名是 not_eq。

<stdint.h>和<inttype.h>定义了一批整数类型和与整数处理有关的宏。其中定义了一些特定长度的整数类型，包括 16 位、32 位等带符号和无符号整数类型，各种类型的最小和最大值，输出输入的格式化符号等。有关情况在第 12 章介绍。

11.2 几个已经介绍过的头文件

标准库中几个头文件的主要功能已在前面章节里做过介绍，这里做一些必要的补充或说明。没介绍过的头文件或有重要部分未介绍的头文件将在后面单独分节介绍。

标准输入输出函数的原型在<stdio.h>里，常用函数已在第 8 章讨论。<stdio.h>里还有几个辅助函数和以 va_list（变长参数表）为参数的函数，11.8 节介绍有关情况。

2.4.2 节介绍了<math.h>里声明的许多函数，包括三角函数，指数和对数函数等，大部分函数都取一个参数，其参数与返回值都是 double 类型。

还有几个函数列在下表中。这些函数都返回双精度值（包括函数 ceil 和 floor）。在下表里，除特别说明的参数之外，其他参数都是 double。

函数原型	意义解释
ceil(x)	求出不小于 x 的最小整数（返回与这个整数对应的 double 值）
floor(x)	求出不大于 x 的最大整数（返回与这个整数对应的 double 值）
atan2(y, x)	求出 $\tan^{-1}(y/x)$，其值的范围是 $[-\pi, \pi]$
ldexp(x, int n)	求出 $x \cdot 2^n$
frexp(x, int *exp)	把 x 分解为 $y \cdot 2^n$，y 是位于区间 $[1/2, 1)$ 里的一个小数，作为函数结果返回，整数 n 通过指针*exp 返回（应提供一个 int 变量地址）。当 x 为 0 时这两个结果的值都是 0
modf(x, double *ip)	把 x 分解为小数部分和整数部分，小数部分作为函数返回值，整数部分通过指针*ip 返回

下面是使用 frexp 和 modf 的两个简单实例：

```
double x = 233.3574, y, z1, z2;
int n;
y = frexp(x, &n);
z1 = modf(x, &z2);
```

这两个语句将得到对 double 变量 x 的值的两种不同分解。

C99 对<math.h>做了许多扩充，包括定义了以 float 和 long double 为参数类型的各种数学函数。这些函数采用统一命名约定，针对 float 和 long double 类型的函数，名字分别加 f 或 l 后缀。还增加了一些函数，如结果为 long long 的取整函数等。新的<tgmath.h>主要为提高使用数学功能的程序的可移植性。C99 还增加了另一个头文件<fenv.h>，主要用于在复杂的计算程序里控制浮点运算的精度、处理速度等。C99 支持复数计算的标准库头文件<complex.h>在第 12 章介绍。

<ctype.h>里声明的所有字符函数都已在 5.3.1 节介绍。

11.3 字符串函数（<string.h>）

最常用的字符串函数已在 6.4.4 节介绍。这里要补充一点，那里介绍的串复制函数 strcpy、

strncpy 和串连接函数 strcat、strncat 都返回指向结果字符串的指针值。标准库还提供了另一些字符串处理函数。

这里还描述了一组存储区操作函数，它们与字符串函数类似，都是对一系列字节的处理。两者差异在于字符串函数依赖于字符串的表示形式，也就是说，依赖于表示串结束的空字符。存储区操作函数不依赖于表示，调用时必须说明要处理的字节数。

11.3.1 一些字符串函数

ANSI C 的所有字符串函数列在下表里，已介绍过的函数就不讨论了。为简洁起见，表中采用如下约定：s、t 表示 (char *)类型的参数（实参应是保存着字符串的数组），cs、ct 表示(const char*)类型的参数（实参应是字符串），n 表示 size_t 类型的参数，c 是整型参数（在函数里转换到 char）。

函数原型	意义解释
size_t strlen(cs)	求出 cs 的长度
char *strcpy(s,ct)	把 ct 复制到 s。要求 s 指定足够大的字符数组
char *strncpy(s,ct,n)	把 ct 里的至多 n 个字符复制到 s。要求 s 指定一个足够大的字符数组。如果 ct 里的字符不够 n 个，就在 s 里填充空字符
char *strcat(s,ct)	把 ct 里的字符复制到 s 里已有的字符串之后。s 应指定一个保存着字符串而且足够大的字符数组
char *strncat(s,ct,n)	把 ct 里的至多 n 个字符复制到 s 里已有的字符串之后。s 应指定一个保存着字符串，而且足够大的字符数组
int strcmp(cs,ct)	比较字符串 cs 和 ct 的大小，在 cs 大于、等于、小于 ct 时分别返回正值、0、负值
int strncmp(cs,ct,n)	比较字符串 cs 和 ct 的大小，至多比较 n 个字符。在 cs 大于、等于、小于 ct 时分别返回正值、0、负值
char *strchr(cs,c)	在 cs 中查寻 c 并返回 c 第一个出现的位置，用指向这个位置的指针表示。当 cs 里没有 c 时返回值 NULL
char *strrchr(cs,c)	在 cs 中查寻 c 并返回 c 最后一个出现的位置，没有时返回 NULL
size_t strspn(cs,ct)	由 cs 起确定一段全由 ct 里的字符组成的序列，返回其长度
size_t strcspn(cs,ct)	由 cs 起确定一段全由非 ct 里的字符组成的序列，返回其长度
char *strpbrk(cs,ct)	在 cs 里查寻 ct 里的字符，返回第一个满足条件的字符出现的位置，没有时返回 NULL
char *strstr(cs,ct)	在 cs 中查寻串 ct（查询子串），返回 ct 作为 cs 的子串的第一个出现的位置，ct 未出现在 cs 里时返回 NULL
char *strerror(n)	返回与错误编号 n 相关的错误信息串（指向该错误信息串的指针）
char *strtok(s,ct)	在 s 中查寻由 ct 中的字符作为分隔符而形成的单词

下面对没介绍过的函数再做些解释，对 strtok 的功能做较详细讨论。

strerror 的情况比较简单。本章开始时讲过，在程序里可以检查 C 标准库中表达式 errno 的值，当这个表达式非 0 时，可以通过 strerror(errno)得到一个字符指针，它指向系统提供的一个有关当时错误的信息串。

字符串长度

函数 strlen 返回字符串里的实际字符数，不包括表示结束的空字符。

```
char ss[] = "there is an island in the sea.";
int n;
n = strlen(ss); // 执行这个语句后 n 的值是 30
```

有时需要为保存字符串而动态分配存储区。这时可以用 strlen 求字符串长度，但分配时必须预留空字符的位置。下面函数建立参数字符串的副本：

```
char *makecopy(char *s) {
    char *p = (char*)malloc((strlen(s)+1));
    strcpy(p, s);
    return p;
}
```

如果没有+1，调用 strcpy 复制字符串时就会越界，很可能引起严重问题。上面分配中计算大小时不必乘 sizeof(char)，因为 C 语言规定 char 类型的大小为 1。

字符和子串查找

函数 strchr 和 strrchr 查找一个字符在字符串里出现的位置，它们分别从字符串的开头或结束处开始查找。函数 strpbrk 把一个字符串看做字符集合，查找其中任一个字符在另一字符串里出现的位置。函数 strstr 查找一个串（称为子串）在另一字符串里出现的位置。查找成功时函数返回所确定位置的指针，没找到时返回空指针。例如：

```
char ss[] = "there is an island in the sea.";
char *p1, *p2, *p3;
p1 = strchr(ss, 'n');
p2 = strrchr(ss, 'n');
p3 = strstr(ss, "is");
```

执行这几个语句后，p1 将指向 ss 里单词 an 中的 n（ss 里最左边的 n）；p2 指向单词 in 中的字符 n(ss 里最右边的 n)；p3 指向 ss 里的单词 is 的第一个字符(虽然后面还有作为单词 island 的一部分的另一 is 出现)。

如果要确定某字符在一个字符串里的所有出现位置，可以写一个循环。例如，下面循环输出字符串 ss 里 i 的所有出现位置：

```
for (p = ss; 1; ++p1) {
    if ((p1 = strchr(p1, 'i')) == NULL) break;
    printf("%d ", p1 - ss);
}
```

找到需要的字符位置后，我们可以做任何需要做的事情。这里简单地把找到的位置输出，只是作为示例。也可以对子串查找写出类似的循环。

例 11.1 找出正文文件里包含某个特定单词的所有正文行，把这些行的内容及其顺序编号送到标准输出。作为一种设计，我们假定被查找文件通过函数的标准输入得到，被查找的单词通过命令行参数给出。

借助于函数 strstr，这个程序可以写成下面的样子：

```
#include <stdio.h>
#include <string.h>

enum { LINELEN = 256 };

int main(int argc, char *argv[]) {
    int n;
    char *scan;
    char ss[LINELEN];
    if (argc == 1) {
        printf("You forget to give a scan-string\n.");
        return 1;
    }
    scan = argv[1]; /* 指向要找的字符串 */

    for (n = 1; fgets(ss, 256, stdin); ++n)
        if (strstr(ss, scan)) printf("%d: %s", n, ss);

    return 0;
}
```

这里用变量 n 记录行编号，如果这一行出现了字符串 scan 就输出它。请注意，fgets 和 strstr

都返回指针，输入结束时返回 NULL。直接把这个返回值作为条件省了 != NULL，效果完全一样。在 C 程序里经常可以看到这种写法。这个程序很有用，例如可以用于在 C 语言源程序里查找出现特定标识符的行。

上面程序开始处定义了一个符号常量，确定输入用的行缓冲区大小。这实际假设每行的字符不超过 254 个。如果这一假设不成立，那么行的序号就可能出错（例如，超长的行被作为多个行计数），也可能出现漏查的情况（例如被查字符串正好出现在超长行的断行处）。修正这些缺陷都是可能的，例如可以改用动态分配的存储区，或者另外想办法处理行的截断问题。有关修正留给读者作为练习。

特定的最长前缀

字符串的一个前缀是指该串前面的一段。函数 strspn 和 strcspn 都确定字符串中满足某种要求的最长前缀的长度。strspn 查找的是所有字符都属于一个字符集合（用另一字符串表示）的最长前缀，而 strcspn 查找所有字符不属于某个集合的最长前缀。下面程序片段确定输入行中从头开始的最长数字序列的长度：

```
char s[256];
fgets(s, 256, stdin);
n = strspn(s, "0123456789");
```

strcspn 的情况与此类似，只是它以不属于指定字符集合 ct 作为判据。

单词分解

函数 strtok(s,ct) 比较复杂，其用途是把字符串划分为单词的序列。该函数把串 s 看做由分隔符分隔的一些单词，ct 是根据划分需要确定的分隔字符集。

对字符串 s 的划分通过对 strtok 的一系列调用完成。第一次是对 s 调用本函数，确定 s 里由不属于 ct 的字符构成的最长前缀。这一调用还把这段字符之后的下一字符（属于分隔字符集）改为'\0'，并返回指向这段字符开始的指针（形成了由这段字符构成的字符串）。完成划分 s 后的随后调用都应当用 NULL 作为 strtok 的第一个参数，每次调用将返回 s 里的下一个单词（作为一个字符串）。我们可以这样做下去，直到没有下一单词，这时 strtok 返回空指针值。

例 11.2 用 strtok 把正文文件内容分解为单词序列。假如我们想写一个程序，要求它把正文文件分解为由空格和几个标点符号分隔的单词序列，并把这些单词一行一个送到标准输出。假定被查找文件通过函数的标准输入得到。

借助于函数 strtok，这个程序可以写成下面的样子：

```
#include <stdio.h>
#include <string.h>
enum { LINELEN = 256 };
char sep[] = " ,.\"?!':;()\t";

int main() {
    char *p;
    char ss[LINELEN];

    while (fgets(ss, 256, stdin))
        while ((p = strtok(ss, sep))) printf("%s\n", p);

    return 0;
}
```

这里用 ss 保留读入行。循环读入一行后根据串 sep 利用 strtok 将字符串分解为单词后输出。请注意，串 sep 里包含字符 "（它也是标点），它前面的反斜线是换意符。这个程序里把分隔字符定义成字符数组 sep，可以使程序修改变得更容易。

当然，这个程序完全是为了表现 strtok 的使用，但这里展示的技术在处理更复杂的问题时可能有用。函数 strtok 的实现可以作为一个很好的练习。

11.3.2 存储区操作函数

<string.h>里声明了一组字符数组操作函数（或称存储区操作函数），函数名都以 mem 开头。在下面所有原型中，参数 s 和 t 的类型是(void *)，cs 和 ct 的类型是(const void *)，n 的类型是 size_t，c 的类型是 int（转换为 unsigned char）。

函数原型	意义解释
void *memcpy(s,ct,n)	从 ct 处复制 n 个字符到 s 处，返回 s
void *memmove(s,ct,n)	从 ct 处复制 n 个字符到 s 处，返回 s，这里的两个段允许重叠
int memcmp(cs,ct,n)	比较由 cs 和 ct 开始的 n 个字符，返回值定义同 strcmp
void *memchr(cs,c,n)	在 n 个字符的范围内查寻 c 在 cs 中的第一次出现，如果找到，返回该位置的指针值，否则返回 NULL
void *memset(s,c,n)	将 s 的前 n 个字符设置为 c，返回 s

函数 memcpy 简单完成一段内存内容（n 个字节）的复制。如果作为复制源和复制目标的两个区域有重叠，memcpy 未必能正确完成复制工作。memmove 的功能与 memcpy 相同，但是即使复制源和复制目标有重叠，它也能保证正确完成复制。因此后一函数的使用更安全，但这一函数的工作效率可能比 memcpy 低。

这几个函数通常都经过特殊优化，可能比功能类似的字符串函数效率高。如果程序的效率很重要，就可以考虑用这几个函数。还请注意，这几个函数都有长度参数 n。

11.4 功能函数（<stdlib.h>）

头文件<stdlib.h>声明了一批常用功能函数，其中的随机数和动态存储分配函数已经在 5.3.2 节和 7.5.1 节介绍，与随机数有关的其他函数见下表：

函数原型	意义解释
int rand(void)	生成一个 0 到 RAND_MAX 的随机整数
void srand(unsigned seed)	用 seed 为随后的随机数生成设置种子值

与动态存储分配有关的函数都已介绍，下面介绍这个头文件里声明的其他函数。

11.4.1 几个整数函数

几个简单的整数函数见下表。这里的 div_t 和 ldiv_t 是两个预定义的结构类型，用于存放整除时得到的商和余数。div_t 类型的成分是 int 类型的 quot 和 rem，ldiv_t 类型的成分是 long 类型的 quot 和 rem。

函数原型	意义解释
int abs(int n)	求整数的绝对值
long labs(long n)	求长整数的绝对值
div_t div(int n, int m)	求 n/m，商和余数分别存放到结果结构的对应成员里
ldiv_t ldiv(long n, long m)	同上，参数为长整数

C99 增加了为 long long int 使用的 llabs、lldiv 和 lldiv_t。

11.4.2 数值转换

这组函数用于从数字字符串构造各种数值类型的值。几个常用的简单函数见下表：

函数原型	意义解释
double atof(const char *s)	由串 s 构造一个双精度值
int atoi(const char *s)	由串 s 构造一个整数值
long atol(const char *s)	由串 s 构造一个长整数值

与上面这三个函数对应的有三个更通用的数值构造函数，下面分别介绍。

（1）字符串到双精度数的转换函数 strtod。原型是：

```
double strtod(const char *s, char **endp);
```

该函数忽略字符串 s 开始的空白，将随后的一段字符转换生成一个双精度值返回。如果字符串 s 未用完，就给指针*endp 赋值，令它指向字符串剩余部分（如 endp 是 NULL 就不赋值）。如果得到的值超出 double 类型的表示范围（称为上溢），则返回预定义常量 HUGE_VAL 的值（这是一个很大的 double 值），并带上适当的符号。如果得到的值小于 double 类型能表示的 0 之外的最小值（称为下溢），那么返回值为 0。这两种情况下都把错误标志变量 errno 设置为预定义常数 ELARGE。

函数调用 atof(s)实际上等价于 strtod(s, (char **)NULL)。

（2）字符串到长整数的转换函数 strtol。原型是：

```
long strtol(cnost char *s, char **endp, int base);
```

该函数与 strtod 类似，但转换目标为长整数。当 base 取值在 2 到 36 范围内时，假定被转换字符串 s 按 base 进位制书写（字符用 0 到 9 和 a 到 z 表示，共计 36 个，最多表示三十六进制的数）。base 取值 0 时根据 s 的形式按八进制、十进制或十六进制转换（有引导 0 为八进制，0X 或 0x 为十六进制，否则按十进制）。转换结果超出了长整数表示范围时根据数的符号返回常数 LONG_MAX 或 LONG_MIN，并置 errno 为常数 ELARGE。

函数调用 atoi(s)等价于(int)strtol(s, (char **)NULL, 10)，而 atol(s)等价于 strtol(s, (char **)NULL, 10)。

（3）字符串到无符号长整数的转换函数 strtoul。原型是：

```
unsigned long strtoul(cnost char *s, char **endp, int base);
```

转换结果类型为 unsigned long，出错时返回 ULONG_MAX，其他与 strtol 相同。

C99 增加了 strtof（字符串到 float）和 strtold（字符串到 long double）转换函数，以及转换为 long long 类型的转换函数 atoll、strtoll 和 strtiull。这些函数的原型、功能和意义与上面转换函数类似。

11.4.3 执行控制

下面提供了几个与程序执行结束有关的函数。

（1）正常终止函数 exit。原型是：

```
void exit(int status);
```

导致程序按正常方式结束，status 作为送给执行环境的出口值。0 表示程序成功结束，两个可用常数为 EXIT_SUCCESS 和 EXIT_FAILURE。程序结束前刷新已打开文件（如需要）并关闭所有流。当程序以正常方式结束时，可以要求它在结束前做一些动作。这种动作通过函数 atexit 注册，程序结束前按注册顺序反向地逐个执行这些函数。

（2）正常终止注册函数 atexit。原型是：

```
int atexit(void (*fcn)(void))
```

可用这个函数把一些函数注册为结束动作。被注册函数应当是无参数、无返回值的函数。注册正常完成时 atexit 返回 0 值，否则返回非零值。

（3）非正常终止函数 abort。原型是：

```
void abort(void);
```

导致程序按照非正常方式立即终止，终止程序前不做任何其他工作。

11.4.4 与执行环境交互

下面几个函数完成与执行环境交互的操作。

(1) 向执行环境传送命令的函数 system。原型是：

```
int system(const char *s);
```

函数 system 把串 s 送给程序的执行环境，要求把该串作为系统命令来执行。如果以 NULL 为参数调用这个函数，返回值非 0 表示执行环境里有命令解释器（可这样检查命令解释器是否存在）。如果 s 不是 NULL，返回值由实现确定。

(2) 访问执行环境的函数 getenv。原型是：

```
char *getenv(const char *s);
```

从执行环境中取回与字符串 s 相关的环境串，找不到时返回 NULL。该函数的具体结果由实现确定。在许多执行环境里可以用这个函数去查看"环境变量"。

11.4.5 常用函数 bsearch 和 qsort

查找和排序是程序常做的工作，bsearch 和 qsort 是标准库提供的两个通用函数。bsearch 完成在一批数据里查找数据的工作，qsort 把一组数据按指定顺序重排。这两个函数的参数比较多，9.3.1 节介绍了函数 qsort 的使用。

(1) 二分法查找函数 bsearch。原型是：

```
void *bsearch(const void *key, const void *base,
              size_t n, size_t size,
              int (*cmp)(const void *keyval, const void *datum));
```

函数指针参数 cmp 的实参应该是一个与字符串比较函数 strcmp 类似的函数，它确定一种顺序，在它的第一个参数 keyval 与第二个参数 datum 比较为更大、相等或更小时，函数应分别返回正值、零或者负值（参看 9.3.1 节的介绍）。

设程序里有一个数组 base[0],...,base[n-1]，其中元素按函数 cmp 确定的顺序上升排列，元素大小是 size。以*key 作为检索用的数据项调用函数 bsearch，在数组里查找与之匹配的元素（使函数 cmp 的值等于 0 的元素）。如果找到，函数就返回指向所找到的元素的指针，找不到时返回 NULL。

(2) 快速排序函数 qsort（已在 9.3.1 节介绍）。原型是：

```
void qsort(void *base, size_t n, size_t size,
           int (*cmp)(const void *, const void *));
```

下面是一个说明函数 bsearch 和 qsort 使用的例子：

```
int *p, a[] = {5, 6, 3, 28, 23, 34, 7, 9, 6, 14}, k = 7;
int icmp(const void *p, const void *q){
    const int *m = p, *n = q;
    return *m > *n ? 1 : (*m == *n ? 0 : -1);
}

int main() {
    ......
    qsort(a, sizeof(a)/sizeof(int), sizeof(int), icmp);
        /* 这样，数组 a 的元素已经按照上升顺序排列好了 */
    p = bsearch(&k, a, sizeof(a)/sizeof(int), sizeof(int), icmp);
        /* 指针 p 将指向数组 a 中元素 7 的位置 */
    ......
}
```

调用这两个函数时若提供数组元素的大小和所用的比较函数，函数的使用会非常灵活。例如，可以用 qsort 对以结构作为成分的数组排序，比较大小时可以只用结构里某个或几个成分，可以根据程序的需要定义任何比较方式。请参看 9.3.1 节的有关实例。

11.5 日期和时间（<time.h>）

<time.h>定义了几个与时间有关的类型，声明了许多处理时间的函数。time_t 和 clock_t 是两个表示时间的算术类型。类型 clock_t 用于表示计时时间；类型 time_t 表示某种日历时间，从历史上某个时刻开始计算。

此外，这里还定义了表示本地时间的结构 struct tm，它包含的成分如下表所示：

int tm_sec;	剩余秒数（0～61）	int tm_year;	1900 后的年序数
int tm_min;	剩余分钟数（0～59）	int tm_wday;	星期中日序数（0～6）
int tm_hour;	剩余小时数（0～23）	int tm_yday;	年中日序数（0～365）
int tm_mday;	月中日数（1～31）	int tm_isday;	夏季时标志
int tm_mon;	年中月数（1～12）		

成分 tm_isday 取正值表示采用夏季时，0 值表示不用夏季时，负值表示不存在有关信息。下面介绍的一些时间函数使用或生成这种结构。请注意，tm 只是结构标志（不是类型），使用时必须写 struct tm。

下面介绍头文件<time.h>的函数，其中 clock() 已在第 4 章里介绍。

（1）计时函数 clock。原型是：

```
clock_t clock(void)
```

求出从程序开始执行到本函数调用的处理器时间，clock()/CLOCKS_PER_SEC 得到以秒数计的时间。不能得到有关时间信息时函数返回-1。CLOCKS_PER_SEC 是头文件里定义的一个符号常量，有些老系统用 CLK_TCK。

（2）时间函数 time。原型是：

```
time_t time(time_t *tp)
```

求出当时的日历时间（从某个确定时刻开始计时的时间）。如果 tp 不是 NULL，那么同时通过这个指针赋值。日历时间通常作为相对时间使用（参看 difftime）。无法得到时间信息时函数返回-1。

（3）时间差函数 difftime。原型是：

```
double difftime(time_t t1, time_t t1)
```

求出两个日历时间的差，以秒计算。

（4）时间转换函数 mktime。原型是：

```
time_t mktime(struct tm *tp)
```

从由结构*tp 表示的局部时间出发，通过转换得到与之对应的日历时间（返回的结果采用与函数 time 一样的表示方式）。实参结构*tp 的各成分应满足前面提出的值限制。mktime 返回日历时间；不能得到结果时返回-1。

下面四个函数的返回值都是指向一个静态变量的指针，这意味着在标准库某处定义了相关静态变量，函数返回其地址。由于静态变量的生存期是整个程序执行期，这样做不会产生悬空引用。但有一点必须注意：这些静态变量始终存在，它们会被相关函数的再次调用修改。如果把得到的指针存入指针变量 p，再次调用该函数时 p 所指结构（即与函数相关的静态变量）的内容可能改变。使用这些函数应根据需要复制静态结构的值。

（5）本地时间转换函数 localtime。原型是：

```
struct tm *localtime(const time_t *tp)
```

从*tp 表示的日历时间出发，通过转换得到对应的本地时间，将其存放在一个静态的 tm 结构变量里，返回这一结构的地址。

（6）字符串时间转换函数 asctime。原型是：

```
char *asctime(const struct tm *tp)
```

由结构*tp 表示的本地时间出发进行转换，得到下面形式的字符串（最后有一个换行字符和表示字符串结束的空字符，这一字符串也保存在一个静态变量里）：

```
Sun Oct 4 18:00:00 1998\n\0
```

（7）字符串时间转换函数 ctime。原型是：

```
char *ctime(const time_t *tp)
```

它等价于 asctime(localtime(tp))，从日历时间出发进行转换。

（8）国际标准时间转换函数 gmtime。原型是：

```
struct tm *gmtime(const time_t *tp)
```

由*tp 表示的日历时间出发，转换得到与之对应的国际标准时间（格林威治时间），将转换结果存入一个静态的 tm 结构变量里，返回这个结构的地址。如果无法表示就返回 NULL。

最后一个函数是为输出时间信息而设，它按要求构造一个输出用的字符串。

（9）时间格式化函数 strftime。原型是：

```
size_t strftime(char *s, size_t smax, const char *fmt,
                const struct tm *tp)
```

对*tp 表示的时间做格式化处理，并把由此生成的字符串存入 s 指向的字符数组里。smax 给定输出字符数的限制。fmt 是一个与 printf 类似的格式描述串，其中的一般字符直接复制到 s 里。由字符%开始加上另一字符形成一个转换描述。这些描述按照下表所示方式进行替换，替换结果存入 s 中的相应位置：

%a	简化的星期 X 的名字	%I	12 时记法的时数	%w	一周里日的序数（0～6）
%A	完整的星期 X 的名字	%j	日的序数（001～366）	%W	年中周的序数（00～53）
%b	简化月名	%m	月的序数（01～12）	%x	本地日期
%B	完整月名	%M	分钟数（00～59）	%X	本地时间
%c	本地日期和时间	%p	AM 或 PM，表示上午或下午	%y	去掉世纪部分的年序数
%d	月中日序数（1～31）	%S	秒数（00～60）	%Y	包括世纪部分的年序数
%H	24 时记法的时数	%U	年中周的序数（00～53）	%Z	时区编号

其中%U 要求把星期日作为每周里的第一天，而%W 要求把星期一作为每周的第一天。此外，转换描述%%表示百分号符号本身。

11.6 实现特征（<limit.h>和<float.h>）

ANSI C 标准留下一些实现细节，要求具体 C 系统确定。包括确定各种整型的表示方式（表示范围），给出各种浮点数类型的规定等。标准库包含两个头文件（<limit.h>和<float.h>），其中定义了一批符号常量，描述由具体实现确定的各种特殊值。这样写程序时就可以使用这些符号常量，写出不依赖于具体实现的程序。

11.6.1 整数类型特征

头文件<limit.h>定义了一批与各种整数类型有关的符号常量。下表里列出了这些常量，其中给出了 ANSI C 标准所要求的最小值（考虑其绝对值的大小），具体 C 系统定义的值可能与下面列出的不同：

符号常量名	允许最小值（具体值）	意义解释
CHAR_BIT	8	char 类型的字位数
CHAR_MAX	SCHAR_MAX 或 UCHAR_MAX	char 类型的最大值
CHAR_MIN	0 或 SCHAR_MIN	char 类型的最小值
INT_MAX	+32767	int 类型的最大值
INT_MIN	-32767	int 类型的最小值
LONG_MAX	+2147483647	long 类型的最大值
LONG_MIN	-2147483647	long 类型的最小值
SCHAR_MAX	+127	signed char 类型的最大值
SCHAR_MIN	-127	signed char 类型的最小值
SHRT_MAX	+32767	short 类型的最大值
SHRT_MIN	-32767	short 类型的最小值
UCHAR_MAX	255	unsigned char 类型的最大值
UINT_MAX	65535	unsigned int 类型的最大值
ULONG_MAX	4294967295	unsigned long 类型的最大值
USHRT_MAX	65535	unsigned short 类型的最大值

C99 增加了 LLONG_MIN、LLONG_MAX 和 ULLONG_MAX 符号常量。

11.6.2 浮点数类型特征

头文件<float.h>里定义了各种与浮点数类型和浮点数算术计算有关的常量。每个具体 C 语言系统都为这些常量指定具体值。下表列出的是与 float 有关的常量：

符号常量名	允许最小值	意义解释
FLT_RADIX	2	指数表示的基数（2，16 等）
FLT_ROUNDS		浮点数加运算时的舍入方式
FLT_DIG	6	十进制精度的位数
FLT_EPSILON	1E-5	与 0 不同的最小的数
FLT_MANT_DIG		尾数数字个数（以基 FLT_RADIX 计）
FLT_MAX	1E+37	float 类型的最大值
FLT_MAX_EXP		能表示的最大的数的以 FLT_RADIX 为基的位数
FLT_MAX_10_EXP		能表示的最大的数的以 10 为基的位数
FLT_MIN	1E-37	float 类型的最小值
FLT_MIN_EXP		能表示的最小的数的以 FLT_RADIX 为基的位数
FLT_MIN_10_EXP		能表示的最小的数的以 10 为基的位数

其中的 FLT_RADIX 和 FLT_ROUNDS 对所有浮点数类型都有效。

类型 double、long double 也各有一组类似的常量。double 对应的常量的名字分别是：DBL_DIG，DBL_EPSILON，DBL_MANT_DIG，DBL_MAX，DBL_MAX_EXP，DBL_MAX10_EXP，DBL_MIN，DBL_MIN_EXP，DBL_MIN10_EXP。long double 类型对应的常量的名字分别是：LDBL_DIG，LDBL_EPSILON，LDBL_MANT_DIG，LDBL_MAX，LDBL_MAX_EXP，LDBL_MAX10_EXP，LDBL_MIN，LDBL_MIN_EXP，LDBL_MIN10_EXP。

11.7 其他与输入输出有关的函数（<stdio.h>）

<stdio.h>是我们最早接触的头文件，前面第 8 章详细讨论了其中最常用的与输入输出和文

件处理相关的功能。本节介绍一些前面没讨论的情况，包括一些辅助函数，还要介绍几个以 va_list 为参数的输入输出函数。

11.7.1 符号常量和类型

前面已经介绍了<stdio.h>定义的一些符号常量，包括 EOF 和 NULL，也介绍了这个文件里定义的与输入输出有关的类型 FILE（文件记录类型，是一个结构类型）。在这个头文件里，还定义了下述符号常量和类型：

- 用于文件定位函数的符号常量 SEEK_CUR、SEEK_END 和 SEEK_SET；
- 最大临时文件数常量 TMP_MAX 和临时文件名最大长度 L_tmpname；
- 用于控制文件缓冲方式的符号常量 _IOFBF、_IOLBF 和 _IONBF；
- BUFSIZ，表示一个正整数，它是 setbuf 所用的缓冲区大小，可以用做 setvbuf 的表示缓冲区大小的参数；
- FOPEN_MAX，表示一个正整数，是允许同时打开的最大文件数。
- FILENAME_MAX，表示一个正整数，其值表示字符数组长度，这种字符数组足以保存本系统开发的 C 程序可以打开的最长的文件名；
- 类型 fpos_t（文件位置类型，通常也是结构类型）。

下面讨论中会提到这些符号常量和类型。

11.7.2 文件操作函数

（1）文件重新打开函数 freopen。原型是：

```
freopen(const char *filename, const char *mode, FILE *stream);
```

该函数按 mode 描述的模式重新打开指定文件，并将它与流 stream 关联。freopen 常被用于改变标准流 stdio、stdout 或 stderr 的文件关联。例如，假设希望把程序执行中通过 stderr 送出的错误信息送到文件 err.log 里，那么就只需在程序执行的准备阶段加入下述语句：

```
freopen("err.log", "w", stderr);
```

如果重打开的操作正常完成，这个函数返回 stream；执行出错时返回 NULL。如果函数完成，那么原先与 stream 关联的流将被关闭。

此外，在程序执行中也可能需要换一种方式使用原已打开的文件。例如，在程序前段创建了一个输出文件，并把产生的数据存入其中。到执行的后面又希望从头开始读入文件内容以在程序里使用，一个可能办法就是以读的方式重新打开这个流。

（2）缓冲区冲刷函数 fflush。原型是：

```
int fflush(FILE *stream);
```

这个函数只对输出流有效，对输入流的作用无定义。fflush 要求立刻执行一次从输出流 stream 到与之关联的文件的实际写操作，把流 stream 的缓冲区里现存的数据立即写到相应文件里。操作正常完成时返回 0，出错时返回 EOF。

（3）文件删除函数 remove。原型是：

```
int remove(const char *filename);
```

该函数删除名字为 filename 的文件。工作正常时返回 0，无法正常完成时返回非 0 值。被删除的文件当时不应该是打开的，否则效果没有定义，由实现确定。

（4）文件更名函数 rename。原型是：

```
int rename(const char *oldname, const char *newname);
```

该函数把原来名字为 oldname 的文件更名为 newname。操作失败时返回非 0 值。

（5）临时文件创建函数 tmpfile。原型是：

```
FILE *tmpfile(void);
```

该函数创建一个自动命名的临时文件，并以模式 "wb+" 打开。关闭这个流或程序执行结束都自动删除该临时文件。正常情况下 tmpfile 返回关联于文件的流（文件指针），无法创建时返回 NULL。有时程序需要把一些中间生成的信息保存起来。如果这种信息的量很大，或者保存在内存里不方便，就可以调用 tmpfile 创建临时文件，把有关信息保存到文件里，供后面使用。程序结束时自动删除这种临时文件。

（6）临时名字生成函数 tmpnam。原型是：

```
char * tmpnam(char s[]);
```

该函数生成一个可以用做文件名字的字符串，它保证生成的名字不是环境里现有的文件名。函数返回指向所生成字符串的指针。如果 tmpnam 的实参是 NULL，tmpnam 就把字符串存入一个内部静态数组变量并返回其地址。每次调用 tmpnam 将生成一个新名字，而且保证至少能生成 TMP_MAX 个不同的名字。s 不是 NULL 时必须表示一个至少能保存 L_tmpnam 个字符的数组，此时 tmpnam 把名字存入数组并返回其起始地址。注意，tmpnam 只生成可用做文件名的字符串（形式依赖于操作系统环境）而不创建文件。

11.7.3 流缓冲区操作函数

标准库允许在程序中设置输入输出流的缓冲区状态，为此提供了两个函数。

（1）流缓冲的控制函数 setvbuf。原型是：

```
int setvbuf(FILE *stream, char *buf, int mode, size_t size);
```

该函数控制流 stream 的缓冲状态和方式。对它的调用必须出现在流 stream 创建之后，执行任何其他操作（包括读写操作）之前。mode 用如下符号常量表示：_IOFBF 表示采用完全缓冲方式；_IOLBF 表示对正文文件采用行缓冲方式；_IONBF 表示采用非缓冲方式。如果调用时参数 buf 不是 NULL，就用 buf 表示的字符数组作为流缓冲区；buf 是 NULL 时另行分配缓冲区。参数 size 规定缓冲区的大小。函数出错时返回非 0 值。

这里解释一下各种缓冲方式的意义。完全缓冲方式：对输入而言，填充时用来自文件的信息填满缓冲区，直至缓冲区里的信息用完再做下一次填充；对输出而言，直至缓冲区装满才执行一次实际向文件的输出操作。行式缓冲：对于输入，在填充时一次装入一行字符；对于输出，一旦缓冲区里有了一个完整的行就送入文件。

（2）缓冲设置函数 setbuf。原型是：

```
void setbuf(FILE *stream, char *buf);
```

该函数可看做 setvbuf 的简化版本。如果 buf 为 NULL 就关闭流 stream 的缓冲区，对这个流采用非缓冲方式执行输入输出。如果 buf 不是 NULL，这个函数就相当于

```
setvbuf(stream, buf, _IOFBF, BUFSIZ);
```

有些时候需要控制程序的输出输入方式，此时就可能用到这两个函数。如果需要更仔细的控制，那就可以考虑 setvbuf。

11.7.4 文件定位及定位函数

文件可以看做是字节的序列（无论每个字节是什么），字节在文件里顺序排列，每个字节在序列中有一个特定位置。在操作文件的过程中，可以认为存在一个指明当前处理位置的指示器。当文件以读或写的方式打开时，该指示器设置在文件开始；当文件以附加方式打开时，指示器设置到文件末尾。在程序处理文件的过程中，随着读写操作的不断进行，文件指示器自动顺序后移，

当然，无论何时，它总指着随后的读写操作应该进行的位置。一般情况下，这种指示器移动是随着读写操作的进行而自动发生的。

为使文件的使用更加灵活方便，标准库提供了几个直接操作文件指示器的函数，称为文件定位函数。第 8 章介绍函数打开模式时说过，对可读可写的流，在读操作和写操作之间切换时必须做一次文件定位，说的就是要执行下面操作。

（1）文件指示器的复位函数 rewind。原型是：

```
void rewind(FILE *stream)
```

其作用就是把流 stream 的文件指示器重新设置到文件的开始。

（2）文件指示器位置检查函数 ftell。原型是：

```
long ftell(FILE *stream)
```

返回流 stream 当时的指示器值（一个长整数）。如果出错返回 -1L。

（3）文件指示器位置设置函数 ftell。原型是：

```
int fseek(FILE *stream, long offset, int origin)
```

设置流 stream 的文件指示器，使此后的输入或输出操作从这个位置继续进行。函数的参数 origin 用于指定指示器定位的基准点，其可能取值如下：

SEEK_SET	以文件头作为定位的基准点
SEEK_CUR	以文件指示器的当前位置作为基准点
SEEK_END	以文件尾作为基准点

对正文流做 fseek 有很多限制：这种情况下参数 offset 的值或为 0（用于把文件指示器移到文件的头或尾）；或是以前调用 ftell 得到并保存的值（这时 origin 只允许为 SEEK_SET，也就是说只能以文件头为基准点定位）。这些规定说明，做正文流的定位操作，只允许把指示器移到文件头或文件尾，或移到以前通过 ftell 确定的位置。

对二进制流使用函数 fseek，参数值没有任何限制。移动目标可以是文件里的任何以 origin 为基准点，具有偏移量 offset 的位置。

可以把当前文件指针位置存入特殊的数据结构 fpos_t 里，可以用这样保存的信息重新设置文件的当前访问位置。标准库为此提供了两个函数：

```
int fgetpos(FILE *stream, fpos_t *pos);
int fsetpos(FILE *stream, fpos_t *pos);
```

函数 fgetpos 把 stream 的当前位置记入指针 pos 所指的变量（应该是 fpos_t 类型的变量），以便将来 fgetpos 函数使用。执行中出错时返回非 0 值。fsetpos 由指针 pos 所指变量取出有关文件位置记录，并用它设置流 stream。

类型 fpos_t 由标准库定义，专门用于支持上述操作。其具体定义我们不必关心，更不要自己去修改这种类型的变量的内容，只应通过上面这两个函数使用它们。

11.7.5 其他有关函数

标准库还提供了一个文件结束判断函数 feof，其原型是：

```
int feof(FILE *stream)
```

该函数判断流 stream 是否已到达文件末尾。这个函数主要用于二进制文件，在遇到文件结束时函数返回非 0 值，否则返回 0 值。

程序执行中出错是很常见的现象，标准库为此提供了一些处理机制，系统里还可能定义了一些状态指示变量。输入输出函数在执行中出了错时会去设置内部出错状态。头文件<errno.h>定义的 errno 表达式记录错误编号，值为 0 表示没出错，其余值表示程序能检查的各种错误。每个 C 语言系统都根据需要定义了一组错误编号。

除输入输出函数外，还有一些标准库函数也可能设置错误编号值。例如许多数学函数在参数不符合要求时也会出错并设置错误编号。有关一个具体系统将检查哪些错误，如何设置错误编号等，需要查阅该系统的手册或联机帮助信息。此外，系统通常还在有关头文件里定义了相应的错误信息串，可以在需要时输出，以供参考。在第 8 章和第 10 章介绍了标准库在这方面的一些情况，下面补充介绍一些这方面的有关函数。

（1）错误标志复位（清除）函数 clearerr。原型是：

```
void clearerr(FILE *stream)
```

这个函数清除与流 stream 相关联的错误标志和文件结束标志。

（2）文件操作错误检查函数 ferror。原型是：

```
int ferror(FILE *stream)
```

在输入输出操作出错时，与操作的流相关的内部状态变量（出错标志变量）被自动设置。函数 ferror 可以检查与某个流相关联的出错标志是否被设置。当流 stream 由于出错而设置了相关状态变量时，ferror 函数返回非 0 值。

（3）打印当时错误信息的函数 perror。原型是：

```
void perror(char *s)
```

这个函数打印错误信息。它检查当时记录的错误编号（该编号反映了这次 perror 调用之前最近发生的错误），并把与当前错误相关的信息送到流 stderr。信息输出的形式是：首先输出字符串 s，然后是一个冒号，随后是错误信息字符串和一个换行符。

正文文件与二进制文件

现在简单讨论文件的类别。如前所述，一个文件的内容就是一个字节序列，每个字节存一个二进制码。仅就此而言，并没有“正文文件”和“二进制文件”之分。但有一类常见文件，其中只包含下面字符：可打印字符（字母、数字、标点符号），空白字符（空格、制表符、换行符）。文件最后一个字节是表示文件结束的控制字符。这类文件被称为*正文文件*，所有针对正文文件的操作（如 getc，fprintf，fgets 等）都是针对这种文件定义的。标准输入和标准输出文件也属于这类“文件”。对这类文件的使用都应该按字符的方式进行，应该通过正文流连接它们（打开文件）。

一般把除正文文件之外的文件都称为*二进制文件*。一个一般的二进制文件就是确定长度（即文件长度或大小）的一个字节序列，其中各字节可能是任何编码值。有一个情况特别值得提出：二进制文件的某个字节中完全可能保存的正好是被用做“（正文）文件结束”标志的那个控制字符的编码。假设我们以正文流的方式打开一般的二进制文件做简单文件复制，就可能出现并没有复制完全部文件内容，但处理过程却结束的情况。此时就是输入函数遇到了表示“文件结束”的字符，因此它认为文件结束了。

为了在处理二进制文件时正确判断文件结束，像处理正文文件那样利用输入函数的返回值就行不通了。标准库为此提供了检查文件指示器是否达到文件末尾的 feof，我们应该用它检查通过二进制流关联的一般二进制文件的结束。

11.7.6 采用 va_list 参数的输出函数

标准库还提供了三个函数，其功能分别与 printf、fprintf 和 sprintf 相同，但不是变参数函数。这几个函数的参数数目是固定的，其中都包括了一个 va_list“类型”的参数（有关 va_list 的细节参见下一节）。现在介绍它们。

（1）函数 vprintf。原型是：

```
int vprintf(const char* format, va_list args);
```

该函数的功能等价于 printf，但用一个 va_list 参数代替那里的变长实参表。给它的对应于 args 的实参应该已用 va_start 初始化；函数 vprintf 里不做 va_end。这就意味着调用 vprintf 的函数必须定义一个 va_list 类型的变量，经过初始化后送给 vprintf，在 vprintf 结束后，调用它的函数需要做 va_list 的结束处理（调用 va_end）。vprintf 正常完成时返回输出的字符数，输出出错时返回 EOF。

（2）函数 vfprintf。原型是：

```
int vfprintf(FILE *f, const char* format, va_list args);
```

该函数的功能等价于 fprintf，但用 va_list 参数代替那里的变长实参表。函数正常完成时返回输出的字符数，输出出错时返回 EOF。

（3）函数 vsprintf。原型是：

```
int vsprintf(char *s, const char* format, va_list args);
```

该函数的功能等价于 sprintf，但用 va_list 参数代替那里的变长实参表。函数正常完成时返回输出的字符数，输出出错时返回 EOF。

例 11.3 出错报告函数。假定希望定义一个出错报告函数，在程序运行中发现错误时，该函数先向 stderr 流输出一个字符串，而后以格式化方式输出一系列实参的值。希望能用 printf 格式串的形式描述输出信息的转换方式，这样，这个函数的原型可以设计为：

```
void eprintf(char *s, char *format, ...);
```

这种设计使 eprintf 可以格式化输出任意多的实参。下面是这一函数的可能使用：

```
eprintf("Can't open file", "%s", fname); /* 假定 fname 是文件名字符串 */
eprintf("Func abc has args", "a: %f, b: %d, c: %s", a, b, c);
```

问题是 eprintf 的实现，我们当然不希望重新实现整个 printf 的格式化功能。利用 vfprintf 很容易完成这一函数，关键是把一个 va_list 参数传递给 vfprintf。下面是函数 eprintf 的实现：

```
void eprintf(char *s, char *format, ...) {
    va_list as;
    va_start(as, format);
    fflush(stdout);
    fprintf(stderr, "Error Report, %s: ", s);
    vfprintf(stderr, format, as);
    fputc('\n', stderr);
    va_end(as);
}
```

这里先刷新一下 stdout，是为了防止错误信息输出与送到标准输出流的正常输出交织到一起（在 stdout 流的缓冲区里可能存在未送出的输出信息）。

11.8 定义变长参数表（<stdarg.h>）

下面几节介绍标准库的一些特殊机制，每种机制实现一种特殊功能。这些机制在复杂程序里可能用到。要理解这些机制，我们不但要看到表面情况，还要理解在程序中为什么需要它们，这实际上要求更多的程序设计实践。本书对这些机制都有较详细的解释，并提供一些小例子，以使这里对 C 语言的介绍比较完全，方便读者查询。对于这些东西，初学者可以只做一点初步了解，也可以暂时不学习这部分内容。

标准库提供了一些参数数目可以变化的函数。例如 printf，它要求一个格式串，还要求与格式串一致的若干个其他参数。不同调用中实参个数可以不同。这类函数称为“具有变长度参数表的函数”，简称“变参数函数”。我们写程序也可能需要定义这种函数（第 10 章有例子）。要定义这类函数，必须使用<stdarg.h>提供的一套机制，而且必须按规定方式写程序。本节介绍这个头文件的情况，并用例子说明变参数函数的定义方法。

一个变参数函数至少需要一个普通的命名参数。这个参数可具有任何类型，除平常的用途之外，它还有另一特殊用途。下面从一个例子出发说明其中的问题。

例 11.4 采用变参数函数实现任意元素求和。假设我们想定义一个函数 sum，它能接受任意多个 int 表达式作为实参，求出这些参数的和。这时应该把 sum 定义为只有一个普通参数，并具有变长度参数表的函数，这个函数的头部应该是（函数原型与此类似）：

```
int sum(int n, ...)
```

这里的想法是：调用这个函数时，用第一个参数 n 通告需要求和的表达式个数，其余参数是被求和的表达式。参数表最后的三个圆点符号表示函数允许可变数目的实参，是一个变参数函数。这三个圆点只能放在参数表最后，在所有普通参数之后。

为能在变参数函数里取得并处理调用时传来的不定个数的其他参数，<stdarg.h>提供了一套机制。首先是一个特殊类型 va_list。每个变参数函数里都必须定义一个 va_list 类型的局部变量，作为访问由三个圆点代表的那些实参的媒介。假设 sum 里 va_list 类型的变量是 vap。在能用 vap 访问实参数前，必须先用"函数"va_start 做这个变量的初始化。va_start 的类型特征可以大致描述为：

```
va_start(va_list vap, 最后一个普通参数)
```

实际上，va_start 不可能是真正的函数，而是系统用宏定义实现的一种功能（这件事很显然，请考虑它的第二个"参数"的类型。我们无法定义能以任何类型的表达式为实参的函数）。在函数 sum 里对 vap 初始化的语句应写为：

```
va_start(vap, n);
```

初始化后就可以通过宏 va_arg 访问各实参了。va_arg 的类型特征大致为：

```
类型 va_arg(va_list vap, 类型名)
```

调用宏 va_arg 时必须提供有关实参的实际类型，这一类型也将成为这个宏调用的返回值类型。对 va_arg 的调用不仅返回了一个实参的值（"当前"实参的值），同时还完成某种更新操作，使得对宏 va_arg 的下次调用能处理下一个实参。对我们的例子，其中对宏 va_arg 的一次调用应当写为：

```
v = va_arg(vap, int);
```

这里假定 v 是一个有定义的 int 类型变量。

任何变参数函数在退出之前，都必须执行一个特殊的结束动作。这个动作通过对局部的 va_list 变量调用宏 va_end 完成。这个宏的类型特征大致是：

```
void va_end(va_list vap);
```

下面是函数 sum 的完整定义，从中可以看到上面介绍的各部分是如何放在一起的：

```
int sum(int n, ...) {
    va_list vap;
    int i, s = 0;
    va_start(vap, n);

    for (i = 0; i < n; i++) s += va_arg(vap, int);

    va_end(vap);
    return s;
}
```

这里首先定义了 va_list 变量 vap，而后对它初始化。循环中通过 va_arg 取得顺序的各个实参的值，并将它们加入总和。最后调用 va_end 结束。

下面是调用这个函数的几个例子：

```
k = sum(3, 5+8, 7, 26*4);
m = sum(4, k, k*(k-15), 27, (k*k)/30);
```

在编写和使用具有可变数目参数的函数时，有几个问题值得注意。

首先，虽然在上面说明了几个宏的“类型特征”，但这只是为了说明问题。因为它们是宏，采用特殊方式定义，并不遵守函数定义的规则，没办法写出它们的类型。应特别指出，这些宏将在预处理时展开，随后的编译中无法识别和处理类型转换问题，即使发现错误也不可能提供合适的错误信息。所以，使用这些宏时必须特别注意类型的正确性。

第二，调用 va_arg 将更新被操作的 va_list 变量（如上例的 vap），使下次调用能得到下一实参。执行时 va_arg 并不知道实际有几个实参，也不知道参数的实际类型，它只是按指定类型完成工作。因此，只能在变参数函数里控制对实参的处理。上例通过 n 提供参数个数，就是为在函数里控制循环。而 printf 是根据格式串里的转换描述个数确定实参个数。如果这里存在不一致，函数执行中就可能出现严重问题。编译器无法检查这里的数据一致性，要求写程序的人自己负责。前面章节里，我们一直强调对 printf 等函数调用时要注意格式串与其他参数之间的一致性，原因也就在这里。

第三，编译器无法对变参数函数中由三个圆点代表的那些实际参数做类型检查，因为函数头部没给出这些参数的类型信息。编译中既不会生成必要的类型转换，也不会提供类型错误信息。上例里假定了所有参数都具有 int 类型，使函数的定义比较简单。printf 的事情要复杂许多。调用它时不仅实参个数可能变化，各实参的类型也可能不同，因此不可能统一描述，printf 要根据转换描述（根据描述中的转换字符）确定实参类型。对这种参数，C 语言不做类型检查，要求写程序的人自己保证函数调用的正确性。

假设我们写了下面的函数调用：

```
k = sum(6, 2.4, 4, 5.72, 6, 2);
```

编译程序不会发现这里参数类型不对，也不会发现这里需要做类型转换，所有实参都将直接传给函数，函数里也按内部定义的方式把参数都当做整数使用。编译程序也不会发现实际参数个数与第一个参数的值 6 不符。这一调用的结果完全由编译程序和执行环境决定，最后得到的结果肯定不会是正确的（这里已无正确性可言了）。

可以定义以 va_list 作为参数的函数，这里就不举例子了。前一节最后介绍的几个标准库输出函数可以看成这方面的实例。

11.9 非局部控制转移（<setjmp.h>）

C 程序执行中的正常控制流程很清楚：程序执行从函数 main 开始；当一个函数被调用时，它的体开始执行；当执行达到函数体里的 return 语句时（或到达函数体最后），该函数结束，控制返回到调用处，从那里继续执行下去。函数体里可以有各种控制结构和控制语句，它们的执行导致控制流在函数体内不同部分之间转移，但无论怎样转移，控制都不会离开这个函数。在程序的整个执行过程中，函数的调用和退出都很有规律：被调用函数将以反序退出，后调用的函数总是先退出。各函数的退出完全由它自己的语句确定，只有执行达到了 return 语句（或函数体最后），函数执行才结束。

当然也有例外。例如，如果程序中执行标准库函数 exit 或 abort，这一程序就直接结束了，无论当时位于多少层函数调用内部，这些函数都立刻结束。但这毕竟只是在程序结束时才会出现的情况，正常情况下函数总是顺序地一个个退出。

但是实际中也确实存在一些情况，其中我们可能希望程序能突破正常流程的执行方式。很常见的情况就是希望直接退出许多层的函数调用，退回到很远的调用层次去。

假设在程序里有对某函数 f 的调用，在 f 执行中出现了复杂的多层函数调用。在一般情况下，所有这些调用都按正常规则执行，直到各层调用都结束后 f 才能恢复执行，也才可能结束。但实际中可能出现这种情形：在某个深层调用的函数里遇到特殊情况，这时继续执行 f 以及由它直接或间接调用的功能都无意义了，此时我们希望立刻结束函数 f，直接返回到对函数 f 的调用点。这是在复杂程序里常出现的情况。

没有专用的C语言机制也可以解决这个问题。最容易想到的方法是增加一个全局的标志变量，遇到特殊情况时为它设一个特殊值。而后让函数 f 和被 f 调用的函数都不断检查这个变量，一旦发现它具有该特殊值时就立刻退出。这样做虽然可以解决问题，但却非常麻烦。反复检查也使程序变得更繁琐，使程序的意义更难理解，也破坏程序的可读性和易维护性。还可以考虑另外一些技术，这里就不多讨论了。

C 标准库为解决这类问题提供了一种机制。在标准头文件<setjmp.h>里定义了一个特殊类型 jmp_buf 和两个函数（或者宏）setjmp 和 longjmp。下面简单介绍它们的功能，并用若干简单例子说明其使用方式。

类型 jmp_buf 的变量用于保存程序执行现场的信息，这种变量可称为**环境变量**或**现场变量**。假定程序执行函数（宏）setjmp，把当时的执行现场保存到作为实参的 jmp_buf 变量 e 里。此后如果程序里某处（无论经过了多少层函数调用）以 e 作为参数调用函数 longjmp，程序就会中断正常的（调用返回）控制流，恢复保存在 e 里的执行现场。这样做的效果是使程序直接返回原来保存的现场，从那里继续执行下去。

setjmp 的“类型特征”（这里打引号是因为 setjmp 通常是一个宏）是：

```
int setjmp(jmp_buf env)
```

调用 setjmp 时通常应该用全局的 jmp_buf 变量作为参数，这样在其他函数里才能方便地访问这个变量。longjmp（也是宏）的“类型特征”是：

```
void longjmp(jmp_buf env, int val)
```

其作用就是恢复由参数 env 保存的现场。

对 setjmp 的调用一般出现在使用“逻辑值”的上下文里，例如在条件语句或循环语句里。下面是一种典型的调用方式：

```
if (setjmp(env) == 0) {
    ...... /*这里写执行 setjmp 之后需要做的正常工作，包括进一步的函数调用*/
}
else {
    ...... /*这里写由于 longjmp 调用而返回后应当做的事情*/
}
```

条件里的 setjmp 调用把执行现场存入变量 env，同时立刻返回 0 值，使条件成立对应的片段得以执行。如果在这段执行中出现了对 longjmp（用变量 env 作为实参）的调用，就将使保存在 env 里的执行现场得以恢复，程序将再次从 setjmp 处返回，不过这一次函数的返回值不是 0，使上面片段里 else 后的代码段被执行。

在调用 longjmp 时，除了需要指定一个环境变量（jmp_buf 类型的变量）参数外，还应提供一个整型 val 值。该调用导致程序转移到最近的（对同一环境变量的）那个 setjmp 调用所保存的现场，并使该函数以非 0 值返回。程序根据这个值就能进入另一执行路径。如果在调用 longjmp 时提供的 val 值不是 0，该值直接作为 setjmp 的返回值。如果提供的 val 值是 0，系统将自动产生一个非 0 值（许多系统以 1 为默认值）。

执行 longjmp 时的必要条件是相应 setjmp 调用所在的函数还没结束。例如，如果在函数 g 里执行了一个 setjmp 调用，那么，与之对应的 longjmp 调用就只能出现在 g 内部，或者在被 g 直接或间接调用的函数里，否则就是错误的(因为这时 g 已结束)。当程序通过调用 longjmp 回到函数 g 后，g 里可以用的变量的值有两种情况：那些在执行 setjmp 后修改过的局部自动变量，其值现在已无定义（因此不该再用了）；其他变量（包括外部变量）保持为 longjmp 调用时的状态，它们的值仍然可以用。

这种远程函数退出机制非常低级，因此必须很小心地按语言要求的方式使用，否则是很危险的。要想清晰地理解这种非正常的执行控制转移的意义，就需要了解为什么程序里需要这种复杂的控制转移，并需要对 C 语言的基本实现方式和有关操作的实现方式有一些了解。这方面的问题已经超出了本书的讨论范围。

错误处理（非正常情况的处理）是程序设计工作中非常重要的一个方面，读者在前面各章的程序示例里已看到许多与此有关的情况，从标准库函数的设计中也可以看到这方面的许多考虑。非正常执行转移机制就是专门为这类需要设计的，但是它太低级，用起来也太复杂。为了更好地支持各种非正常情况的处理，新的程序设计语言里通常都提供更好的、更有结构性的机制，这种机制及相应的处理过程被称为异常处理。

11.10 调试断言和信号处理（<assert.h>和<signal.h>）

头文件<assert.h>里定义了一个函数（通常定义为一个宏）：

```
void assert(int n)
```

如果程序执行中遇到 assert 调用时实参的值是 0，程序输出下面形式的一行信息：

```
Assertion failed: 表达式, file 文件名, line 行号
```

表示在这一文件的这一行的表达式求出 0 值。输出后调用标准函数 abort 结束程序执行。这里的文件名和行号是根据系统预定义的宏名字自动得到的。

函数(宏)assert 一般用在支持程序调试。我们可以在源程序里一些关键位置插入 assert 调用。例如用这种方式检查运行中某些变量的值或变量值之间的关系等。合理使用这个函数可以帮助我们在调试中发现程序错误。如果在源程序里头文件<assert.h>的包含命令前定义符号常量 NDEBUG，就可以关闭由 assert 引起的检查和信息输出。这使人可以方便地关闭检查又不修改程序。

在程序执行过程中，有时可能出现一些动态发生的异常情况，例如数值计算的结果越界或出现除数为零的情况等。在出现某些问题时，计算机硬件可能自动产生某种中断信号，要求程序响应；另一方面，程序本身也可能发出出现异常情况的信号，要求特殊处理。

标准头文件<signal.h>提供引发异常信号和处理信号的有关机制，其中主要提供了两个函数：raise 和 signal。函数 raise 的执行将发出一个异常信号，函数 signal 可以为各种异常信号关联处理程序（一般称它们为异常“信号处理器”）。

函数 raise 的类型特征是：

```
int raise(int sig);
```

它的作用是产生一个异常信号，要求程序处理。如果这个异常信号被成功处理，函数就返回 0 值，否则就返回非 0 的值。检查这个值就可以了解处理情况。

有两个内部定义的异常信号处理器，用符号常量 SIG_DFL 和 SIG_IGN 表示。如果与某异常信号关联的处理器是 SIG_DFL，发生该异常时用系统确定的方式处理。如果与某异常信号关联的处理器是 SIG_IGN，这种异常信号就会被忽略。如果与某信号关联的处理器不是这两种情况，发生异常信号时将调用指定的处理器（函数）。

函数 signal 的类型很复杂，要读懂这个原型，需要对 C 语言的复杂类型描述有准确的理解：

```
void (* signal(int sig, void (*handler)(int)))(int);
```

这个原型表示 signal 是函数，它有两个参数，一个是整型参数 sig，另一个是函数指针参数 handler（即，处理器），指向的是有一个整型参数但没有返回值的函数。函数 signal 的返回值是一个函数指针，其类型与参数 handler 的类型一样，指向具有一个整型参数但没有返回值的函数。由此可知，异常处理器函数的类型特征应是：

void *fun_name*(int)

在调用函数 signal 时，应当给它提供一个整型参数（表示一个异常类）和一个函数指针参数（一个作为异常信号处理器的函数）。signal 的执行效果就是把这个处理器函数与指定异常类关联起来，它的返回值是指向原来与这个异常关联的那个处理器（函数）的指针。对各种异常信号处理器的初始设置由具体 C 系统确定。

合法的异常信号如下表所示：

SIGABRT	程序非正常结束，例如执行了 abort
SIGFPE	浮点数算术出错，例如溢出或者除以零
SIGILL	非法的函数映像，例如遇到了非法指令
SIGINT	交互请求，例如出现中断信号
SIGSEGV	非法的存储区访问，例如访问超出了规定范围
SIGTERM	给程序送一个终止信号

当一个异常信号发生时，signal 将该异常设置到默认状态（防止递归），随之调用与该异常信号关联的处理器函数，就像是执行了函数调用 (*handler)(sig)。如果该处理器函数返回，程序将从发生异常信号的位置继续执行下去。

11.11 标准库的其他功能

这里简单介绍与本地化和多字节字符有关的概念，以及标准库为此提供的功能。这里并不对这些功能及其应用做过多讨论，细节请查阅 C 语言标准手册和其他相关书籍。

11.11.1 本地化

一个程序可能会在多个地区或国家使用，使用地的本地文化传统和习惯可能对程序行为提出特殊要求，要求其行为方式尽可能符合使用地的文化习惯。标准库头文件<locale.h>就是为此设计的，其中定义了一个结构、两个函数和一些宏。

结构 struct lconv（locale conventions（本地文化习惯）的缩写）里至少包含如下表所示成员：

类型和成员名	默认值	解释
char *decimal_point;	"."	格式化非金融量时所用的小数点
char *thousands_sep;	""	非金融量中的数位间隔符（默认为空串，下同）
char *grouping;	""	说明非金融量中数位间隔方式
char *int_curr_symbol;	""	本地所用的国际标准货币符号
char *current_symbol;	""	本地货币符号
char *mon_decimal_point;	""	金融量所用的小数点
char *mon_thousants_sep;	""	金融量所用的数位间隔符
char *mon_grouping;	""	说明金融量所用的数位间隔方式
char *positive_sign;	""	说明非负金融量格式化方式的串
char *negative_sign;	""	说明负金融量格式化方式的串
char int_frac_digits;	CHAR_MAX	按国际标准显示金融量时的小数位数

（续）

类型和成员名	默认值	解释
char frac_digits;	CHAR_MAX	按本地方式显示金融量时的小数位数
char p_cs_precedes;	CHAR_MAX	说明货币符号放在非负数值之前（1）或后（0）
char p_sep_by_space;	CHAR_MAX	货币符号与非负数值之前间有（1）无（0）空格
char n_cs_precedes;	CHAR_MAX	说明货币符号放在负数值之前（1）或后（0）
char n_sep_by_space;	CHAR_MAX	货币符号与负数值之前间有（1）无（0）空格
char p_sign_posn;	CHAR_MAX	说明非负金融量中 positive_sign 的位置
char n_sugn_posn;	CHAR_MAX	说明负金融量中 negative_sign 的位置

其中各成分的默认值为空串或者 CHAR_MAX，表示找不到相关信息。

函数 localeconv 填充一个 struct lconv 结构，把当前的本地信息填入其中：

```
struct lconv *localeconv(void);
```

从这个结构里可以找到上述成员的信息。

这里定义了宏 LC_ALL、LC_COLLATE、LC_CTYPE、LC_MONETARY、LC_NUMERIC 和 LC_TIME。它们的展开值可用做 setlocale 的第一个参数。该函数原型为：

```
char *setlocale(int category, const char *locale);
```

用于从本地化描述 locale 中选出 category 确定的部分。整个函数可用于提取或修改本地化信息的指定属性。以 NULL 作为 locale 参数时，函数 setlocale 返回当时本地化描述的指定属性。非 NULL 时 locale 参数设置新的本地化参数。

上述各个宏分别表示本函数所涉及的范围。LC_ALL 表示函数操作针对整个本地化描述，LC_COLLATE 涉及与本地化有关的字符串函数 strcoll 和 strxrfm，LC_CTYPE 影响所有字符函数（<ctype.h>里定义）的行为方式，LC_MONETARY 影响各种金融格式化形式，LC_NUMERIC 影响数值格式化形式（包括小数点和数位间隔），LC_TIME 影响有关时间显示的字符串函数 strftime 和 strfxtime。

11.11.2 多字节字符

C 语言的基本 char 类型是针对类似英语的拼音文字设计的，这些语言的基本字符集很小，一个字节就足以表示所有不同字符。然而文化是丰富多彩的，一些国家或民族语言的基本字符集包含很多字符，最典型的就是中文。如果把每个中文字看做一个字符，中文字符集包含了数千乃至数万个字符。用一个字节不可能存放这些字符。为了处理这类语言问题，C 语言通过标准库提供了多字节处理能力。

ANSI C 标准库提供了多字节字符类型 wchar_t 和几个特殊函数，包括在多字节字符的字符串与 wchar_t 类型的值之间，在表示一系列多字节字符的字节串与 wchar_t 串之间的转换函数等。wchar_t 类型在<stddef.h>定义，它是一种整型，其取值范围足以表示本地环境（参看上面有关本地化的讨论）所规定的扩展字符集中的所有成员（“字符”）。标准库还定义了几个多字节字符处理函数和多字节字符串处理函数，它们的行为都受本地化环境宏 LC_CTYPE 的影响。多字节字符处理函数包括 mblen，mbtowc 和 wctomb，多字节字符串处理函数包括 mbstowcs 和 wcstombs。几个包含 to 的函数都是字符表示或者字符串转换函数，完成多字节字符（串）与普通字符（串）之间的转换。

1995 年颁布的 ANSI C 修订增加了两个标准库头文件<wctype.h>和<wchar.h>，通过它们引入了更多支持宽字符的功能。这方面的细节比较繁琐，只有在实际应用系统中才需要仔细考虑和使用。这里不介绍有关的细节了。

本章讨论的重要概念

字符输入输出，格式化输入输出，行式输入输出，缓冲区刷新，文件定位，文件指示器，直接输入输出，输入输出格式控制，标准库，执行控制，语言实现的规定，调试断言，变参数函数，执行现场，从深层调用中退出，程序的异常信号及其处理。

练习

1. 请写出两个函数，它们实现类似 `strspn` 和 `strcspn` 的功能，确定字符串里满足一定条件的最长前缀的长度，但判断的依据是通过一个函数指针参数得到的。该指针的实参应是一个以 `char` 为参数、返回 `int` 值的函数（谓词），在 `char` 满足要求时返回非 0 值，不满足要求时返回 0 值。这种函数与标准库 `ctype.h` 里定义的字符分类函数类似。（注意，标准库 `ctype.h` 里的“字符分类函数”通常是用宏定义实现的，因此不能用于作为函数指针参数的实参。）
2. 自己实现标准库函数 `strtok` 的功能。请给函数另起一个名字，以免与库函数冲突。（提示：请考虑使用一个静态局部变量。）
3. 写一个函数，它有一个双精度数组参数和不定个数的整数参数，它能够根据所给的一组整参数值（作为数组元素下标）由数组里取出对应的元素，求出这些元素的和。
4. 请设法只使用标准库函数 `getchar` 实现 `scanf` 的功能。
5. 请设法只使用标准库函数 `putchar` 实现 `printf` 的功能。
6. 试写一个 C 源程序的预处理程序。先完成处理 `#include` 命令（如果考虑系统头文件，那么就要用到文件目录的信息。这里可以只考虑当前目录下的文件包含问题）的工作，然后考虑简单宏命令的处理和条件编译的处理，最后考虑带参数宏定义的处理。

第12章　C99 导 引

ANSI C 标准（ANSI X3.159—1989 和后来的 ISO/IEC 9899—1990）于 1989 年颁布之后，ISO/IEC 成立的相关工作组 WG14 进一步开展工作，于 1995 年提出了一个修订报告。而后有关专家开始着手新 C 语言标准的工作，最终使 C99 标准（ISO/IEC 9899:1999）于 1999 年颁布。各种流行的 C 语言系统正在向这一新标准靠拢。

C99 基本上与 ANSI C 兼容，但删去了若干不安全特征，主要是不再允许默认的函数返回值类型（要求函数必须明确写出返回值类型），不再允许默认函数原型（要求任何函数调用处都必须能看到函数的定义或原型）。本书第一版早已贯彻着 C99 的精神，前面章节里的程序都是满足 C99 标准的程序。因此前几章实际上也是对 C99 语言及其程序设计基本问题的介绍。当然，C99 也对 ANSI C 进行了一些扩充，前面章节里散布着一些对 C99 情况的介绍，第 11 章介绍了 C99 对标准库的一些扩充。但还有些扩充和修改在前面没有讨论，包括若干很重要的扩充。本章是对这方面的一个补充。

本章首先介绍 C99 语言扩充的一般性情况，然后集中讨论 C99 在数组和结构方面的扩充，并通过一些实例介绍与 C99 新机制相关的程序设计技术。最后较详细地介绍 C99 的几个新的标准库包。

12.1　C99 扩充

C99 对 ANSI C 有很多扩充，包括语言层的扩充和标准库的扩充。标准库的一些扩充已经在第 11 章做了简单介绍，本章后面有进一步的讨论。在预处理方面 C99 也有一些细节扩充，例如允许定义参数个数可变的宏，增加了若干预定义的宏等。这些内容都很具体，在初学编程时不会使用，这里不仔细讨论了。

12.1.1　语言层扩充

语言基本层面的扩充有下面几个方面：

1. 增加了新关键字 `_Bool`、`_Complex`、`_Imaginary`、`inline` 和 `restrict`。
2. 增加了一种新注释形式（取自 C++语言）。程序里可以用连续两个除号（`//`）表示随后的内容是注释，这种注释一直延续到这一行结束。
3. 对多字节字符和多字节字符串的支持功能。这方面的细节很多，超出了基本程序设计的范围，本书不准备进一步介绍。
4. 允许十六进制形式的浮点数字面量写法，同样加 `0x` 或 `0X` 前缀。如果这时采用科学记数法，底数和指数用字母 `p` 或 `P` 分隔（因为 `e` 和 `E` 是十六进制数字）。

数值类型方面的扩充包括：

1. 增加了新整数类型 `unsigned long long int` 和 `signed long long int`，它们可以分别简写为 `long long` 和 `unsigned long long`。`long long` 类型的字面量需要加后缀 `LL` 或 `ll`，而 `unsigned long long` 的字面量再加 `U` 或 `u`，几个字符出现的顺序不重要。C99 要求这两个类型至少采用 64 位二进制编码。与整数类型相关的新头文件 `<stdint.h>`在下面介绍。

2. 增加了一个逻辑类型 _Bool。它也属于整数类型，但只能有 0 和 1 两个值，分别表示假和真。数值和指针类型的值都可以转换到 _Bool 类型，各种类型的 0 值转换到 _Bool 的 0，而任何非 0 值都转换到 1。标准头文件 stdbool.h 定义类型名 bool 作为 _Bool 的同义词，还定义了常量 false 和 true，以方便编程。
3. 增加了 6 个复数类型：float _Complex，double _Complex，long double _Complex，float _Imaginary，double _Imaginary，以及 long double _Imaginary。其中几种纯虚部类型（_Imaginary 类型）为可选实现。如果把实数类型（包括整数和浮点数类型）转换到复数类型，结果的虚部为 0.0。如果把复数类型转换到实数类型，原虚部丢掉，实部按实数类型的方式转换。复数类型没有字面量形式，包含<complex.h>后有一种写法。下面介绍。

语言层扩充包括：

1. 引入新关键字 restrict，只能用于指针变量的声明。它告诉编译器这个指针是指向有关对象的唯一指针。这一情况下编译器可能做一些特殊优化。
2. 新关键字 inline 只能用做函数的类型修饰符，它要求编译器尽可能优化该函数的调用。这个关键字不改变函数的意义。一种可能优化是把函数代码直接插入函数调用位置，并正确实现函数调用的语义（可能需要加入必要的类型转换，修改冲突的变量名等）。这种处理方法与宏展开类似，但编译器能正确处理各种类型转换、变量重名等，不会出现宏展开的各种潜在问题。有一个限制就是要求在函数调用点可以看到函数的完整定义，只能看到原型声明的函数不能做优化处理。
3. 每个函数定义必须有返回值类型声明，其他声明和定义也必须包含类型描述，缺少类型声明是错误的。老的无参数类型描述的函数原型属于过时的特征。
4. 在复合语句里，各种声明（包括变量定义）和语句可以以任何顺序出现（不像 ANSI C 那样规定语句之后不能再有声明）。这就允许我们将变量定义的位置推后，允许在语句之间写新的变量定义。变量定义的作用域原则不变，仍然是从其出现位置直到当前的复合语句结束。变量的存在期、初始化和撤销方面的规定也不变。对于局部的数组和结构变量，有些规定有变化，见下面讨论。
5. for 语句初始化部分可以写变量声明，以引进整个 for 语句可用的局部变量。例如：

```
for (int i = 0, j = 0; i < n; ++i, --j) ...
```

6. C99 的最主要扩充之一是“变长数组”，有关情况在下一节讨论。

另一重要语言扩充是增加了一种“复合文字量”，其形式是：

(*类型名*){ *初始式表* }

其中*类型名*是一个类型描述，可以是任何对象类型（结构、联合或枚举类型）或者数组类型，但不允许是下面讨论的“变长数组类型”。如果是直接写出的数组类型，不需要写出数组的大小（例如可以写 int[]、double[] 等）。*初始式表*是逗号分隔的一系列文字量。这样的复合表达式创建一个指定类型的无名对象，返回其左值。这种表达式使我们可以在语句中构造新的数组、结构、联合或枚举对象。

例如，有了结构定义

```
typedef struct { int x; double y; char z[5]; } ST;
```

下面语句的赋值号右边是复合表达式，它把所创建对象的值赋给变量 s1：

```
s1 = (ST){10, 3.28, "fine"};
```

数组复合表达式的情况与此类似，但更简单。显然，花括号里的初始式序列必须符合有关类型要求。下面是个有意思的例子，结合使用了 inline 函数和复合表达式。

例 12.1 生成 2 的某次幂的函数。代码如下：

```
inline int powof2(int n) {
    assert(n >= 0 && n < 8);
    rerurn (const int[]){1,2,4,8,16,32,64,128}[n];
}
```

库宏 assert 的意义在第 11 章里有解释，用于写支持程序调试的断言。该函数的基本部分是一个 return 语句，其表达式部分是一个取数组元素表达式，作为操作对象的数组由一个复合表达式构造。显然，这个数组有 8 个元素，分别为 2 的 0 次到 7 次幂。以一个合适的实参（0 到 7 的值）调用这个函数，将得到 2 的相应幂次的值。

本章剩下部分介绍 C99 数组和结构的一些新情况，还要介绍标准库的几个新的数值包（头文件）。

12.2 C99 数组和结构

C99 在数组的声明、定义和使用方面有许多扩充和修改，对结构也有些扩充，这些扩充使我们可以更方便地写许多处理数组和结构的程序。有关通过复合表达式构造复合对象的问题已在上节介绍，本节介绍其他情况。

12.2.1 复合对象的初始化

C99 在复合变量（数组和结构等）的初始化方面有一些扩充。在专门讨论数组的各种问题之前，先介绍这方面的一些一般性情况。

即使是定义局部的自动数组或结构，ANSI C 也要求初始化描述中只能写常量表达式。C99 在这里做了修改，放松了对局部复合变量（数组、结构或联合变量）的初始化描述方式的限制。在定义局部变量时，现在允许写任意表达式（包括不是常量的表达式，其中可以有变量）。例如，下面是一个合法函数（的框架）：

```
int func(int m, int n) {
    struct NODE nd = {m, n};
    ......
}
```

下面是另一个例子：

```
typedef struct { int x; int y; double z; } ST1;

int fun(int m, double x) {
    ST1 s = {m+1, 10, x};
    int a[5] = {m, m+1, m+2, m+3, m+4};
    ......
}
```

对于复合变量的初始化，C99 的一个重要扩充是引进了一种新的初始式形式：*定位初始式*。在定义复合变量时，可以用定位初始式为一些特定元素做初始化，其余元素按 C 语言对静态数组或结构变量的默认方式处理（赋以相应的 0 值）。

数组定位初始式的写法见下面例子，这里是几个变量定义：

```
int a1[4] = {[2] = 10, [0] = 100};    /* {100,0,10,0} */
int a2[6] = {[0] = 5, [2] = 20, -1}; /* {5,0,20,-1,0,1} */
int a3[] = {0, 3, 4, [1] = 1, 3, 6}; /* {0, 1, 3, 6} */
```

数组元素的值见注释。注意，定位初始式的一对方括号里只能写常量表达式。

从 a1 的情况可以看到，未给定值的元素自动采用外部变量的默认初始值。从 a2 的定义可以看到，非定位元素之后各元素仍然顺序取值。从 a3 的定义可以看到，允许用定位初始式（和非定位初始式）覆盖已经给定的初值。

后两个例子还说明，允许定位初始式和原有的按位置递增的初始式混合出现。最后一个例子说明，如果数组变量没说明大小，还是按初始化部分确定其大小。在这个例子里，数组大小是由顺序递增的初始式决定的：在元素 [1] 的初始化之后有两个初始式，所以数组的最大下标是 3，是包含 4 个元素的数组。实际上，这种写法下的数组大小也可能由定位初始式确定。下面是一个例子：

```
int a4[] = {[0] = 1, [63] = 1, [127] = 1};
```

这样定义的 a4 是包含 128 个元素的数组，其他元素都取值 0。

结构变量定义时的初始化描述中也可以包含定位初始式，具体方式见下面实例。注释说明了初始化的效果：

```
typedef struct { int x; double y; char z[5]; } ST;
ST s1 = {.z = "ok", .y = 4.4 };     /* {0, 4.4, "ok"} */
ST s2 = {11, 2.5, "fine", .x = 3}; /* {3, 2.5, "fine"} */
ST s3 = {.z = {'g','o','o','d','\0'}; /* {0, 0.0, "good"} */
```

这里 s1 的初始化显示了定位初始式和默认初始化方式的效果，s2 的初始化里出现了覆盖，s3 说明了作为成分的字符数组的另一初始化方式。

在定义联合变量时，可以通过定位初始式为联合中的任何一个成分设置初值，下面是几个这方面的例子，其意义见注释：

```
typedef union {int x; double y; char z[6]; } UN;
UN u1 = { .z = "good" };  /* 只有 u1.z 有定义 */
UN u2 = { .y = 3.14159 }; /* 只有 u2.y 有定义 */
UN u3 = { .x = 3 };  /* 只有 u3.x 有定义，可以直接写 { 3 } */
```

应再次说明：如果对数组或结构变量使用包含定位初始式的初始化描述，所有未给定初值的元素的处理与原来初始化描述里的初值个数不够时一样，无论定义的是静态变量还是自动变量，所有未明确初始化的成员都自动取相应类型里的 0 值。

12.2.2 变长数组的定义和声明

C99 的最重要扩充是允许定义（和声明）变长数组，其长度在创建时确定。只能在函数（复合语句）里定义作为自动变量的变长数组，也允许函数有变长数组参数。

在声明（或定义）数组时，如果在 [] 里写一个 * 或一个不是常量的表达式（包含变量），这样声明（或定义）的就是变长数组。带 * 的数组声明只能出现在函数的原型声明里，说明该函数有一个变长数组参数，其长度在函数调用时确定。

如果数组定义中描述大小的表达式不是常量，就先求出其值（要求必须是正整数），根据它建立数组。例如，7.5 节说下面代码段在 ANSI C 里不合法：

```
int n;
......
scanf("%d", &n);
double scores[n];
```

但它在 C99 里是合法的。这有赖于 C99 的两项扩充：一是允许在复合语句里任何地方写声明和定义，再就是允许定义动态数组变量。显然，这里变量 scores 的大小要到程序执行中（由用户输入）确定。另一类常见用法是基于参数定义数组，如：

```
int fun1(int m, double x) {
    double a[m] = {0.0, x}; /* 其余元素自动初始化为 0.0 */
    ......
}
```

再如：

```
void fun2 (int n) {
    int a[n];
    int m = n + 20;
    int b [m];
    ……
}
```

注意：与动态存储分配的情况类似，定义动态数组要当心引入安全缺陷，上面几个例子都有这方面的问题。第一个例子的数组长度由运行时的输入确定，如果用户输入的是负值或 0，或是很大的整数，或有意无意输入了非整数字符，随后的数组定义就无法控制了，有可能造成程序崩溃。第二个例子根据 m 的实参定义数组，也可能由于不当的实参出现不合法定义的情况，请读者自己分析。我们可以根据需要加入检查，例如：

```
int fun1(int m, double x) {
    if (m < 2 || m > 100) return 0;
    double a[m] = {0.0, x}; /* 其余元素自动初始化为 0.0 */
    ……
}
```

参数不满足条件时的处理应根据实际需要确定，这里直接返回 0 只是作为一个例子。

变长数组的创建也有特殊规定。如果在一个复合语句里定义了变长数组 A，执行进入该复合语句时并不为 A 分配空间。当执行到达 A 的定义时先求出其长度表达式（下标定义表达式）的值，而后根据算出的值为 A 分配空间。这样创建的 A 存在到该复合语句结束。从 A 的定义到复合语句结束的代码段是 A 定义的作用域，其执行期间是 A 的存在期。如果执行再次进入这个复合语句，系统将重新计算 A 的大小并重新分配空间。

假如程序执行中多次遇到变长数组 A 的定义，由于表示数组长度的表达式里有变量，多次计算这个表达式得到的值就可能不同，基于它创建的 A 就可能长度不同。但也要注意：对一个变长数组变量，创建之后其长度在整个存在期也是确定的，只能在其长度范围内使用。超出数组范围的元素访问可能造成大灾难。

还有一项规定：C99 规定变长数组不能在定义时有初始化描述，只能通过语句给这种数组的元素赋值。这一规定也很合理，由于变长数组的元素个数在编译时无法确定，其初始化只能由程序里明确写出的代码完成。

12.2.3 函数的变长数组参数

在 C99 之前，函数可以有数组参数，但数组长度只能写常量表达式。C99 允许函数的数组参数是变长数组，要求这种函数必须包含描述数组长度的参数，而且有关的长度参数必须出现在相应变长数组参数之前。下面是两个例子：

```
voin g(int n, int a[n]) { ... }
void h(int m, int n, double mat[m][n]) { ... }
```

下面函数定义不合法：

```
void r(int b[n], int n) { ... } // 错误！长度参数必须在前
```

例 12.2 求数组元素平均值函数。这个函数现在可以写为：

```
double average(int n, double a[n]) {
    int i;
    double s = 0.0;
    for (i = 0; i < m; ++i) s += a[i];
    return s / n;
}
```

这个函数与前面第 6 章的定义没什么不同。实际上，如前所述，编译器并不关心数组参数的最高一维的长度（这里只有一维），程序运行中也不检查函数里对数组的使用是否可能越界。这些问题的正确处理需要写程序的人来保证。

允许定义变长数组参数，从写程序的角度看，最大的收获就是可以方便地写出处理多维数组的通用函数。第 7 章讨论过如何通过指针参数和指针运算定义处理矩阵（二维数组）的通用函数。现在有了变长数组参数，定义这种函数变得更加自然、方便。下面是两个例子，其中的技术非常清晰，易写也易读。

例 12.3 打印二维数组的内容。例 7.7 中打印任意二维数组内容的函数现在很容易写：

```
void prtMatrix (int m, int n, int mx[m][n]) {
    int i, j;
    for (i = 0; i < m; ++i) {
        for (j = 0; j < n; ++j)
            printf("%d ", mx[m][n]);
        putchar('\n');
    }
}
```

各种通用的矩阵操作函数都可以这样定义。

例 12.4 通用的求矩阵乘积函数。这个函数可以定义如下：

```
void prodMatrix (int n1, int n2, int n3,
      double m1[n1][n2], double m2[n2][n3], double m3[n1][n3]) {
    int i, j, k;
    for (i = 0; i < n1; ++i)
        for (j = 0; j < n3; ++j) {
            m3[i][j] = 0.0
            for (k = 0; k < n2; ++j)
                m3[i][j] += m1[i][k] * m2[k][j];
        }
}
```

这个函数求出矩阵 m1 和 m2 的乘积存入矩阵 m3。这里要求 m1 是 n1×n2 的矩阵（二维数组），m2 是 n2×n3 的矩阵，保存结果的 m3 是 n1×n3 的矩阵。

在调用具有变长数组参数的函数时，必须自己关注实际数组的大小，以及数组参数和描述数组大小的参数之间的关系。这些参数必须符合被调用函数定义的要求，否则结果无定义。例如，对例 12.2 里的函数 prtMatrix，如果写调用

```
prtMatrix(n1, n2, mx);
```

我们必须保证 mx 是一个 n1×n2 的二维数组，否则就不能保证函数执行中做的工作有意义。编译器不检查参数是否符合这些要求，对于不正确的使用也不会报错。也就是说，这些问题都需要我们在写程序时认真考虑，自己保证。

如前所述，函数原型是为了给函数调用提供函数的类型信息。如果函数有变长数组参数，函数调用的地方只需知道是变长数组参数就足够了。因此 C99 规定在写具有变长数组参数的函数的原型时，非常量表达式都可以简单地写成 *。

例如，对于函数定义：

```
void h(int m, int n, double mat[m][n]) { ... }
```

下面几个函数原型都与之匹配：

```
void h(int, int, double[*][*]);
void h(int m, int n, double[][*]);
void h(int, int, double[][*]);
```

根据 C 语言的规定，最高一维的长度可以不写。对变长数组参数，情况也一样。

12.2.4 结构的变长数组成员

C99 规定结构可以有一个变长数组成员（或称灵活数组成员），这一机制实际上是将人们长期使用的一种技术正式合法化。下面从一个问题出发介绍这种机制。

例 12.5 结构的变长数组成员(灵活数组成员)。假设程序里需要一些动态分配的“整数向量”，这种向量可能有不同大小，但又需要作为同一类型的对象来处理。为解决这类问题，人们开发了一种技术，其基本做法是定义一种结构，在结构里记录向量的实际大小，在结构的最后定义保存向量元素的数组，其大小定义为 1（C 语言要求数组的大小不能为 0)。例如：

```
typedef struct { int size; int elems[1]; } VEC, *VECP;
```

看起来这个结构里的数组只有一个元素，但人们并不直接定义这一类型的变量，而总是通过动态存储分配建立它，而且在建立的结构后面附带一段元素空间。通常为它定义一组函数，通过这些函数来使用向量。例如：

```
VECP genvec(int n) {
    VECP vp;
    if (n <= 0 || n > NMAX) return NULL;
    vp = (VECP)malloc(sizeof(VEC) + (n-1) * sizeof(int));
    if (vp == NULL) return NULL;
    vp->size = n;
    return vp;
}

int sizevec(VECP vp) {
    return vp->size;
}

void setvec(VECP vp, int index, int val) {
    if (vp == NULL || index >= vp->size) return;
    vp->elems[index] = val;
}

int getvec(VECP vp, int index) {
    if (vp == NULL || index >= vp->size) return 0;
    return vp->elems[index];
}
```

函数 genvec 可以构造具有各种长度的向量，这里假定 NMAX 是一个预先有定义的常量。请注意 malloc 里对结构大小的计算，按算出的值分配的存储块足以存放一个 VEC 结构和另外 n-1 个整数。返回前设置结构的 size 元素。其他函数使用这种向量时，都认为其数组包含 size 个元素。这些函数的意义很简单，很容易理解。

上述技术已经在实践中使用了多年，而且在所有的 C 系统中都能正常工作。然而，如果严格考虑 ANSI C 标准，上述程序实际上是非法的：按定义，结构 VEC 的数组成员 elems 只有一个元素。假设 p 所指结构是用 genvec(2) 或更大的参数建立的，写 vp->elems[1]也是越界访问。ANSI C 说任何超出数组定义范围的访问都是非法的，其行为无定义。但是另一方面，在通过 genvec(2) 建立的表示向量的数据块里，vp->elems[1] 所指定的位置确实存在，这里出现了一个“矛盾”。

要解决这一矛盾，使上述技术合法化，以便于处理这一类常见编程问题，C99 允许在结构描述的最后有一个变长数组成员，定义这一数组成员时不能有长度描述。上例中的结构，在 C99 里应该定义为：

```
typedef struct { int size; int elems[]; } VEC, *VECP;
```

计算这种结构的大小，得到的是不包含最后这种没给出大小的数组成员的大小。对上面例子，就是只包含一个整数成员的结构的大小。C99 进一步规定，如果基于这样的结构描述分配了一个结构 S，使用其中的 elems 数组时必须保证下标值大于等于 0，而且小于(sizeof(S) - sizeof(VEC))/sizeof(int)。也就是说，要保证不出现实际越界的使用，而在动态分配的存储块的范围内使用都是合法的。

当然，在程序里使用这样定义的结构表示的向量，同样应该定义一组操作。实际上，前面给出的多数操作都可以照搬，只有创建结构的操作应写成：

```
VECP genvec(int n) {
    VECP vp;
    if (n <= 0 || n > NMAX) return NULL;
    vp = (VECP)malloc(sizeof(VEC) + n * sizeof(int));
    if (vp == NULL) return NULL;
    vp->size = n;
    return vp;
}
```

因为现在在结构的大小范围内一个数组元素也没有。

12.3 几个 C99 标准库包

本节介绍 C99 的几个新的标准库包。

12.3.1 标准库包<stdint.h>和<inttype.h>

标准库的<stdint.h>和<inttype.h>头文件里定义了许多与整数类型有关的扩展功能。其中<stdint.h>定义了一批特定长度的整数类型；<inttype.h>包含了<stdint.h>，增加了一些可移植的整数类型，还定义了一批转换函数。

<stdint.h>提出了定义不同长度（二进制位数）的整数类型的原则，并要求至少定义若干种不同长度的整数类型。对每个长度为 N 的类型，需要定义：

- 类型名 intN_t（长度为 N 的基本整数类型），类型名 uintN_t（长度为 N 的无符号整数类型），类型名 int_leastN_t（长度至少为 N 的基本整数类型），类型名 uintN_t（长度至少为 N 的无符号整数类型），类型名 int_fastN_t（长度至少为 N 的基本整数类型，在宿主机器上有最快速的实现），类型名 uint_fastN_t（与 int_fastN_t 对应的无符号整数类型）。C99 要求每个实现至少包含 N = 8, 16, 32, 64 时的这些类型，也就是说，至少有 24 个特定长度的整数类型。如 int8_t，int16_t，int32_t，int64_t，intleast8_t，intleast16_t，intleast32_t，intleast64_t，intfast8_t，intfast16_t，intfast32_t，intfast64_t，以及相应的无符号整数类型 uint8_t，uint16_t，uint32_t，uint64_t 等。还可以根据情况定义 N 等于其他值时的一些类型。如果对某个 N 定义整数类型（例如增加 N = 4 时的整数类型），就必须定义一套 6 个类型。
- 对每个特定长度的整数类型定义表示其最大最小值的宏，对每个无符号整数类型定义表示其最大值的宏。宏名字的形式分别为 INTN_MIN，INTN_MAX，UINTN_MAX，INT_LEASTN_MIN，INT_LEASTN_MAX，UINT_LEASTN_MAX，INT_FASTN_MIN，INT_FASTN_MAX，UINT_FASTN_MAX。具体例子如 INT16_MIN，INT16_MAX，UINT16_MAX，INT32_MIN，INT32_MAX，UINT32_MAX，等等。
- 对每个特定长度的整数类型定义表示用 scanf 一族函数读入时，或用 printf 一族函数输出时的转换描述符的宏名字 SCNcKN 和 PRIcKN。其中的 c 表示特定转换符号 d、i、o、u、x 或 X 之一，K 表示 LEAST、FAST、PTR 或 MAX 之一，N 是类型的长度（8、16 等）。具体例子如 PRId32，SCNxLEAST64，PRIoFAST16 等。如果这些宏名字出现在输入输出函数的格式串里，它们将会被正确展开为特定的转换描述字符，实现正确的输入输出转换。有关 PTR 和 MAX 的解释见下面。
- 对各种长度的整数类型 intN_t 和 uintN_t，有一对转换函数（宏）INTN_C(文字量) 和 UINTN_C(文字量)，以任意整数文字量为参数产生相应整数类型的值。使用这些宏的例子如 UINT16_C(12548)，INT64_C(0234)，INT32_C(0xABC)。

- 两个整数类型 intmax_t 和 uintmax_t，它们分别是本系统中最大的整数和无符号整数类型，具体实现方法由 C 系统的设计者确定。由于 C99 可以有扩展的整数类型，所以这两个类型完全可能不是 long long int 和 unsigned long long int，而是其他类型。符号常量（宏）INTMAX_MIN 和 INTMAX_MAX 表示 intmax_t 的最小和最大值；UINTMAX_MAX 表示 uintmax_t 的最大值。这两个类型的值转换函数是 INTMAX_C(...) 和 UINTMAX_C(...)。表示它们的输入和输出的转换描述符分别是 SCAN*c*MAX 和 PRI*c*MAX，其中的 *c* 和使用方式参见前面的解释。

与指针有关的整数类型和相关宏包括：

- 常规整数类型 intptr_t 和无符号整数类型 uintptr_t，它们的长度足以保存本系统里的指针（程序对象的地址）。如果 *P* 是一个 void* 类型的值，将其转换到 intptr_t 或 uintptr_t 类型的值，而后再转换回 void*，得到的值仍然是 *P*。标准库也定义了与这两个类型对应的最小最大值符号常量（宏）INTPTR_MIN、INTPTR_MAX 和 UINTPTR_MAX，以及用于输入和输出的转换描述符 SCAN*c*PTR 和 PRI*c*PTR，其中的 *c* 和使用方式参见前面的解释。
- 符号常量（宏）PTRDIFF_MIN 和 PTRDIFF_MAX 表示足以表示任意两个指针的差的类型 ptrdiff_t（在 stddef.h 定义，见第 11 章）的最小值和最大值。符号常量 SIZE_MAX 表示无符号类型 size_t（在 stddef.h 定义，见第 11 章）的最大值。

在上面列出的各种类型或宏中，所有与输入输出有关的宏都是在<inttype.h>头文件里定义的，其余都在<stdint.h>里定义。<stdint.h>里还定义了与字符和宽字符大小有关的符号常量（宏）WCHAR_MIN、WCHAR_MAX、WINT_MIN、WINT_MAX 等。

在<inttype.h>里还定义了几个整数函数，它们的功能与<stdint.h>里对应的函数一样，只是处理的整数类型是 intmax_t。这些函数包括：

- 函数 intmax_t imaxabs(intmax_t n)。它算出 n 的绝对值。
- 函数 imaxdiv_t imaxdiv(intmax_t n, intmax_t d)。它算出商 n/d 和余数 n%d，可以将结果存入一个 imaxdiv_t 类型的结构里，其 quot 和 rem 成分分别是计算出的商和余数。
- 函数 intmax_t strtoimax(const char * restrict str, char ** restrict ptr, int base)。它将（数字）字符串转换到 intmax_t 类型的整数（最大类型的整数）；原型相同的另一函数 strtoumax 将数字字符串转换到 uintmax_t 类型的非负整数。这里的 str 指向被转换的字符串，ptr 的实参（如果不是 NULL）应该是一个字符指针的地址，base 是数字字符串的基数（进制）。如果 ptr 非 0，strtoimax 通过 ptr 的实参地址设置对应指针，使之指向转换片段结束的下一个字符位置。

<inttype.h>里还定义了从宽字符串到整数的转换函数，这方面的情况就不介绍了。

C99 之前的 C 语言都把各种整数类型的实现方式留给系统的实现者处理。这一设计精神有利于开发高效率的实现，但也使人难以写出可移植的程序。C99 的这些扩展整数类型就是为了支持解决这方面问题。特定长度的整数类型在所有 C99 实现中具有同样的语义，基于它们写出的程序将有更好的可移植性。

12.3.2 标准库包<complex.h>

C99 的另一重要扩充是支持复数类型。语言只提供了几个类型和相应的基本算术运算，标准库包<complex.h>提供了一大批以复数为参数的函数，以支持复杂的复数处理。C99 的复数采用直角坐标表示，一个复数由其实部和虚部描述，在数学上写为 $x+y\mathrm{i}$，其中的 x 和 y 都是实数。C99 的处理复合这种约定。下面介绍<complex.h>的功能。

C99 用下划线开头的标识符作为复数类型名，用首字母大写的形式写成 _Complex 和 _Imaginary，是为了尽可能不与已有的程序代码冲突。为了方便复数类型的使用，在头文件<complex.h>里有如下定义：

```
#define complex _Complex
#define imaginary _Imaginary
#define _Complex_I ...
#define _Imaginary_I ...
#define I ...
```

包含了<complex.h>后，这几个宏就可以作为"类型"或常量使用了。

例如，现在可以写下面变量定义（包括初始化描述）：

```
double complex x = 1.0 + 2.5*I;
float complex y = 2.2f + 1.17f*I;
```

这种写法也可以用在语句里。

头文件<complex.h>的主要作用是为各种复数类型(基于 float、double 和 long double 的复数类型）提供了一大批复数函数原型，包括如下三角函数：

```
double complex csin(double complex x);                    // sin
double complex ccos(double complex x);                    // cos
double complex ctan(double complex x);                    // tan
double complex casin(double complex x);                   // acsin
double complex cacos(double complex x);                   // accos
double complex catan(double complex x);                   // actan
```

标准库也为 float 和 long double 提供了同样两组函数，函数名分别加 f 和 l 后缀。例如两个 sin 函数的原型分别为：

```
float complex csinf(float complex x);
long double complex csinl(long double complex x);
```

还有下面的双曲函数：

```
double complex csinh(double complex x);                   // sinh
double complex ccosh(double complex x);                   // cosh
double complex ctanh(double complex x);                   // tanh
double complex casinh(double complex x);                  // acsinh
double complex cacosh(double complex x);                  // accosh
double complex catanh(double complex x);                  // actanh
```

同样也为 float 和 long double 提供了这些函数，例如：

```
float complex csinhf(float complex x);
long double complex csinhl(long double complex x);
```

基本复数（基于 double）的指数与对数函数包括：

```
double complex cexp(double complex x);                    // exp
double complex clog(double complex x);                    // log
double complex cabs(double complex x);                    // abs
double complex csqrt(double complex x);                   // sqrt
double complex cpow(double complex z, double complex u);  // pow
```

其中 cpow 计算 z^u。同样为 float 和 long double 提供了这些函数。

上述函数都与<math.h>里为各种实数类型提供的函数对应。还有一组函数是特殊的，用于从复数得到其直角坐标表示或者极坐标表示时的成分，包括：

```
double creal(double complex x);                           // 实部
double cimg(double complex x);                            // 虚部
double carg(double complex x);                            // 辐角
double complex conj(double complex x);                    // 共轭复数
double complex cproj (double complex x);                  // 球极投影
```

同样为 float 和 long double 提供了这些函数。

附录A　C语言运算符表

C 语言运算符如下表所示，运算符按照优先级大小由上向下排列，同一行的运算符具有相同优先级。表中第三行是所有的一元运算符。

<table>
<tr><th>运 算 符</th><th>解　　释</th><th>结合方式</th></tr>
<tr><td>() [] -> .</td><td>括号（函数等），数组，以及两种结构成员访问运算符</td><td>由左向右</td></tr>
<tr><td>++ --</td><td>后置增量和减量</td><td></td></tr>
<tr><td>! ~ ++ -- + -
* & (类型) sizeof</td><td>否定，按位否定，前置增量，前置减量，正号，负号，
间接，取地址，类型转换，求大小</td><td>由右向左</td></tr>
<tr><td>* / %</td><td>乘，除，取模</td><td>由左向右</td></tr>
<tr><td>+ -</td><td>加，减</td><td>由左向右</td></tr>
<tr><td><< >></td><td>左移，右移</td><td>由左向右</td></tr>
<tr><td>< <= >= ></td><td>小于，小于等于，大于等于，大于</td><td>由左向右</td></tr>
<tr><td>== !=</td><td>等于，不等于</td><td>由左向右</td></tr>
<tr><td>&</td><td>按位与</td><td>由左向右</td></tr>
<tr><td>^</td><td>按位异或</td><td>由左向右</td></tr>
<tr><td>|</td><td>按位或</td><td>由左向右</td></tr>
<tr><td>&&</td><td>逻辑与</td><td>由左向右</td></tr>
<tr><td>||</td><td>逻辑或</td><td>由左向右</td></tr>
<tr><td>?:</td><td>条件</td><td>由右向左</td></tr>
<tr><td>= += -= *= /=
&= ^= |= <<= >>=</td><td>各种赋值</td><td>由右向左</td></tr>
<tr><td>,</td><td>逗号（顺序）</td><td>由左向右</td></tr>
</table>

关于条件运算符的结合方式参看 3.4.1 节的解释。

附录B　C语言速查

本附录分类描述C语言各方面特征。由于正文里已有详细介绍，这里只给出简单介绍和索引。括号中列出了讨论有关问题的章节号。

B.1　关键字

C语言总共有32个关键字：

auto	break（4.1.7节，5.2.2节）	case（5.2.3节）
char（2.2.1节，5.1节）	const（5.5.3节）	continue（5.2.2节）
default（5.2.3节）	do（5.2.1节）	double（2.2.1节，5.1节）
else（3.5.1节）	enum（3.6.5节，9.2节）	extern（5.5.1节）
float（2.2.1节，5.1节）	for（3.5.3节）	goto（5.2.2节）
if（3.5.1节）	int（2.2.1节，5.1节）	long（2.2.1节，5.1节）
register（5.5.3节）	return（2.2.2节）	short（5.1节）
signed（5.1节）	sizeof（6.5.3节，6.6节，7.4节）	static（5.5.2节）
struct（9.1节）	switch（5.2.3节）	typedef（7.4.4节，7.6节）
union（9.6节）	unsigned（5.1节）	void（3.3.1节，7.1.4节）
volatile	while（3.5.2节）	

注：关键字auto用于说明自动变量，通常不用；volatile（易变的）表示该变量不经过赋值，其值也可能被改变（例如表示时钟的变量、表示通信端口的变量等）。

C99增加了新关键字_Bool、_Complex、_Imaginary、inline和restrict。有关说明见第12章。

B.2　基本类型（2.2节，5.1节，12.1.1节）

C语言的基本类型包括下面列出的类型，还有指针类型，关于指针类型的介绍见第7章。

字符类型	短整数类型	整数类型	长整数类型
char	short int	int	long int
浮点数类型	**双精度浮点数类型**	**长双精度浮点数类型**	
float	double	long double	

注：（1）各个整数类型都有对应的无符号类型，类型名加unsigned；

（2）short int和long int可分别简写为short和long；

（3）unsigned int类型可简写为unsigned；

（4）字符有signed char和unsigned char两个类型。char等价于两者之一，具体等价于哪一个，由具体系统决定。

C99扩充了long long和unsigned long long两个整数类型，以及_Bool类型和一批复数类型，见第12章的说明。

B.3 字面量的书写形式（2.2 节，2.5 节，5.1 节，12.1.1 节）

字面量是程序里直接写出的数据，包括各种整数、浮点数、字符和字符串。

整数（各种整型的字面量）由一串连续数字构成。第一个数字不是 0 的是十进制数；以 0 开头的是八进制数；带前缀 0x 或 0X 的表示十六进制数。加字母 u 或 U 后缀表示无符号整数；加字母 l 或 L 后缀表示长整数（2.2 节，5.1 节）。

浮点数（float、double 和 long double 类型的字面量）的基本部分包括一个整数部分、一个小数点和一个小数部分。可以有一个指数后缀，形式是字母 e 或 E 后跟一个可带符号的整数，表示十进制指数值；最后还可以有字母 f，F，l 或 L 作为类型后缀。f 或 F 表示 float 类型的字面量，l 或 L 表示 long double 类型，无后缀是 double 类型。整数或小数部分两者可缺其一，小数点和指数部分两者可缺其一（2.2 节，5.1 节）。

12.1.1 节介绍了几种 C99 新类型的字面量写法。

字符字面量是单引号括起来的一个字符，特殊字符的写法见下面的特殊字符表（2.5 节）。

字符串字面量是由一对双引号界定的一个字符序列，其中可写各种能直接写出的字符，以及按下表列出的换意序列方式描述的特殊字符：

换行符	\n	水平制表符	\t	垂直制表符	\v
退格符	\b	回车符	\r	换页符	\f
鸣铃符	\a	反斜线符	\\	问号	\?
单引号	\'	双引号	\"		

任意字符均可以用换意符号（反斜线符）后跟八进制或十六进制表示，形式为：

\ooo（八进制表示）
\xhh（十六进制表示）

其中 ooo 表示三位八进制数字，最左一位只能是 0 到 3；hh 表示两位十六进制数字，可以是 0 到 9 以及 A 到 F 或 a 到 f。

B.4 运算符与表达式

所有运算符的优先级及结合方式见附录 A。下面给出各运算符的简单意义，并列出讨论它们的有关章节。

运算符	意　义	章节号	运算符	意　义	章节号
()	括号，函数	2.3，2.5	[]	数组成分	6.1
->	由指针取结构成分	9.1.3	.	结构成分	9.1.2
!	逻辑非	3.4.2	~	字位取反	5.7
++	增量	3.6.1	--	减量	3.6.1
+	（一元）正号	2.3	-	（一元）负号	2.4.1
&	（一元）取地址	7.1.2	(类型)	类型强制	2.4.4
sizeof	数据或类型的大小	6.5.3，6.6	*	算术乘，间接	2.3，7.1.2
/	算术除	2.3	%	求余数（取模）	2.3
+	（二元）算术加	2.3	-	（二元）算术减	2.3
<<	字位左移	5.7	>>	字位右移	5.7
<	小于	3.4.1	<=	小于等于	3.4.1
>	大于	3.4.1	>=	大于等于	3.4.1

（续）

运算符	意　义	章节号	运算符	意　义	章节号
==	等于	3.4.1	!=	不等于	3.4.1
&	（二元）字位与	5.7	^	字位异或	5.7
|	字位或	5.7	&&	逻辑与	3.4.2
||	逻辑或	3.4.2	?:	条件运算符	3.4.1
,	逗号	3.6.2	=	赋值	3.2.2
+= -= *= /= %= &= ^= |= <<= >>=	各种更新赋值	3.6.3			

常量表达式

常量表达式可以用在 case 后面，或用于描述数组和字段的长度，或用于给枚举常量指定值，或用于给外部变量和局部静态变量提供初始值，或（在 ANSI C 里）给数组、结构变量的成分提供初始值，以及用在条件预处理命令中。常量表达式在程序加工时求值，这种表达式里不能包含赋值运算符、增减量运算符、函数调用、逗号运算符。

在整数值的常量表达式里，运算对象只能是整数、枚举值、字符、sizeof 表达式，浮点数常量必须强制转换到某个整型。浮点数常量表达式的运算对象只能是整数、浮点数、字符、枚举值、sizeof 表达式。地址常量表达式应表示一个指针值，可以是外部变量、静态变量、函数的地址。这个指针值可以是通过运算符 & 作用于外部或静态对象而得到的，或是由数组名、函数名直接创建的。表达式计算的结果或是一个已声明了的外部或静态变量的地址，或者是这种地址加或减一个常数。创建过程中不应间接访问变量的值。

在预处理命令#if 之后的常量表达式中不允许出现 sizeof、枚举常量或类型强制。

B.5 基本控制结构

这里列出 C 语言的各种控制结构，并给出简短的解释。

空语句只包含一个分号。它的执行什么也不做，通常用在程序中填补位置（3.6.4 节）。

```
break;
```

中止语句。退出最内层的循环语句或者 switch 语句（5.2.2 节）。

```
continue;
```

继续语句。停止最内层循环体的一次执行，准备开始循环的下次执行（5.2.2 节）。

```
goto 标号;
```

跳转语句。使程序执行立即转到指定标号处。标号的作用范围是它所在的函数体（5.2.2 节）。

```
return;
return 表达式;
```

返回语句。立即结束当前函数的执行，控制返回函数调用处。第一种形式用于无返回值的函数，第二种形式用于有返回值的函数，在执行时表达式被求值，得到的值转换成函数所要求的返回值类型，作为函数的返回值（2.2.2 节）。

复合语句在形式上是一对花括号，其中可以有一系列的定义或声明，后跟一系列的语句。这两部分都可以没有（3.1 节）。

```
if (表达式) 语句1
if (表达式) 语句1 else 语句2
```

条件语句。表达式应为算术类型或指针类型。首先对表达式求值，若得到的值非 0 就执行语句$_1$部分；若得到值为 0，有 else 部分时执行语句$_2$，否则整个条件语句立即结束（3.5.1 节）。

while (表达式) 语句

当循环语句。表达式应为算术类型或指针类型。首先对表达式求值，得到值 0 时整个循环语句立即结束；得到非 0 值时执行语句部分，然后重复整个过程（3.5.2 节）。

do 语句 while (表达式);

首先执行语句，执行完毕后对表达式求值。当求出的值非 0 时重复前面的过程；否则整个语句结束。这里的表达式也必须是算术类型或指针类型的（5.2.1 节）。

for (初值表达式; 条件表达式; 步进表达式) 语句

首先求值初值表达式。然后顺序地反复做：求值条件表达式，执行语句，求值步进表达式。一旦某次条件表达式求出值 0，整个结构的执行就立即结束。这里的条件表达式必须是算术类型或指针类型的（3.5.3 节）。

switch (表达式) {case 常量表达式: 语句序列 case 常量表达式: 语句序列 ...}

这里的复合语句称为 switch 的体，“case 常量表达式:”称为 case 标号。表达式和常量表达式（称为 case 常量）可以是各种字符类型或整型，一个 switch 语句的各 case 后的常量表达式的值必须互不相同。语句的执行过程是：首先求值表达式，用这个值顺序与各 case 常量表达式比较。发现相等时，就从该标号 case 后的语句序列开始执行。switch 体中可以有一个 default 标号，当所有 case 标号都不匹配时执行转到 default 标号处。如果没有 default 标号，没有标号匹配时整个语句立即结束。人们通常在每个语句序列的最后放一个 break 语句，使语句序列执行完毕时执行能退出 switch 语句。如果被执行序列的最后没有 break 语句，执行将进展到随后的语句（case 标号的作用就像是普通标号，只表示一个位置）。语句序列可以是空（5.2.3 节）。

B.6 变量定义与声明

简单变量定义及初始化问题（3.2 节），数组定义及初始化（6.1 节），指针变量的有关问题（7.1 节），结构变量、联合变量（9.1 节，9.6 节）。

各种变量的有关情况：自动变量（3.2 节，5.5 节），寄存器变量（5.4.6 节），外部变量（5.5 节），局部静态变量（5.5 节），外部静态变量（5.5 节），常变量（5.5 节）。

变量外部声明的形式及作用（5.5 节）。

B.7 数组、结构、联合、枚举的描述和类型定义

数据描述机制：数组（6.1 节，6.3 节）、结构（9.1 节）、联合（9.6 节）、枚举（3.6.5 节，9.2 节）。

类型定义的有关问题（7.4.4 节，9.1 节），复杂类型的描述和解读（7.6 节）。

B.8 函数定义、调用和原型

函数定义的基本形式是：

返回值类型　函数名　参数表　函数体

其中函数名是标识符；函数体是复合语句；参数表由一对圆括号界定，内有一系列的参数描述，每个描述说明了函数的一个形式参数的名字和它的类型。描述间用逗号分隔。无参函数的参数表可以写为()或(void)　（3.3 节，5.4 节）。

函数调用是一种基本表达式，它的形式是：

函数名 实际参数表

其中实际参数表由一对圆括号界定，里面是一系列的实际参数表达式，表达式间用逗号分隔。无参函数的调用形式是函数名之后跟一对空的圆括号（3.3 节，5.4 节）。

函数原型的书写形式、意义和作用（5.4.4 节）。

B.9 预处理命令

预处理命令在 5.6 节讨论，其中最常用的是文件包含#include，宏定义#define 和一组与条件保留有关的命令#if、#elif、#else、#endif。

另两个命令#ifdef、#ifndef 也用在条件保留方面：

#ifdef 标识符　　等价于　#if defined 标识符
#ifndef 标识符　　等价于　#if !defined 标识符

与#define 有关的还有两个特殊运算符#和##。

C 语言的预处理命令还有#line、#error 和#progma。有些命令主要是用于构造 C 程序。要了解这方面的情况，请查看参考文献 [1]、[2]。

C 预处理功能中还提供了几个特殊的预定义常量，这些常量比较特殊，它们的形式类似，前后都有两个下划线符号。有关常量如下表所示：

__LINE__	值为一个整数，表示出现位置的行号
__FILE__	值为字符串，是被编译的文件名（本文件的名字）
__TIME__	值为字符串，以“hh:mm:ss”形式表示的当前时间
__DATE__	值为字符串，以“Mmm dd yyyy”形式表示的当前日期
__STDC__	对于标准的 C 语言实现，值为 1

B.10 标准函数库

有关库函数及其相关问题请参看有关章节的介绍：

主　题	章节号	主　题	章节号
标准流输入输出	2.2.2，2.5，3.7，8.3	伪随机数生成	5.2.3，11.4
文件输入输出	8.1，8.2，11.7	动态存储管理	7.4
输入输出格式描述	8.3.2，8.2.3	执行控制	11.4.3
直接输入输出	8.2.5	与环境交换信息	11.4.4
文件定位	11.7.4	查找与排序	11.4.5
文件操作	11.7.2	整数带余除操作	11.4.1
输入输出出错处理等	11.7.5，11.7.6	串数据转换	11.4.2
流缓冲区操作	11.7.3	多字节处理	11.11.2
各种数学函数	2.4，11.2.1	时间处理	4.3.3，11.5
字符类型判断	5.3.1	与实现有关的规定	11.6
字母大小写转换	5.3.1	条件诊断	11.1，11.7.5
字符串操作	6.4.4，11.3.1	变长参数函数定义	11.8
存储区操作	11.3.2	非局部控制转移	11.9
本地化	11.11.1	异常条件与处理	11.10

第 11、12 章介绍了 C99 对标准库功能的一些扩展，12.3 节介绍了 C99 的扩展整数包和复数包。需要进一步了解这些函数的读者请参看参考文献 [1]、[2] 或 [9]。

进一步学习的建议

本书介绍了 C 语言和用它做程序设计的技术，其间讨论了程序设计的许多一般性问题，还就如何思考与程序设计有关的问题，如何分析情况并做出决策，如何评价各种选择的优点与缺点，如何写好程序，以及好程序的各种评价准则等提出了许多观点和认识。目的是帮助读者理解什么是好的、正确的程序设计，怎样才能做出好的程序。书中的程序实例也体现了作者对上述问题的认识。许多实例反映了做程序的思考和工作过程。

程序设计作为一项智力劳动，已由千万研究者和实践者讨论、演练、探究了几十年，积累下来的智力财富远不是一本教材能概括的。本书只想把其中最基本、最典型的问题介绍给新接触这个领域的人们，成为读者未来发展的基石，为读者今后的学习和工作打下较好的基础。读完本书，做好书中练习，读者可能已在一些方面收获颇丰。但也应该认识到，这些只是在计算机和程序设计领域的学习中走完的第一步，继续学习的路还很长很长。实际上，任何准备在这个领域里摸爬滚打的人都需要不断学习，需要不断地接受新鲜事物，需要更多的学习、思考和实践。

由于篇幅（一本书）和时间（目标是一个学期的课程）限制，本书不可能包含更多内容，这一点也反映在书名中，这里只能讨论程序设计和 C 语言两方面最基本的东西。有意在这一领域里继续学习的人们应该继续努力。下面为读者介绍一些可以继续学习的书籍材料，并对有关方面的情况做一些评述，供关心这些方面的读者参考。

算法和数据结构

学过基本程序设计课程后，计算机科学技术教育的下一门课程是“数据结构”或“算法与数据结构”。计算机和相关领域学生都会接受该课程的系统教育，因此这方面情况不需要过多讨论。另一方面，作为业余读者和计算机爱好者，如果计划在计算机领域中继续努力，下一步必须认真学习算法和数据结构的知识。

当程序处理的数据变得更复杂时，数据的组织问题将变得越来越重要（本书已有简单讨论）。这时，作为实现计算过程的前提，一个重要问题是设计好数据的组织方式，把程序使用的数据用某种易于操作的形式组织起来。数据结构讨论这方面的重要问题。

目前市面上有关数据结构的书籍很多，内容大致分两个层次：第一，在抽象层次上讨论数据组织的问题和技术，介绍一些典型的数据组织方式（数据结构），以及与数据结构有关的典型算法的思想和细节，其中一些算法与特定数据结构有关。第二，通过一种程序设计语言，讨论如何利用该语言的基本机制实现各种有价值的数据结构和算法。如果进一步学习算法和数据结构的内容，可选一本用 C 语言讨论的书籍。这方面的书不少，如张乃孝等编著的《算法与数据结构——C 语言描述》（见参考文献[4]）。

C++语言及面向对象的程序设计

C 语言是 20 世纪 70 年代开发的语言，目标是作为替代汇编语言的系统程序开发工具。因此 C 语言的设计基础在比较低级的层次，缺乏高级的程序组织机制和类型定义机制。C++是由 C 发展而来的一个语言，包含一个与标准 C 语言基本兼容的子集，C++的标准库里也包含了 C 语言的标准库。C++语言的设计集成了人们对程序设计的许多新认识，包括类型定义和数据抽象、面向对象的程序设计、通用型程序设计等。

经过近 30 年的发展，C++已经成长为一种比较成熟的语言，1998 年 C++语言完成了标准化，成为有清晰严格定义的标准化语言，即将发布一个新的标准文本。这些年来，人们用 C++开发了许多重要软件系统，包括许多系统软件和应用软件。通过实践，人们也开发了许多应用 C++语言的程序技术和一般性的所谓面向对象的程序设计技术。在学习了 C 语言之后，进一步学习 C++语言及其支持的程序设计技术是很有价值的。

目前国内撰写或翻译的有关 C++语言程序设计的书籍很多，读者可以根据情况选择。其中必须提出的一本是 C++设计师 Bjarne Stroustrup 的《C++程序设计语言》(见参考文献[5]、[10])。该书全面讨论了 C++语言的各方面情况，以及 C++支持的程序设计技术。《C++程序设计语言》用很大篇幅讨论面向对象程序设计的思想，以及采用面向对象的方式组织程序的技术和问题。书中有许多接近真实问题的实例。

Andrew Koenig 和 Barbara E. Moo 长期参加 C++语言的开发，他们的《Accelerated C++》(见参考文献[6])是一本有关 C++语言的入门书。该书假定读者有一点程序设计经验，但不了解 C++。该书篇幅不大，内容比较丰富，从 C++的基本机制讨论到面向对象的程序设计。该书完全以标准 C++为背景。本书作者也曾为以 C++语言作为第一门程序设计课程的读者编写过一本《C++语言基本程序设计》，2003 年由科学出版社出版，可作为 C++程序设计的入门读物。该书是本书的姐妹篇，其中有许多共性。但随着讨论进展，读者可以逐渐看到在两种语言中思考程序设计问题时的差异越来越大。C++有一个功能强大的标准库，利用这个库，许多在 C 里比较复杂的程序设计问题可能变得比较简单。

关于 C++语言的书籍还需做一点说明，市场上有些书籍不符合 C++标准，讨论的是多年前的 C++语言，也请读者在选择参考书时注意。

程序设计的实践性问题

程序设计中有许多实践性问题。这方面的情况本书虽有所涉及，但由于篇幅等因素，不可能有更详尽深入的讨论。为了进一步学习程序设计和计算机科学技术，了解人们在程序设计实践中的考虑和经验也非常重要。

这里想推荐给读者的是一本篇幅不大，比较通俗而又很深刻的著作：Brian W. Kernignan 和 Rob Pike 的《程序设计实践》(见参考文献[7])。该书作者在程序设计领域工作多年，也参与了许多实践性的培训活动，写过多部产生了重要影响的著作（包括《C 程序设计语言》等)。作者在书中讨论了实际程序设计中必然会遇到的许多问题，包括程序设计风格、算法和数据结构的选择、程序不同部分间界面的设计、程序测试和错误排除、程序执行效率等。如果读者希望进一步在程序领域工作，一定要读读这本书。

程序设计的理论和严格方法

程序设计的产品是程序和软件。随着社会信息化的发展，各种计算机化的系统在社会生活中的地位和作用日益明显，由于计算机系统失误而造成的生命和财产损失也越来越引起社会的重视。我们需要有更可靠的计算机应用系统，这也呼唤着功能正确可靠的程序。从计算机诞生之初，如何开发正确的程序就一直是计算机专业人员特别关注的问题。

本书前面各章都特别强调了如何写出正确、安全、强健的程序，讨论了许多相关问题。但本书讨论的是朴素直观的程序设计过程，从分析问题开始，通过分解逐步做出程序，经过调试并排除所发现的错误，最终得到一个“基本上”能完成所需工作的程序。这也反映了目前绝大部分计算机软件开发过程的实际情况。但是，随着计算机系统越来越多地介入社会运转的各个关键领域，这种“基本上”能完成所需工作的系统已不能满足社会需要了。医疗设备控制系统的失误已导致一些病人死伤；许多空难的最终调查说明，祸根出在飞行控制系统里的错误；多次航天发射的失败或航天器丢失源于软件故障；核反应堆控制系统的故障可能对社会造成的危害更令人不寒而栗。为此，计算机工作者一直在努力研究能从根本上扭转这种局面的理论、技术和方法，其中一类研究的目标是程序设计的严格方法。

如果读者想了解这方面的一些情况，可以阅读本书作者翻译的《从规范出发的程序设计》（见参考文献[8]），这是一本在欧洲许多重要大学里广泛使用的教科书，常被用做第二门程序设计课程的教材。该书讨论了程序设计过程中的许多道理，提出了一套严格的程序设计方法，可以认为它描述了一套“程序的数学演算”。举例说，本书介绍过的不变式概念，在严格的程序设计方法中就有非常重要的地位。了解一点程序的理论，对于采用朴素方法做程序会很有帮助，因为那里的观点和方法能帮助我们看清许多问题。

应该认识到，计算机领域中的许多东西都是相通的，程序和程序设计可以看做这个领域中一切工作的基础，因为本质上说计算机就是一种程序机器。可以说，任何人要想明天在计算机科学技术领域中很好地工作，无论是实践性工作还是理论性工作，都需要有基本程序设计方面的扎实基础。对于认识计算机科学技术的整个领域及其所面对的基本的和深入的问题而言，这种基础是非常重要的东西，永远值得我们花时间去学习和思考。

参考文献

[1] B W Kernighan, D M Ritchie. The C Programming Language[M]. 2 版. 影印版. 北京：清华大学出版社，1997.

[2] 国家技术监督局. GB/T 15272—94 程序设计语言 C[S]. 北京：中国标准出版社，1994.

[3] Samuel P Harbison III, Guy L Steele Jr. C 语言参考手册[M]. 5 版. 影印版. 北京：人民邮电出版社，2003.

[4] 张乃孝，等. 算法与数据结构——C 语言描述[M]. 北京：高等教育出版社，2002.

[5] Bjarne Stroustrup. C++程序设计语言[M].影印版. 北京：高等教育出版社，2001.

[6] Andrew Koenig，Barbara E Moo. Accelerated C++中文版[M]. 靳志伟，译. 北京：机械工业出版社，2007.

[7] Brian W Kernignan，Rob Pike. 程序设计实践[M]. 裘宗燕，译. 北京：机械工业出版社，2000.

[8] Carroll Morgan. 从规范出发的程序设计[M]. 裘宗燕，译. 北京：机械工业出版社，2002.

[9] S P Harbinson III，G L Steele Jr. C 语言参考手册[M]. 徐波，译. 5 版. 北京：机械工业出版社，2008.

[10] Bjarne Stroustrup. C++程序设计语言[M]. 裘宗燕，译. 北京：机械工业出版社，2002.